수학 공부는 숙제다

중 3·1

수학 숙제

중 3·1

발행일	2022년 9월 30일
펴낸곳	메가스터디(주)
펴낸이	손은진
개발 책임	배경윤
개발	김민, 신상희, 최지연
디자인	이정숙, 이상현
제작	이성재, 장병미
주소	서울시 서초구 효령로 304(서초동) 국제전자센터 24층
대표전화	1661.5431 (내용 문의 02-6984-6901 / 구입 문의 02-6984-6868,9)
홈페이지	http://www.megastudybooks.com
출판사 신고 번호	제 2015-000159호
출간제안/원고투고	writer@megastudy.net

메가스터디BOOKS

'메가스터디북스'는 메가스터디㈜의 출판 전문 브랜드입니다.
유아/초등 학습서, 중고등 수능/내신 참고서는 물론, 지식, 교양, 인문 분야에서 다양한 도서를 출간하고 있습니다.

수학 공부는 숙제다!

"숙제를 잘하면 공부도 잘하게 될까?"
숙제를 하면 배운 내용을 다시 정리하고, 그 과정에서 부족한 부분이나
새로운 사실을 발견할 수 있기 때문에 숙제는 분명 공부에 도움이 됩니다.

수학은 대표적으로 숙제가 많은 과목이지요?
그래서 수학 숙제는 내주는 사람도, 하는 사람도 버거워할 때가 많습니다.
'혹시 숙제로 사용하기에 딱 맞는 교재가 없는 게 아닐까?
그렇다면 처음 중학 수학을 시작하는 학생 누구나 쉽게 사용할 수 있는
숙제 교재를 만들어보면 어떨까?'
이것이 메가스터디가 "수학 숙제"라는 교재를 처음 기획한 이유입니다.

숙제는 한 번에 해야 할 양이 너무 많거나 적은 경우 또는
혼자서 할 때 너무 어렵거나 쉬운 경우 부담이 됩니다.
그래서 메가스터디는 중학 수학을 시작하는 학생들이 숙제로 풀기에
가장 적합한 문제의 난이도와 분량을 연구하는 것에 공을 들였습니다.
"수학 숙제"는 10종의 수학 교과서와 시중 진도 교재를 분석하여
각각에 맞는 숙제로 부담없이 효율적으로 사용할 수 있게 했습니다.

수학은 숙제를 제대로 하는 것으로 얼마든지 잘할 수 있습니다.

"수학 공부는 숙제입니다!"

구성과 특징

PART 1 숙제
- 기초·기본 문제(개념별)
- 한번 더! 기본 문제(개념 모아)

+

PART 2 테스트
- 단원 테스트
- 서술형 테스트

PART 1 숙제

1step 기초·기본 문제

중학수학 3-1을 수학 교육과정에 제시된 내용을 기준으로 개념 45개로 분류한 후, 개념별로 기초 문제(연산 문제 포함), 기본 문제를 담았습니다. 학교, 학원에서 공부한 부분 또는 스스로 공부한 부분에 해당하는 개념만큼을 택하여 숙제로 문제 풀이를 할 수 있게 했습니다.

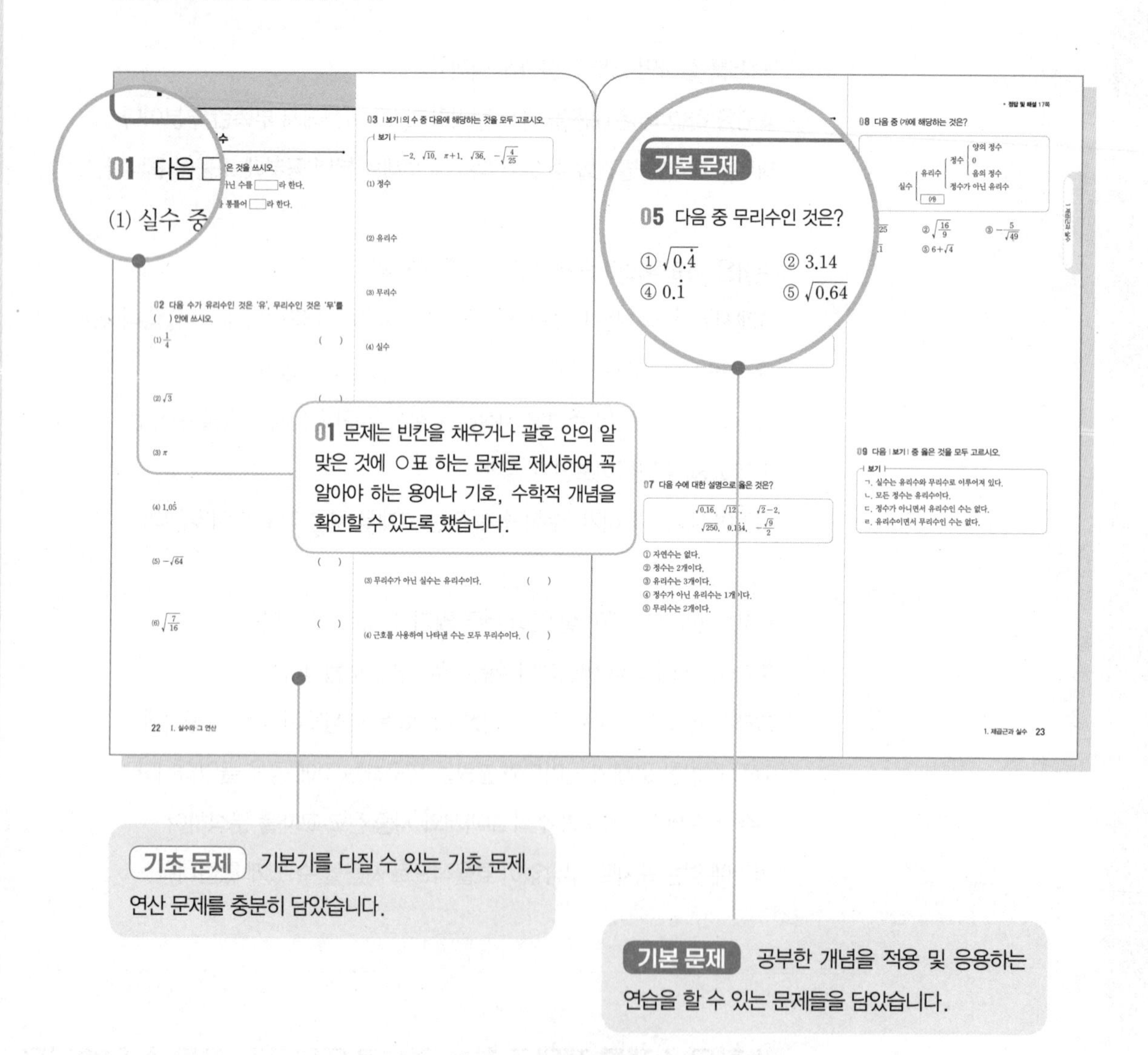

기초 문제 기본기를 다질 수 있는 기초 문제, 연산 문제를 충분히 담았습니다.

기본 문제 공부한 개념을 적용 및 응용하는 연습을 할 수 있는 문제들을 담았습니다.

"수학 숙제"로 성적 올리는 3가지 방법!

❶ 문제는 식을 써서 푼다.
❷ 틀린 문제는 해설지를 꼭 읽는다.
❸ 맞힌 문제는 스스로 선생님이 되어 푸는 방법을 설명해 본다.

2step 한번 더! 기본 문제

2~3개의 개념을 모아 조금 더 실전에 가까운 문제들로 구성하여 내신 시험에 대비할 수 있도록 했습니다.
2개 이상의 개념을 포함한 문제도 풀어 보며 앞서 공부한 내용들을 제대로 이해했는지 다시 한번 점검할 수 있습니다.

자신감 Up 조금 더 시간을 들여 생각해 보며 풀 수 있는 문제를 제시했습니다. 이 문제를 스스로 해결해 봄으로써 자신감을 얻을 수 있도록 했습니다.

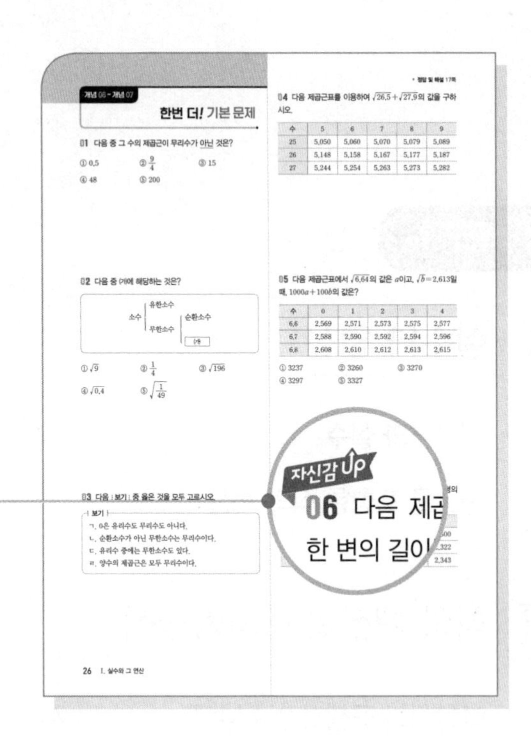

PART 2 테스트

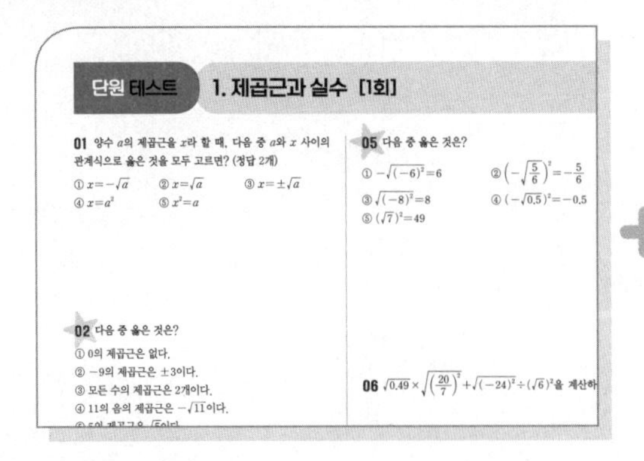

단원별로 2회 제공되는 단원 테스트

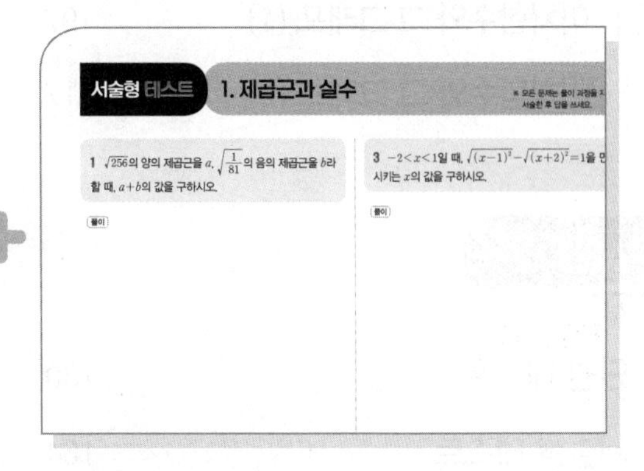

단원별로 1회 제공되는 서술형 테스트

차례

PART 1

Ⅰ 실수와 연산

Ⅱ 식의 계산과 이차방정식

Ⅲ 이차함수

PART 2

PART 1

숙제

- 기초·기본 문제
- 한번 더! 기본 문제

“수학 공부는 숙제다!”

1

제곱근과 실수

개념 01

제곱근

01 다음 □ 안에 알맞은 것을 쓰시오.

(1) 제곱하여 a가 되는 수를 a의 □이라 한다.

(2) 양수의 제곱근은 □개, 0의 제곱근은 □개, 음수의 제곱근은 □개이다.

02 제곱하여 다음 수가 되는 수를 모두 구하시오.

(1) 1

(2) 4

(3) 25

(4) 144

(5) $\frac{1}{9}$

(6) 0.01

03 다음 수의 제곱근을 모두 구하시오.

(1) 36

(2) 81

(3) 169

(4) $\frac{1}{64}$

(5) 0.49

(6) 11^2

(7) $\left(\frac{2}{5}\right)^2$

(8) $(-0.4)^2$

04 다음 수의 제곱근의 개수를 구하시오.

(1) 9

(2) 0

(3) -4

(4) 16

(5) $\frac{1}{25}$

(6) -0.36

기본 문제

05 다음 중 16의 제곱근을 모두 고르면? (정답 2개)

① -8　② -4　③ 0
④ 4　⑤ 8

06 다음 중 'x는 49의 제곱근이다.'를 식으로 바르게 나타낸 것은?

① $x^2=49^2$　② $x=49^2$
③ $x^2=49$　④ $x=49$
⑤ $x=-49$

07 다음 중 제곱근을 구할 수 <u>없는</u> 수를 모두 고르면? (정답 2개)

① 0.04　② 5^2　③ -9
④ $(-2)^2$　⑤ $-\frac{1}{4}$

08 4의 제곱근을 a, 64의 제곱근을 b라 할 때, a^2+b^2의 값을 구하시오.

개념 02

제곱근의 표현

01 다음 □ 안에 알맞은 것을 쓰시오.

(1) 양수 a의 제곱근 중에서 양수인 것을 □이라 하고, □와 같이 나타낸다.

(2) 양수 a의 제곱근 중에서 음수인 것을 □이라 하고, □와 같이 나타낸다.

02 다음 수의 제곱근을 근호를 사용하여 나타내시오.

(1) 5

(2) 14

(3) 38

(4) 123

(5) $\frac{11}{6}$

(6) 0.3

03 다음 표를 완성하시오.

a	a의 제곱근	제곱근 a
6		
21		
47		
95		
$\frac{2}{13}$		
5.5		

04 다음을 근호를 사용하여 나타내시오.

(1) 7의 양의 제곱근

(2) 15의 음의 제곱근

(3) 제곱근 33

(4) 61의 제곱근

(5) 제곱근 $\frac{1}{10}$

(6) 4.6의 음의 제곱근

05 다음 수를 근호를 사용하지 않고 나타내시오.

(1) $\sqrt{4}$

(2) $-\sqrt{36}$

(3) $\pm\sqrt{100}$

(4) $\sqrt{\frac{9}{25}}$

(5) $-\sqrt{0.49}$

(6) $\pm\sqrt{1.21}$

기본 문제

06 다음 중 그 값이 나머지 넷과 다른 하나는?

① ± 3
② 제곱하여 9가 되는 수
③ 제곱근 9
④ $\sqrt{81}$의 제곱근
⑤ $x^2=9$를 만족시키는 x의 값

07 다음 중 옳지 않은 것은?

① 49의 양의 제곱근 ⇨ 7
② $\sqrt{16}$의 제곱근 ⇨ ± 2
③ $(-12)^2$의 음의 제곱근 ⇨ -12
④ 제곱근 $\sqrt{0.36}$ ⇨ 0.6
⑤ $\left(\frac{5}{9}\right)^2$의 제곱근 ⇨ $\pm\frac{5}{9}$

08 제곱근 $(-8)^2$을 A, $\sqrt{\frac{1}{256}}$의 음의 제곱근을 B라 할 때, AB의 값은?

① -2 ② -1 ③ $-\frac{1}{2}$
④ $\frac{1}{2}$ ⑤ 2

09 가로의 길이가 13 cm, 세로의 길이가 5 cm인 직사각형과 넓이가 같은 정사각형의 한 변의 길이를 구하시오.

개념 01 ~ 개념 02

한번 더! 기본 문제

01 다음 중 0.6^2의 제곱근은?

① 0.3 ② 0.6 ③ ± 0.3
④ ± 0.6 ⑤ $\pm\sqrt{0.6}$

02 다음 수 중 제곱근이 2개인 것의 개수를 구하시오.

$$-5,\quad 9^2,\quad 0,\quad \left(\frac{2}{3}\right)^2,\quad \left(-\frac{10}{7}\right)^2,\quad -0.02^2$$

03 다음 중 옳지 않은 것은?

① 0의 제곱근은 1개이다.
② 0.8은 0.64의 제곱근이다.
③ 제곱근 12는 $\pm\sqrt{12}$이다.
④ -4는 $\sqrt{256}$의 음의 제곱근이다.
⑤ 제곱근 10과 10의 양의 제곱근은 같다.

04 다음 중 근호를 사용하지 않고 나타낼 수 있는 것은?

① $\sqrt{14}$ ② $\sqrt{30}$ ③ $\sqrt{\frac{12}{169}}$
④ $\sqrt{0.25}$ ⑤ $\sqrt{0.9}$

05 $\sqrt{625}$의 양의 제곱근을 a, $(-9)^2$의 음의 제곱근을 b라 할 때, $a-b$의 값을 구하시오.

자신감 Up

06 오른쪽 그림과 같은 삼각형 ABC에서 $\overline{AD}\perp\overline{BC}$이고 $\overline{AB}=5$, $\overline{BD}=3$, $\overline{CD}=7$일 때, $\overline{AC}$의 길이는?

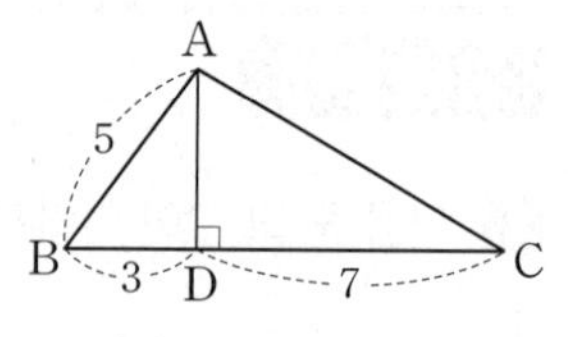

① 8 ② $\sqrt{65}$ ③ $\sqrt{67}$
④ $\sqrt{69}$ ⑤ $\sqrt{70}$

개념 03

제곱근의 성질

01 다음 □ 안에 알맞은 것을 쓰시오. (단, $a>0$)

(1) $(\sqrt{a})^2=\square$, $(-\sqrt{a})^2=\square$

(2) $\sqrt{a^2}=\square$, $\sqrt{(-a)^2}=\square$

02 다음 수를 근호를 사용하지 않고 나타내시오.

(1) $(\sqrt{5})^2$

(2) $(\sqrt{13})^2$

(3) $\left(\sqrt{\frac{2}{7}}\right)^2$

(4) $(-\sqrt{6})^2$

(5) $(-\sqrt{27})^2$

(6) $(-\sqrt{5.4})^2$

03 다음 수를 근호를 사용하지 않고 나타내시오.

(1) $\sqrt{7^2}$

(2) $\sqrt{10^2}$

(3) $\sqrt{2.8^2}$

(4) $\sqrt{(-12)^2}$

(5) $\sqrt{(-46)^2}$

(6) $\sqrt{\left(-\frac{11}{3}\right)^2}$

04 다음을 계산하시오.

(1) $(\sqrt{14})^2+(-\sqrt{5})^2$

(2) $(-\sqrt{3})^2-\sqrt{9^2}$

(3) $\sqrt{(-11)^2}-(-\sqrt{8})^2$

(4) $-\sqrt{12^2}\times\sqrt{(-2)^2}$

(5) $\sqrt{20^2}+\sqrt{64}$

(6) $\sqrt{196}\div(-\sqrt{7})^2$

(7) $\sqrt{(-0.6)^2}-\sqrt{2.25}$

(8) $\left(\sqrt{\frac{5}{9}}\right)^2\times\sqrt{\left(-\frac{18}{5}\right)^2}$

기본 문제

05 다음 중 그 값이 나머지 넷과 다른 하나는?

① $(\sqrt{2})^2$　② $(-\sqrt{2})^2$　③ $\sqrt{2^2}$
④ $\sqrt{(-2)^2}$　⑤ $-\sqrt{(-2)^2}$

06 다음 중 옳은 것은?

① $-\sqrt{5^2}=5$　② $\left(-\sqrt{\frac{1}{6}}\right)^2=-\frac{1}{6}$
③ $\sqrt{(-13)^2}=13$　④ $(-\sqrt{0.4})^2=-0.4$
⑤ $(\sqrt{9})^2=81$

07 $\sqrt{(-8)^2}+\sqrt{36}\times(-\sqrt{3})^2$을 계산하면?

① -26　② -10　③ 10
④ 26　⑤ 42

08 두 수 A, B가 다음과 같을 때, $A-B$의 값을 구하시오.

$$A=-\sqrt{4^2}+\sqrt{(-12)^2}$$
$$B=\sqrt{7^2}-(-\sqrt{10})^2\div\sqrt{\left(-\frac{5}{3}\right)^2}$$

개념 04

$\sqrt{a^2}$의 성질

01 다음 □ 안에 알맞은 것을 쓰시오.

(1) $a \geq 0$일 때, $\sqrt{a^2}=\square$

(2) $a<0$일 때, $\sqrt{a^2}=\square$

02 $a>0$일 때, 다음을 근호를 사용하지 않고 나타내시오.

(1) $\sqrt{(2a)^2}$

(2) $-\sqrt{(6a)^2}$

(3) $\sqrt{(-5a)^2}$

(4) $-\sqrt{(-9a)^2}$

03 $a<0$일 때, 다음을 근호를 사용하지 않고 나타내시오.

(1) $\sqrt{(3a)^2}$

(2) $-\sqrt{(7a)^2}$

(3) $\sqrt{(-8a)^2}$

(4) $-\sqrt{(-10a)^2}$

04 다음을 근호를 사용하지 않고 나타내시오.

(1) $a>2$일 때, $\sqrt{(a-2)^2}$

(2) $a<4$일 때, $\sqrt{(a-4)^2}$

(3) $a>7$일 때, $\sqrt{(7-a)^2}$

(4) $a>-1$일 때, $\sqrt{(a+1)^2}$

(5) $a<-3$일 때, $\sqrt{(-3-a)^2}$

(6) $a>6$일 때, $-\sqrt{(6-a)^2}$

05 다음을 간단히 하시오.

(1) $a>0$일 때, $\sqrt{(9a)^2}+\sqrt{(-2a)^2}$

(2) $a>0$일 때, $\sqrt{(-7a)^2}-\sqrt{(12a)^2}$

(3) $a<0$일 때, $-\sqrt{(-11a)^2}+\sqrt{(4a)^2}$

(4) $a>5$일 때, $\sqrt{(a-5)^2}+\sqrt{(5-a)^2}$

(5) $a<8$일 때, $\sqrt{(8-a)^2}-\sqrt{(a-8)^2}$

(6) $a<-2$일 때, $\sqrt{(a+2)^2}+\sqrt{(-a-2)^2}$

06 다음은 주어진 식이 자연수가 되도록 하는 가장 작은 자연수 x의 값을 구하는 과정이다. □ 안에 알맞은 수를 쓰시오.

(1) $\sqrt{20x}$

> 20을 소인수분해하면
> $20=\square^2\times\square$
> 20의 소인수 중에서 지수가 홀수인 소인수는 □이다.
> 따라서 $\sqrt{20x}$가 자연수가 되려면 자연수 x는
> □ × (자연수)^{2}의 꼴이어야 하므로 가장 작은 자연수 x의 값은 □이다.

(2) $\sqrt{13+x}$

> $\sqrt{13+x}$가 자연수가 되려면 $13+x$는 13보다 큰 (자연수)^{2}의 꼴이어야 하므로
> $13+x=\square, \square, \square, \cdots$
> $\therefore x=\square, \square, \square, \cdots$
> 따라서 $\sqrt{13+x}$가 자연수가 되도록 하는 가장 작은 자연수 x의 값은 □이다.

기본 문제

07 $a>0$일 때, 다음 중 옳지 <u>않은</u> 것은?

① $\sqrt{(-a)^2}=a$ ② $-\sqrt{(2a)^2}=-2a$
③ $-\sqrt{9a^2}=-3a$ ④ $\sqrt{(-6a)^2}=6a$
⑤ $-\sqrt{(-5a)^2}=5a$

08 $a<0$일 때, $\sqrt{\dfrac{a^2}{81}}$을 간단히 하면?

① $-\dfrac{a^2}{9}$ ② $-\dfrac{a}{9}$ ③ $-\dfrac{a}{3}$
④ $\dfrac{a}{9}$ ⑤ $\dfrac{a^2}{9}$

09 $x<0$일 때, $\sqrt{(-4x)^2}-\sqrt{64x^2}$을 간단히 하시오.

10 $-3<a<6$일 때, $\sqrt{(a-6)^2}-\sqrt{(a+3)^2}$을 간단히 하면?

① -9 ② $-2a+3$ ③ 9
④ $2a-3$ ⑤ $2a+9$

11 $a>0$, $b<0$일 때, 다음을 간단히 하시오.

$$\sqrt{(2a)^2}-\sqrt{b^2}-\sqrt{(a-b)^2}$$

12 $\sqrt{90x}$가 자연수가 되도록 하는 가장 작은 자연수 x의 값은?

① 2 ② 5 ③ 6
④ 10 ⑤ 15

13 $\sqrt{\frac{104}{x}}$가 자연수가 되도록 하는 자연수 x의 개수를 구하시오.

14 $\sqrt{x+28}$이 자연수가 되도록 하는 가장 작은 두 자리의 자연수 x의 값을 구하시오.

15 $\sqrt{63-x}$가 자연수가 되도록 하는 자연수 x의 개수는?

① 5개 ② 6개 ③ 7개
④ 8개 ⑤ 9개

개념 05

제곱근의 대소 관계

01 다음 ○ 안에 부등호 $>$, $<$ 중 알맞은 것을 쓰시오. (단, $a>0$, $b>0$)

(1) $a<b$이면 $\sqrt{a}$ ○ $\sqrt{b}$

(2) $\sqrt{a}<\sqrt{b}$이면 a ○ b

02 다음 ○ 안에 부등호 $>$, $<$ 중 알맞은 것을 쓰시오.

(1) $\sqrt{2}$ ○ $\sqrt{5}$

(2) $\sqrt{14}$ ○ $\sqrt{8}$

(3) $\sqrt{\frac{1}{3}}$ ○ $\sqrt{\frac{1}{6}}$

(4) $-\sqrt{7}$ ○ $-\sqrt{10}$

(5) $-\sqrt{31}$ ○ $-\sqrt{29}$

(6) $-\sqrt{1.2}$ ○ $-\sqrt{0.8}$

03 다음은 6과 $\sqrt{40}$의 대소를 비교하는 2가지 방법이다. □ 안에는 알맞은 수를 쓰고, ○ 안에는 부등호 $>$, $<$ 중 알맞은 것을 쓰시오.

[방법 1] $6=\sqrt{\square}$이고 $\square<40$이므로
6 ○ $\sqrt{40}$

[방법 2] $6^2=36$, $(\sqrt{40})^2=\square$이고 $36<\square$이므로
6 ○ $\sqrt{40}$

04 다음 ○ 안에 부등호 $>$, $<$ 중 알맞은 것을 쓰시오.

(1) 4 ○ $\sqrt{18}$

(2) $\sqrt{128}$ ○ 11

(3) $\frac{1}{4}$ ○ $\sqrt{\frac{1}{8}}$

(4) -8 ○ $-\sqrt{59}$

(5) $-\sqrt{192}$ ○ -14

(6) $-\sqrt{0.2}$ ○ -0.5

05 다음은 $1<\sqrt{n}<2$를 만족시키는 자연수 n의 값을 모두 구하는 과정이다. □ 안에 알맞은 수를 쓰시오.

> 각 변을 제곱하면
> $1^2<(\sqrt{n})^2<2^2$ $\quad\therefore$ □$<n<$□
> 따라서 부등식을 만족시키는 자연수 n의 값은 □, □이다.

06 다음 부등식을 만족시키는 자연수 n의 값을 모두 구하시오.

(1) $0<\sqrt{n}\le 2$

(2) $\sqrt{6}\le\sqrt{n}<3$

(3) $1\le\sqrt{n}\le 1.5$

(4) $2.5<\sqrt{n}<\sqrt{10}$

기본 문제

07 다음 중 두 수의 대소 관계가 옳은 것은?

① $\sqrt{6}>\sqrt{7}$ ② $\sqrt{20}>5$
③ $-1<-\sqrt{3}$ ④ $-\sqrt{10}<-3$
⑤ $\frac{1}{3}>\sqrt{\frac{1}{3}}$

08 다음에서 두 번째로 작은 수를 구하시오.

> $-2,\quad -\sqrt{6},\quad -\frac{7}{3},\quad -\sqrt{4.2}$

09 $\frac{\sqrt{n}}{3}<2$를 만족시키는 자연수 n의 값 중에서 가장 큰 수를 구하시오.

10 $2<\sqrt{2n}<4$를 만족시키는 자연수 n의 개수는?

① 5개 ② 6개 ③ 7개
④ 8개 ⑤ 9개

개념 03 ~ 개념 05

한번 더! 기본 문제

01 다음 | 보기 | 중 옳은 것을 모두 고른 것은?

| 보기 |

ㄱ. $-\sqrt{6^2}=-6$　　ㄴ. $-(\sqrt{7})^2=-7$
ㄷ. $(-\sqrt{10})^2=10$　　ㄹ. $-\sqrt{(-13)^2}=13$

① ㄱ, ㄴ　② ㄱ, ㄷ　③ ㄴ, ㄹ
④ ㄱ, ㄴ, ㄷ　⑤ ㄱ, ㄷ, ㄹ

02 다음 중 가장 작은 수는?

① $\sqrt{\left(\frac{1}{4}\right)^2}$　② $\sqrt{\left(-\frac{1}{3}\right)^2}$　③ $\left(\sqrt{\frac{1}{5}}\right)^2$
④ $\left(-\sqrt{\frac{1}{2}}\right)^2$　⑤ $\left(\frac{1}{3}\right)^2$

03 $\sqrt{\left(-\frac{3}{2}\right)^2}-\sqrt{5^2}-(-\sqrt{0.5})^2$을 계산하시오.

04 $a>0$일 때, 다음 중 옳지 않은 것은?

① $\sqrt{(-2a)^2}=2a$　② $-\sqrt{(3a)^2}=-3a$
③ $-\sqrt{4a^2}=-2a$　④ $\sqrt{(-5a)^2}=5a$
⑤ $-\sqrt{(-6a)^2}=6a$

05 $a>0$, $b<0$일 때, $\sqrt{(-2a)^2}-\sqrt{16b^2}$을 간단히 하면?

① $-2a-4b$　② $-2a+2b$　③ $2a-2b$
④ $2a+4b$　⑤ $4a+4b$

06 $-5<x<5$일 때, $\sqrt{(x+5)^2}-\sqrt{(5-x)^2}$을 간단히 하시오.

07 $\sqrt{2\times3^3\times x}$가 자연수가 되도록 하는 가장 작은 두 자리의 자연수 x의 값을 구하시오.

08 $\sqrt{\dfrac{140}{x}}$이 자연수가 되도록 하는 가장 작은 자연수 x의 값은?

① 7　② 10　③ 14
④ 35　⑤ 70

09 $\sqrt{16-x}$가 자연수가 되도록 하는 모든 자연수 x의 값의 합을 구하시오.

10 다음 중 두 수의 대소 관계가 옳지 않은 것은?

① $3<\sqrt{10}$　② $-\sqrt{6}<-\sqrt{3}$
③ $\dfrac{1}{\sqrt{5}}>\dfrac{1}{\sqrt{6}}$　④ $\dfrac{1}{2}>\sqrt{\dfrac{1}{5}}$
⑤ $\sqrt{0.6}<0.6$

자신감 Up

11 $x=\dfrac{1}{3}$일 때, 다음을 그 값이 작은 것부터 차례로 나열하시오.

$\dfrac{1}{x}$, x^2, $\sqrt{\dfrac{1}{x}}$, $\sqrt{x}$

12 $4<\sqrt{n+2}<5$를 만족시키는 자연수 n의 값 중에서 가장 큰 수를 a, 가장 작은 수를 b라 할 때, $a-b$의 값을 구하시오.

개념 06

무리수와 실수

01 다음 □ 안에 알맞은 것을 쓰시오.

(1) 실수 중 유리수가 아닌 수를 □라 한다.

(2) 유리수와 무리수를 통틀어 □라 한다.

02 다음 수가 유리수인 것은 '유', 무리수인 것은 '무'를 ( ) 안에 쓰시오.

(1) $\frac{1}{4}$ ( )

(2) $\sqrt{3}$ ( )

(3) π ( )

(4) $1.0\dot{5}$ ( )

(5) $-\sqrt{64}$ ( )

(6) $\sqrt{\frac{7}{16}}$ ( )

03 |보기|의 수 중 다음에 해당하는 것을 모두 고르시오.

| 보기 |

$-2,\quad \sqrt{10},\quad \pi+1,\quad \sqrt{36},\quad -\sqrt{\frac{4}{25}}$

(1) 정수

(2) 유리수

(3) 무리수

(4) 실수

04 다음 중 옳은 것은 ○표, 옳지 않은 것은 ×표를 ( ) 안에 쓰시오.

(1) 유한소수는 유리수이다. ( )

(2) 무한소수는 무리수이다. ( )

(3) 무리수가 아닌 실수는 유리수이다. ( )

(4) 근호를 사용하여 나타낸 수는 모두 무리수이다. ( )

기본 문제

05 다음 중 무리수인 것은?

① $\sqrt{0.\dot{4}}$　② 3.14　③ $\sqrt{5}$
④ $0.\dot{1}$　⑤ $\sqrt{0.64}$

06 다음 중 소수로 나타내었을 때 순환소수가 아닌 무한소수가 되는 것의 개수를 구하시오.

2π,　$\sqrt{0.4}$,　$-\frac{9}{5}$,　$\sqrt{\frac{1}{36}}$,　$\sqrt{3.\dot{3}}$

07 다음 수에 대한 설명으로 옳은 것은?

$\sqrt{0.16}$,　$\sqrt{121}$,　$\sqrt{2}-2$,
$\sqrt{250}$,　$0.1\dot{3}\dot{4}$,　$-\frac{\sqrt{9}}{2}$

① 자연수는 없다.
② 정수는 2개이다.
③ 유리수는 3개이다.
④ 정수가 아닌 유리수는 1개이다.
⑤ 무리수는 2개이다.

08 다음 중 (가)에 해당하는 것은?

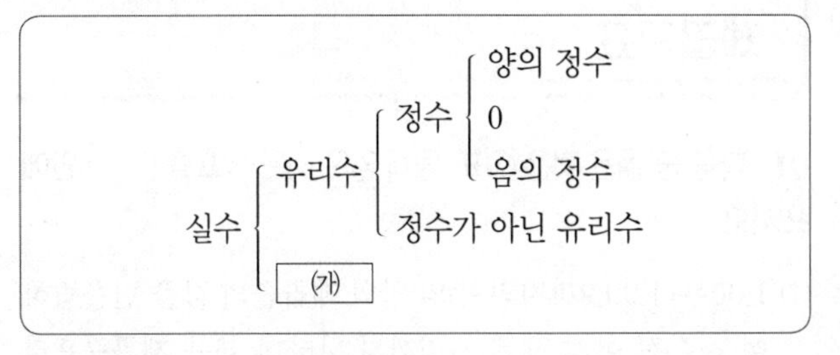

① $\sqrt{0.25}$　② $\sqrt{\frac{16}{9}}$　③ $-\frac{5}{\sqrt{49}}$
④ $\sqrt{8.1}$　⑤ $6+\sqrt{4}$

09 다음 | 보기 | 중 옳은 것을 모두 고르시오.

| 보기 |
ㄱ. 실수는 유리수와 무리수로 이루어져 있다.
ㄴ. 모든 정수는 유리수이다.
ㄷ. 정수가 아니면서 유리수인 수는 없다.
ㄹ. 유리수이면서 무리수인 수는 없다.

개념 07

제곱근표

01 다음 중 옳은 것은 ○표, 옳지 않은 것은 ×표를 ( ) 안에 쓰시오.

(1) 1.00부터 99.9까지의 수의 양의 제곱근의 값을 반올림하여 소수점 아래 셋째 자리까지 나타낸 표를 제곱근표라 한다. ( )

(2) 제곱근표에서 왼쪽의 수 4.0의 가로줄과 위쪽의 수 3의 세로줄이 만나는 곳에 적힌 수는 $\sqrt{4.3}$의 값이다. ( )

(3) 제곱근표에서 왼쪽의 수 61의 가로줄과 위쪽의 수 7의 세로줄이 만나는 곳에 적힌 수는 $\sqrt{61.7}$의 값이다. ( )

02 아래 제곱근표를 이용하여 다음 제곱근의 값을 구하시오.

수	0	1	2	3	4
2.0	1.414	1.418	1.421	1.425	1.428
2.1	1.449	1.453	1.456	1.459	1.463
2.2	1.483	1.487	1.490	1.493	1.497
2.3	1.517	1.520	1.523	1.526	1.530
2.4	1.549	1.552	1.556	1.559	1.562

(1) $\sqrt{2.02}$

(2) $\sqrt{2.24}$

(3) $\sqrt{2.31}$

(4) $\sqrt{2.4}$

03 아래 제곱근표를 이용하여 다음 제곱근의 값을 구하시오.

수	3	4	5	6	7
8.4	2.903	2.905	2.907	2.909	2.910
8.5	2.921	2.922	2.924	2.926	2.927
8.6	2.938	2.939	2.941	2.943	2.944
⋮	⋮	⋮	⋮	⋮	⋮
84	9.182	9.187	9.192	9.198	9.203
85	9.236	9.241	9.247	9.252	9.257
86	9.290	9.295	9.301	9.306	9.311

(1) $\sqrt{8.43}$

(2) $\sqrt{8.57}$

(3) $\sqrt{8.65}$

(4) $\sqrt{84.6}$

(5) $\sqrt{85.4}$

(6) $\sqrt{86.3}$

04 다음 제곱근표를 이용하여 x의 값을 구하시오.

수	5	6	7	8	9
10	3.240	3.256	3.271	3.286	3.302
11	3.391	3.406	3.421	3.435	3.450
12	3.536	3.550	3.564	3.578	3.592
13	3.674	3.688	3.701	3.715	3.728
14	3.808	3.821	3.834	3.847	3.860

(1) $\sqrt{x}=3.286$

(2) $\sqrt{x}=3.391$

(3) $\sqrt{x}=3.550$

(4) $\sqrt{x}=3.701$

(5) $\sqrt{x}=3.808$

(6) $\sqrt{x}=3.860$

기본 문제

05 다음 제곱근표를 이용하여 $\sqrt{7.73}-\sqrt{7.51}$의 값을 구하시오.

수	0	1	2	3	4
7.5	2.739	2.740	2.742	2.744	2.746
7.6	2.757	2.759	2.760	2.762	2.764
7.7	2.775	2.777	2.778	2.780	2.782
7.8	2.793	2.795	2.796	2.798	2.800

06 다음 제곱근표에서 $\sqrt{a}=5.612$, $\sqrt{b}=5.727$일 때, $a+b$의 값은?

수	4	5	6	7	8
30	5.514	5.523	5.532	5.541	5.550
31	5.604	5.612	5.621	5.630	5.639
32	5.692	5.701	5.710	5.718	5.727
33	5.779	5.788	5.797	5.805	5.814

① 63.2　② 64.3　③ 64.4
④ 65.3　⑤ 65.5

개념 06 ~ 개념 07

한번 더! 기본 문제

01 다음 중 그 수의 제곱근이 무리수가 아닌 것은?

① 0.5 ② $\frac{9}{4}$ ③ 15
④ 48 ⑤ 200

02 다음 중 (가)에 해당하는 것은?

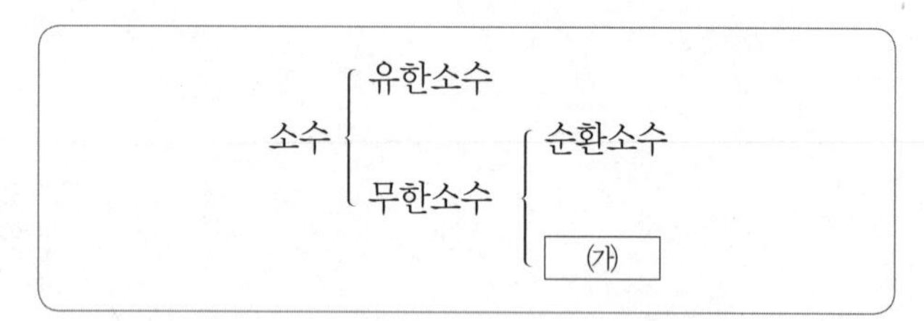

① $\sqrt{9}$ ② $\frac{1}{4}$ ③ $\sqrt{196}$
④ $\sqrt{0.4}$ ⑤ $\sqrt{\frac{1}{49}}$

03 다음 | 보기 | 중 옳은 것을 모두 고르시오.

| 보기 |
ㄱ. 0은 유리수도 무리수도 아니다.
ㄴ. 순환소수가 아닌 무한소수는 무리수이다.
ㄷ. 유리수 중에는 무한소수도 있다.
ㄹ. 양수의 제곱근은 모두 무리수이다.

04 다음 제곱근표를 이용하여 $\sqrt{26.5}+\sqrt{27.9}$의 값을 구하시오.

수	5	6	7	8	9
25	5.050	5.060	5.070	5.079	5.089
26	5.148	5.158	5.167	5.177	5.187
27	5.244	5.254	5.263	5.273	5.282

05 다음 제곱근표에서 $\sqrt{6.64}$의 값은 a이고, $\sqrt{b}=2.613$일 때, $1000a+100b$의 값은?

수	0	1	2	3	4
6.6	2.569	2.571	2.573	2.575	2.577
6.7	2.588	2.590	2.592	2.594	2.596
6.8	2.608	2.610	2.612	2.613	2.615

① 3237 ② 3260 ③ 3270
④ 3297 ⑤ 3327

자신감 Up

06 다음 제곱근표를 이용하여 넓이가 5.36인 정사각형의 한 변의 길이를 구하시오.

수	5	6	7	8	9
5.2	2.291	2.293	2.296	2.298	2.300
5.3	2.313	2.315	2.317	2.319	2.322
5.4	2.335	2.337	2.339	2.341	2.343

개념 08

실수와 수직선

01 다음 □ 안에 알맞은 것을 쓰시오.

(1) 수직선 위의 한 점에는 한 □가 반드시 대응한다.

(2) 수직선은 유리수와 □, 즉 □에 대응하는 점들로 완전히 메울 수 있다.

02 다음은 두 무리수 $\sqrt{5}$, $-\sqrt{5}$에 대응하는 점을 각각 수직선 위에 나타내는 과정이다. □ 안에 알맞은 수를 쓰시오.

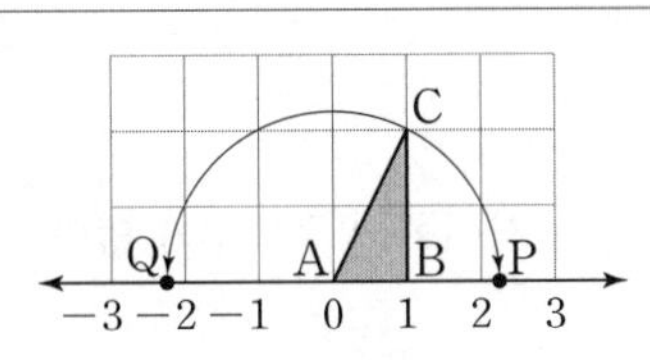

❶ 위의 그림과 같이 한 눈금의 길이가 1인 모눈종이 위에 수직선과 직각삼각형 ABC를 그린다.

❷ 직각삼각형 ABC의 빗변의 길이를 구한다.

⇨ $\overline{AC}=\sqrt{1^2+\square^2}=\sqrt{\square}$

❸ 점 A를 중심으로 하고 $\overline{AC}$를 반지름으로 하는 원을 그려 원이 수직선과 만나는 두 점을 각각 P, Q라 하면 두 점 P, Q에 대응하는 수는 각각 □, □이다.

03 다음 그림과 같이 한 눈금의 길이가 1인 모눈종이 위에 수직선과 직각삼각형 ABC를 그리고, 점 A를 중심으로 하고 $\overline{AC}$를 반지름으로 하는 원을 그렸다. 원이 수직선과 만나는 두 점 P, Q에 대응하는 수를 각각 구하시오.

(1)

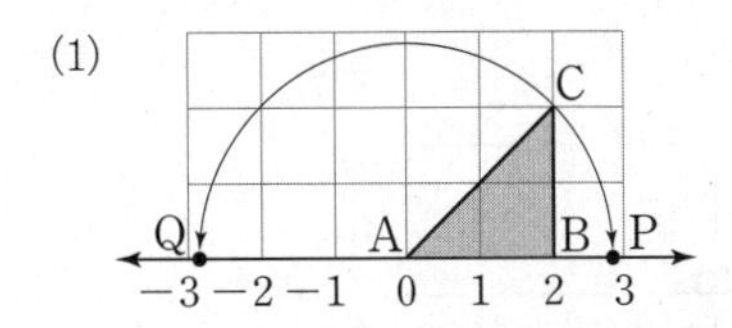

(2)

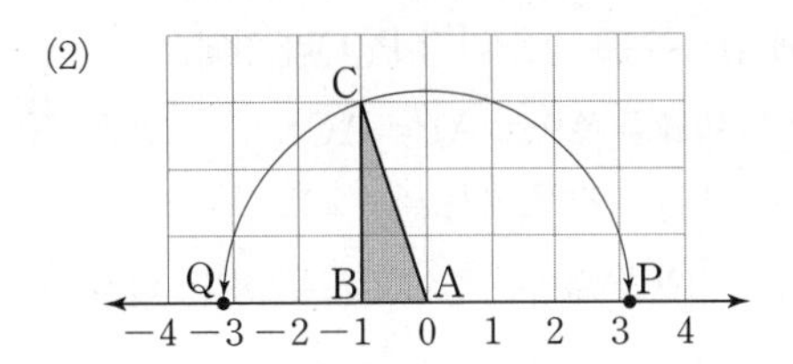

(3)

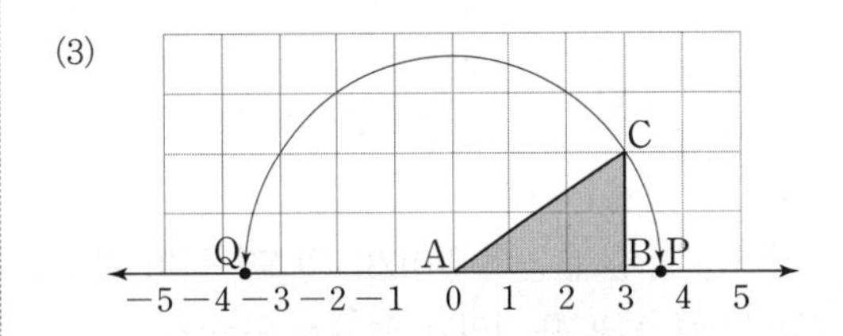

(4)

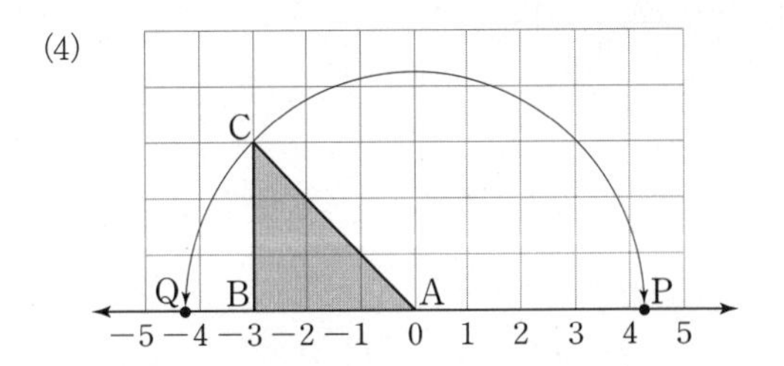

04 다음은 두 무리수 $2+\sqrt{10}$, $2-\sqrt{10}$에 대응하는 점을 각각 수직선 위에 나타내는 과정이다. □ 안에 알맞은 수를 쓰시오.

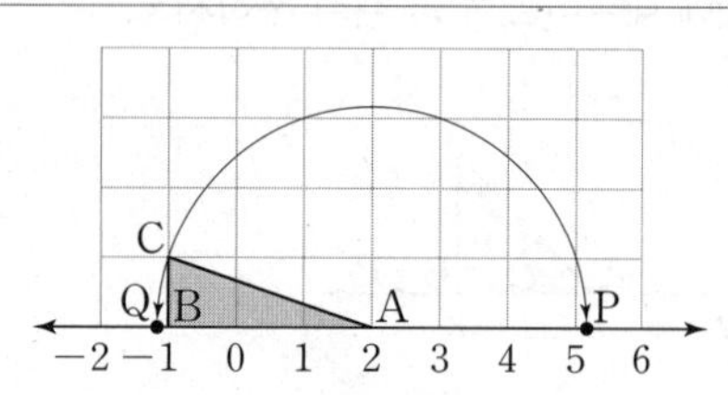

❶ 위의 그림과 같이 한 눈금의 길이가 1인 모눈종이 위에 직각삼각형 ABC를 그린다.

❷ 직각삼각형 ABC의 빗변의 길이를 구한다.

⇨ $\overline{AC}=\sqrt{\square^2+1^2}=\sqrt{\square}$

❸ 점 A를 중심으로 하고 $\overline{AC}$를 반지름으로 하는 원을 그려 원이 수직선과 만나는 두 점을 각각 P, Q라 하자.

❹ 점 P는 점 A에서 오른쪽으로 $\overline{AP}=\overline{AC}=$□만큼 떨어진 점이고, 점 Q는 점 A에서 왼쪽으로 $\overline{AQ}=\overline{AC}=$□만큼 떨어진 점이므로 두 점 P, Q에 대응하는 수는 각각 □, □이다.

05 다음 그림과 같이 한 눈금의 길이가 1인 모눈종이 위에 수직선과 직각삼각형 ABC를 그리고, 점 A를 중심으로 하고 $\overline{AC}$를 반지름으로 하는 원을 그렸다. 원이 수직선과 만나는 두 점 P, Q에 대응하는 수를 각각 구하시오.

(1)

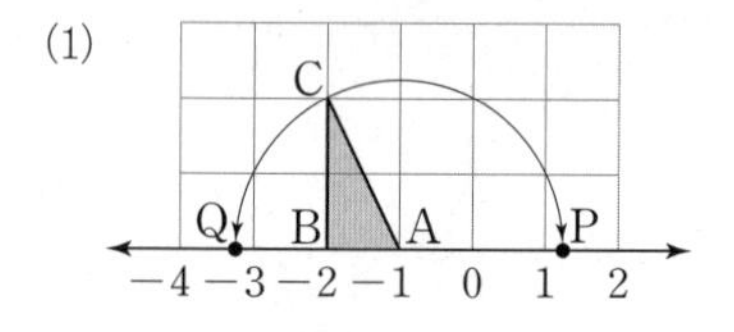

(2)

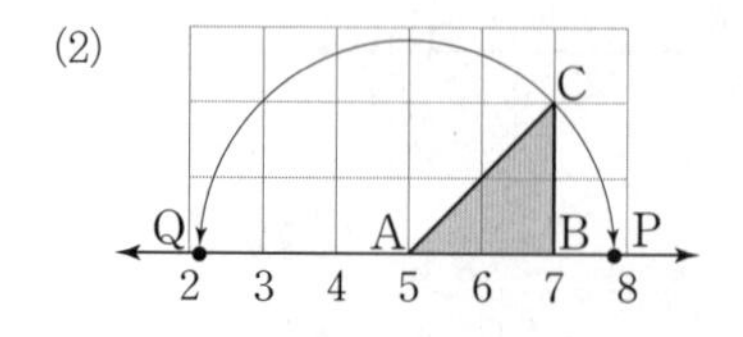

(3)

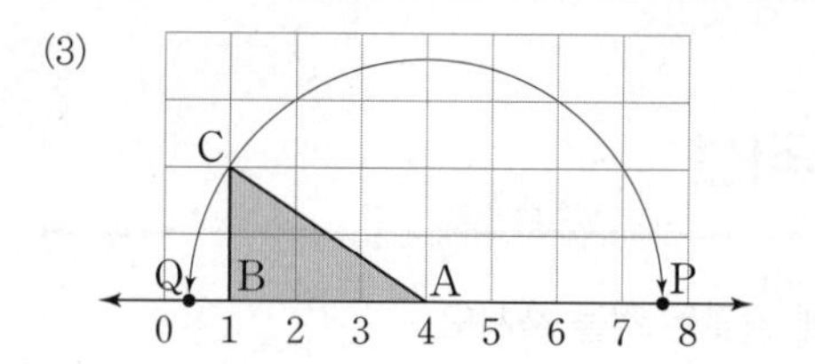

(4)

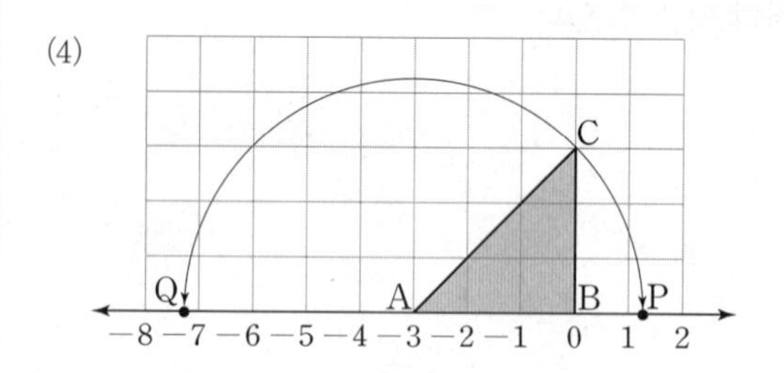

06 다음 중 옳은 것은 ○표, 옳지 않은 것은 ×표를 (　) 안에 쓰시오.

(1) $\sqrt{7}$은 수직선 위의 점에 대응시킬 수 있다. (　)

(2) 두 유리수 0과 1 사이에는 무리수가 없다. (　)

(3) 두 무리수 $\sqrt{2}$와 $\sqrt{3}$ 사이에는 무수히 많은 유리수가 있다. (　)

(4) 서로 다른 두 실수 사이에는 무수히 많은 실수가 있다. (　)

(5) 유리수에 대응하는 점만으로 수직선을 완전히 메울 수 있다. (　)

기본 문제

07 오른쪽 그림과 같이 한 눈금의 길이가 1인 모눈종이 위에 수직선과 직각삼각형 ABC를 그리고 $\overline{AC}=\overline{AP}$가 되도록 수직선 위에 점 P를 정했다. 점 P에 대응하는 수가 $a+\sqrt{b}$일 때, 유리수 a, b에 대하여 $b-a$의 값을 구하시오.

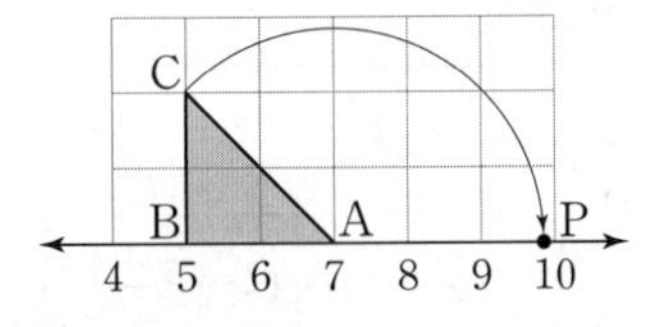

08 오른쪽 그림과 같이 넓이가 15인 정사각형 ABCD에 대하여 $\overline{AD}=\overline{AP}$가 되도록 수직선 위에 점 P를 정할 때, 점 P에 대응하는 수를 구하시오.

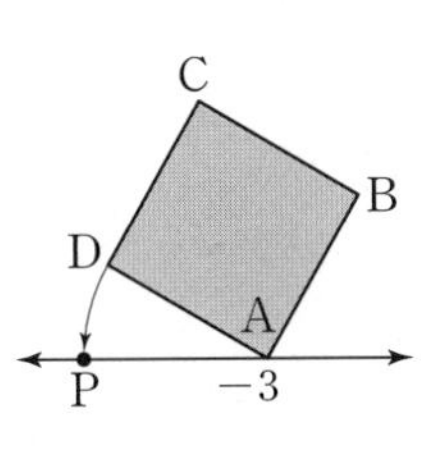

09 다음 그림과 같이 수직선 위에 직각을 낀 두 변의 길이가 모두 1인 세 직각삼각형이 있을 때, 점 A~E 중에서 $-1+\sqrt{2}$에 대응하는 점을 구하시오.

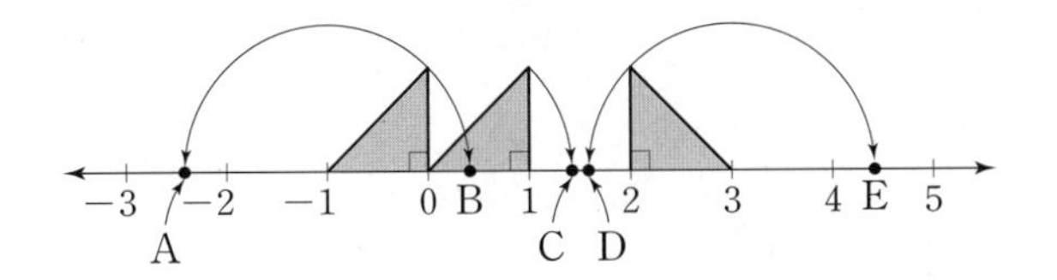

10 아래 그림은 한 눈금의 길이가 1인 모눈종이 위에 두 직각삼각형 ABC, DEF를 그린 것이다. $\overline{AC}=\overline{AP}=\overline{AQ}$, $\overline{DF}=\overline{DR}=\overline{DS}$일 때, 다음 중 옳지 않은 것은?

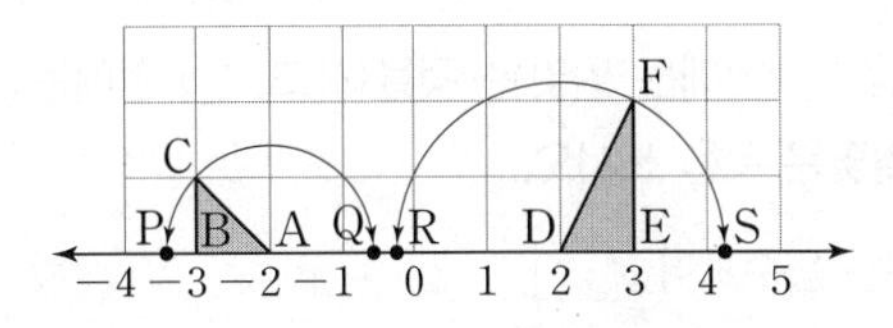

① $\overline{AP}=\sqrt{2}$　② $\overline{DS}=\sqrt{5}$
③ $Q(-2+\sqrt{2})$　④ $R(3-\sqrt{5})$
⑤ $S(2+\sqrt{5})$

11 다음 중 옳지 않은 것은?

① 모든 무리수는 각각 수직선 위의 한 점에 대응한다.
② 모든 유리수는 각각 수직선 위의 한 점에 대응한다.
③ 서로 다른 두 정수 사이에는 무수히 많은 정수가 있다.
④ 서로 다른 두 유리수 사이에는 무수히 많은 무리수가 있다.
⑤ 서로 다른 두 유리수 사이에는 무수히 많은 유리수가 있다.

12 다음 | 보기 | 중 옳은 것을 모두 고른 것은?

| 보기 |
ㄱ. $\frac{1}{3}$과 $\frac{3}{4}$ 사이에는 4개의 유리수가 있다.
ㄴ. 4와 5 사이에는 무수히 많은 유리수가 있다.
ㄷ. $\sqrt{3}$과 2 사이에는 정수가 없다.
ㄹ. 1과 1000 사이에는 무수히 많은 자연수가 있다.
ㅁ. 무리수에 대응하는 점만으로 수직선을 완전히 메울 수 있다.

① ㄱ, ㄷ　② ㄴ, ㄷ　③ ㄱ, ㄴ, ㄷ
④ ㄱ, ㄴ, ㅁ　⑤ ㄴ, ㄷ, ㄹ

개념 09

실수의 대소 관계

01 다음 □ 안에는 알맞은 것을 쓰고, ○ 안에는 >, =, < 중 알맞은 것을 쓰시오.

(1) 양수는 음수보다 □.

(2) 양수끼리는 절댓값이 큰 수가 □.

(3) 음수끼리는 절댓값이 큰 수가 □.

(4) a, b가 실수일 때,
$a-b>0$이면 a ○ b
$a-b=0$이면 a ○ b
$a-b<0$이면 a ○ b

02 다음 ○ 안에 부등호 >, < 중 알맞은 것을 쓰시오.

(1) $\sqrt{2}$ ○ 0

(2) $-\sqrt{5}$ ○ 0

(3) $\sqrt{10}$ ○ $-\sqrt{12}$

(4) $\sqrt{7}$ ○ $\sqrt{11}$

(5) $-\sqrt{15}$ ○ $-\sqrt{13}$

(6) -2 ○ $-\sqrt{8}$

03 다음은 두 실수의 대소를 비교하는 과정이다. □ 안에는 알맞은 수를 쓰고, ○ 안에는 부등호 >, < 중 알맞은 것을 쓰시오.

(1) $\sqrt{2}-1$, 1

$(\sqrt{2}-1)-1=\sqrt{2}-\square$
$=\sqrt{2}-\sqrt{\square}$ ○ 0
$\therefore \sqrt{2}-1$ ○ 1

(2) $-2-\sqrt{7}$, -5

$(-2-\sqrt{7})-(-5)=\square-\sqrt{7}$
$=\sqrt{\square}-\sqrt{7}$ ○ 0
$\therefore -2-\sqrt{7}$ ○ -5

04 다음 ○ 안에 부등호 >, < 중 알맞은 것을 쓰시오.

(1) $\sqrt{5}+3$ ○ 6

(2) 5 ○ $1+\sqrt{14}$

(3) $\sqrt{20}-2$ ○ 2

(4) -4 ○ $1-\sqrt{23}$

05 다음 수직선 위의 점 A~D 중에서 주어진 수에 대응하는 점을 구하시오.

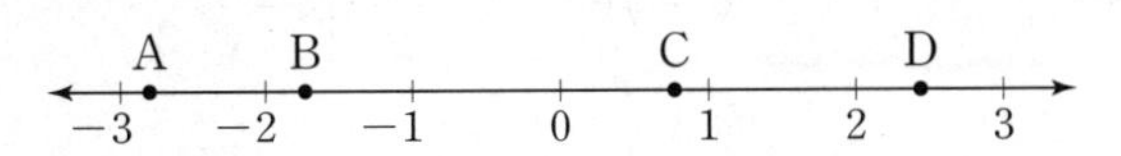

(1) $\sqrt{6}$

(2) $\sqrt{\frac{3}{5}}$

(3) $-\sqrt{3}$

(4) $-\sqrt{8}$

기본 문제

06 다음 중 가장 큰 수를 a, 가장 작은 수를 b라 할 때, a^2+b^2의 값을 구하시오.

$-\sqrt{10}$, $\frac{4}{3}$, -3, $\sqrt{\frac{11}{5}}$, $-\sqrt{8.5}$

07 다음 중 두 실수의 대소 관계가 옳지 않은 것은?

① $\sqrt{3}+2<4$ ② $1-\sqrt{8}>-2$
③ $7<3+\sqrt{10}$ ④ $3>5-\sqrt{13}$
⑤ $-3-\sqrt{26}>-9$

08 다음 중 세 수 $a=\sqrt{5}+2$, $b=\sqrt{11}-1$, $c=3$의 대소 관계를 바르게 나타낸 것은?

① $a<b<c$ ② $a<c<b$ ③ $b<a<c$
④ $b<c<a$ ⑤ $c<a<b$

09 다음 수직선에서 $\sqrt{15}-3$에 대응하는 점이 있는 구간은?

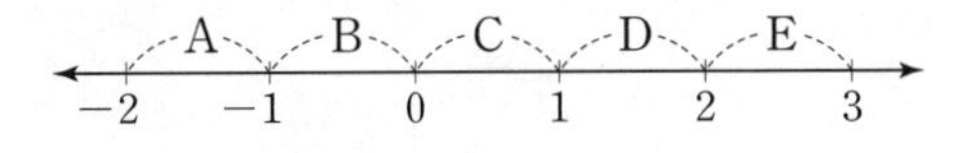

① 구간 A ② 구간 B ③ 구간 C
④ 구간 D ⑤ 구간 E

개념 08 ~ 개념 09

한번 더! 기본 문제

01 아래 그림은 넓이가 10인 정사각형 ABCD와 넓이가 6인 정사각형 EFGH를 수직선 위에 그린 것이다. $\overline{AD}=\overline{AP}$, $\overline{AB}=\overline{AQ}$, $\overline{EH}=\overline{ER}$, $\overline{EF}=\overline{ES}$가 되도록 수직선 위에 네 점 P, Q, R, S를 정할 때, 다음 중 옳지 않은 것은?

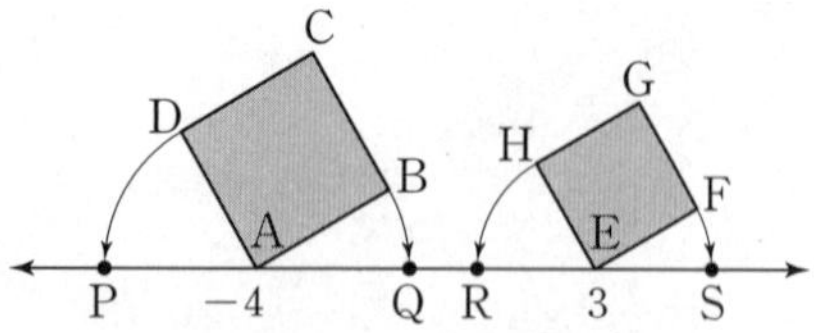

① $\overline{AB}=\sqrt{10}$　② $\overline{EH}=\sqrt{6}$
③ $P(-4-\sqrt{10})$　④ $Q(-4+\sqrt{10})$
⑤ $R(-3-\sqrt{6})$

자신감 UP

02 오른쪽 그림과 같이 한 눈금의 길이가 1인 모눈종이 위에 수직선과 직각삼각형 ABC를 그리고 $\overline{AC}=\overline{PC}$가 되도록 수직선 위에 점 P를 정했다. 점 P에 대응하는 수가 $11-\sqrt{13}$일 때, 점 C에 대응하는 수를 구하시오.

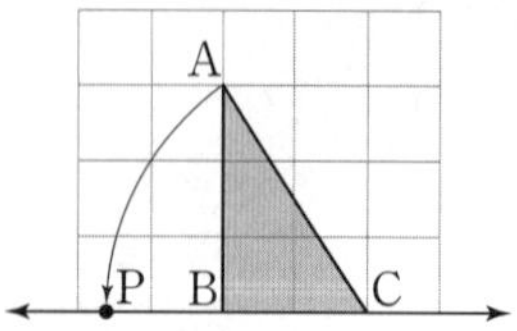

03 다음 중 옳지 않은 것은?

① $\sqrt{3}$은 수직선 위에 나타낼 수 있다.
② $\sqrt{7}$과 $\sqrt{8}$ 사이에는 무수히 많은 무리수가 있다.
③ 수직선은 실수에 대응하는 점으로 완전히 메울 수 있다.
④ 수직선 위에 π에 대응하는 점은 나타낼 수 없다.
⑤ 수직선 위의 점 중에서 유리수에 대응하는 점을 모두 빼면 무리수에 대응하는 점만 남는다.

04 다음 수 중에서 두 번째로 작은 수는?

① -2　② $-\sqrt{6}$　③ $-\sqrt{\frac{16}{3}}$
④ $\sqrt{2.9}$　⑤ 3

05 다음 세 수를 수직선 위에 나타낼 때, 가장 왼쪽에 위치하는 수를 구하시오.

$5,\quad 7-\sqrt{5},\quad 8-\sqrt{6}$

06 다음 수직선 위의 점 A~E 중에서 $\sqrt{7}+2$에 대응하는 점을 구하시오.

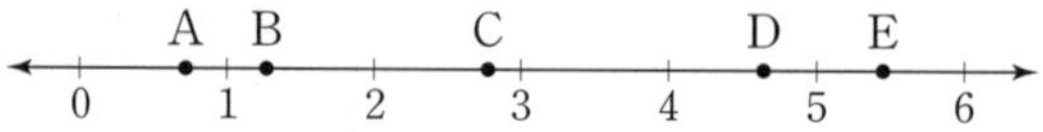

07 다음 중 두 수 $\sqrt{5}$와 6 사이에 있는 수의 개수를 구하시오.

$3,\quad \sqrt{17},\quad (-\sqrt{5})^2,\quad \sqrt{\frac{81}{2}},\quad (\sqrt{8})^2$

2

근호를 포함한 식의 계산

개념 10

제곱근의 곱셈과 나눗셈

01 $a>0$, $b>0$일 때, 다음 □ 안에 알맞은 것을 쓰시오.

(1) $\sqrt{a}\times\sqrt{b}=\sqrt{\square}$

(2) $\sqrt{a}\div\sqrt{b}=\sqrt{\square}$

02 다음을 계산하시오.

(1) $\sqrt{3}\times\sqrt{7}$

(2) $\sqrt{11}\times\sqrt{5}$

(3) $\sqrt{\frac{1}{2}}\times\sqrt{20}$

(4) $\sqrt{32}\times\sqrt{2}$

(5) $2\sqrt{5}\times3\sqrt{3}$

(6) $\sqrt{6}\times(-8\sqrt{7})$

(7) $4\sqrt{\frac{3}{7}}\times2\sqrt{14}$

(8) $-2\sqrt{2}\times5\sqrt{8}$

03 다음을 계산하시오.

(1) $\frac{\sqrt{10}}{\sqrt{2}}$

(2) $\sqrt{21}\div\sqrt{7}$

(3) $\sqrt{15}\div\sqrt{35}$

(4) $6\sqrt{6}\div2\sqrt{3}$

(5) $-8\sqrt{63}\div16\sqrt{7}$

(6) $\sqrt{3}\div\frac{1}{\sqrt{11}}$

(7) $-\sqrt{18}\div\frac{\sqrt{3}}{2}$

(8) $\frac{\sqrt{24}}{5}\div\left(-\frac{\sqrt{6}}{10}\right)$

04 다음을 계산하시오.

(1) $\sqrt{8}\times\sqrt{6}\times\sqrt{3}$

(2) $\sqrt{30}\div\sqrt{6}\div\sqrt{\frac{5}{11}}$

(3) $\sqrt{35}\div\sqrt{7}\times\sqrt{2}$

(4) $\sqrt{10}\times\sqrt{6}\div\sqrt{\frac{5}{3}}$

(5) $10\sqrt{6}\times(-2\sqrt{30})\div5\sqrt{5}$

(6) $3\sqrt{3}\div\frac{6}{\sqrt{15}}\times4\sqrt{5}$

기본 문제

05 $3\sqrt{2}\times2\sqrt{5}=6\sqrt{a}$, $-5\sqrt{3}\times3\sqrt{10}=b\sqrt{30}$일 때, 유리수 a, b에 대하여 $a-b$의 값을 구하시오.

06 다음 중 옳지 않은 것은?

① $\sqrt{11}\times\sqrt{2}=\sqrt{22}$
② $3\sqrt{3}\times(-2\sqrt{12})=-36$
③ $2\sqrt{\frac{14}{5}}\times5\sqrt{\frac{15}{7}}=10\sqrt{6}$
④ $8\sqrt{42}\div2\sqrt{6}=4\sqrt{7}$
⑤ $\frac{\sqrt{20}}{3}\div\frac{\sqrt{2}}{6}=\frac{\sqrt{10}}{2}$

07 $\frac{\sqrt{a}}{\sqrt{7}}\div\frac{\sqrt{2}}{\sqrt{5}}=\sqrt{15}$일 때, 유리수 a의 값을 구하시오.

개념 11

근호가 있는 식의 변형

01 $a>0$, $b>0$일 때, 다음 □ 안에 알맞은 것을 쓰시오.

(1) $a\sqrt{b}=\sqrt{\square}$

(2) $\dfrac{\sqrt{b}}{a}=\sqrt{\square}$

02 다음을 $a\sqrt{b}$의 꼴로 나타내시오.

(단, a는 유리수이고 b는 가장 작은 자연수)

(1) $\sqrt{32}$

(2) $\sqrt{63}$

(3) $-\sqrt{20}$

(4) $-\sqrt{192}$

(5) $\sqrt{\dfrac{11}{49}}$

(6) $-\sqrt{\dfrac{6}{169}}$

(7) $\sqrt{0.27}$

(8) $-\sqrt{1.25}$

03 다음을 $\sqrt{a}$ 또는 $-\sqrt{a}$의 꼴로 나타내시오.

(1) $2\sqrt{3}$

(2) $5\sqrt{2}$

(3) $-3\sqrt{10}$

(4) $-6\sqrt{6}$

(5) $\dfrac{\sqrt{2}}{4}$

(6) $-\dfrac{\sqrt{5}}{3}$

(7) $\frac{3\sqrt{7}}{14}$

(8) $-\frac{2\sqrt{6}}{3}$

04 $\sqrt{2}=1.414$, $\sqrt{20}=4.472$일 때, 다음 □ 안에 알맞은 수를 쓰시오.

(1) $\sqrt{200}=\sqrt{2\times\square}=\square\sqrt{2}$
$=\square\times1.414=\square$

(2) $\sqrt{2000}=\sqrt{20\times\square}=\square\sqrt{20}$
$=\square\times4.472=\square$

(3) $\sqrt{0.02}=\sqrt{\frac{2}{\square}}=\frac{\sqrt{2}}{\square}$
$=\frac{1.414}{\square}=\square$

(4) $\sqrt{0.2}=\sqrt{\frac{\square}{100}}=\frac{\sqrt{\square}}{10}$
$=\frac{\square}{10}=\square$

05 $\sqrt{3}=1.732$, $\sqrt{30}=5.477$일 때, 다음 제곱근의 값을 구하시오.

(1) $\sqrt{300}$

(2) $\sqrt{3000}$

(3) $\sqrt{30000}$

(4) $\sqrt{0.3}$

(5) $\sqrt{0.03}$

(6) $\sqrt{0.003}$

(7) $\sqrt{0.0003}$

기본 문제

06 다음 중 □ 안에 알맞은 수가 가장 작은 것은?

① $\sqrt{45}=\square\sqrt{5}$　② $\sqrt{90}=3\sqrt{\square}$
③ $\sqrt{108}=\square\sqrt{3}$　④ $\sqrt{128}=8\sqrt{\square}$
⑤ $\sqrt{180}=\square\sqrt{5}$

07 다음 | 보기 | 중 옳은 것을 모두 고른 것은?

| 보기 |

ㄱ. $\sqrt{\frac{6}{25}}=\frac{\sqrt{6}}{5}$　ㄴ. $\sqrt{\frac{15}{108}}=\frac{\sqrt{5}}{12}$
ㄷ. $\sqrt{0.07}=\frac{\sqrt{7}}{10}$　ㄹ. $-\sqrt{\frac{21}{27}}=-\frac{\sqrt{7}}{6}$

① ㄱ, ㄴ　② ㄱ, ㄷ　③ ㄴ, ㄷ
④ ㄴ, ㄹ　⑤ ㄷ, ㄹ

08 $\sqrt{0.12}=a\sqrt{3}$, $\sqrt{\frac{50}{9}}=b\sqrt{2}$일 때, 유리수 a, b에 대하여 ab의 값을 구하시오.

09 다음 중 $\sqrt{5}=2.236$임을 이용하여 그 값을 구할 수 있는 것을 모두 고르면? (정답 2개)

① $\sqrt{0.005}$　② $\sqrt{0.05}$　③ $\sqrt{0.5}$
④ $\sqrt{50}$　⑤ $\sqrt{500}$

10 $\sqrt{2}=a$, $\sqrt{3}=b$라 할 때, $\sqrt{24}$를 a, b를 사용하여 나타내면?

① ab　② $2ab$　③ $2ab^2$
④ $3ab$　⑤ $3a^2b$

11 오른쪽 그림과 같이 밑면의 가로, 세로의 길이가 각각 $\sqrt{27}$, $\sqrt{10}$이고 높이가 $\sqrt{20}$인 직육면체의 부피를 구하시오.

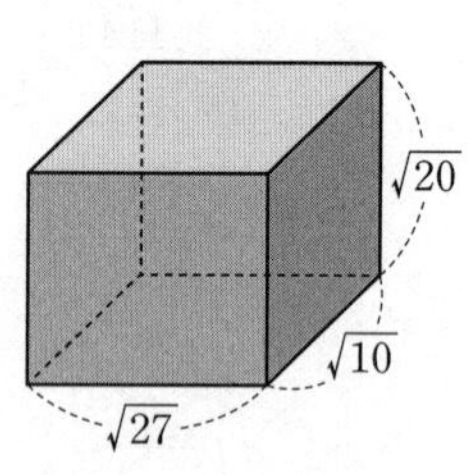

개념 12

분모의 유리화

01 $a>0$이고 a, b가 유리수일 때, 다음 □ 안에 알맞은 것을 쓰시오.

(1) $\dfrac{b}{\sqrt{a}}=\dfrac{\square}{a}$

(2) $\dfrac{\sqrt{b}}{\sqrt{a}}=\dfrac{\square}{a}$ (단, $b>0$)

02 다음은 주어진 수의 분모를 유리화하는 과정이다. □ 안에 알맞은 수를 쓰시오.

(1) $\dfrac{1}{\sqrt{2}}=\dfrac{1\times\square}{\sqrt{2}\times\square}=\square$

(2) $\dfrac{3}{\sqrt{5}}=\dfrac{3\times\square}{\sqrt{5}\times\square}=\square$

(3) $\dfrac{\sqrt{2}}{\sqrt{7}}=\dfrac{\sqrt{2}\times\square}{\sqrt{7}\times\square}=\square$

(4) $\dfrac{5}{2\sqrt{3}}=\dfrac{5\times\square}{2\sqrt{3}\times\square}=\square$

(5) $\dfrac{\sqrt{7}}{\sqrt{32}}=\dfrac{\sqrt{7}}{4\sqrt{2}}=\dfrac{\sqrt{7}\times\square}{4\sqrt{2}\times\square}=\square$

분모를 $a\sqrt{b}$의 꼴로 고치기

03 다음 수의 분모를 유리화하시오.

(1) $\dfrac{5}{\sqrt{7}}$

(2) $-\dfrac{8}{\sqrt{6}}$

(3) $\dfrac{\sqrt{3}}{\sqrt{10}}$

(4) $-\dfrac{\sqrt{2}}{\sqrt{11}}$

(5) $\dfrac{\sqrt{5}}{2\sqrt{3}}$

(6) $-\dfrac{\sqrt{13}}{5\sqrt{2}}$

04 다음 수의 분모를 유리화하시오.

(1) $\dfrac{1}{\sqrt{24}}$

(2) $\dfrac{4}{\sqrt{18}}$

(3) $-\dfrac{2}{\sqrt{75}}$

(4) $\dfrac{\sqrt{3}}{\sqrt{80}}$

(5) $-\dfrac{\sqrt{5}}{\sqrt{98}}$

(6) $\dfrac{3\sqrt{7}}{\sqrt{72}}$

05 다음을 계산하시오.

(1) $\frac{\sqrt{3}}{5}\times\frac{3}{\sqrt{6}}$

(2) $\sqrt{\frac{2}{7}}\div\sqrt{21}$

(3) $\sqrt{\frac{5}{9}}\div3\sqrt{15}\times\sqrt{8}$

(4) $\sqrt{12}\times\frac{4}{\sqrt{98}}\div\frac{\sqrt{5}}{7}$

기본 문제

06 다음은 $\frac{\sqrt{7}}{\sqrt{3}}$의 분모를 유리화하는 과정이다. 이때 $b\div a$의 값은? (단, $a>0$, $b>0$)

$$\frac{\sqrt{7}}{\sqrt{3}}=\frac{\sqrt{7}\times a}{\sqrt{3}\times a}=\frac{b}{3}$$

① $\frac{\sqrt{7}}{3}$　② $\frac{\sqrt{12}}{3}$　③ $\sqrt{3}$
④ $\sqrt{7}$　⑤ $\sqrt{21}$

07 다음 중 분모를 유리화한 것으로 옳지 않은 것은?

① $\frac{1}{\sqrt{7}}=\frac{\sqrt{7}}{7}$　② $\frac{\sqrt{2}}{\sqrt{15}}=\frac{\sqrt{30}}{15}$
③ $\frac{\sqrt{5}}{\sqrt{18}}=\frac{\sqrt{10}}{6}$　④ $\frac{\sqrt{7}}{2\sqrt{6}}=\frac{\sqrt{42}}{12}$
⑤ $\frac{7}{2\sqrt{27}}=\frac{7\sqrt{3}}{12}$

08 $\frac{k}{\sqrt{45}}$의 분모를 유리화하면 $\frac{\sqrt{5}}{3}$일 때, 유리수 k의 값을 구하시오.

09 다음을 만족시키는 유리수 a의 값을 구하시오.

$$\frac{2\sqrt{2}}{\sqrt{5}}\div\frac{\sqrt{6}}{\sqrt{10}}\times\frac{\sqrt{8}}{4}=a\sqrt{3}$$

개념 10 ~ 개념 12

한번 더! 기본 문제

01 다음 중 계산 결과가 가장 큰 것은?

① $\sqrt{3}\times\sqrt{6}$　② $\frac{\sqrt{2}}{3}\times6\sqrt{3}$

③ $\sqrt{40}\div\sqrt{2}$　④ $4\sqrt{5}\div\frac{4}{\sqrt{6}}$

⑤ $\sqrt{22}\div\sqrt{\frac{11}{12}}$

02 다음 중 옳은 것은?

① $\sqrt{48}=16\sqrt{3}$　② $-3\sqrt{2}=-6$

③ $2\sqrt{5}=\sqrt{10}$　④ $\sqrt{\frac{5}{16}}=\frac{\sqrt{5}}{4}$

⑤ $-\frac{\sqrt{3}}{7}=-\sqrt{\frac{9}{49}}$

03 $\sqrt{4.15}=2.037$, $\sqrt{41.5}=6.442$일 때, 다음 중 옳지 않은 것은?

① $\sqrt{415}=20.37$　② $\sqrt{4150}=64.42$

③ $\sqrt{0.415}=0.6442$　④ $\sqrt{0.0415}=0.2037$

⑤ $\sqrt{0.000415}=0.06442$

04 $\frac{3}{\sqrt{6}}=a\sqrt{6}$, $\frac{12}{\sqrt{27}}=b\sqrt{3}$일 때, 유리수 a, b에 대하여 $a+b$의 값을 구하시오.

05 다음 중 옳지 않은 것은?

① $5\sqrt{2}\times\sqrt{10}\div\sqrt{5}=10$

② $4\sqrt{5}\div2\sqrt{3}\times\sqrt{6}=2\sqrt{10}$

③ $\sqrt{\frac{5}{2}}\div\sqrt{\frac{10}{3}}\times\sqrt{\frac{14}{3}}=\frac{\sqrt{14}}{2}$

④ $3\sqrt{2}\times(-2\sqrt{6})\div\frac{\sqrt{3}}{2}=-24$

⑤ $\frac{\sqrt{15}}{\sqrt{8}}\div\frac{\sqrt{5}}{2\sqrt{2}}\times(-\sqrt{30})=-2\sqrt{10}$

자신감 Up

06 오른쪽 그림과 같이 $\overline{BC}=3\sqrt{10}$ cm인 삼각형 ABC의 넓이가 $30\sqrt{2}$ cm²일 때, $\overline{AH}$의 길이를 구하시오.

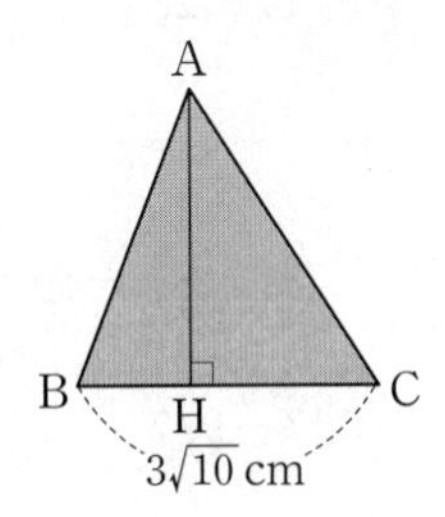

2 근호를 포함한 식의 계산

개념 13

제곱근의 덧셈과 뺄셈

01 m, n은 유리수이고 $\sqrt{a}$는 무리수일 때, 다음 □ 안에 알맞은 것을 쓰시오.

(1) $m\sqrt{a}+n\sqrt{a}=(\square)\sqrt{a}$

(2) $m\sqrt{a}-n\sqrt{a}=(\square)\sqrt{a}$

02 다음을 계산하시오.

(1) $2\sqrt{2}+5\sqrt{2}$

(2) $10\sqrt{3}+\sqrt{3}$

(3) $3\sqrt{5}+4\sqrt{5}$

(4) $8\sqrt{11}-2\sqrt{11}$

(5) $5\sqrt{7}-9\sqrt{7}$

(6) $-3\sqrt{6}-6\sqrt{6}$

03 다음을 계산하시오.

(1) $2\sqrt{5}+7\sqrt{5}-5\sqrt{5}$

(2) $6\sqrt{3}-2\sqrt{3}+\sqrt{3}$

(3) $\frac{\sqrt{6}}{2}+\frac{5\sqrt{6}}{4}-\frac{2\sqrt{6}}{3}$

(4) $\frac{5\sqrt{2}}{6}-\frac{8\sqrt{2}}{9}+\frac{\sqrt{2}}{3}$

(5) $12\sqrt{3}+2\sqrt{7}-5\sqrt{3}+4\sqrt{7}$

(6) $6\sqrt{2}-5\sqrt{5}+\sqrt{5}-3\sqrt{2}$

(7) $7\sqrt{10}-3\sqrt{11}-6\sqrt{10}+5\sqrt{11}$

(8) $\frac{2\sqrt{2}}{5}+\frac{3\sqrt{6}}{10}+\frac{3\sqrt{6}}{2}-\frac{\sqrt{2}}{2}$

04 다음을 계산하시오.

(1) $\sqrt{48}+3\sqrt{3}$

(2) $\sqrt{112}-\sqrt{28}$

(3) $\sqrt{72}+\sqrt{8}-\sqrt{32}$

(4) $\sqrt{180}-\sqrt{45}-\sqrt{20}$

(5) $\dfrac{12}{\sqrt{6}}+4\sqrt{6}$

(6) $\dfrac{\sqrt{2}}{\sqrt{5}}-\dfrac{\sqrt{10}}{10}$

(7) $\sqrt{75}-\sqrt{192}+\dfrac{15}{\sqrt{3}}$

(8) $\dfrac{1}{\sqrt{18}}+\dfrac{\sqrt{2}}{4}-\dfrac{5}{\sqrt{50}}$

기본 문제

05 다음 중 옳은 것을 모두 고르면? (정답 2개)

① $\sqrt{2}+\sqrt{5}=\sqrt{7}$
② $6\sqrt{3}-5\sqrt{3}=\sqrt{3}$
③ $4\sqrt{5}+2\sqrt{5}=6\sqrt{10}$
④ $\sqrt{10}-3\sqrt{10}=-2$
⑤ $5\sqrt{7}-\sqrt{14}-2\sqrt{7}=3\sqrt{7}-\sqrt{14}$

06 $\dfrac{\sqrt{3}}{2}-\dfrac{\sqrt{5}}{3}-\sqrt{3}+\dfrac{5\sqrt{5}}{6}=a\sqrt{3}+b\sqrt{5}$일 때, 유리수 a, b에 대하여 $a-b$의 값을 구하시오.

07 $\dfrac{5\sqrt{3}}{2}-\dfrac{6}{\sqrt{48}}+\sqrt{147}=k\sqrt{3}$일 때, 유리수 k의 값은?

① 6　② 7　③ 8
④ 9　⑤ 10

개념 14

분배법칙을 이용한 제곱근의 계산 / 혼합 계산

01 $a>0$, $b>0$, $c>0$일 때, 다음 □ 안에 알맞은 것을 쓰시오.

(1) $\sqrt{a}(\sqrt{b}+\sqrt{c})=\square+\sqrt{ac}$

(2) $(\sqrt{a}+\sqrt{b})\sqrt{c}=\sqrt{ac}+\square$

02 다음을 계산하시오.

(1) $\sqrt{3}(\sqrt{2}+\sqrt{5})$

(2) $\sqrt{2}(6\sqrt{2}+\sqrt{14})$

(3) $\sqrt{5}(\sqrt{15}-\sqrt{10})$

(4) $(\sqrt{21}+3\sqrt{7})\sqrt{7}$

(5) $(2\sqrt{18}-\sqrt{15})\sqrt{6}$

(6) $(\sqrt{26}+\sqrt{18})\div\sqrt{2}$

(7) $(\sqrt{40}-\sqrt{35})\div\sqrt{5}$

(8) $(\sqrt{32}+\sqrt{60})\div\dfrac{1}{\sqrt{3}}$

03 다음 수의 분모를 유리화하시오.

(1) $\dfrac{1+\sqrt{2}}{\sqrt{7}}$

(2) $\dfrac{\sqrt{3}-\sqrt{11}}{\sqrt{11}}$

(3) $\dfrac{2\sqrt{5}+\sqrt{21}}{\sqrt{3}}$

(4) $\dfrac{\sqrt{20}-\sqrt{15}}{2\sqrt{10}}$

(5) $\dfrac{\sqrt{27}+\sqrt{44}}{\sqrt{18}}$

(6) $\dfrac{5\sqrt{14}-21}{\sqrt{63}}$

04 다음을 계산하시오.

(1) $6\sqrt{10}+3\sqrt{2}\times2\sqrt{5}$

(2) $\sqrt{35}\times2\sqrt{7}+6\sqrt{15}\div3\sqrt{3}$

(3) $\sqrt{54}\div\frac{\sqrt{18}}{2}-\sqrt{21}\times\frac{5}{\sqrt{7}}$

(4) $\sqrt{5}(3\sqrt{3}+\sqrt{5})-\sqrt{15}$

(5) $\sqrt{98}-2\sqrt{3}(\sqrt{6}+\sqrt{21})$

(6) $\frac{\sqrt{2}+\sqrt{15}}{\sqrt{5}}-\sqrt{3}$

(7) $\frac{\sqrt{8}+\sqrt{6}}{2\sqrt{12}}+\sqrt{5}\div\sqrt{30}$

(8) $\sqrt{30}(2\sqrt{5}+\sqrt{6})+\frac{12-4\sqrt{30}}{\sqrt{6}}$

기본 문제

05 $\sqrt{2}(\sqrt{8}+\sqrt{24})-\sqrt{3}(\sqrt{12}-2)$를 계산하면?

① $-2-3\sqrt{3}$　② $-2+3\sqrt{3}$　③ $-2+6\sqrt{3}$
④ $2+3\sqrt{3}$　⑤ $2+6\sqrt{3}$

06 $\sqrt{3}\left(\frac{4}{\sqrt{6}}-\frac{25}{\sqrt{15}}\right)+\sqrt{2}(5-\sqrt{10})=a\sqrt{2}+b\sqrt{5}$일 때, 유리수 a, b에 대하여 $a+b$의 값을 구하시오.

07 $\frac{\sqrt{3}-2\sqrt{2}}{\sqrt{2}}-\frac{3\sqrt{2}-2\sqrt{3}}{\sqrt{3}}=k\sqrt{6}$일 때, 유리수 k의 값은?

① $-\frac{1}{2}$　② $-\frac{1}{3}$　③ $-\frac{1}{6}$
④ $\frac{1}{3}$　⑤ $\frac{1}{2}$

개념 13 ~ 개념 14

한번 더! 기본 문제

01 $4\sqrt{6}-\sqrt{150}+\sqrt{24}$를 계산하면?

① $\sqrt{6}$　② 4　③ $2\sqrt{6}$
④ 6　⑤ $3\sqrt{6}$

02 $\sqrt{75}-4\sqrt{2}-\dfrac{8}{\sqrt{2}}+\sqrt{48}=a\sqrt{2}+b\sqrt{3}$일 때, 유리수 a, b에 대하여 $a+b$의 값을 구하시오.

03 $A=\sqrt{2}+\sqrt{6}$, $B=\sqrt{2}-\sqrt{6}$일 때, $\sqrt{6}A-\sqrt{2}B$의 값은?

① $2\sqrt{3}+4$　② $2\sqrt{3}+4\sqrt{6}$　③ $4\sqrt{3}+4$
④ $4\sqrt{3}+4\sqrt{6}$　⑤ $6\sqrt{3}+4$

04 다음 식을 계산하시오.

$$\sqrt{2}(3-\sqrt{12})-\frac{\sqrt{32}-\sqrt{98}}{\sqrt{3}}$$

05 다음 중 ◯ 안에 알맞은 부등호의 방향이 나머지 넷과 다른 하나는?

① $\sqrt{6}+1$ ◯ $\sqrt{6}+\sqrt{2}$
② $\sqrt{5}-1$ ◯ $2\sqrt{5}-3$
③ $\sqrt{12}+\sqrt{5}$ ◯ $\sqrt{3}+\sqrt{20}$
④ $\sqrt{28}$ ◯ $\sqrt{63}-\sqrt{6}$
⑤ $7+\sqrt{48}$ ◯ $3+\sqrt{108}$

자신감 Up

06 다음 세 수 중에서 가장 큰 수를 구하시오.

$$4\sqrt{3}-1,\quad 2+\sqrt{3},\quad 3$$

3

다항식의 곱셈과 인수분해

개념 15

다항식의 곱셈

01 다음 □ 안에 알맞은 것을 쓰시오.

(1) 다항식과 다항식의 곱셈에서 분배법칙을 이용하여 하나의 다항식으로 나타내는 것을 □한다고 한다.

(2) $(a+b)(c+d)$를 전개하면

⇨ □

(7) $(a+b)(x+y+z)$

(8) $(x+3y)(a-2b+4)$

02 다음 식을 전개하시오.

(1) $(x+1)(y+3)$

(2) $(a-2)(b+4)$

(3) $(-2x+5)(y-1)$

(4) $(-3a+7)(-b+2)$

(5) $(a+b)(c-d)$

(6) $(a-b)(3x+4y)$

03 다음 식을 전개하시오.

(1) $(x+5)(x-1)$

(2) $(a-4)(a-3)$

(3) $(2b-7)(b+2)$

(4) $(x+3y)(5x-y)$

(5) $(2x-3y)(3x+4y)$

(6) $(-a+6b)(-2a+b)$

(7) $(a+b-3)(2a+b)$

(8) $(-4x+y)(3x-y-5)$

04 다음 식의 전개식에서 [ ] 안의 항의 계수를 구하시오.

(1) $(2x+1)(x-5)$ $[x]$

(2) $(3a+2)(4a-1)$ $[a]$

(3) $(-2b+3)(-3b-5)$ $[b]$

(4) $(x-y)(5x-3y)$ $[xy]$

(5) $(7x-9y)(x+4y)$ $[xy]$

(6) $(-4a-5b)(-3a+4b)$ $[ab]$

기본 문제

05 $(x-2y+5)(2x-4y)$를 전개하면?

① $2x^2+4y^2-4xy+10x-20y$
② $2x^2+8y^2-8xy+10x-20y$
③ $2x^2+8y^2-8xy+6x-10y$
④ $x^2+4y^2-4xy+10x-20y$
⑤ $x^2+8y^2-8xy+10x-20y$

06 다음 중 옳지 않은 것은?

① $(x-2)(y+4)=xy+4x-2y-8$
② $(3x+y)(2x-y)=6x^2-xy-y^2$
③ $(3a+1)(3a+b)=9a^2+3ab+3a+b$
④ $(4x-y)(5x+y+1)=20x^2-xy-y^2$
⑤ $(2a-3b)(5c-d)=10ac-2ad-15bc+3bd$

07 $(-3x+4y)(x+2y-3)$의 전개식에서 xy의 계수를 a, y^2의 계수를 b라 할 때, $a-b$의 값을 구하시오.

개념 16

곱셈 공식 (1), (2)

01 다음 □ 안에 알맞은 것을 쓰시오.

(1) $(a+b)^2=a^2+\square ab+\square^2$,
$(a-b)^2=\square^2-\square ab+b^2$

(2) $(a+b)(a-b)=\square^2-\square^2$

02 다음 식을 전개하시오.

(1) $(x+1)^2$

(2) $(2a+3)^2$

(3) $(5x+y)^2$

(4) $(3a+4b)^2$

(5) $(x-2)^2$

(6) $(4a-3)^2$

(7) $(6x-y)^2$

(8) $(4a-5b)^2$

(9) $(-x-3)^2$

(10) $(-2a-7b)^2$

(11) $(-x+4)^2$

(12) $(-6a+5b)^2$

03 다음 식을 전개하시오.

(1) $(x+2)(x-2)$

(2) $(y-5)(y+5)$

(3) $(3a+1)(3a-1)$

(4) $(2a-b)(2a+b)$

(5) $(5x+4y)(5x-4y)$

(6) $\left(a+\frac{1}{2}\right)\left(a-\frac{1}{2}\right)$

(7) $\left(x-\frac{3}{5}\right)\left(x+\frac{3}{5}\right)$

(8) $(-x+6)(-x-6)$

(9) $(-7x-2y)(-7x+2y)$

(10) $(x+5)(-x+5)$

(11) $(4a-3)(-4a-3)$

(12) $(a-b)(-a-b)$

기본 문제

04 다음 중 옳지 않은 것은?

① $(3a+1)^2=9a^2+6a+1$
② $(5a-2b)^2=25a^2-20ab+4b^2$
③ $\left(-2x-\frac{1}{4}\right)^2=4x^2-x+\frac{1}{16}$
④ $(-x-3)(-x+3)=x^2-9$
⑤ $(-6a+5)(6a+5)=-36a^2+25$

05 $(3x+5y)^2=ax^2+bxy+cy^2$일 때, 상수 a, b, c에 대하여 $a+b-c$의 값을 구하시오.

06 $\left(A-\frac{1}{3}x\right)\left(\frac{1}{3}x+A\right)=-\frac{1}{9}x^2+16$일 때, 양수 A의 값은?

① $\frac{1}{4}$ ② $\frac{1}{2}$ ③ 2
④ 4 ⑤ 8

개념 17

곱셈 공식 (3), (4)

01 다음 □ 안에 알맞은 것을 쓰시오.

(1) $(x+a)(x+b)=x^2+(\square)x+\square$

(2) $(ax+b)(cx+d)=\square x^2+(ad+\square)x+\square$

02 다음 식을 전개하시오.

(1) $(x+3)(x+2)$

(2) $(x-4)(x+8)$

(3) $(a+5)(a-1)$

(4) $(a-6)(a-3)$

(5) $\left(x-\frac{1}{2}\right)\left(x+\frac{1}{4}\right)$

(6) $(x+3y)(x-7y)$

(7) $(a-5b)(a-6b)$

(8) $\left(x+\frac{2}{3}y\right)(x-3y)$

03 다음 식을 전개하시오.

(1) $(2x+1)(3x+4)$

(2) $(5x-3)(4x+2)$

(3) $(6a+5)(2a-3)$

(4) $(3a-7)(4a-2)$

(5) $(2x+3y)(3x+y)$

(6) $(4a+5b)(2a-3b)$

(7) $(-7x+y)(-2x-3y)$

(8) $(-3a-4b)(a-5b)$

04 다음 식을 계산하시오.

(1) $(x-2)^2+(x-1)(x-5)$

(2) $4x(x+1)-(x+3)(x+6)$

(3) $(2a-1)(3a+2)-(4a+3)(2a-3)$

(4) $(5a-1)(a+4)+(2a+3)^2$

(5) $(x-y)(x+6y)-(x+y)(-x+y)$

(6) $(a+b)(a-7b)-(3a+4b)(a-5b)$

기본 문제

05 다음 중 전개하였을 때, x의 계수가 가장 큰 것은?

① $(3x+1)^2$
② $(-5x-1)^2$
③ $(2x-3)(-x+3)$
④ $(6x+2)(7x-1)$
⑤ $(3x+5)(2x-1)$

06 $-3(x+1)(x-2)+2(x+3)(x+4)$를 계산하면?

① $-x^2+11x+30$
② $-x^2+17x+30$
③ $-x^2+17x+40$
④ $x^2+11x+30$
⑤ $x^2+17x+40$

07 $(5x-2)(ax+3)$의 전개식에서 x의 계수가 9일 때, x^2의 계수를 구하시오. (단, a는 상수)

개념 15 ~ 개념 17

한번 더! 기본 문제

01 $(x-3y+7)(x+ay-2)$의 전개식에서 xy의 계수가 5일 때, 상수 a의 값을 구하시오.

02 다음 중 $(a-b)^2$과 전개식이 같은 것은?

① $-(a+b)^2$　② $(-a+b)^2$
③ $-(-a+b)^2$　④ $(-a-b)^2$
⑤ $(a+b)(a-b)$

03 $3(x-5)(x+5)-2(2x-1)(2x+1)$을 계산하면 ax^2+b일 때, 상수 a, b에 대하여 $a-b$의 값은?

① 40　② 48　③ 54
④ 60　⑤ 68

04 다음 중 옳은 것은?

① $(x-7)^2=x^2-49$
② $(-x+6)(-x-6)=-x^2-36$
③ $(-x+4)(x-3)=-x^2-7x+12$
④ $(2x-8)(x-1)=2x^2-10x+8$
⑤ $(x+2y)(x-4y)=x^2-6xy-8y^2$

05 $(2x+y)(3x-4y)-3(5x-y)^2$을 계산한 식에서 xy의 계수는?

① 5　② 10　③ 15
④ 20　⑤ 25

자신감 Up

06 오른쪽 그림에서 색칠한 직사각형의 넓이를 구하시오.

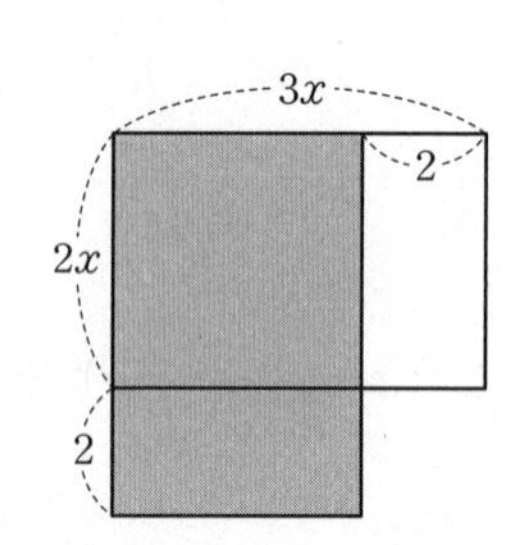

개념 18

곱셈 공식의 응용 (1) – 수의 계산

01 다음 수를 계산할 때 이용하면 가장 편리한 곱셈 공식을 | 보기 | 에서 고르시오.

| 보기 |
ㄱ. $(a+b)(a-b)=a^2-b^2$
ㄴ. $(a+b)^2=a^2+2ab+b^2$ (단, $b>0$)
ㄷ. $(a-b)^2=a^2-2ab+b^2$ (단, $b>0$)
ㄹ. $(x+a)(x+b)=x^2+(a+b)x+ab$

(1) 41^2

(2) 88^2

(3) 104×96

(4) 202×207

02 다음 □ 안에 알맞은 수를 쓰시오.

(1) $52^2=(50+\square)^2$
$=50^2+2\times50\times\square+\square^2$
$=2500+\square+\square$
$=\square$

(2) $97^2=(100-\square)^2$
$=100^2-2\times100\times\square+\square^2$
$=10000-\square+\square$
$=\square$

(3) $82\times78=(80+\square)(80-\square)$
$=80^2-\square^2$
$=6400-\square$
$=\square$

(4) $51\times54=(50+\square)(50+\square)$
$=50^2+(\square+\square)\times50+\square\times\square$
$=2500+\square+\square$
$=\square$

03 곱셈 공식을 이용하여 다음을 계산하시오.

(1) 73^2

(2) 101^2

(3) 10.2^2

3 다항식의 곱셈과 인수분해

(4) 68^2

(5) 399^2

(6) 9.7^2

(7) 53×47

(8) 102×98

(9) 10.1×9.9

(10) 81×82

(11) 106×103

(12) 192×198

기본 문제

04 다음 중 203^2을 계산할 때 이용하면 가장 편리한 곱셈 공식은?

① $(a+b)^2=a^2+2ab+b^2$ (단, $b>0$)
② $(a-b)^2=a^2-2ab+b^2$ (단, $b>0$)
③ $(a+b)(a-b)=a^2-b^2$
④ $(x+a)(x+b)=x^2+(a+b)x+ab$
⑤ $(ax+b)(cx+d)=acx^2+(ad+bc)x+bd$

05 다음 중 곱셈 공식 $(a+b)(a-b)=a^2-b^2$을 이용하여 계산하면 편리한 것을 모두 고르면? (정답 2개)

① 98^2
② 103×104
③ 3.03×2.97
④ 87×93
⑤ 43×33

06 곱셈 공식을 이용하여 다음을 계산하시오.

$$\frac{1021\times1023+1}{1022}$$

개념 19

곱셈 공식의 응용 (2) – 제곱근의 계산

01 다음 □ 안에 알맞은 것을 쓰시오.

(1) $(\sqrt{a}+\sqrt{b})^2=a+2\sqrt{\square}+\square$

(2) $(\sqrt{a}-\sqrt{b})^2=\square-2\sqrt{\square}+b$

(3) $(\sqrt{a}+\sqrt{b})(\sqrt{a}-\sqrt{b})=\square-\square$

02 곱셈 공식을 이용하여 다음을 계산하시오.

(1) $(\sqrt{2}+\sqrt{3})^2$

(2) $(\sqrt{7}+\sqrt{5})^2$

(3) $(3+\sqrt{10})^2$

(4) $(2\sqrt{3}+1)^2$

(5) $(\sqrt{5}-\sqrt{2})^2$

(6) $(\sqrt{3}-\sqrt{7})^2$

(7) $(\sqrt{6}-6)^2$

(8) $(5-4\sqrt{3})^2$

(9) $(\sqrt{6}-\sqrt{3})(\sqrt{6}+\sqrt{3})$

(10) $(4+\sqrt{10})(4-\sqrt{10})$

(11) $(3\sqrt{5}-7)(3\sqrt{5}+7)$

(12) $(-5+\sqrt{13})(-5-\sqrt{13})$

03 다음은 곱셈 공식을 이용하여 주어진 수의 분모를 유리화하는 과정이다. □ 안에 알맞은 수를 쓰시오.

(1) $\dfrac{1}{\sqrt{5}+1}=\dfrac{\square}{(\sqrt{5}+1)(\square)}=\square$

(2) $\dfrac{2}{4-\sqrt{2}}=\dfrac{2(\square)}{(4-\sqrt{2})(\square)}=\square$

(3) $\dfrac{\sqrt{3}-1}{\sqrt{3}+1}=\dfrac{(\sqrt{3}-1)(\square)}{(\sqrt{3}+1)(\square)}=\square$

(4) $\dfrac{\sqrt{6}+\sqrt{2}}{\sqrt{6}-\sqrt{2}}=\dfrac{(\sqrt{6}+\sqrt{2})(\square)}{(\sqrt{6}-\sqrt{2})(\square)}=\square$

04 곱셈 공식을 이용하여 다음 수의 분모를 유리화하시오.

(1) $\dfrac{4}{\sqrt{6}-2}$

(2) $\dfrac{\sqrt{3}}{\sqrt{15}+3}$

(3) $\dfrac{2}{\sqrt{5}+\sqrt{11}}$

(4) $\dfrac{5+\sqrt{3}}{5-\sqrt{3}}$

(5) $\dfrac{\sqrt{7}+\sqrt{14}}{\sqrt{14}-\sqrt{7}}$

(6) $\dfrac{2\sqrt{6}-3}{2\sqrt{6}+3}$

05 다음은 곱셈 공식을 이용하여 식의 값을 구하는 과정이다. □ 안에 알맞은 수를 쓰시오.

(1) $x=-1+\sqrt{5}$일 때, x^2+2x의 값

> $x=-1+\sqrt{5}$에서 $x+\square=\sqrt{5}$
> 이 식의 양변을 제곱하면
> $(x+\square)^2=(\sqrt{5})^2$, $x^2+2x+\square=5$
> $\therefore x^2+2x=\square$

(2) $x=2+\sqrt{3}$일 때, x^2-4x+9의 값

> $x=2+\sqrt{3}$에서 $x-\square=\sqrt{3}$
> 이 식의 양변을 제곱하면
> $(x-\square)^2=(\sqrt{3})^2$, $x^2-4x+\square=3$
> $x^2-4x=\square$
> $\therefore x^2-4x+9=\square+9=\square$

06 곱셈 공식을 이용하여 다음을 구하시오.

(1) $x=1+\sqrt{6}$일 때, x^2-2x의 값

(2) $x=\sqrt{7}-3$일 때, x^2+6x의 값

(3) $x=\sqrt{2}-4$일 때, x^2+8x-3의 값

(4) $x=5+\sqrt{10}$일 때, $x^2-10x+15$의 값

기본 문제

07 다음 중 옳지 않은 것은?

① $(\sqrt{11}+3)(\sqrt{11}-3)=2$
② $(2+\sqrt{6})^2=10+4\sqrt{6}$
③ $(\sqrt{2}+2\sqrt{3})^2=14+4\sqrt{6}$
④ $(5-\sqrt{8})(4+\sqrt{2})=16-3\sqrt{2}$
⑤ $(\sqrt{7}-\sqrt{5})^2=7-2\sqrt{35}$

08 $(2+\sqrt{13})^2-(3\sqrt{2}+3)(3\sqrt{2}-3)=a+b\sqrt{13}$일 때, 유리수 a, b에 대하여 $a+b$의 값을 구하시오.

09 $\dfrac{4}{2-\sqrt{2}}$의 분모를 유리화하면?

① $2-\sqrt{2}$　② $2+\sqrt{2}$　③ $2+2\sqrt{2}$
④ $4+\sqrt{2}$　⑤ $4+2\sqrt{2}$

10 $\dfrac{\sqrt{24}-\sqrt{2}}{\sqrt{2}}+\dfrac{4-\sqrt{27}}{2-\sqrt{3}}$을 계산하면?

① -2　② $2-\sqrt{6}$　③ $4\sqrt{3}-2$
④ $2+4\sqrt{3}$　⑤ $4\sqrt{3}+2\sqrt{6}$

11 $x=3\sqrt{2}-3$일 때, x^2+6x-3의 값은?

① 5　② 6　③ 7
④ 8　⑤ 9

12 $x=\dfrac{2+\sqrt{3}}{2-\sqrt{3}}$일 때, $x^2-14x+10$의 값을 구하시오.

개념 20

곱셈 공식의 응용 (3) – 곱셈 공식의 변형

01 다음 □ 안에 알맞은 것을 쓰시오.

(1) $a^2+b^2=(a+b)^2-\square$

(2) $a^2+b^2=(\square)^2+2ab$

(3) $(a+b)^2=(a-b)^2+\square$

(4) $(a-b)^2=(\square)^2-4ab$

02 $a+b=4$, $ab=2$일 때, 다음 □ 안에 알맞은 수를 쓰시오.

(1) $a^2+b^2=(a+b)^2-\square ab$
$=4^2-\square$
$=\square$

(2) $(a-b)^2=(a+b)^2-\square ab$
$=4^2-\square$
$=\square$

03 $a-b=-3$, $ab=5$일 때, 다음 □ 안에 알맞은 수를 쓰시오.

(1) $a^2+b^2=(a-b)^2+\square ab$
$=(-3)^2+\square$
$=\square$

(2) $(a+b)^2=(a-b)^2+\square ab$
$=(-3)^2+\square$
$=\square$

04 다음을 구하시오.

(1) $x+y=3$, $xy=1$일 때, x^2+y^2의 값

(2) $x-y=-6$, $xy=-4$일 때, x^2+y^2의 값

(3) $x+y=4$, $x^2+y^2=12$일 때, xy의 값

(4) $x-y=-3$, $x^2+y^2=8$일 때, xy의 값

(5) $x-y=7$, $xy=-5$일 때, $(x+y)^2$의 값

(6) $x-y=2$, $xy=\frac{1}{2}$일 때, $(x+y)^2$의 값

(7) $x+y=-1$, $xy=-4$일 때, $(x-y)^2$의 값

(8) $x+y=-6$, $xy=3$일 때, $(x-y)^2$의 값

05 $x+\frac{1}{x}=4$일 때, 다음 □ 안에 알맞은 수를 쓰시오.

(1) $x^2+\frac{1}{x^2}=\left(x+\frac{1}{x}\right)^2-\square$
$=4^2-\square$
$=\square$

(2) $\left(x-\frac{1}{x}\right)^2=\left(x+\frac{1}{x}\right)^2-\square$
$=4^2-\square$
$=\square$

기본 문제

06 $a-b=2\sqrt{3}$, $ab=4$일 때, $(a+b)^2$의 값은?

① 22 ② 24 ③ 26
④ 28 ⑤ 30

07 $x+y=-4$, $xy=2$일 때, $\frac{y}{x}+\frac{x}{y}$의 값을 구하시오.

08 $a-\frac{1}{a}=6$일 때, $a^2+\frac{1}{a^2}$의 값은?

① 30 ② 34 ③ 38
④ 42 ⑤ 46

한번 더! 기본 문제

01 다음 중 주어진 수를 계산할 때 이용하면 가장 편리한 곱셈 공식을 나타낸 것으로 옳지 않은 것은?

① 301^2 ⇨ $(a+b)^2=a^2+2ab+b^2$ (단, $b>0$)
② 58^2 ⇨ $(a-b)^2=a^2-2ab+b^2$ (단, $b>0$)
③ 104×97 ⇨ $(x+a)(x+b)=x^2+(a+b)x+ab$
④ 105×96 ⇨ $(a+b)(a-b)=a^2-b^2$
⑤ 10.1×9.8 ⇨ $(x+a)(x+b)=x^2+(a+b)x+ab$

02 다음을 계산하시오.

$$(\sqrt{15}+2)(\sqrt{15}+4)-(2\sqrt{5}+\sqrt{3})^2$$

03 $\dfrac{3-2\sqrt{2}}{3+2\sqrt{2}}=A+B\sqrt{2}$일 때, 유리수 A, B에 대하여 $A+B$의 값은?

① 1 ② 3 ③ 5
④ 7 ⑤ 9

04 $x=\dfrac{1}{\sqrt{3}-2}$일 때, x^2+4x+3의 값은?

① 1 ② 2 ③ 3
④ 4 ⑤ 5

05 $x-y=8$, $xy=10$일 때, x^2+y^2의 값은?

① 76 ② 78 ③ 80
④ 82 ⑤ 84

자신감 Up

06 $x=\dfrac{1}{\sqrt{3}-\sqrt{2}}$, $y=\dfrac{1}{\sqrt{3}+\sqrt{2}}$일 때, x^2+y^2-xy의 값을 구하시오.

개념 21

다항식의 인수분해

01 다음 □ 안에 알맞은 것을 쓰시오.

(1) 하나의 다항식을 두 개 이상의 다항식의 곱으로 나타낼 때, 각각의 식을 처음의 식의 □라 한다.

(2) 하나의 다항식을 두 개 이상의 다항식의 곱으로 나타내는 것을 그 다항식을 □한다고 한다.

(3) $ma+mb$에서 ma와 mb의 공통인 인수는 □이므로
⇨ $ma+mb=$□$(a+b)$

02 다음 식은 어떤 다항식을 인수분해한 것인지 구하시오.

(1) $x(x-2)$

(2) $(a+5)^2$

(3) $(x+1)(x-3)$

(4) $(2x-1)(x+4)$

(5) $(3a-b)(a-2b)$

03 다음 | 보기 | 중 주어진 식의 인수를 모두 고르시오.

(1) $x(y-1)$

| 보기 |
x, $y-1$, xy, $x(y-1)$

(2) $x(x+3)$

| 보기 |
x, $x+3$, $x-3$, x^2

(3) $(a+2)(a-2)$

| 보기 |
a, $a+2$, $a-2$, $(a+2)(a-2)$

(4) $x^2(x-y)$

| 보기 |
x, y, $x-y$, x^2, $x(x-y)$

04 다음 다항식에서 각 항의 공통인 인수를 찾은 후 인수분해하여 표를 완성하시오.

다항식	공통인 인수	인수분해한 식
$a+ab$		
x^2-2xy		
$xy+xy^2$		

05 다음 □ 안에 알맞은 것을 쓰고, 주어진 식을 인수분해하시오.

(1) $ax+bx$

⇨ 공통인 인수가 □이므로

$ax+bx=x(\square)$

(2) $x+3x^2$

(3) $2a^2-8a$

(4) $4xy+6y^2$

(5) $5xy^2-10x^2y^3$

(6) $ax-bx-cx$

(7) $a(x+y)-5(x+y)$

⇨ 공통인 인수가 □이므로

$a(x+y)-5(x+y)$

$=(x+y)(\square)$

(8) $x(a-4)-2(a-4)$

기본 문제

06 $3x^2-axy$를 인수분해하면 $3x(x-2y)$일 때, 상수 a의 값을 구하시오.

07 다음 중 $8x^3-4x^2y$의 인수가 아닌 것은?

① $4x$　② x^2　③ $2x-y$
④ $4x-xy$　⑤ $x^2(2x-y)$

08 $x(2a-b)+y(b-2a)$를 인수분해하면?

① $(x+y)(2a-b)$　② $(x+y)(b-2a)$
③ $(x-y)(2a-b)$　④ $(x-y)(b-2a)$
⑤ $(x-y)(2a+b)$

개념 22

인수분해 공식 (1), (2)

01 다음 □ 안에 알맞은 것을 쓰시오.

(1) $a^2+2ab+b^2=(\square)^2$,
$a^2-2ab+b^2=(\square)^2$

(2) $a^2-b^2=(a+b)(\square)$

(3) 다항식의 제곱으로 이루어진 식 또는 그 식에 수를 곱한 식을 □이라 한다.

02 다음 식을 인수분해하시오.

(1) $x^2+8x+16$

(2) $a^2-12a+36$

(3) $x^2+10xy+25y^2$

(4) $4x^2+28x+49$

(5) $9x^2-12x+4$

(6) $25a^2-60ab+36b^2$

03 다음 □ 안에 알맞은 수를 쓰고, 주어진 식이 완전제곱식이 되도록 하는 상수 A의 값을 모두 구하시오.

(1) $x^2+6x+A=x^2+2\times x\times\square+A$
⇨ $A=\square^2=\square$

(2) $x^2+Ax+100=x^2+Ax+(\pm10)^2$
⇨ $A=2\times(\square)=\square$

(3) $x^2-24x+A$

(4) $x^2+Ax+64$

04 다음 □ 안에 알맞은 수를 쓰고, 주어진 식이 완전제곱식이 되도록 하는 상수 A의 값을 모두 구하시오.

(1) $4x^2+36x+A=(2x)^2+2\times2x\times\square+A$
⇨ $A=\square^2=\square$

(2) $9x^2+Ax+25=(3x)^2+Ax+(\pm5)^2$
⇨ $A=2\times3\times(\square)=\square$

(3) $36x^2-60x+A$

(4) $25x^2+Ax+49$

05 다음 식을 인수분해하시오.

(1) x^2-36

(2) a^2-64

(3) $81-x^2$

(4) $4x^2-25$

(5) $9a^2-16b^2$

(6) $36x^2-49y^2$

(7) $-x^2+100y^2$

(8) $\frac{9}{16}x^2-\frac{1}{25}y^2$

기본 문제

06 다음 중 옳지 않은 것은?

① $a^2-6a+9=(a-3)^2$

② $\frac{1}{4}x^2+x+1=\left(\frac{1}{2}x+1\right)^2$

③ $16x^2+16xy+4y^2=(4x+y)^2$

④ $36x^2-25y^2=(6x+5y)(6x-5y)$

⑤ $45x^2-20=5(3x+2)(3x-2)$

07 오른쪽 그림과 같이 밑변의 길이가 $5x+11$인 평행사변형의 넓이가 $25x^2-121$일 때, 이 평행사변형의 높이를 구하시오.

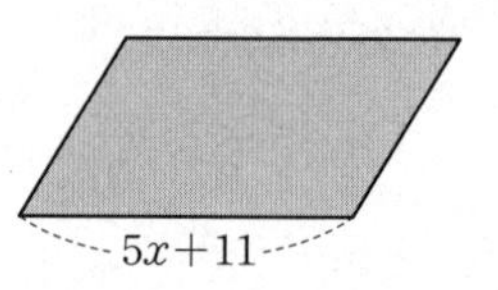

08 다음 두 다항식이 모두 완전제곱식이 되도록 하는 양수 a, b에 대하여 $a+b$의 값을 구하시오.

$$16x^2+24x+a,\quad x^2-bx+49$$

개념 23

인수분해 공식 (3), (4)

01 다음 □ 안에 알맞은 것을 쓰시오.

(1) $x^2+(a+b)x+ab=(x+a)(\square)$

(2) $acx^2+(ad+bc)x+bd=(\square)(cx+d)$

02 합과 곱이 각각 다음과 같은 두 정수를 구하시오.

(1) 합: 4, 곱: 3

(2) 합: 2, 곱: -8

(3) 합: 9, 곱: 20

(4) 합: -8, 곱: 15

(5) 합: -11, 곱: 18

(6) 합: 3, 곱: -40

03 다음 식을 인수분해하시오.

(1) x^2+3x+2

(2) $a^2+10a+24$

(3) x^2+x-30

(4) $x^2-7x-18$

(5) $a^2-9a+20$

(6) $x^2+6xy+5y^2$

(7) $x^2+xy-12y^2$

(8) $a^2-5ab-14b^2$

04 다음 식을 인수분해하시오.

(1) $2x^2+x-6$

(2) $4x^2+13x+3$

(3) $9x^2+7x-2$

(4) $10x^2-13x-30$

(5) $12x^2-23x+10$

(6) $5a^2-14a-3$

(7) $6b^2+25b+14$

(8) $16y^2+34y-15$

기본 문제

05 $x^2-14x+48$이 x의 계수가 1인 두 일차식의 곱으로 인수분해될 때, 두 일차식의 합은?

① $2x-14$ ② $2x-7$ ③ $2x-3$
④ $2x+4$ ⑤ $2x+14$

06 다음 중 $x-2$를 인수로 갖지 않는 것은?

① $3x^2-7x+2$ ② $2x^2-7x+6$
③ $4x^2-5x-6$ ④ $5x^2-12x+4$
⑤ $6x^2+11x-2$

07 $4x^2+(3a-5)x-15$가 $(2x-3)(2x+b)$로 인수분해될 때, 상수 a, b에 대하여 $a+b$의 값을 구하시오.

개념 21 ~ 개념 23

한번 더! 기본 문제

01 다음 중 $(x-3)(x-2)+6(x-2)$의 인수를 모두 고르면? (정답 2개)

① $x-3$　② $x-2$　③ $x+2$
④ $x+3$　⑤ $x+6$

02 $2x^2-12xy+18y^2$이 $a(bx-cy)^2$으로 인수분해될 때, 자연수 a, b, c에 대하여 $a+b+c$의 값을 구하시오.

03 $36x^2+(8k-4)x+25$가 완전제곱식이 되도록 하는 상수 k의 값을 모두 구하시오.

04 다음 중 두 다항식의 공통인 인수인 것은?

$$2x^2-50,\quad x^2+7x+10$$

① $x-5$　② $x-2$　③ $x+1$
④ $x+2$　⑤ $x+5$

05 다음 중 옳지 않은 것은?

① $x^2-8x+16=(x-4)^2$
② $9x^2-25=(3x+5)(3x-5)$
③ $x^2+7x-30=(x+10)(x-3)$
④ $2x^2+x-10=(2x+5)(x-2)$
⑤ $6x^2-x-2=(x+2)(6x-1)$

자신감 Up

06 x^2의 계수가 1인 어떤 이차식을 인수분해하는데 하연이는 x의 계수를 잘못 보아 $(x+8)(x-3)$으로 인수분해하였고, 주원이는 상수항을 잘못 보아 $(x+5)(x-7)$로 인수분해하였다. 다음 물음에 답하시오.

(1) 처음 이차식을 구하시오.

(2) (1)의 이차식을 바르게 인수분해하시오.

개념 24

복잡한 식의 인수분해

01 다음은 $(x+1)^2-4(x+1)-12$를 인수분해하는 과정이다. □ 안에 알맞은 것을 쓰시오.

$x+1=A$로 놓으면
$$(x+1)^2-4(x+1)-12=A^2-4A-12$$
$$=(A+2)(A-\square)$$
$$=(\square+2)(x+1-\square)$$
$$=(x+\square)(x-\square)$$

02 다음 식을 인수분해하시오.

(1) $(x-2)^2+8(x-2)+16$

(2) $(a+4)^2-14(a+4)+24$

(3) $(3a-1)^2-(3a-1)-6$

(4) $(x-y)^2-25$

(5) $(4x+1)^2-(x-3)^2$

03 다음은 $xy-x-y+1$을 인수분해하는 과정이다. □ 안에 알맞은 것을 쓰시오.

$$xy-x-y+1=(xy-x)-(y-1)$$
$$=x(\square)-(y-1)$$
$$=(\square)(y-1)$$

04 다음 식을 인수분해하시오.

(1) $x^2-xy+y-x$

(2) $ab+2a+3b+6$

(3) $x^2-y^2-4x+4y$

(4) $a^2-b^2-ac-bc$

(5) x^3+x^2-x-1

05 다음은 $x^2-2x+1-y^2$을 인수분해하는 과정이다. □ 안에 알맞은 것을 쓰시오.

$$x^2-2x+1-y^2=(x^2-2x+1)-y^2$$
$$=(\square)^2-y^2$$
$$=(\square+y)(\square-y)$$

06 다음 식을 인수분해하시오.

(1) $x^2+6x+9-y^2$

(2) $4a^2+4a+1-b^2$

(3) $x^2-y^2+12y-36$

(4) $x^2+y^2-25-2xy$

(5) $16-9x^2-y^2+6xy$

기본 문제

07 $(x+2y)(x+2y-2)-15$를 인수분해하면?

① $(x+2y+5)(x+2y+3)$
② $(x+2y+5)(x+2y-3)$
③ $(x+2y+3)(x+2y-3)$
④ $(x+2y+3)(x+2y-5)$
⑤ $(x+2y-3)(x+2y-5)$

08 $2x^3-x^2-18x+9$를 인수분해하면 $(x+3)(x-a)(2x-b)$일 때, 자연수 a, b에 대하여 $a+b$의 값을 구하시오.

09 다음 중 a^2-9b^2+6b-1의 인수를 모두 고르면? (정답 2개)

① $a-3b-1$　② $a-3b+1$
③ $a+3b-1$　④ $a+3b+1$
⑤ $a+3b$

개념 25

인수분해 공식의 응용

01 다음 수를 계산할 때 이용하면 가장 편리한 인수분해 공식을 | 보기 |에서 고르고, 수를 계산하시오.

| 보기 |

ㄱ. $ma+mb=m(a+b)$
ㄴ. $a^2+2ab+b^2=(a+b)^2$ (단, $b>0$)
ㄷ. $a^2-2ab+b^2=(a-b)^2$ (단, $b>0$)
ㄹ. $a^2-b^2=(a+b)(a-b)$

(1) $23\times89-23\times84$

(2) 48^2-38^2

(3) $37^2-2\times37\times7+49$

(4) $64^2+2\times64\times6+36$

02 인수분해 공식을 이용하여 다음을 계산하시오.

(1) $8\times43+8\times57$

(2) $17\times73-17\times33$

(3) $21^2+2\times21\times19+19^2$

(4) $58^2+4\times58+4$

(5) $36^2-2\times36\times24+24^2$

(6) $71^2-2\times71+1$

(7) 99^2-1

(8) $\sqrt{41^2-40^2}$

03 다음은 인수분해 공식을 이용하여 식의 값을 구하는 과정이다. □ 안에 알맞은 수를 쓰시오.

(1) $x=97$일 때, x^2+6x+9의 값

$x^2+6x+9=(x+\square)^2$
$=(97+\square)^2$
$=\square^2$
$=\square$

(2) $x=87$, $y=13$일 때, x^2-y^2의 값

$$
\begin{aligned}
x^2-y^2&=(x+y)(x-y)\\
&=(87+\square)(\square-13)\\
&=100\times\square\\
&=\square
\end{aligned}
$$

(3) $x=3+\sqrt{5}$, $y=3-\sqrt{5}$일 때, $x^2-2xy+y^2$의 값

$$
\begin{aligned}
x^2-2xy+y^2&=(\square)^2\\
&=\{(3+\sqrt{5})-(\square)\}^2\\
&=(\square)^2\\
&=\square
\end{aligned}
$$

04 인수분해 공식을 이용하여 다음을 구하시오.

(1) $x=26$일 때, x^2+4x의 값

(2) $x=81$일 때, x^2-2x+1의 값

(3) $x=-5+\sqrt{10}$일 때, $x^2+10x+25$의 값

(4) $x=66$, $y=56$일 때, x^2-y^2의 값

기본 문제

05 다음 중 $93^2-6\times93+3^2$을 계산할 때 이용하면 가장 편리한 인수분해 공식은?

① $ma+mb=m(a+b)$
② $a^2+2ab+b^2=(a+b)^2$ (단, $b>0$)
③ $a^2-2ab+b^2=(a-b)^2$ (단, $b>0$)
④ $a^2-b^2=(a+b)(a-b)$
⑤ $x^2+(a+b)x+ab=(x+a)(x+b)$

06 인수분해 공식을 이용하여 다음을 계산하시오.

$$5.5^2\times1.2-4.5^2\times1.2$$

07 $x=\sqrt{6}+\sqrt{3}$, $y=\sqrt{6}-\sqrt{3}$일 때, x^2-y^2의 값은?

① $-12\sqrt{2}$ ② $-6\sqrt{2}$ ③ $3\sqrt{2}$
④ $6\sqrt{2}$ ⑤ $12\sqrt{2}$

개념 24 ~ 개념 25

한번 더! 기본 문제

01 $2(x+1)^2+3(x+1)(x-2)-2(x-2)^2$이 $a(x+b)(x-c)$로 인수분해될 때, 자연수 a, b, c에 대하여 $a+b-c$의 값을 구하시오.

02 $a^2-2ab-2bc+ac$를 인수분해하면?

① $(a+2b)(b-c)$　② $(a+2b)(a-c)$
③ $(a+2b)(a+c)$　④ $(a-2b)(a-c)$
⑤ $(a-2b)(a+c)$

03 인수분해 공식을 이용하여 $46^2+8\times46+16$을 계산하면?

① 2500　② 2750　③ 3000
④ 3250　⑤ 3500

04 인수분해 공식을 이용하여 다음 두 도형 A, B에서 색칠한 부분의 넓이를 각각 구하시오.

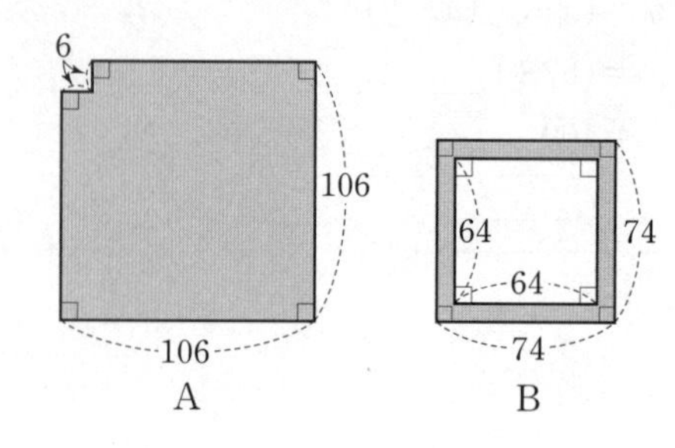

05 $x=\sqrt{2}-3$일 때, $(x+6)^2-6(x+6)+9$의 값은?

① 1　② 2　③ 3
④ 4　⑤ 5

자신감 Up

06 인수분해 공식을 이용하여 다음을 계산하시오.

$$10^2-9^2+8^2-7^2+6^2-5^2$$

4

이차방정식

개념 26

이차방정식과 그 해

01 다음 □ 안에 알맞은 것을 쓰시오.

(1) 등식의 모든 항을 좌변으로 이항하여 정리한 식이 (x에 대한 □)$=0$의 꼴로 나타나는 방정식을 x에 대한 이차방정식이라 한다.

(2) x에 대한 이차방정식이 참이 되게 하는 미지수 x의 값을 이차방정식의 □ 또는 근이라 한다.

02 다음 중 이차방정식인 것은 ○표, 이차방정식이 아닌 것은 ×표를 ( ) 안에 쓰시오.

(1) $x^2+1=0$ ( )

(2) $-3x^2+2x-1=0$ ( )

(3) x^2+4x ( )

(4) $x^2=(x+6)^2$ ( )

(5) $x(2x+1)=x^2-5$ ( )

03 다음 [ ] 안의 수가 주어진 이차방정식의 해인 것은 ○표, 해가 아닌 것은 ×표를 ( ) 안에 쓰시오.

(1) $x^2+2x-3=0$ [1] ( )

(2) $-2x^2+5x+3=0$ [-3] ( )

(3) $(x-2)(x+4)=0$ [4] ( )

(4) $6x^2+7x-5=0$ $\left[\frac{1}{2}\right]$ ( )

(5) $(3x-2)(4x-1)=2x$ [0] ( )

04 x의 값이 1, 2, 3, 4일 때, 이차방정식 $x^2-5x+4=0$에 대하여 다음 표를 완성하고, 해를 구하시오.

x의 값	좌변의 값	우변의 값	참, 거짓
1			
2			
3			
4			

05 x의 값이 -2, -1, 0, 1, 2일 때, 다음 이차방정식의 해를 구하시오.

(1) $x^2-4=0$

(2) $x^2+3x=0$

(3) $x^2+x-2=0$

(4) $x^2-5x+6=0$

기본 문제

06 다음 | 보기 | 중 이차방정식인 것을 모두 고른 것은?

| 보기 |

ㄱ. $2x^2+x=2(x^2-x)$ ㄴ. $x(x+3)=6$
ㄷ. $x^2+3=x^2+5x$ ㄹ. $(x+2)^2=(x-4)^2$
ㅁ. $(x+1)(3x+5)=x^2-2x$

① ㄱ, ㄴ ② ㄱ, ㄷ ③ ㄴ, ㄹ
④ ㄴ, ㅁ ⑤ ㄷ, ㅁ

07 다음 이차방정식 중 $x=-1$이 해가 아닌 것은?

① $(x+1)^2=0$ ② $(x+1)(x+2)=0$
③ $x^2-2x-3=0$ ④ $x^2-4x+3=0$
⑤ $x^2+7x+6=0$

08 이차방정식 $x^2-6x+a=0$의 한 근이 $x=4$일 때, 상수 a의 값을 구하시오.

09 이차방정식 $2x^2-3x-1=0$의 한 근이 $x=a$일 때, $2a^2-3a-5$의 값은?

① -6 ② -4 ③ -2
④ 2 ⑤ 4

개념 27

인수분해를 이용한 이차방정식의 풀이

01 다음 □ 안에 알맞은 것을 쓰시오.

(1) 이차방정식 $ax^2+bx+c=0$의 좌변을 두 일차식의 곱으로 인수분해할 수 있는 경우에는

$AB=0$이면 $A=0$ 또는 □

임을 이용하여 이차방정식을 풀 수 있다.

(2) 이차방정식 $(x-\alpha)(x-\beta)=0$의 해는 $x=$□ 또는 $x=\beta$이다.

02 다음 □ 안에 알맞은 수를 쓰고, 주어진 이차방정식을 푸시오.

(1) $(x+1)(x-4)=0$

⇨ $x+1=$□ 또는 $x-4=$□

$\therefore x=$□ 또는 $x=$□

(2) $x(x+3)=0$

(3) $(x-2)(x-6)=0$

(4) $(x+5)(2x-9)=0$

(5) $(4x+7)(-x+4)=0$

03 다음 이차방정식을 인수분해를 이용하여 푸시오.

(1) $x^2-x=0$

(2) $2x^2+10x=0$

(3) $x^2-16=0$

(4) $x^2+5x+6=0$

(5) $x^2+2x-15=0$

(6) $x^2-11x+10=0$

(7) $2x^2-7x-4=0$

(8) $3x^2+11x+6=0$

(9) $8x^2-18x+9=0$

(10) $10x^2+19x-15=0$

04 다음 이차방정식을 인수분해를 이용하여 푸시오.

(1) $3x^2=7x$

(2) $x^2-2x=24$

(3) $9x-10=-x^2$

(4) $2x^2+15=13x$

(5) $2x^2-4x=x^2-x+18$

(6) $5x^2+2x-10=2x^2+4x+11$

• 정답 및 해설 37쪽

기본 문제

05 이차방정식 $2x^2-9x+4=0$의 근이 $x=\alpha$ 또는 $x=\beta$일 때, $\alpha-\beta$의 값은? (단, $\alpha>\beta$)

① $\frac{3}{2}$ ② $\frac{7}{3}$ ③ $\frac{7}{2}$
④ $\frac{11}{3}$ ⑤ $\frac{11}{2}$

06 다음 두 이차방정식의 공통인 근을 구하시오.

$$x^2-2x-3=0,\quad 3x^2-7x-6=0$$

07 이차방정식 $2x^2-(a-1)x-10=0$의 한 근이 $x=-2$일 때, 다른 한 근을 구하시오. (단, a는 상수)

개념 28

이차방정식의 중근

01 다음 □ 안에 알맞은 것을 쓰시오.

(1) 이차방정식의 두 해가 중복될 때, 이 해를 주어진 이차방정식의 □이라 한다.

(2) 이차방정식이 (□)=0의 꼴로 나타내어지면 이 이차방정식은 중근을 갖는다.
이때 이차방정식 $x^2+ax+b=0$이 중근을 가지려면 $b=\left(\square\right)^2$이어야 한다.

02 다음 이차방정식을 푸시오.

(1) $(x-4)^2=0$

(2) $(x+6)^2=0$

(3) $(2x-1)^2=0$

(4) $(3x+5)^2=0$

03 다음 이차방정식을 푸시오.

(1) $x^2+2x+1=0$

(2) $x^2-10x+25=0$

(3) $9x^2+6x+1=0$

(4) $4x^2-28x+49=0$

(5) $x^2+16x=-64$

(6) $25x^2+36=60x$

(7) $x^2+9=18(x-4)$

(8) $4(x^2+6x)=-5x^2-16$

04 다음 이차방정식이 중근을 가질 때, □ 안에 알맞은 수를 쓰고, 상수 k의 값을 구하시오.

(1) $x^2+8x+k=0$

⇨ $k=\left(\frac{\square}{2}\right)^2=\square$

(2) $x^2+kx+36=0$

⇨ $36=\left(\frac{k}{2}\right)^2$에서 $k^2=\square$

$\therefore k=\pm\square$

(3) $x^2-6x+k=0$

(4) $x^2+14x+k=0$

(5) $x^2-20x+k=0$

(6) $x^2+kx+4=0$

(7) $x^2+kx+25=0$

(8) $x^2+kx+121=0$

기본 문제

05 다음 이차방정식 중 중근을 갖는 것을 모두 고르면? (정답 2개)

① $9x^2-6x=-1$
② $(x-4)^2=16$
③ $x^2=25$
④ $(x+5)(x-5)=11$
⑤ $12x^2+8x+5=4-4x^2$

06 이차방정식 $x^2+12x+36=0$이 $x=p$를 중근으로 갖는다. 이차방정식 $x^2+8x+a=0$의 한 근이 $x=p$일 때, 상수 a의 값을 구하시오.

07 이차방정식 $x^2+4x+7-3k=0$이 중근을 가질 때, 상수 k의 값은?

① 1　② 2　③ 3
④ 4　⑤ 5

개념 26 ~ 개념 28

한번 더! 기본 문제

01 다음 중 이차방정식인 것을 모두 고르면? (정답 2개)

① $x^2-6x=5$
② x^2-3x+2
③ $2x^2+1=5x^2-4x$
④ $x^2=x^2-x+6$
⑤ $3x^2-2x-1=x(3x+5)$

02 다음 중 [ ] 안의 수가 주어진 이차방정식의 해가 아닌 것은?

① $x(x-2)=0$ [0]
② $(x+4)^2=0$ [-4]
③ $(x+2)(x-3)=0$ [3]
④ $x^2-4x-5=0$ [-2]
⑤ $x^2-x-12=0$ [4]

03 이차방정식 $x^2+5x+4=0$의 한 근이 $x=a$일 때, $2a^2+10a-5$의 값을 구하시오.

04 이차방정식 $5x^2-17x=-6$의 두 근 사이에 있는 모든 정수의 합은?

① -3
② -1
③ 1
④ 3
⑤ 5

05 이차방정식 $x^2-ax+6=0$의 근이 $x=-3$ 또는 $x=b$일 때, $a+b$의 값을 구하시오. (단, a는 상수)

자신감 Up

06 이차방정식 $x^2-16x+5k+4=0$이 중근 $x=a$를 가질 때, $a+k$의 값을 구하시오. (단, k는 상수)

개념 29

제곱근 또는 완전제곱식을 이용한 이차방정식의 풀이

01 다음 □ 안에 알맞은 것을 쓰시오.

(1) 이차방정식 $x^2=q(q\geq0)$의 해는 $x=\pm$□이다.

(2) 이차방정식 $(x-p)^2=q(q\geq0)$의 해는 $x=$□$\pm\sqrt{q}$이다.

(3) 이차방정식의 좌변을 인수분해하기 어려운 경우에는 이차방정식을 (□)=(상수)의 꼴로 나타낸 후 제곱근을 이용하여 이차방정식을 풀 수 있다.

02 다음 □ 안에 알맞은 것을 쓰고, 주어진 이차방정식을 제곱근을 이용하여 푸시오.

(1) $x^2=5$

⇨ $x=\pm$□

(2) $x^2=18$

(3) $4x^2-5=20$

(4) $(x-1)^2=2$

⇨ $x-1=\pm$□ $\therefore x=$□

(5) $(x+4)^2=7$

(6) $2(x-5)^2=10$

(7) $3(x+2)^2=36$

(8) $4(x+6)^2=32$

(9) $6(x-8)^2=120$

03 다음은 완전제곱식을 이용하여 이차방정식의 해를 구하는 과정이다. □ 안에 알맞은 수를 쓰시오.

(1) $x^2-4x-2=0$

> $x^2-4x-2=0$에서
> $x^2-4x=2$
> x^2-4x+□$=2+$□
> $(x-$□$)^2=$□
> $\therefore x=$□

(2) $3x^2+18x-12=0$

> $3x^2+18x-12=0$에서
> $x^2+6x-4=0$
> $x^2+6x=4$
> x^2+6x+□$=4+$□
> $(x+$□$)^2=$□
> $\therefore x=$□

04 다음 이차방정식을 완전제곱식을 이용하여 푸시오.

(1) $x^2+8x+9=0$

(2) $x^2+14x-1=0$

(3) $2x^2+10x+6=0$

(4) $4x^2+8x-16=0$

(5) $5x^2+60x+25=0$

기본 문제

05 이차방정식 $5(x+3)^2=30$의 해가 $x=a\pm\sqrt{b}$일 때, 유리수 a, b에 대하여 $a+b$의 값은?

① -5　② -1　③ 3
④ 8　⑤ 13

06 이차방정식 $(x-6)^2-3=0$의 두 근의 합을 구하시오.

07 이차방정식 $3x^2+9x-3=0$을 $\left(x+\frac{3}{2}\right)^2=k$의 꼴로 나타낼 때, 상수 k의 값을 구하시오.

08 오른쪽은 완전제곱식을 이용하여 이차방정식 $4x^2+8x+1=0$의 해를 구하는 과정이다. ①~⑤에 들어갈 수로 옳지 않은 것은?

$4x^2+8x+1=0$에서
x^2+ ① $x=$ ②
$(x+$ ③ $)^2=$ ④
$\therefore x=$ ⑤

① 2　② $-\frac{1}{4}$　③ -1
④ $\frac{3}{4}$　⑤ $-1\pm\frac{\sqrt{3}}{2}$

개념 30

이차방정식의 근의 공식

01 다음 □ 안에 알맞은 것을 쓰시오.

(1) 이차방정식 $ax^2+bx+c=0$의 근은

$$x=\frac{\square\pm\sqrt{\square}}{2a}\ (\text{단}, \square\geq 0)$$

이고, 이 식을 이차방정식의 □이라 한다.

(2) 이차방정식 $ax^2+2b'x+c=0$의 근은

$$x=\frac{\square\pm\sqrt{\square}}{a}\ (\text{단}, \square\geq 0)$$

이다.

02 다음은 근의 공식을 이용하여 이차방정식 $2x^2-3x-1=0$의 해를 구하는 과정이다. □ 안에 알맞은 수를 쓰시오.

> $2x^2-3x-1=0$에서
>
> $$x=\frac{-(\square)\pm\sqrt{(\square)^2-4\times2\times(-1)}}{2\times2}$$
>
> $=\square$

03 다음 이차방정식을 근의 공식을 이용하여 푸시오.

(1) $x^2+x-3=0$

(2) $x^2+5x+2=0$

(3) $x^2-9x+6=0$

(4) $x^2+13x+20=0$

(5) $3x^2-7x+3=0$

(6) $4x^2+3x-2=0$

(7) $7x^2-x-1=0$

(8) $8x^2+9x+2=0$

04 다음은 근의 공식을 이용하여 이차방정식 $4x^2-10x+3=0$의 해를 구하는 과정이다. □ 안에 알맞은 수를 쓰시오.

> $4x^2-10x+3=0$에서
>
> $$x=\frac{-(\square)\pm\sqrt{(-5)^2-4\times\square}}{4}$$
>
> $=\square$

05 다음 이차방정식을 근의 공식을 이용하여 푸시오.

(1) $x^2-2x-6=0$

(2) $x^2+4x-2=0$

(3) $x^2-6x-8=0$

(4) $x^2+10x+7=0$

(5) $2x^2-4x+1=0$

(6) $3x^2-8x-4=0$

(7) $6x^2+12x-5=0$

(8) $10x^2+14x+3=0$

기본 문제

06 이차방정식 $9x^2-6x-2=0$의 근이 $x=\frac{a\pm\sqrt{b}}{3}$일 때, 유리수 a, b에 대하여 $a+b$의 값은?

① 2 ② 4 ③ 6
④ 8 ⑤ 10

07 이차방정식 $3x^2+5x+1=0$의 두 근을 α, β라 할 때, $\alpha-\beta$의 값을 구하시오. (단, $\alpha>\beta$)

08 이차방정식 $2x^2-10x+k=0$의 근이 $x=\frac{5\pm\sqrt{11}}{2}$일 때, 유리수 k의 값은?

① 1 ② 3 ③ 5
④ 7 ⑤ 9

개념 31

여러 가지 이차방정식의 풀이

01 다음 □ 안에 알맞은 것을 쓰시오.

(1) 괄호가 있는 이차방정식은 □이나 분배법칙을 이용하여 괄호를 풀어 정리한 후 푼다.

(2) 계수가 소수인 이차방정식은 양변에 □의 거듭제곱을 곱하여 계수를 정수로 고친 후 푼다.

(3) 계수가 분수인 이차방정식은 양변에 분모의 □를 곱하여 계수를 정수로 고친 후 푼다.

02 다음은 이차방정식 $(x-2)(x+1)=-2x+4$의 해를 구하는 과정이다. □ 안에 알맞은 수를 쓰시오.

$(x-2)(x+1)=-2x+4$에서
$\square=-2x+4$
$\square=0$
$(x+\square)(x-\square)=0$
$\therefore x=\square$ 또는 $x=\square$

03 다음 이차방정식을 푸시오.

(1) $(x+3)^2=x+9$

(2) $3x(x-4)=4(1-2x)$

(3) $6(x-1)^2=5(x-2)^2$

04 다음은 주어진 이차방정식의 해를 구하는 과정이다. □ 안에 알맞은 수를 쓰시오.

(1) $0.1x^2+0.3x+0.2=0$

양변에 □을 곱하면
$\square=0$
$(x+\square)(x+\square)=0$
$\therefore x=\square$ 또는 $x=\square$

(2) $\frac{1}{3}x^2+\frac{7}{6}x+\frac{1}{2}=0$

양변에 분모의 최소공배수인 □을 곱하면
$\square=0$
$(x+\square)(2x+\square)=0$
$\therefore x=\square$ 또는 $x=\square$

05 다음 이차방정식을 푸시오.

(1) $0.2x^2+0.1x-1=0$

(2) $0.3x^2-0.9x+0.5=0$

(3) $0.01x^2-0.13x-0.3=0$

(4) $\frac{1}{2}x^2+\frac{1}{4}x-1=0$

(5) $\frac{3}{10}x^2-\frac{1}{2}x+\frac{2}{15}=0$

(6) $\frac{x^2-2x}{3}=\frac{4x-3}{5}$

06 다음은 이차방정식 $(x+1)^2-4(x+1)-12=0$의 해를 구하는 과정이다. □ 안에 알맞은 수를 쓰시오.

> $x+1=A$로 놓으면
> $\square=0$
> $(A+\square)(A-\square)=0$
> $\therefore A=\square$ 또는 $A=\square$
> 즉, $x+1=\square$ 또는 $x+1=\square$이므로
> $x=\square$ 또는 $x=\square$

07 다음 이차방정식을 푸시오.

(1) $(x-2)^2-5(x-2)+4=0$

(2) $(4-x)^2+3(4-x)-10=0$

(3) $(x+5)^2+8(x+5)+16=0$

(4) $2(x-1)^2-3(x-1)-9=0$

기본 문제

08 이차방정식 $7(x-1)^2+5x=(2x+1)(3x-2)$를 풀면?

① $x=-1$ 또는 $x=7$
② $x=1$ 또는 $x=7$
③ $x=-4\pm\sqrt{7}$
④ $x=4\pm\sqrt{7}$
⑤ $x=4\pm2\sqrt{7}$

09 이차방정식 $0.5x+\frac{1}{4}=-\frac{1}{8}x^2$의 두 근의 곱은?

① 2
② $2\sqrt{2}$
③ 4
④ $4\sqrt{2}$
⑤ 6

10 이차방정식 $(3x+2)^2-3(3x+2)-10=0$의 두 근을 α, β라 할 때, $\alpha+\beta$의 값을 구하시오.

개념 29 ~ 개념 31

한번 더! 기본 문제

01 이차방정식 $(x-4)^2-3=0$의 두 근의 차는?

① $\sqrt{3}$　② $2\sqrt{3}$　③ $3\sqrt{3}$
④ $4\sqrt{3}$　⑤ $5\sqrt{3}$

02 다음은 완전제곱식을 이용하여 이차방정식 $2x^2+8x+5=0$의 해를 구하는 과정이다. 이때 유리수 a, b, c에 대하여 abc의 값을 구하시오.

> $2x^2+8x+5=0$에서
> $x^2+4x+\frac{5}{2}=0$
> $x^2+4x=-\frac{5}{2}$, $(x+a)^2=b$
> $\therefore x=-a\pm\frac{\sqrt{c}}{2}$

03 이차방정식 $3x^2-8x+1=0$의 두 근 중 큰 근을 a라 할 때, $3a-\sqrt{13}$의 값은?

① 1　② 2　③ 3
④ 4　⑤ 5

자신감 Up

04 이차방정식 $5x^2+4x+a=0$의 근이 $x=\frac{b\pm\sqrt{19}}{5}$일 때, 유리수 a, b에 대하여 $a-b$의 값을 구하시오.

05 이차방정식 $\frac{3}{4}x^2-\frac{7}{6}x+\frac{5}{12}=0$을 풀면?

① $x=\frac{5}{9}$ 또는 $x=1$　② $x=\frac{5}{9}$ 또는 $x=-1$
③ $x=-\frac{5}{9}$ 또는 $x=1$　④ $x=\frac{9}{5}$ 또는 $x=1$
⑤ $x=-\frac{9}{5}$ 또는 $x=-1$

06 이차방정식 $\frac{(x+5)^2}{2}+0.4(x+5)=0.1$의 정수인 해는?

① $x=-8$　② $x=-7$　③ $x=-6$
④ $x=-5$　⑤ $x=-4$

개념 32

이차방정식의 근의 개수 / 이차방정식 구하기

01 다음 □ 안에 알맞은 것을 쓰시오.

(1) 이차방정식 $ax^2+bx+c=0$에서

① $b^2-4ac>0$이면 □을 갖는다.

② $b^2-4ac=0$이면 □을 갖는다.

③ $b^2-4ac<0$이면 □.

(2) 두 근이 α, β이고 x^2의 계수가 a인 이차방정식은

⇨ $\square(x-\alpha)(x-\square)=0$

(3) 중근이 α이고 x^2의 계수가 a인 이차방정식은

⇨ $a(x-\square)^2=0$

02 다음 표를 완성하시오.

$ax^2+bx+c=0$	b^2-4ac의 값	근의 개수
$x^2+3x+1=0$		
$x^2-4x+5=0$		
$9x^2-6x+1=0$		
$3x^2-5x+4=0$		
$2x^2+x-7=0$		
$4x^2+20x+25=0$		

03 이차방정식의 근이 다음과 같을 때, 상수 k의 값 또는 범위를 구하시오.

(1) $x^2-4x+k=0$

⇨ ① 서로 다른 두 근: ______

② 중근 : ______

③ 근이 없다. : ______

(2) $3x^2+6x-k=0$

⇨ ① 서로 다른 두 근: ______

② 중근 : ______

③ 근이 없다. : ______

(3) $5x^2-2x+k=0$

⇨ ① 서로 다른 두 근: ______

② 중근 : ______

③ 근이 없다. : ______

04 다음 조건을 만족시키는 x에 대한 이차방정식을 $ax^2+bx+c=0$의 꼴로 나타내시오. (단, a, b, c는 상수)

(1) 두 근이 2, 4이고 x^2의 계수가 1인 이차방정식

(2) 두 근이 -3, 6이고 x^2의 계수가 1인 이차방정식

(3) 두 근이 -1, -5이고 x^2의 계수가 -1인 이차방정식

(4) 두 근이 -4, 3이고 x^2의 계수가 2인 이차방정식

(5) 두 근이 -2, 0이고 x^2의 계수가 3인 이차방정식

(6) 두 근이 $\frac{1}{2}$, $\frac{1}{5}$이고 x^2의 계수가 10인 이차방정식

(7) 두 근이 $-\frac{1}{4}$, $\frac{1}{6}$이고 x^2의 계수가 12인 이차방정식

05 다음 조건을 만족시키는 x에 대한 이차방정식을 $ax^2+bx+c=0$의 꼴로 나타내시오. (단, a, b, c는 상수)

(1) 중근이 -3이고 x^2의 계수가 1인 이차방정식

(2) 중근이 4이고 x^2의 계수가 -1인 이차방정식

(3) 중근이 -2이고 x^2의 계수가 4인 이차방정식

(4) 중근이 $\frac{1}{3}$이고 x^2의 계수가 -9인 이차방정식

기본 문제

06 다음 이차방정식 중 근의 개수가 나머지 넷과 다른 하나는?

① $x^2-6x+5=0$ ② $2x^2-4x-3=0$
③ $5x^2-2x-1=0$ ④ $6x^2+x+2=0$
⑤ $9x^2+3x-\frac{1}{4}=0$

07 이차방정식 $x^2+6x+k-3=0$이 해를 갖도록 하는 상수 k의 값의 범위는?

① $k\geq12$ ② $k\leq12$ ③ $k>12$
④ $k<18$ ⑤ $k\leq18$

08 이차방정식 $3x^2+Ax+B=0$의 두 근이 -2, 4일 때, 상수 A, B에 대하여 $A-B$의 값은?

① 12 ② 14 ③ 16
④ 18 ⑤ 20

개념 33

이차방정식의 활용 (1)

01 다음은 연속하는 두 자연수의 곱이 240일 때, 두 수를 구하는 과정이다. □ 안에 알맞은 것을 쓰시오.

❶ 연속하는 두 자연수 중 작은 수를 x라 하면 두 자연수는 x, □이다.
❷ 연속하는 두 자연수의 곱이 240이므로 이차방정식을 세우면
$x(\square)=240$
❸ 이 이차방정식을 풀면
$(x+\square)(x-\square)=0$
$\therefore x=\square$ 또는 $x=\square$
그런데 x는 자연수이므로 $x=\square$
따라서 구하는 두 자연수는 □, □이다.
❹ $\square\times\square=240$이므로 문제의 뜻에 맞는다.

02 연속하는 두 짝수의 제곱의 합이 244일 때, 두 짝수를 구하려고 한다. 다음 물음에 답하시오.

(1) 연속하는 두 짝수 중 작은 수를 x라 할 때, 큰 수를 x에 대한 식으로 나타내시오.

(2) x에 대한 이차방정식을 세우시오.

(3) (2)의 방정식을 푸시오.

(4) 두 짝수를 구하시오.

03 다음은 형과 동생의 나이의 차가 4세이고 동생의 나이의 제곱이 형의 나이의 9배와 같을 때, 동생의 나이를 구하는 과정이다. □ 안에 알맞은 것을 쓰시오.

❶ 동생의 나이를 x세라 하면 형의 나이는 (□)세이다.
❷ 동생의 나이의 제곱이 형의 나이의 9배와 같으므로 이차방정식을 세우면
$x^2=9(\square)$
❸ 이 이차방정식을 풀면
$(x+\square)(x-\square)=0$
$\therefore x=\square$ 또는 $x=\square$
그런데 $x>0$이므로 $x=\square$
따라서 구하는 동생의 나이는 □세이다.
❹ $\square^2=9\times(\square+4)$이므로 문제의 뜻에 맞는다.

04 윤서와 동생의 나이의 차는 3세이고 윤서의 나이의 8배는 동생의 나이의 제곱보다 4세만큼 많을 때, 윤서의 나이를 구하려고 한다. 다음 물음에 답하시오.

(1) 윤서의 나이를 x세라 할 때, 동생의 나이를 x에 대한 식으로 나타내시오.

(2) x에 대한 이차방정식을 세우시오.

(3) (2)의 방정식을 푸시오.

(4) 윤서의 나이를 구하시오.

기본 문제

05 어떤 자연수의 제곱은 이 자연수를 3배한 것보다 10만큼 클 때, 이 자연수를 구하시오.

06 어떤 자연수를 제곱해야 할 것을 잘못하여 2배를 하였더니 제곱을 한 것보다 24만큼 작아졌을 때, 어떤 자연수는?

① 5　　② 6　　③ 7
④ 8　　⑤ 9

07 연속하는 세 자연수가 있다. 이 세 자연수의 제곱의 합이 302일 때, 가장 작은 자연수는?

① 8　　② 9　　③ 10
④ 11　　⑤ 12

08 어머니와 아들의 나이의 차는 33세이고, 아들의 나이의 제곱은 어머니의 나이의 6배보다 11세만큼 적다. 이때 아들의 나이를 구하시오.

09 같은 해 10월에 태어난 현우와 민지의 생일은 일주일 차이가 난다. 두 사람이 태어난 날의 수의 곱이 260이고 현우가 민지보다 늦게 태어났다고 할 때, 현우의 생일은?

① 10월 13일　　② 10월 15일　　③ 10월 20일
④ 10월 22일　　⑤ 10월 27일

10 쿠키 104개를 남김없이 모든 학생들에게 똑같이 나누어 주려고 한다. 한 학생이 받는 쿠키의 개수가 학생 수보다 5만큼 적다고 할 때, 학생 수를 구하시오.

개념 34

이차방정식의 활용 (2)

01 다음은 지면에서 지면에 수직인 방향으로 초속 20 m로 쏘아 올린 물체의 x초 후의 높이를 $(20x-5x^2)$ m라 할 때, 이 물체가 지면에 떨어지는 것은 쏘아 올린 지 몇 초 후인지 구하는 과정이다. □ 안에 알맞은 수를 쓰시오.

❶ 이 물체가 지면에 떨어질 때의 높이는 0 m이므로 주어진 식을 이용하여 이차방정식을 세우면
$20x-5x^2=\square$
❷ 이 이차방정식을 풀면
$x=0$ 또는 $x=\square$
그런데 $x>0$이므로 $x=\square$
따라서 이 물체가 지면에 떨어지는 것은 쏘아 올린 지 □초 후이다.
❸ $20\times\square-5\times\square^2=0$이므로 문제의 뜻에 맞는다.

02 지면에서 지면에 수직인 방향으로 초속 50 m로 쏘아 올린 물체의 x초 후의 높이를 $(50x-5x^2)$ m라 할 때, 이 물체의 지면으로부터의 높이가 125 m가 되는 것은 쏘아 올린 지 몇 초 후인지 구하려고 한다. 다음 물음에 답하시오.

(1) x에 대한 이차방정식을 세우시오.

(2) (1)의 방정식을 푸시오.

(3) 물체의 지면으로부터의 높이가 125 m가 되는 것은 물체를 쏘아 올린 지 몇 초 후인지 구하시오.

03 다음은 가로의 길이가 세로의 길이보다 6 cm만큼 짧은 직사각형의 넓이가 112 cm²일 때, 직사각형의 가로의 길이를 구하는 과정이다. □ 안에 알맞은 것을 쓰시오.

❶ 직사각형의 가로의 길이를 x cm라 하면 세로의 길이는 $(\square)$ cm이다.
❷ 직사각형의 넓이가 112 cm²이므로 이차방정식을 세우면
$x(\square)=112$
❸ 이 이차방정식을 풀면
$x=-14$ 또는 $x=\square$
그런데 $x>0$이므로 $x=\square$
따라서 직사각형의 가로의 길이는 □cm이다.
❹ $\square\times(\square+6)=112$이므로 문제의 뜻에 맞는다.

04 밑변의 길이가 높이보다 5 cm만큼 긴 삼각형의 넓이가 63 cm²일 때, 밑변의 길이를 구하려고 한다. 다음 물음에 답하시오.

(1) 밑변의 길이를 x cm라 할 때, 높이를 x에 대한 식으로 나타내시오.

(2) x에 대한 이차방정식을 세우시오.

(3) (2)의 방정식을 푸시오.

(4) 삼각형의 밑변의 길이를 구하시오.

기본 문제

05 어떤 테니스 선수가 지면에 수직인 방향으로 쳐올린 공의 t초 후의 높이는 $(40t-5t^2)$ m라 한다. 공이 처음으로 높이가 60 m인 지점을 지나는 것은 공을 쳐올린 지 몇 초 후인지 구하시오.

06 지면으로부터 80 m의 높이에서 지면에 수직인 방향으로 초속 30 m로 던져 올린 물체의 t초 후의 높이는 $(-5t^2+30t+80)$ m라 한다. 이 물체가 지면에 떨어지는 것은 물체를 던져 올린 지 몇 초 후인가?

① 8초 후　② 9초 후　③ 10초 후
④ 11초 후　⑤ 12초 후

07 오른쪽 그림과 같이 아랫변의 길이와 높이가 같고 넓이가 $42\,cm^2$인 사다리꼴에서 윗변의 길이가 5 cm일 때, 이 사다리꼴의 높이를 구하시오.

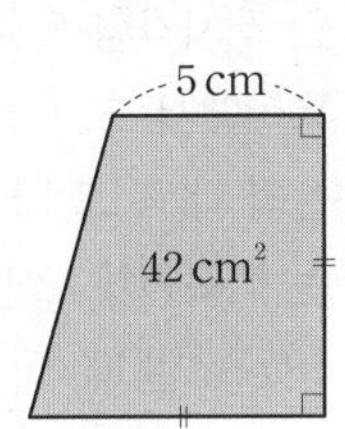

08 오른쪽 그림과 같이 정사각형의 가로의 길이를 5 cm만큼 늘이고, 세로의 길이를 4 cm만큼 줄였더니 새로 생긴 직사각형의 넓이가 $70\,cm^2$가 되었다. 처음 정사각형의 둘레의 길이는?

① 32 cm　② 36 cm　③ 40 cm
④ 44 cm　⑤ 48 cm

09 오른쪽 그림과 같이 길이가 10 cm인 선분을 두 부분으로 나누어 각각을 한 변으로 하는 크기가 서로 다른 두 개의 정사각형을 만들었다. 두 정사각형의 넓이의 합이 $52\,cm^2$일 때, 큰 정사각형의 한 변의 길이를 구하시오.

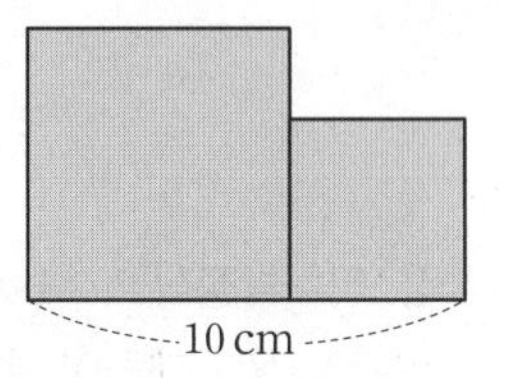

10 오른쪽 그림과 같이 가로의 길이가 20 m, 세로의 길이가 16 m인 직사각형 모양의 논에 폭이 x m로 일정한 길을 만들었더니 길을 제외한 논의 넓이가 $221\,m^2$가 되었다. 이때 x의 값을 구하시오.

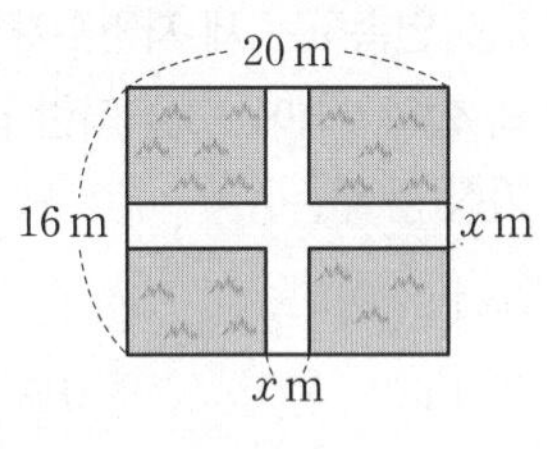

개념 32 ~ 개념 34

한번 더! 기본 문제

01 이차방정식 $3x^2-4x+p=0$이 서로 다른 두 근을 가질 때, 다음 중 상수 p의 값이 될 수 없는 것은?

① $-\frac{4}{3}$ ② -1 ③ 0
④ $\frac{1}{2}$ ⑤ $\frac{4}{3}$

02 이차방정식 $2x^2+Ax+5B=0$이 중근 -5를 가질 때, 상수 A, B에 대하여 $A+B$의 값을 구하시오.

03 연속하는 세 자연수가 있다. 가장 큰 수와 가장 작은 수의 합의 6배에 13을 더한 값이 가운데 수의 제곱과 같을 때, 가장 큰 수는?

① 11 ② 12 ③ 13
④ 14 ⑤ 15

04 희수네 가족은 2박 3일 동안 여행을 가기로 하였는데 3일간의 날짜를 각각 제곱하여 더하였더니 110이었다. 희수네 가족이 여행을 시작하는 날짜는?

① 5일 ② 6일 ③ 7일
④ 8일 ⑤ 9일

05 열기구를 타고 지상으로부터 100 m인 높이에서 쇠공을 떨어뜨릴 때, t초 후의 쇠공의 높이는 $(100-5t^2)$ m라 한다. 이 쇠공의 높이가 지면으로부터 80 m가 되는 것은 쇠공을 떨어뜨린 지 몇 초 후인지 구하시오.

06 오른쪽 그림과 같이 가로, 세로의 길이가 각각 12 cm, 10 cm인 직사각형 모양의 종이의 네 모퉁이에서 크기가 같은 정사각형을 잘라 내고 그 나머지로 윗면이 없는 직육면체 모양의 상자를 만들려고 한다. 상자의 밑넓이가 48 cm²일 때, 이 상자의 부피를 구하시오.

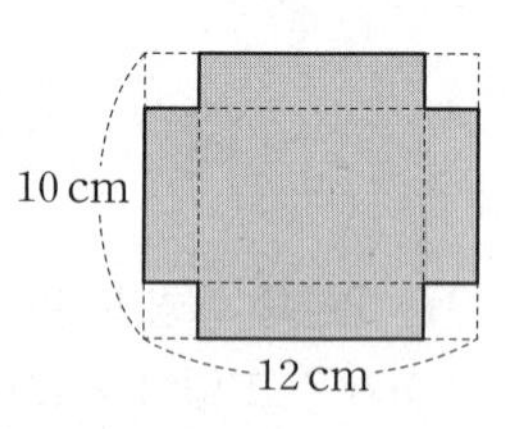

5 이차함수와 그 그래프 (1)

개념 35

이차함수

01 다음 □ 안에 알맞은 것을 쓰시오.

(1) 함수 $y=f(x)$에서 y가 x에 대한 이차식
$y=ax^2+bx+c$ (a, b, c는 상수, $a\neq0$)로 나타날 때, 이 함수를 x에 대한 □라 한다.

(2) 이차함수 $f(x)=ax^2+bx+c$에 대하여 $f(k)$는 $x=$□일 때의 함숫값이다.
⇨ $f(k)=$□

02 다음 중 y가 x에 대한 이차함수인 것은 ○표, 이차함수가 아닌 것은 ×표를 ( ) 안에 쓰시오.

(1) $y=2x+3$ ( )

(2) $y=-x^2+x+4$ ( )

(3) $y=3x^2$ ( )

(4) $y=x^2-(1-x)^2$ ( )

(5) $y=-2x(x+2)$ ( )

(6) $y=\frac{4}{x^2}-3$ ( )

(7) $y=\frac{x^2}{5}-2x+1$ ( )

03 다음에서 y를 x에 대한 식으로 나타내고, y가 x에 대한 이차함수인지 말하시오.

(1) 한 변의 길이가 x cm인 정삼각형의 둘레의 길이 y cm

(2) 가로의 길이가 $(x+2)$ cm, 세로의 길이가 $2x$ cm인 직사각형의 넓이 y cm^2

(3) 한 권에 x원인 공책 $(x-10)$권의 가격 y원

(4) 시속 5 km로 x시간 동안 걸어간 거리 y km

(5) 두 자연수 x, $x+3$의 곱 y

04 이차함수 $f(x)=x^2-2x+5$에 대하여 다음 함숫값을 구하시오.

(1) $f(0)$

(2) $f(1)$

(3) $f(-2)$

05 다음을 구하시오.

(1) $f(x)=x^2+1$에 대하여 $f(2)$의 값

(2) $f(x)=3x^2+x-2$에 대하여 $f(-1)$의 값

(3) $f(x)=-x^2+\frac{x}{2}$에 대하여 $f(4)$의 값

(4) $f(x)=\frac{3}{5}x^2-1$에 대하여 $10f(1)$의 값

(5) $f(x)=-4x^2-3x+2$에 대하여 $f(-2)+f(1)$의 값

기본 문제

06 다음 중 y가 x에 대한 이차함수가 아닌 것은?

① $y=2x^2-\frac{1}{3}x$　② $y=(3x-2)^2-5$

③ $y=\frac{1}{x^2}+4$　④ $y=5x(x-3)$

⑤ $y=(x-3)(x-2)$

07 다음 | 보기 | 중 y가 x에 대한 이차함수인 것을 모두 고르시오.

| 보기 |

ㄱ. 반지름의 길이가 x cm인 원의 넓이 $y\,\text{cm}^2$

ㄴ. 한 모서리의 길이가 $2x$ cm인 정육면체의 겉넓이 $y\,\text{cm}^2$

ㄷ. 시속 x km로 x시간 동안 달린 거리 y km

ㄹ. 한 변의 길이가 $3x$ cm인 정팔각형의 둘레의 길이 y cm

08 이차함수 $f(x)=x^2-5x+11$에 대하여 $f(-2)-f(1)$의 값을 구하시오.

09 이차함수 $f(x)=4x^2+ax-5$에 대하여 $f(-2)=-3$일 때, 상수 a의 값은?

① -5　② -2　③ 1

④ 4　⑤ 7

개념 36

이차함수 $y=x^2$의 그래프

01 다음 □ 안에 알맞은 것을 쓰시오.

(1) 이차함수 $y=x^2$의 그래프는 원점을 지나고 □로 볼록한 곡선이고, 이차함수 $y=-x^2$의 그래프는 원점을 지나고 □로 볼록한 곡선이다.

(2) 두 이차함수 $y=x^2$, $y=-x^2$의 그래프는 모두 □축에 대칭이다.

(3) 두 이차함수 $y=x^2$, $y=-x^2$의 그래프와 같은 모양의 곡선을 □이라 한다.

(4) 포물선과 축의 교점을 포물선의 □이라 한다.

02 이차함수 $y=x^2$에 대하여 아래 표를 완성하고, x의 값의 범위가 실수 전체일 때 이차함수 $y=x^2$의 그래프를 다음 좌표평면 위에 그리시오.

x	$\cdots$	-3	-2	-1	0	1	2	3	$\cdots$
$y=x^2$	$\cdots$	9							$\cdots$

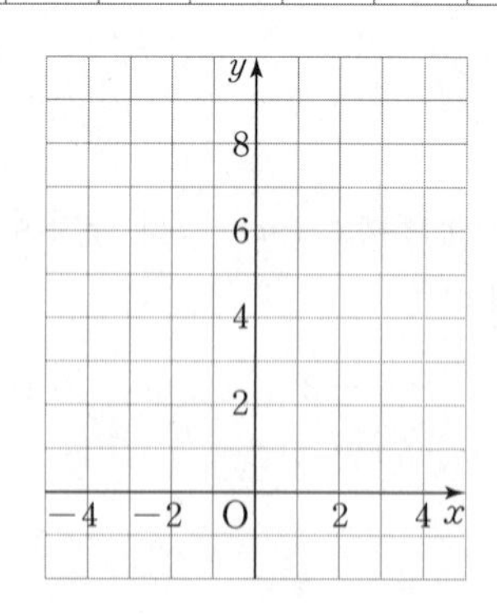

03 이차함수 $y=-x^2$에 대하여 아래 표를 완성하고, x의 값의 범위가 실수 전체일 때 이차함수 $y=-x^2$의 그래프를 다음 좌표평면 위에 그리시오.

x	$\cdots$	-3	-2	-1	0	1	2	3	$\cdots$
$y=-x^2$	$\cdots$	-9							$\cdots$

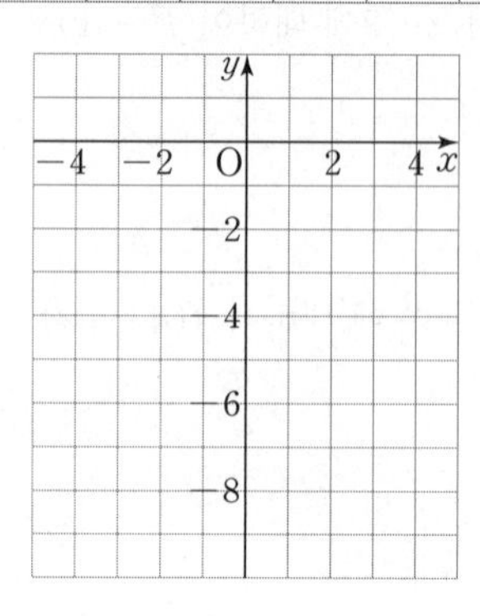

04 이차함수 $y=x^2$의 그래프에 대하여 다음을 구하시오.

(1) 꼭짓점의 좌표

(2) 축의 방정식

(3) 그래프가 지나는 사분면

(4) x축에 서로 대칭인 그래프를 나타내는 이차함수의 식

05 이차함수 $y=-x^2$의 그래프에 대하여 다음 중 옳은 것은 ○표, 옳지 않은 것은 ×표를 ( ) 안에 쓰시오.

(1) 아래로 볼록한 그래프이다. ( )

(2) 원점을 지난다. ( )

(3) 축의 방정식은 $y=0$이다. ( )

(4) $x>0$일 때, x의 값이 증가하면 y의 값도 증가한다. ( )

(5) 이차함수 $y=x^2$의 그래프와 x축에 서로 대칭이다. ( )

(6) 점 $(2, -4)$를 지난다. ( )

(7) 점 $\left(-\frac{1}{3}, \frac{1}{9}\right)$을 지난다. ( )

(8) 제3사분면과 제4사분면을 지난다. ( )

기본 문제

06 다음 중 두 이차함수 $y=x^2$, $y=-x^2$의 그래프에 대한 설명으로 옳지 않은 것은?

① 두 이차함수의 그래프는 모두 원점을 지난다.
② 두 이차함수의 그래프의 축의 방정식은 모두 $x=0$이다.
③ 이차함수 $y=x^2$의 그래프는 위로 볼록한 포물선이다.
④ 이차함수 $y=-x^2$의 그래프는 $x<0$일 때 x의 값이 증가하면 y의 값도 증가한다.
⑤ 두 이차함수의 그래프는 x축에 서로 대칭이다.

07 이차함수 $y=x^2$의 그래프가 두 점 $(-3, a)$, $(b, 16)$을 지날 때, $a+b$의 값을 구하시오. (단, $b>0$)

08 이차함수 $y=-x^2$의 그래프 위의 점 중에서 y좌표가 -36인 점의 좌표를 모두 구하시오.

개념 37

이차함수 $y=ax^2$의 그래프

01 다음 ( ) 안의 알맞은 것에 ○표를 하시오.

(1) 이차함수 $y=ax^2$의 그래프는 $a>0$이면 (위, 아래)로 볼록하고, $a<0$이면 (위, 아래)로 볼록하다.

(2) 이차함수 $y=ax^2$의 그래프는 a의 절댓값이 클수록 폭이 (넓어진다, 좁아진다).

(3) 이차함수 $y=ax^2$의 그래프는 $y=-ax^2$의 그래프와 (x축, y축)에 서로 대칭이다.

02 다음 물음에 답하시오.

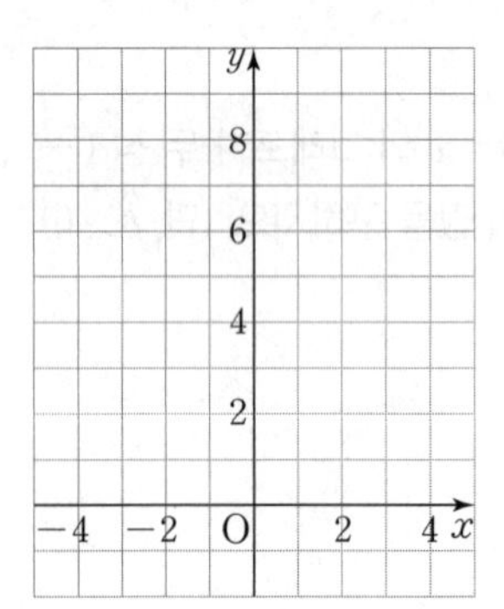

(1) x의 값의 범위가 실수 전체일 때, 이차함수 $y=2x^2$의 그래프를 위의 좌표평면 위에 그리시오.

(2) 이차함수 $y=2x^2$의 그래프의 꼭짓점의 좌표와 축의 방정식을 차례로 구하시오.

(3) 이차함수 $y=2x^2$의 그래프와 x축에 서로 대칭인 그래프를 나타내는 이차함수의 식을 구하시오.

03 다음 물음에 답하시오.

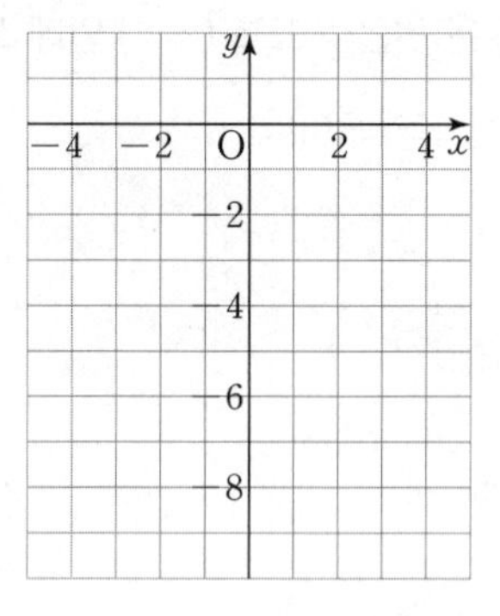

(1) x의 값의 범위가 실수 전체일 때, 이차함수 $y=-\frac{1}{2}x^2$의 그래프를 위의 좌표평면 위에 그리시오.

(2) 이차함수 $y=-\frac{1}{2}x^2$의 그래프의 꼭짓점의 좌표와 축의 방정식을 차례로 구하시오.

(3) 이차함수 $y=-\frac{1}{2}x^2$의 그래프와 x축에 서로 대칭인 그래프를 나타내는 이차함수의 식을 구하시오.

04 이차함수 $y=ax^2$의 그래프가 다음 그림과 같을 때, ㉠, ㉡, ㉢을 상수 a의 값이 큰 것부터 차례로 나열하시오.

(1)

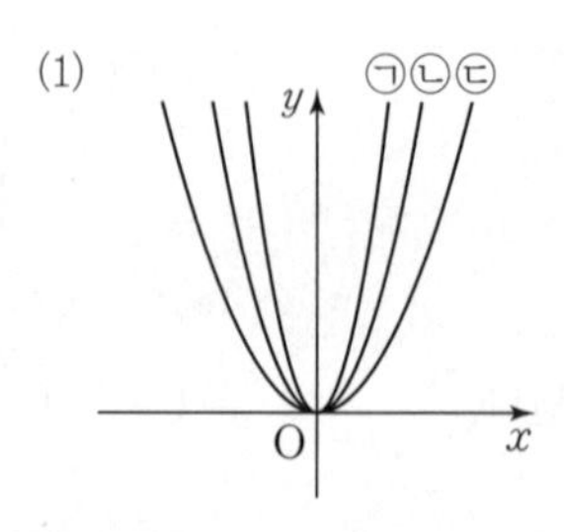

(2)

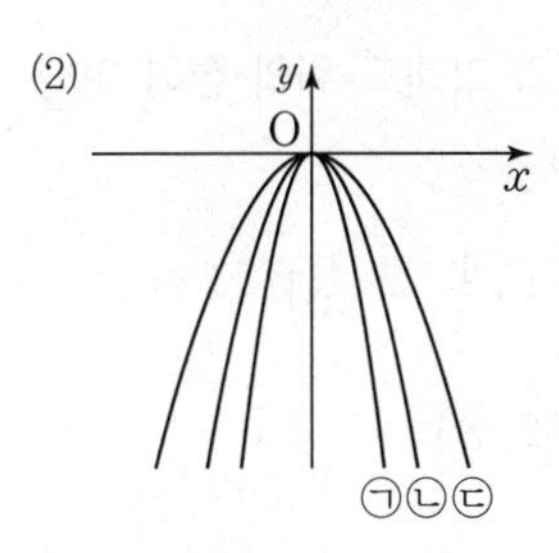

(3)

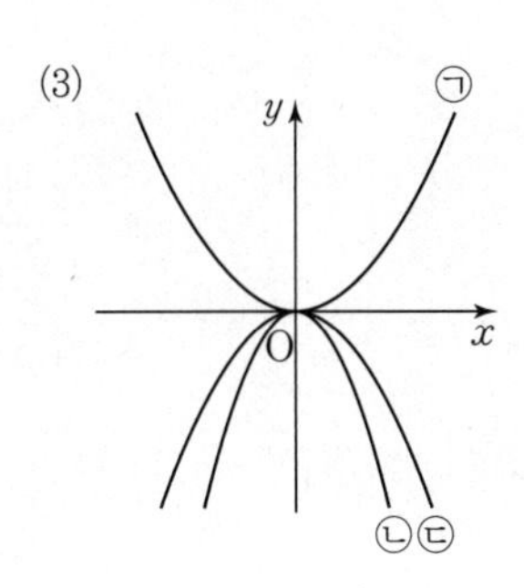

05 다음 | 보기 |의 이차함수에 대하여 물음에 답하시오.

| 보기 |

ㄱ. $y=5x^2$　　ㄴ. $y=-5x^2$

ㄷ. $y=\frac{1}{4}x^2$　　ㄹ. $y=-\frac{1}{5}x^2$

(1) 그래프가 위로 볼록한 것을 모두 고르시오.

(2) 그래프의 폭이 가장 넓은 것을 고르시오.

(3) 그래프가 x축에 서로 대칭인 것끼리 짝 지으시오.

(4) $x>0$일 때, x의 값이 증가하면 y의 값도 증가하는 것을 모두 고르시오.

06 이차함수 $y=3x^2$의 그래프가 다음 점을 지날 때, a의 값을 구하시오.

(1) $\left(\frac{1}{3}, a\right)$

(2) $(a, 12)$ (단, $a<0$)

07 이차함수 $y=-4x^2$의 그래프가 다음 점을 지날 때, a의 값을 구하시오.

(1) $(-2, a)$

(2) $\left(a, -\frac{1}{16}\right)$ (단, $a>0$)

08 이차함수 $y=ax^2$의 그래프가 다음 점을 지날 때, 상수 a의 값을 구하시오.

(1) $(1, 4)$

(2) $(-3, -3)$

(3) $\left(\frac{1}{2}, \frac{1}{10}\right)$

기본 문제

09 다음 중 이차함수 $y=4x^2$의 그래프에 대한 설명으로 옳지 않은 것은?

① 아래로 볼록한 포물선이다.
② 제1사분면과 제2사분면을 지난다.
③ 꼭짓점의 좌표는 $(0, 0)$이다.
④ 이차함수 $y=-4x^2$의 그래프와 x축에 서로 대칭이다.
⑤ $x>0$일 때, x의 값이 증가하면 y의 값은 감소한다.

10 다음 | 보기 |의 이차함수 중 그래프가 x축에 서로 대칭인 것끼리 짝 지은 것을 모두 고르면? (정답 2개)

| 보기 |

ㄱ. $y=-4x^2$ ㄴ. $y=-\frac{2}{3}x^2$ ㄷ. $y=2x^2$
ㄹ. $y=\frac{2}{3}x^2$ ㅁ. $y=-\frac{1}{2}x^2$ ㅂ. $y=4x^2$

① ㄱ, ㄷ ② ㄱ, ㅂ ③ ㄴ, ㄹ
④ ㄷ, ㅁ ⑤ ㄷ, ㅂ

11 다음 이차함수 중 그 그래프가 위로 볼록하면서 폭이 가장 넓은 것은?

① $y=-5x^2$ ② $y=-\frac{5}{3}x^2$ ③ $y=-x^2$
④ $y=\frac{7}{4}x^2$ ⑤ $y=3x^2$

12 다음 중 이차함수 $y=-2x^2$의 그래프 위의 점이 아닌 것은?

① $(-1, -2)$ ② $\left(-\frac{1}{2}, -\frac{1}{2}\right)$
③ $\left(\frac{3}{2}, -\frac{9}{2}\right)$ ④ $(2, 8)$
⑤ $\left(\frac{5}{2}, -\frac{25}{2}\right)$

13 이차함수 $y=6x^2$의 그래프가 점 $(k, 3k)$를 지날 때, k의 값을 구하시오. (단, $k\neq0$)

14 오른쪽 그림과 같이 원점을 꼭짓점으로 하고 점 $(2, -6)$을 지나는 포물선을 그래프로 하는 이차함수의 식을 구하시오.

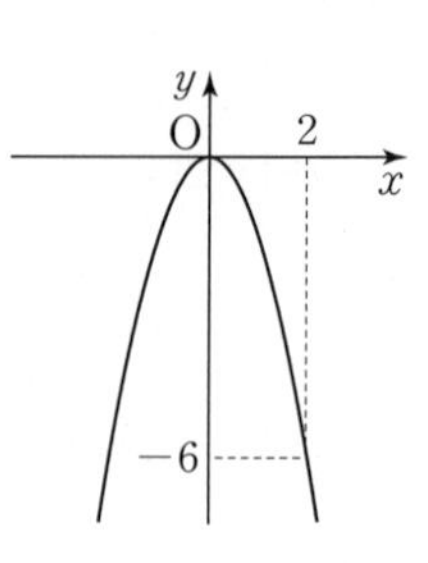

개념 35 ~ 개념 37

한번 더! 기본 문제

01 다음 | 보기 | 중 이차함수인 것의 개수를 구하시오.

| 보기 |

ㄱ. $y=\frac{1}{3}x^2$　　ㄴ. $y=\frac{2}{x}$

ㄷ. $2x^2+y=0$　　ㄹ. $y=2x(x+3)-2x^2$

ㅁ. $y=\frac{x^2-4}{3}$　　ㅂ. $y=9x^2-(3x+2)^2$

02 이차함수 $f(x)=x^2+ax+2a$에 대하여 $f(-1)=2$일 때, $f(2)$의 값을 구하시오. (단, a는 상수)

자신감 UP

03 세 이차함수 $y=ax^2$, $y=\frac{1}{3}x^2$, $y=2x^2$의 그래프가 아래 그림과 같을 때, 다음 중 상수 a의 값이 될 수 있는 것은?

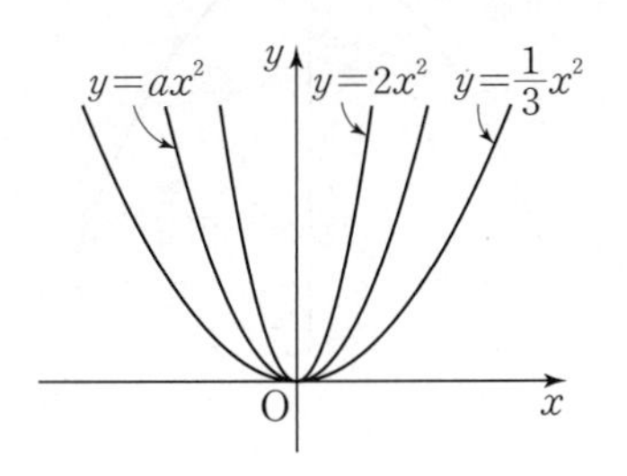

① -3　② $-\frac{4}{3}$　③ $\frac{5}{6}$

④ $\frac{7}{3}$　⑤ 3

04 이차함수 $y=-2x^2$의 그래프와 x축에 서로 대칭인 그래프가 점 $(a, 4a)$를 지날 때, 양수 a의 값을 구하시오.

05 다음 중 이차함수 $y=-\frac{2}{3}x^2$의 그래프에 대한 설명으로 옳은 것을 모두 고르면? (정답 2개)

① 위로 볼록한 포물선이다.

② 이차함수 $y=2x^2$의 그래프보다 폭이 좁다.

③ 점 $(-3, 6)$을 지난다.

④ 이차함수 $y=\frac{3}{2}x^2$의 그래프와 x축에 서로 대칭이다.

⑤ $x<0$일 때, x의 값이 증가하면 y의 값도 증가한다.

06 이차함수 $y=f(x)$의 그래프가 오른쪽 그림과 같이 원점을 꼭짓점으로 하고 점 $(2, 5)$를 지날 때, $f(4)$의 값을 구하시오.

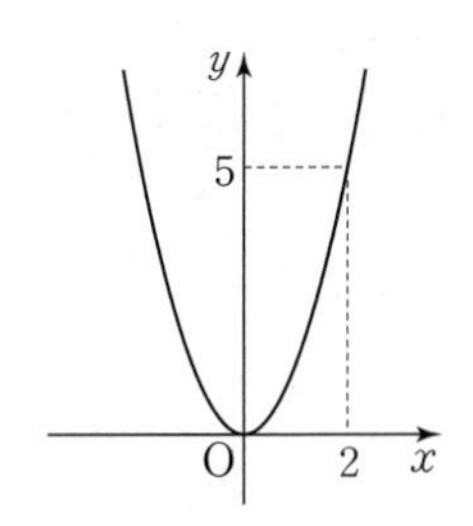

개념 38

이차함수 $y=ax^2+q$의 그래프

01 다음은 이차함수 $y=ax^2+q$의 그래프에 대한 설명이다. □ 안에 알맞은 것을 쓰시오.

(1) 이차함수 $y=ax^2$의 그래프를 □축의 방향으로 □만큼 평행이동한 것이다.

(2) 축의 방정식은 □이다.

(3) 꼭짓점의 좌표는 □이다.

02 다음 이차함수의 그래프를 y축의 방향으로 [ ] 안의 수만큼 평행이동한 그래프의 식을 구하시오.

(1) $y=2x^2$ [3]

(2) $y=-3x^2$ [-1]

(3) $y=\frac{1}{4}x^2$ [-2]

(4) $y=-\frac{3}{5}x^2$ [6]

03 이차함수 $y=\frac{1}{2}x^2$의 그래프를 이용하여 다음 이차함수의 그래프를 아래 좌표평면 위에 그리시오.

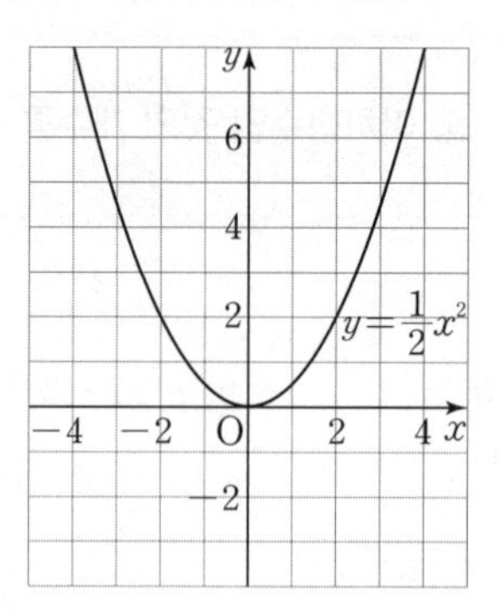

(1) $y=\frac{1}{2}x^2+1$

(2) $y=\frac{1}{2}x^2-2$

04 이차함수 $y=-\frac{1}{4}x^2$의 그래프를 이용하여 다음 이차함수의 그래프를 아래 좌표평면 위에 그리시오.

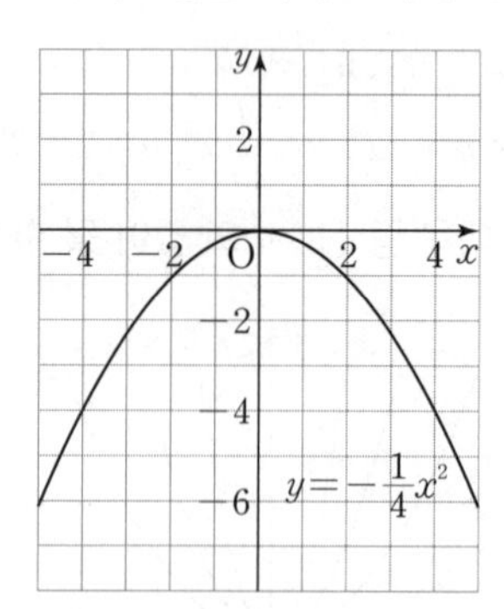

(1) $y=-\frac{1}{4}x^2+2$

(2) $y=-\frac{1}{4}x^2-3$

05 다음 이차함수의 그래프의 축의 방정식과 꼭짓점의 좌표를 차례로 구하시오.

(1) $y=x^2-5$

(2) $y=-4x^2+2$

(3) $y=\frac{1}{6}x^2+3$

(4) $y=-2x^2-\frac{1}{9}$

06 다음 중 옳은 것은 ○표, 옳지 않은 것은 ×표를 ( ) 안에 쓰시오.

(1) 이차함수 $y=3x^2-4$의 그래프는 $y=3x^2$의 그래프를 y축의 방향으로 4만큼 평행이동한 것이다. ( )

(2) 이차함수 $y=-\frac{1}{2}x^2-1$의 그래프의 축의 방정식은 $x=0$이다. ( )

(3) 이차함수 $y=-5x^2+2$의 그래프의 꼭짓점의 좌표는 $(2, 0)$이다. ( )

(4) 이차함수 $y=\frac{4}{3}x^2-5$의 그래프는 점 $(-3, 7)$을 지난다. ( )

기본 문제

07 다음 중 이차함수 $y=\frac{1}{3}x^2-2$의 그래프로 적당한 것은?

①
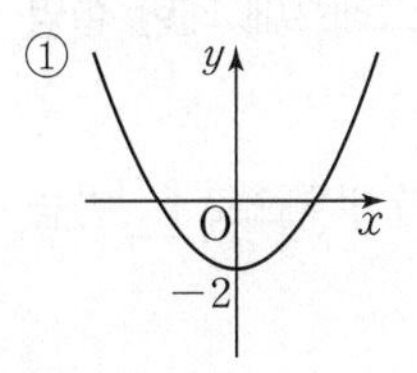

②
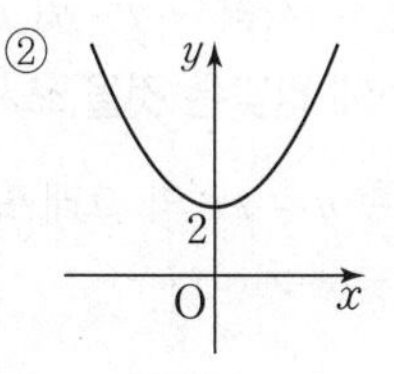

③
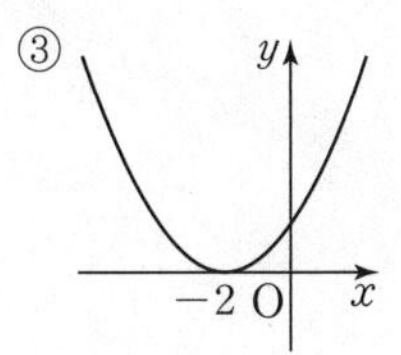

④
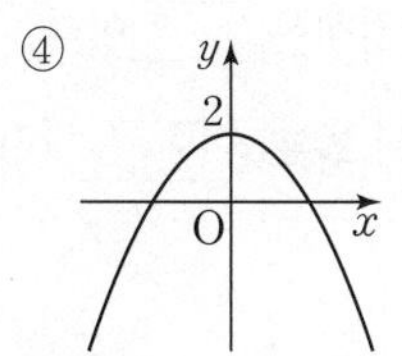

⑤
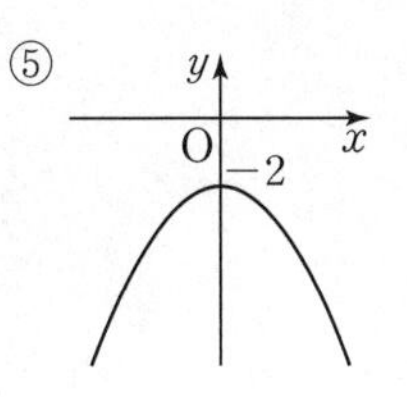

08 이차함수 $y=-4x^2$의 그래프를 y축의 방향으로 2만큼 평행이동한 그래프의 꼭짓점의 좌표를 (p, q), 축의 방정식을 $x=m$이라 할 때, $p+q+m$의 값을 구하시오.

09 이차함수 $y=ax^2$의 그래프를 y축의 방향으로 -3만큼 평행이동한 그래프가 점 $(-2, 5)$를 지날 때, 상수 a의 값을 구하시오.

개념 39

이차함수 $y=a(x-p)^2$의 그래프

01 다음은 이차함수 $y=a(x-p)^2$의 그래프에 대한 설명이다. □ 안에 알맞은 것을 쓰시오.

(1) 이차함수 $y=ax^2$의 그래프를 □축의 방향으로 □만큼 평행이동한 것이다.

(2) 축의 방정식은 □이다.

(3) 꼭짓점의 좌표는 □이다.

02 다음 이차함수의 그래프를 x축의 방향으로 [ ] 안의 수만큼 평행이동한 그래프의 식을 구하시오.

(1) $y=3x^2$ [4]

(2) $y=-4x^2$ [−5]

(3) $y=\frac{1}{2}x^2$ [−6]

(4) $y=-\frac{5}{6}x^2$ [7]

03 이차함수 $y=2x^2$의 그래프를 이용하여 다음 이차함수의 그래프를 아래 좌표평면 위에 그리시오.

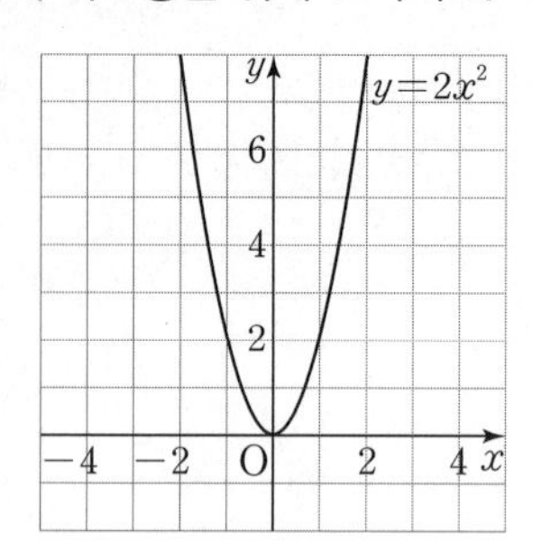

(1) $y=2(x-1)^2$

(2) $y=2(x+2)^2$

04 이차함수 $y=-\frac{1}{2}x^2$의 그래프를 이용하여 다음 이차함수의 그래프를 아래 좌표평면 위에 그리시오.

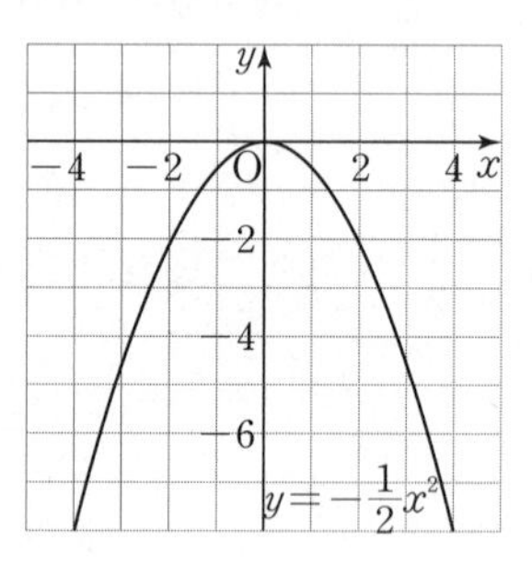

(1) $y=-\frac{1}{2}(x-2)^2$

(2) $y=-\frac{1}{2}(x+1)^2$

05 다음 이차함수의 그래프의 축의 방정식과 꼭짓점의 좌표를 차례로 구하시오.

(1) $y=5(x-3)^2$

(2) $y=-6(x+8)^2$

(3) $y=\frac{2}{3}(x+4)^2$

(4) $y=-7\left(x-\frac{1}{8}\right)^2$

06 다음 중 옳은 것은 ○표, 옳지 않은 것은 ×표를 ( ) 안에 쓰시오.

(1) 이차함수 $y=-2(x+6)^2$의 그래프는 이차함수 $y=-2x^2$의 그래프를 x축의 방향으로 6만큼 평행이동한 것이다. ( )

(2) 이차함수 $y=\frac{1}{3}(x-9)^2$의 그래프의 축의 방정식은 $x=9$이다. ( )

(3) 이차함수 $y=-5(x+3)^2$의 그래프의 꼭짓점의 좌표는 $(-3, 0)$이다. ( )

(4) 이차함수 $y=4\left(x-\frac{1}{2}\right)^2$의 그래프는 점 $\left(-\frac{1}{2}, -4\right)$를 지난다. ( )

기본 문제

07 다음 중 이차함수 $y=-3(x+2)^2$의 그래프로 적당한 것은?

①
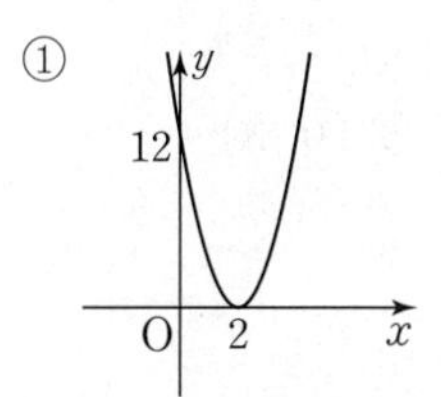

②
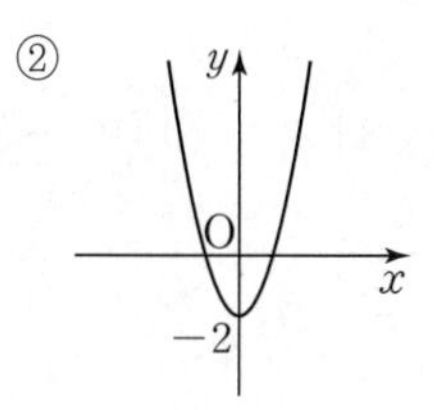

③
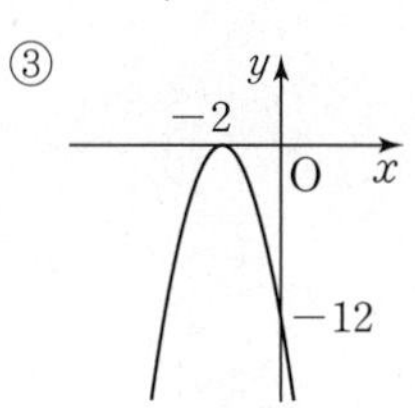

④
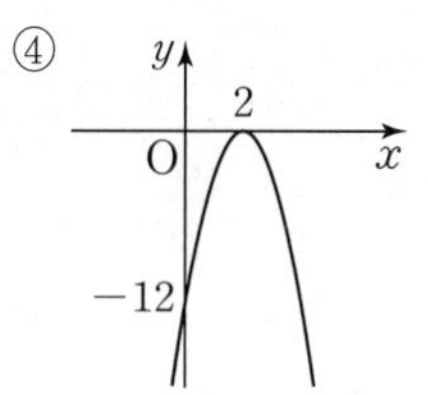

⑤
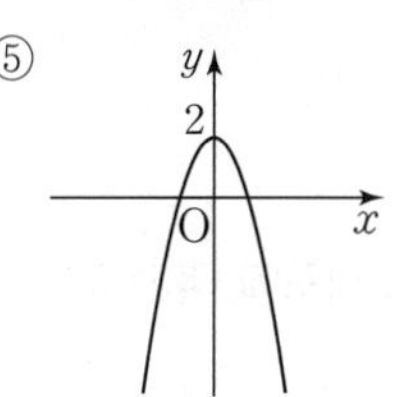

08 이차함수 $y=\frac{1}{2}x^2$의 그래프를 x축의 방향으로 k만큼 평행이동한 그래프의 축의 방정식이 $x=-5$일 때, k의 값을 구하시오.

09 이차함수 $y=-x^2$의 그래프를 x축의 방향으로 -4만큼 평행이동한 그래프가 점 $(-6, m)$을 지날 때, m의 값을 구하시오.

개념 38 ~ 개념 39

한번 더! 기본 문제

01 이차함수 $y=\frac{1}{2}x^2+3$의 그래프의 꼭짓점의 좌표는?

① $\left(-\frac{1}{2}, 3\right)$ ② $(0, -3)$ ③ $(0, 3)$
④ $\left(3, -\frac{1}{2}\right)$ ⑤ $(3, 0)$

02 다음 중 이차함수 $y=\frac{4}{3}x^2+6$의 그래프에 대한 설명으로 옳은 것은?

① 점 $(6, 0)$을 지난다.
② 축의 방정식은 $y=0$이다.
③ 제1사분면과 제2사분면을 지난다.
④ 이차함수 $y=\frac{4}{3}x^2$의 그래프를 x축의 방향으로 평행이동한 것이다.
⑤ $x<0$일 때, x의 값이 증가하면 y의 값도 증가한다.

03 이차함수 $y=-5x^2$의 그래프를 y축의 방향으로 -4만큼 평행이동한 그래프가 점 $(-2, a)$를 지날 때, a의 값을 구하시오.

04 이차함수 $y=4x^2$의 그래프를 x축의 방향으로 p만큼 평행이동한 그래프가 점 $(-3, 4)$를 지날 때, 모든 p의 값을 구하시오.

05 이차함수 $y=-3x^2$의 그래프를 x축의 방향으로 -2만큼 평행이동한 그래프에서 x의 값이 증가할 때 y의 값도 증가하는 x의 값의 범위는?

① $x>-3$ ② $x<-2$ ③ $x>-2$
④ $x<2$ ⑤ $x>2$

자신감 Up

06 오른쪽 그림은 이차함수 $y=a(x-p)^2$의 그래프이다. 이 그래프가 점 $(-1, k)$를 지날 때, k의 값을 구하시오. (단, a, p는 상수)

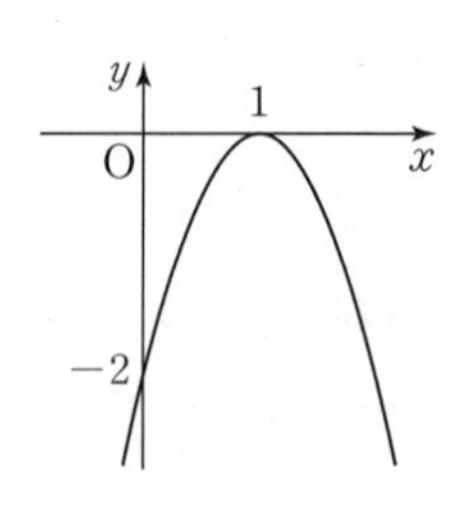

개념 40

이차함수 $y=a(x-p)^2+q$의 그래프

01 다음은 이차함수 $y=a(x-p)^2+q$의 그래프에 대한 설명이다. □ 안에 알맞은 것을 쓰시오.

(1) 이차함수 $y=ax^2$의 그래프를 x축의 방향으로 □만큼, y축의 방향으로 □만큼 평행이동한 것이다.

(2) 축의 방정식은 □이다.

(3) 꼭짓점의 좌표는 □이다.

02 다음 이차함수의 그래프를 x축의 방향으로 p만큼, y축의 방향으로 q만큼 평행이동한 그래프의 식을 구하시오.

(1) $y=x^2$ $[p=5,\ q=3]$

(2) $y=-3x^2$ $\left[p=-\frac{1}{2},\ q=6\right]$

(3) $y=\frac{5}{2}x^2$ $[p=4,\ q=-4]$

(4) $y=-\frac{1}{8}x^2$ $\left[p=-3,\ q=-\frac{1}{7}\right]$

03 이차함수 $y=x^2$의 그래프를 이용하여 다음 이차함수의 그래프를 아래 좌표평면 위에 그리시오.

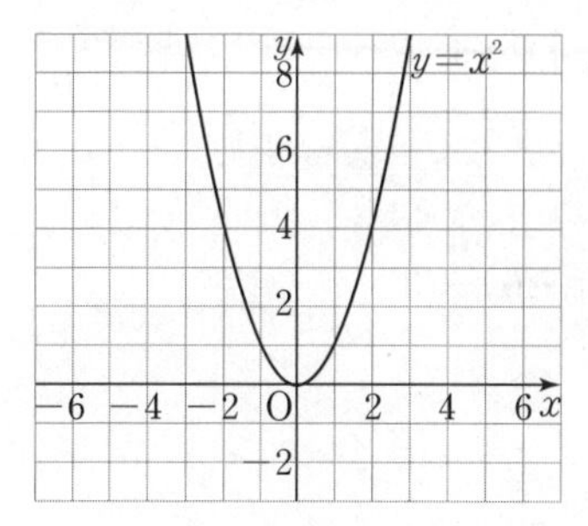

(1) $y=(x-4)^2+3$

(2) $y=(x+2)^2-2$

04 이차함수 $y=-\frac{1}{2}x^2$의 그래프를 이용하여 다음 이차함수의 그래프를 아래 좌표평면 위에 그리시오.

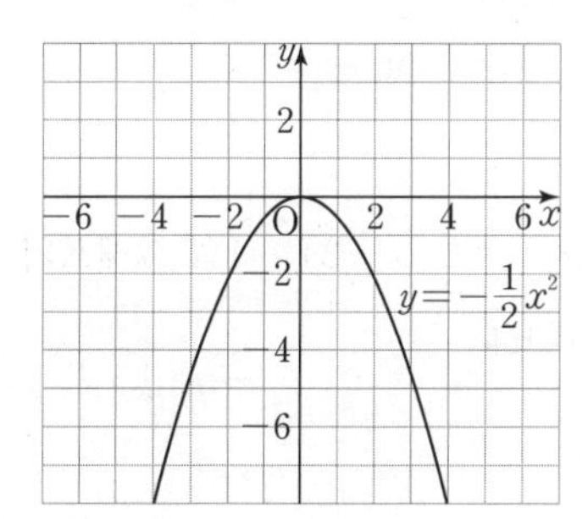

(1) $y=-\frac{1}{2}(x+3)^2+2$

(2) $y=-\frac{1}{2}(x-1)^2-3$

05 다음 이차함수의 그래프의 축의 방정식과 꼭짓점의 좌표를 차례로 구하시오.

(1) $y=2(x+4)^2-1$

(2) $y=-5(x-6)^2+3$

(3) $y=\frac{3}{4}(x-5)^2-8$

(4) $y=-6\left(x+\frac{1}{3}\right)^2+\frac{1}{2}$

06 다음 중 옳은 것은 ○표, 옳지 않은 것은 ×표를 ( ) 안에 쓰시오.

(1) 이차함수 $y=3(x-2)^2-4$의 그래프는 $y=3x^2$의 그래프를 x축의 방향으로 2만큼, y축의 방향으로 -4만큼 평행이동한 것이다. ( )

(2) 이차함수 $y=-\frac{1}{5}(x+3)^2-1$의 그래프의 축의 방정식은 $x=-1$이다. ( )

(3) 이차함수 $y=2\left(x-\frac{1}{6}\right)^2+3$의 그래프의 꼭짓점의 좌표는 $\left(\frac{1}{6}, 3\right)$이다. ( )

(4) 이차함수 $y=-\frac{3}{2}(x+5)^2+2$의 그래프는 점 $(-7, 8)$을 지난다. ( )

07 다음 | 보기 |의 이차함수에 대하여 물음에 답하시오.

| 보기 |

ㄱ. $y=\frac{1}{2}x^2-1$　　ㄴ. $y=-3(x+1)^2$

ㄷ. $y=2(x-3)^2$　　ㄹ. $y=-\frac{1}{2}x^2-3$

ㅁ. $y=-\frac{1}{3}(x+2)^2+4$　　ㅂ. $y=4(x-1)^2-6$

(1) 그래프가 아래로 볼록한 것을 모두 고르시오.

(2) 그래프의 폭이 가장 좁은 것을 고르시오.

(3) 그래프의 축의 방정식이 $x=-1$인 것을 고르시오.

(4) 그래프의 꼭짓점의 좌표가 $(3, 0)$인 것을 고르시오.

(5) 그래프의 꼭짓점이 제2사분면 위에 있는 것을 고르시오.

(6) 그래프를 평행이동하여 $y=-\frac{1}{2}x^2$의 그래프와 완전히 포개어지는 것을 고르시오.

기본 문제

08 이차함수 $y=2x^2$의 그래프를 x축의 방향으로 -5만큼, y축의 방향으로 3만큼 평행이동한 그래프의 식이 $y=2(x+p)^2+q$일 때, 상수 p, q에 대하여 $p+q$의 값을 구하시오.

09 다음 중 이차함수 $y=\frac{1}{3}(x-4)^2-6$의 그래프로 적당한 것은?

①
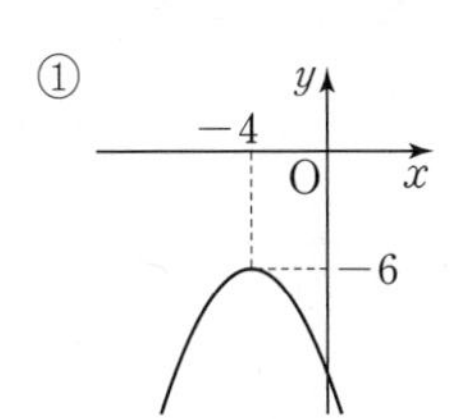

②
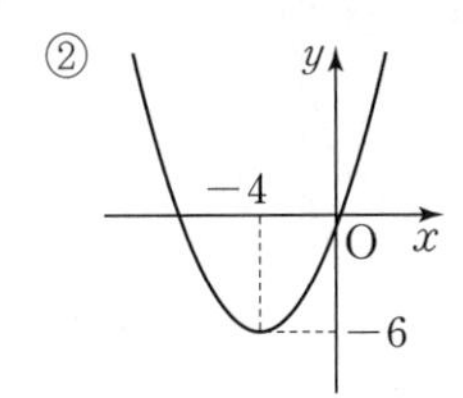

③
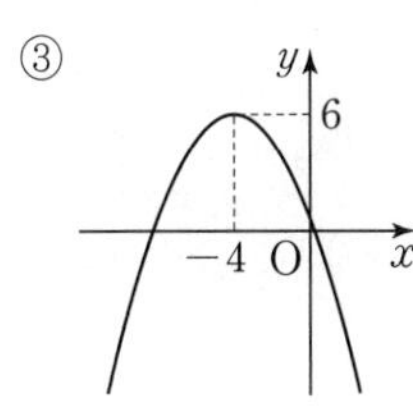

④
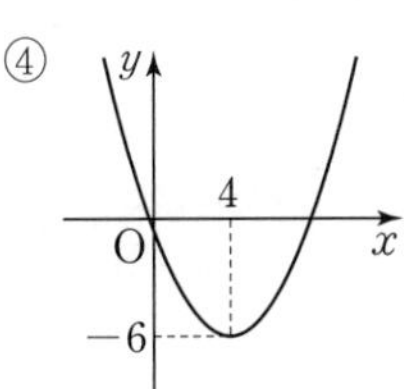

⑤
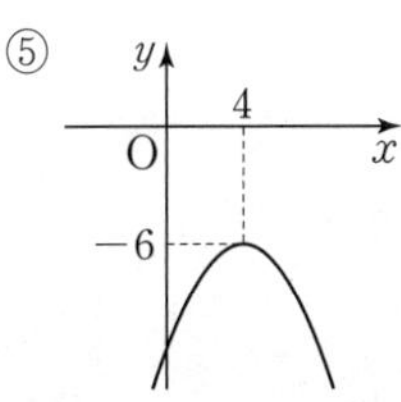

10 이차함수 $y=-4(x-1)^2+2$의 그래프가 지나지 않는 사분면을 말하시오.

11 다음 중 이차함수 $y=(x-4)^2-3$의 그래프에 대한 설명으로 옳은 것을 모두 고르면? (정답 2개)

① 꼭짓점의 좌표는 $(-4, -3)$이다.
② 이차함수 $y=x^2$의 그래프를 x축의 방향으로 -4만큼, y축의 방향으로 3만큼 평행이동한 것이다.
③ y축과 만나는 점의 좌표는 $(0, 13)$이다.
④ 점 $(3, -4)$를 지난다.
⑤ $x>4$일 때, x의 값이 증가하면 y의 값도 증가한다.

12 이차함수 $y=2(x-p)^2+3$의 그래프는 축의 방정식이 $x=3$이고, 점 $(1, q)$를 지난다. 이때 $p+q$의 값을 구하시오. (단, p는 상수)

13 이차함수 $y=a(x-p)^2+q$의 그래프가 오른쪽 그림과 같을 때, 상수 a, p, q에 대하여 $a+p+q$의 값은?

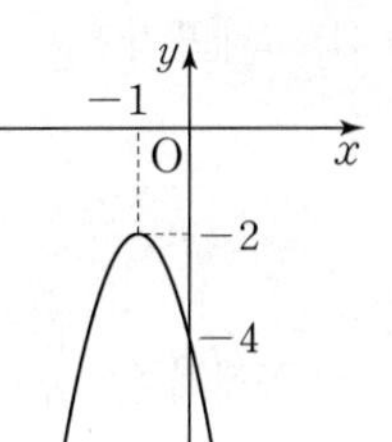

① -5　② -3
③ -1　④ 1
⑤ 3

개념 41

이차함수 $y=a(x-p)^2+q$의 그래프에서 a, p, q의 부호

01 다음 ○ 안에 부등호 $>$, $<$ 중 알맞은 것을 쓰시오.

(1) 이차함수 $y=a(x-p)^2+q$의 그래프가
아래로 볼록하면 ⇨ a ○ 0
위로 볼록하면 ⇨ a ○ 0

(2) 이차함수 $y=a(x-p)^2+q$의 그래프의 꼭짓점이
제1사분면 위에 있으면 ⇨ p ○ 0, q ○ 0
제2사분면 위에 있으면 ⇨ p ○ 0, q ○ 0
제3사분면 위에 있으면 ⇨ p ○ 0, q ○ 0
제4사분면 위에 있으면 ⇨ p ○ 0, q ○ 0

02 이차함수 $y=a(x-p)^2+q$의 그래프가 오른쪽 그림과 같을 때, 다음 □ 안에는 알맞은 것을 쓰고, ○ 안에는 부등호 $>$, $<$ 중 알맞은 것을 쓰시오.
(단, a, p, q는 상수)

(1) 그래프가 □로 볼록하므로 a ○ 0이다.

(2) 꼭짓점 (p, q)가 제□사분면 위에 있으므로
p ○ 0, q ○ 0이다.

03 이차함수 $y=a(x-p)^2+q$의 그래프가 다음 그림과 같을 때, ○ 안에 $>$, $=$, $<$ 중 알맞은 것을 쓰시오.
(단, a, p, q는 상수)

(1)

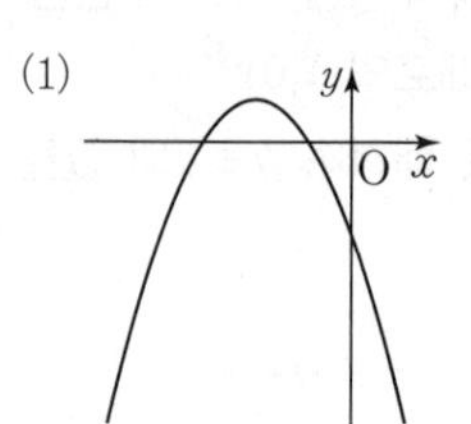

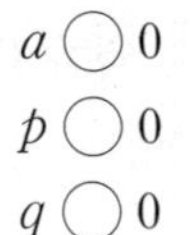

(2)

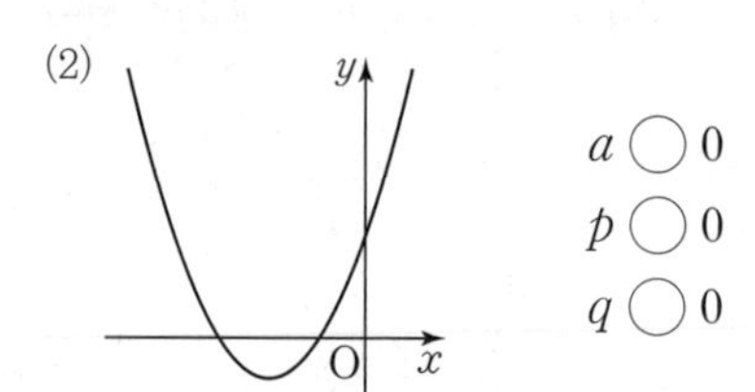

(3)

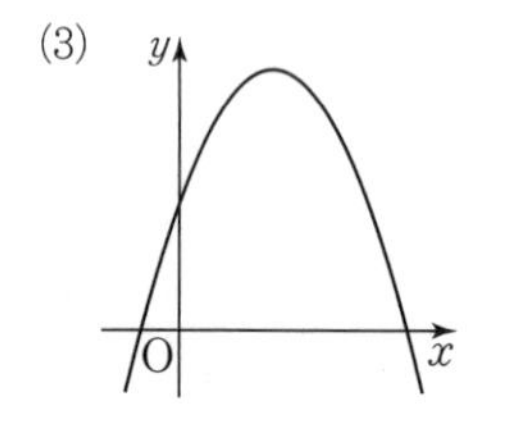

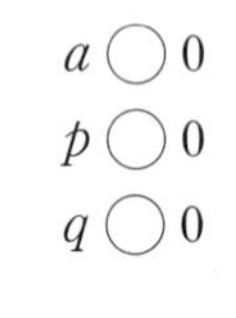

(4)

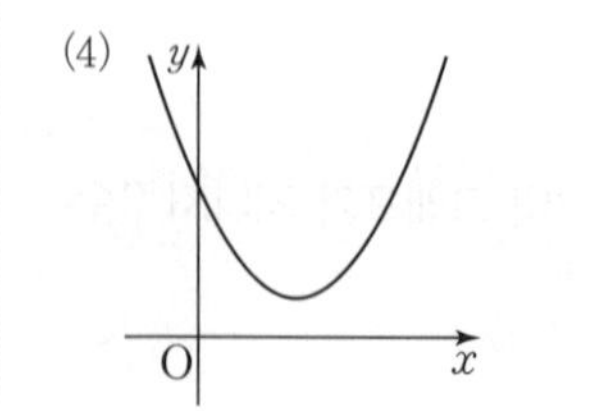

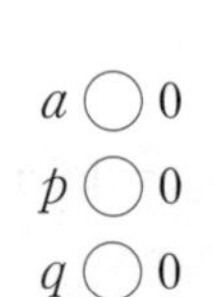

(5)

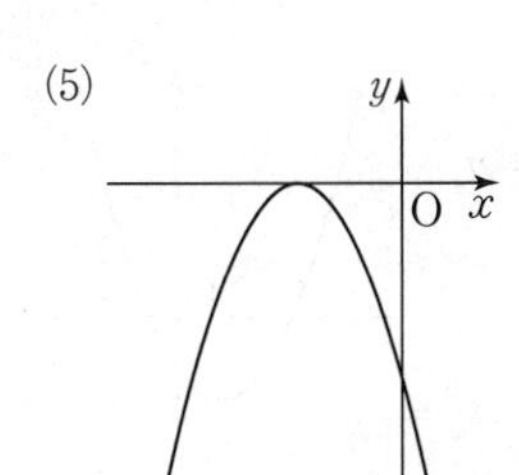

a ◯ 0
p ◯ 0
q ◯ 0

(6)

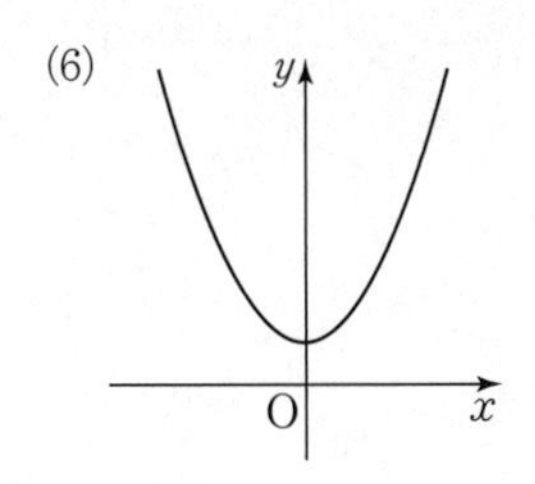

a ◯ 0
p ◯ 0
q ◯ 0

05 $a<0$, $p>0$, $q<0$일 때, 다음 중 이차함수 $y=a(x-p)^2+q$의 그래프로 적당한 것은?

(단, a, p, q는 상수)

①
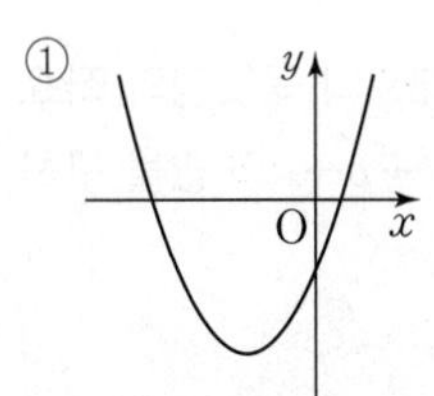

②
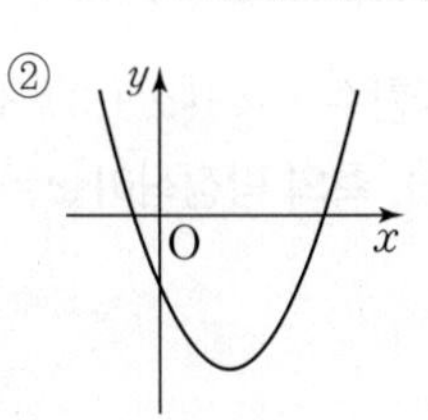

③
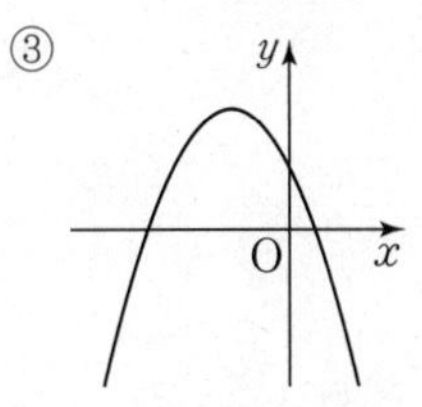

④
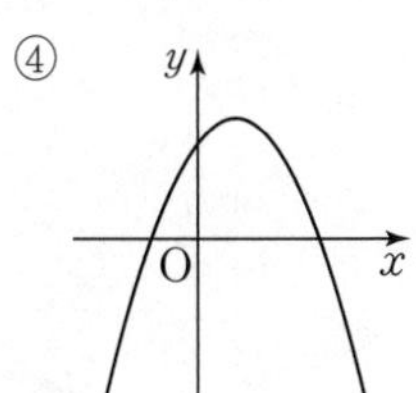

⑤
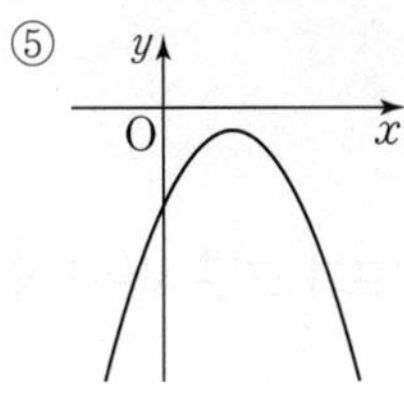

기본 문제

04 이차함수 $y=ax^2+q$의 그래프가 오른쪽 그림과 같을 때, 다음 중 옳은 것은? (단, a, q는 상수)

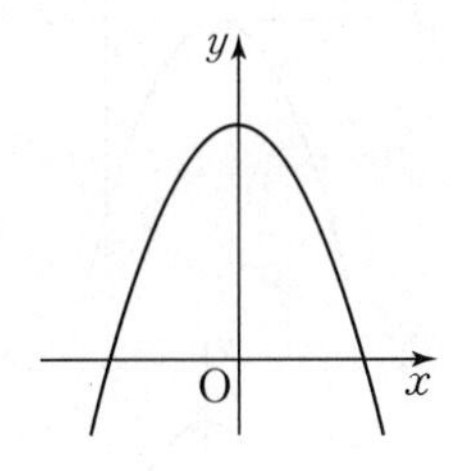

① $a>0$, $q>0$
② $a>0$, $q<0$
③ $a<0$, $q>0$
④ $a<0$, $q=0$
⑤ $a<0$, $q<0$

06 이차함수 $y=a(x-p)^2+q$의 그래프가 오른쪽 그림과 같을 때, 다음 중 옳지 않은 것은?

(단, a, p, q는 상수)

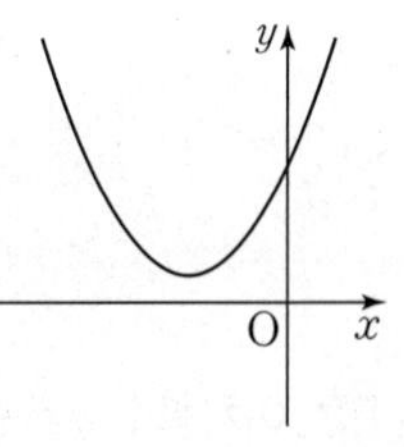

① $a>0$
② $q>0$
③ $ap<0$
④ $p-q<0$
⑤ $a-q>0$

한번 더! 기본 문제

• 정답 및 해설 53쪽

01 이차함수 $y=4(x+3)^2+8$의 그래프의 꼭짓점의 좌표가 (a, b), 축의 방정식이 $x=c$일 때, $a+b+c$의 값을 구하시오.

02 다음 | 보기 |의 이차함수 중 그 그래프가 모든 사분면을 지나는 것을 모두 고르시오.

| 보기 |

ㄱ. $y=3x^2-2$　　ㄴ. $y=-(x+3)^2+1$

ㄷ. $y=3(x-5)^2+2$　　ㄹ. $y=-4\left(x-\frac{1}{2}\right)^2+4$

03 이차함수 $y=\frac{3}{2}(x-p)^2+3p$의 그래프의 꼭짓점이 직선 $y=\frac{1}{3}x+16$ 위에 있을 때, 상수 p의 값은?

① -6　② -3　③ 3
④ 6　⑤ 9

04 이차함수 $y=a(x-p)^2+q$의 그래프가 오른쪽 그림과 같을 때, 상수 a, p, q의 부호는?

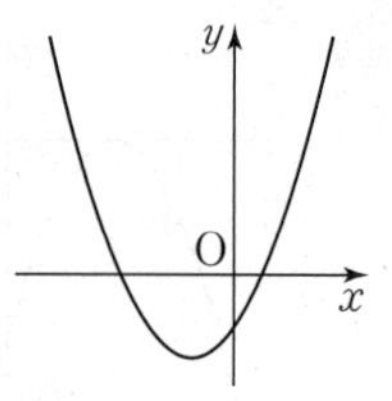

① $a<0,\ p<0,\ q<0$
② $a<0,\ p<0,\ q>0$
③ $a>0,\ p<0,\ q<0$
④ $a>0,\ p>0,\ q<0$
⑤ $a>0,\ p>0,\ q>0$

자신감 Up

05 일차함수 $y=ax-b$의 그래프가 오른쪽 그림과 같을 때, 다음 중 이차함수 $y=a(x-b)^2$의 그래프로 적당한 것은? (단, a, b는 상수)

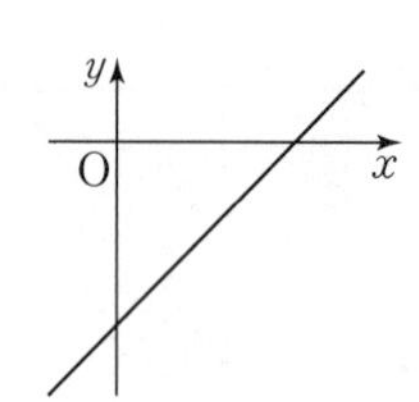

①
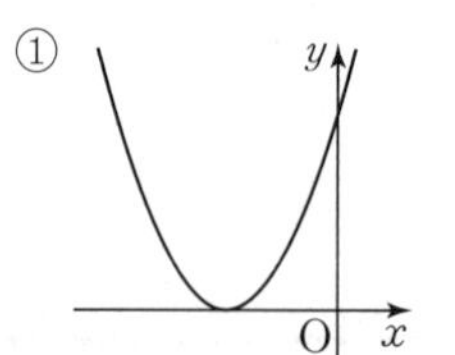

②
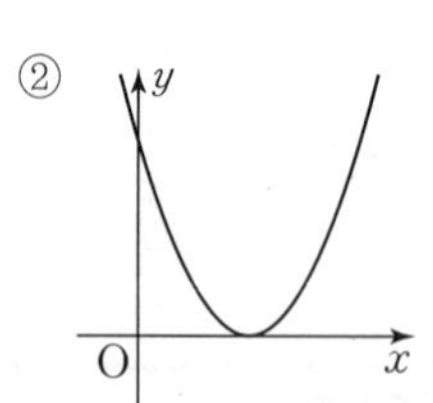

③
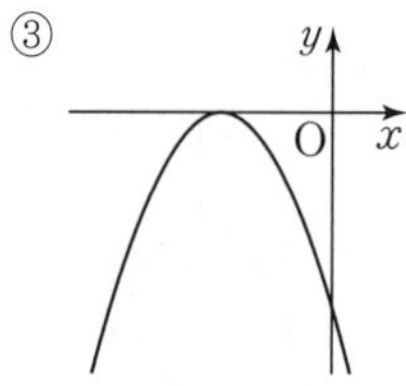

④
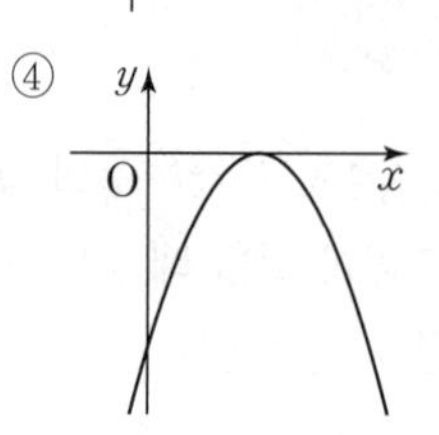

⑤
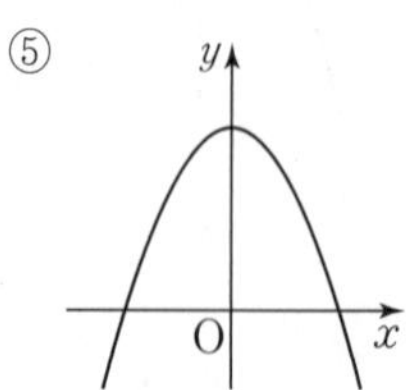

6 이차함수와 그 그래프 (2)

개념 42

이차함수 $y=ax^2+bx+c$의 그래프

01 다음은 이차함수 $y=ax^2+bx+c$의 그래프에 대한 설명이다. □ 안에 알맞은 것을 쓰시오.

(1) 이차함수 $y=ax^2+bx+c$의 그래프는
$y=$□의 꼴로 고쳐서 그릴 수 있다.

(2) $a>0$이면 □로 볼록하고, $a<0$이면 □로 볼록하다.

(3) y축과 만나는 점의 좌표는 (0, □)이다.

02 다음은 주어진 이차함수를 $y=a(x-p)^2+q$의 꼴로 나타내는 과정이다. □ 안에 알맞은 수를 쓰시오.
(단, a, p, q는 상수)

(1) $y=x^2+2x-5$
$=(x^2+2x)-5$
$=(x^2+2x+\square-\square)-5$
$=(x^2+2x+\square)-\square-5$
$=(x+\square)^2-\square$

(2) $y=x^2-8x+3$
$=(x^2-8x)+3$
$=(x^2-8x+\square-\square)+3$
$=(x^2-8x+\square)-\square+3$
$=(x-\square)^2-\square$

(3) $y=-x^2-14x-34$
$=-(x^2+14x)-34$
$=-(x^2+14x+\square-\square)-34$
$=-(x^2+14x+\square)+\square-34$
$=-(x+\square)^2+\square$

(4) $y=2x^2+12x+7$
$=2(x^2+6x)+7$
$=2(x^2+6x+\square-\square)+7$
$=2(x^2+6x+\square)-\square+7$
$=2(x+\square)^2-\square$

(5) $y=-3x^2+6x-1$
$=-3(x^2-2x)-1$
$=-3(x^2-2x+\square-\square)-1$
$=-3(x^2-2x+\square)+\square-1$
$=-3(x-\square)^2+\square$

03 다음 이차함수의 식을 $y=a(x-p)^2+q$의 꼴로 나타내시오. (단, a, p, q는 상수)

(1) $y=x^2+4x+6$

(2) $y=x^2-10x+15$

(3) $y=-x^2-6x-5$

(4) $y=3x^2+18x+10$

(5) $y=-\frac{1}{4}x^2-2x-9$

04 다음 이차함수의 그래프의 꼭짓점의 좌표, y축과 만나는 점의 좌표, 그래프의 모양을 차례로 구하고, 그 그래프를 좌표평면 위에 그리시오.

(1) $y=x^2+2x-3$

꼭짓점의 좌표 : ____________

y축과 만나는 점의 좌표: ____________

그래프의 모양 : ____________

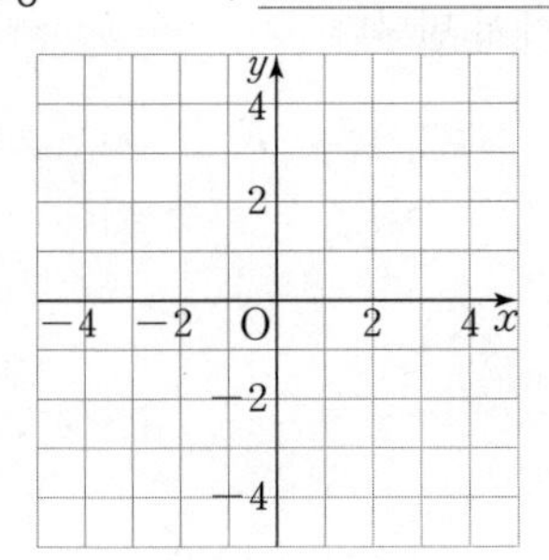

(2) $y=-2x^2+4x+2$

꼭짓점의 좌표 : ____________

y축과 만나는 점의 좌표: ____________

그래프의 모양 : ____________

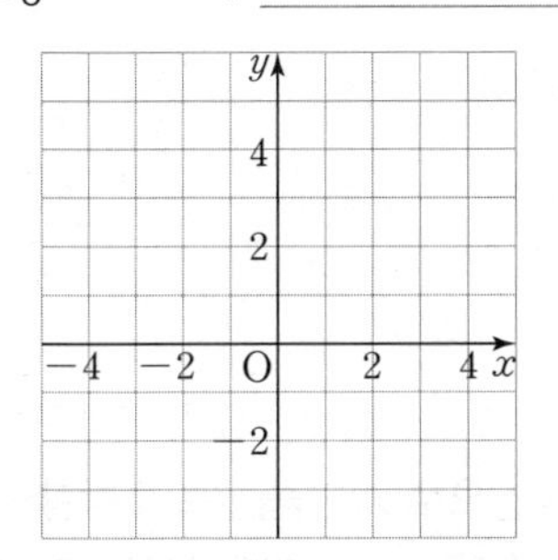

(3) $y=\frac{1}{3}x^2+2x-1$

꼭짓점의 좌표 : ____________

y축과 만나는 점의 좌표: ____________

그래프의 모양 : ____________

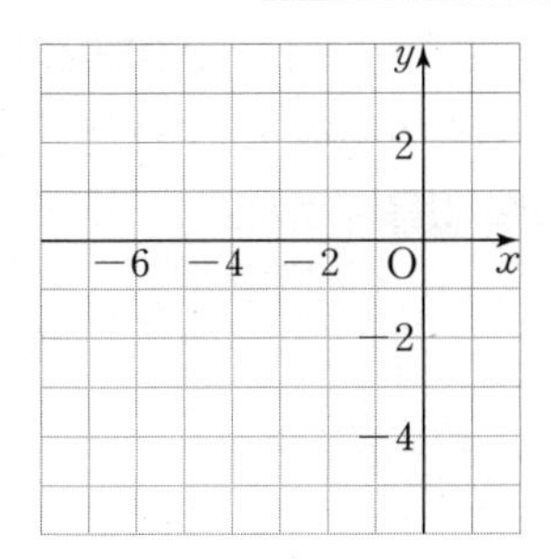

(4) $y=-\frac{3}{4}x^2+3x-4$

꼭짓점의 좌표 : ____________

y축과 만나는 점의 좌표: ____________

그래프의 모양 : ____________

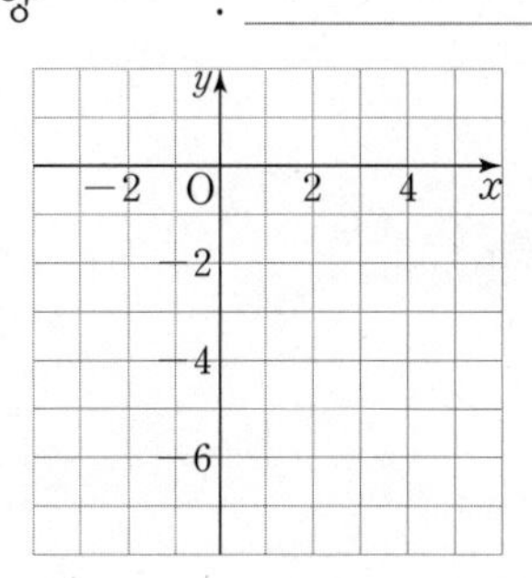

05 다음은 이차함수 $y=x^2-2x-8$의 그래프가 x축과 만나는 점의 좌표를 구하는 과정이다. □ 안에 알맞은 수를 쓰시오.

> $y=x^2-2x-8$에 $y=$□을 대입하면
> □$=x^2-2x-8$
> $(x+2)(x-$□$)=0$
> $\therefore x=-2$ 또는 $x=$□
> 따라서 x축과 만나는 점의 좌표는
> $(-2,$ □$)$, $($□, □$)$이다.

06 다음 이차함수의 그래프가 x축과 만나는 점의 좌표를 모두 구하시오.

(1) $y=x^2+6x+5$

(2) $y=x^2-8x+12$

기본 문제

07 이차함수 $y=-2x^2-8x+3$을 $y=a(x+p)^2+q$의 꼴로 나타낼 때, 상수 a, p, q에 대하여 $a+p+q$의 값을 구하시오.

08 다음 중 이차함수 $y=-\frac{2}{3}x^2-4x-4$의 그래프는?

①
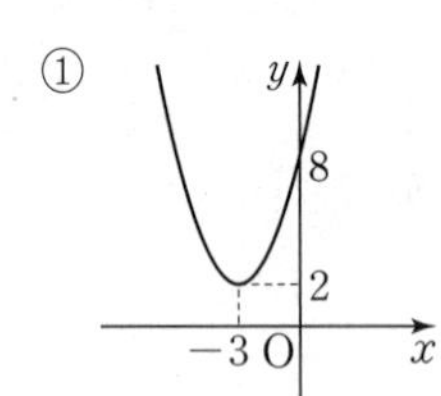

②
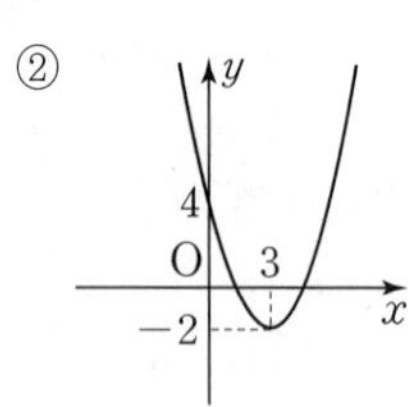

③
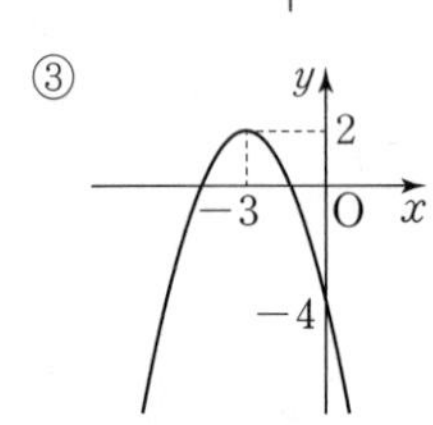

④
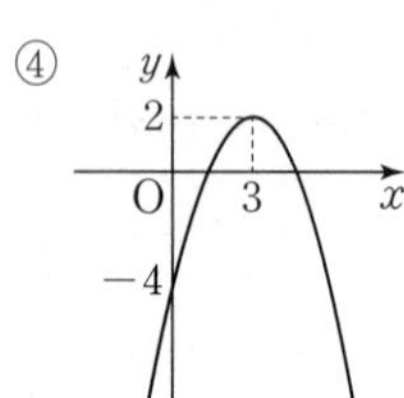

⑤
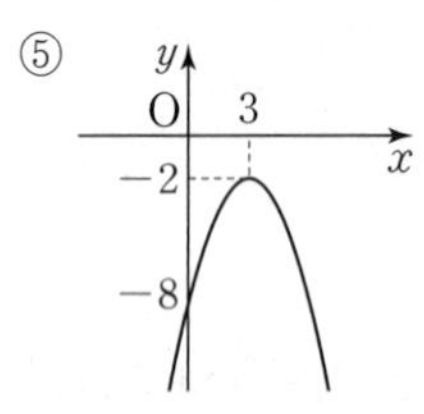

09 다음 중 이차함수 $y=\frac{1}{2}x^2+4x+3$의 그래프에 대한 설명으로 옳지 않은 것은?

① 꼭짓점의 좌표는 $(-4,\ -5)$이다.
② 제4사분면을 지나지 않는다.
③ 축은 y축의 왼쪽에 있다.
④ $x>-4$일 때, x의 값이 증가하면 y의 값도 증가한다.
⑤ x축과 한 점에서 만난다.

10 이차함수 $y=x^2-4x+k$의 그래프가 점 $(-1,\ 8)$을 지날 때, 이 그래프의 꼭짓점의 좌표는? (단, k는 상수)

① $(-2,\ -3)$ ② $(-2,\ -1)$ ③ $(2,\ -1)$
④ $(2,\ 1)$ ⑤ $(2,\ 3)$

11 이차함수 $y=3x^2-12x+17$의 그래프는 $y=ax^2$의 그래프를 x축의 방향으로 m만큼, y축의 방향으로 n만큼 평행이동한 것이다. 이때 amn의 값을 구하시오. (단, a는 상수)

12 이차함수 $y=2x^2-9x+4$의 그래프가 x축과 만나는 두 점의 x좌표가 각각 p, q이고 y축과 만나는 점의 y좌표가 r일 때, $p+q-r$의 값을 구하시오.

개념 43

이차함수 $y=ax^2+bx+c$의 그래프에서 a, b, c의 부호

01 다음 ○ 안에 >, =, < 중 알맞은 것을 쓰시오.

(1) 이차함수 $y=ax^2+bx+c$의 그래프가
아래로 볼록하면 ⇨ a ○ 0
위로 볼록하면 ⇨ a ○ 0

(2) 이차함수 $y=ax^2+bx+c$의 그래프의 축이
y축의 왼쪽에 있으면 ⇨ ab ○ 0
y축과 일치하면 ⇨ b ○ 0
y축의 오른쪽에 있으면 ⇨ ab ○ 0

(3) 이차함수 $y=ax^2+bx+c$의 그래프가 y축과 만나는 점이
x축보다 위쪽에 있으면 ⇨ c ○ 0
원점과 일치하면 ⇨ c ○ 0
x축보다 아래쪽에 있으면 ⇨ c ○ 0

02 이차함수 $y=ax^2+bx+c$의 그래프가 오른쪽 그림과 같을 때, 다음 □ 안에는 알맞은 것을 쓰고, ○ 안에는 부등호 >, < 중 알맞은 것을 쓰시오. (단, a, b, c는 상수)

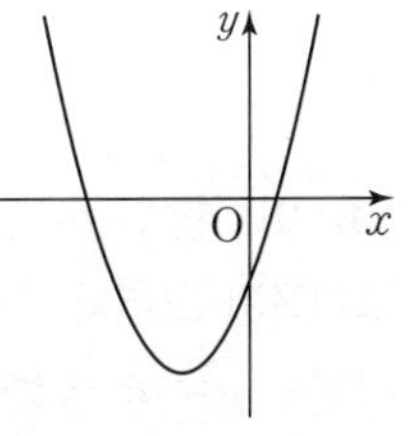

(1) 그래프가 □로 볼록하므로 a ○ 0이다.

(2) 축이 y축의 □쪽에 있으므로 ab ○ 0, 즉 b ○ 0이다.

(3) y축과 만나는 점이 x축보다 □쪽에 있으므로 c ○ 0이다.

03 이차함수 $y=ax^2+bx+c$의 그래프가 다음 그림과 같을 때, ○ 안에 >, =, < 중 알맞은 것을 쓰시오.
(단, a, b, c는 상수)

(1)
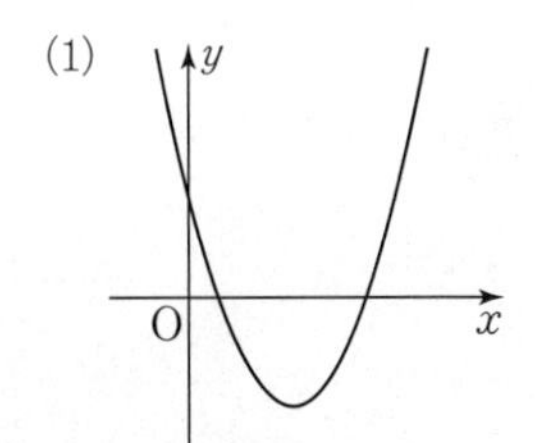

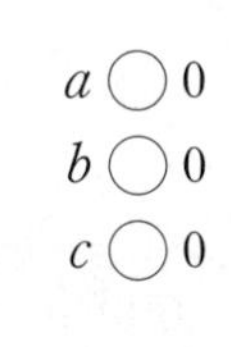

(2)
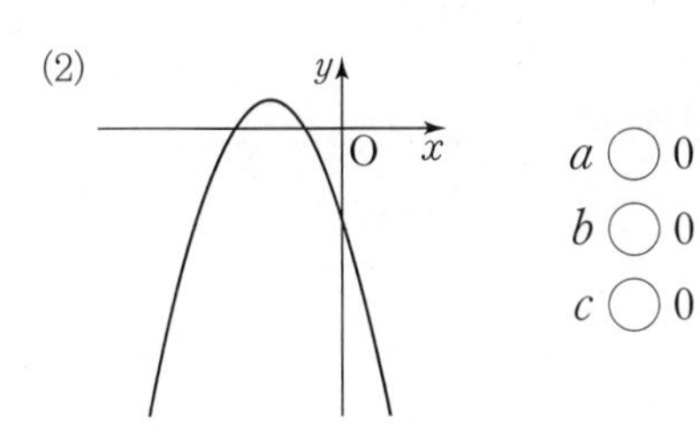

(3)
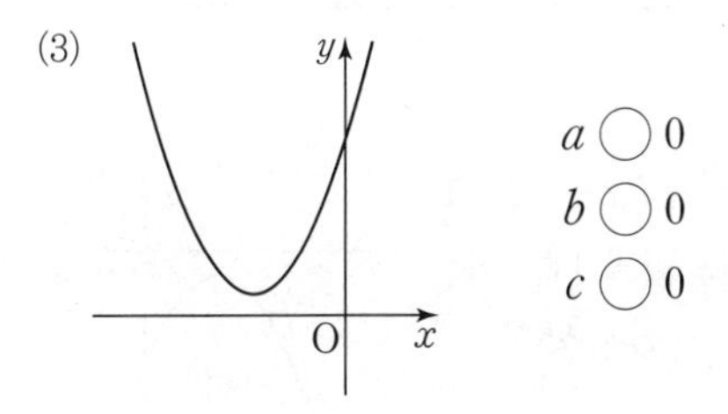

(4)
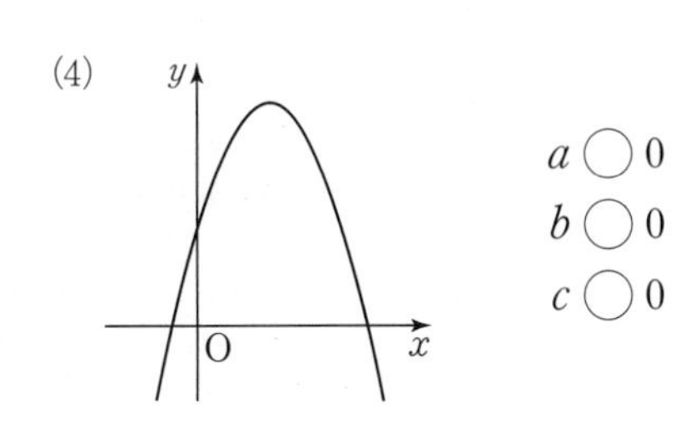

(5)

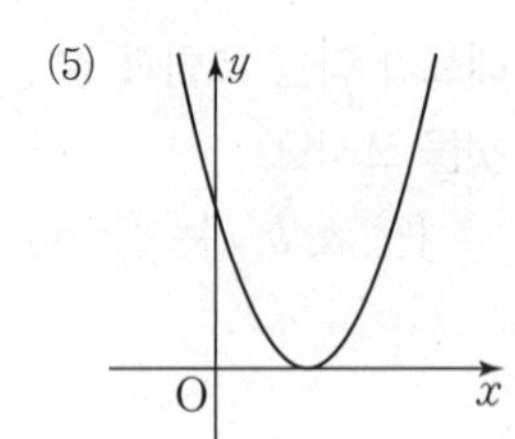

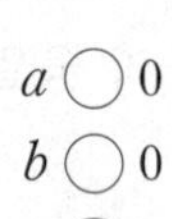

a ◯ 0
b ◯ 0
c ◯ 0

(6)

a ◯ 0
b ◯ 0
c ◯ 0

기본 문제

04 이차함수 $y=ax^2+bx+c$의 그래프가 오른쪽 그림과 같을 때, 다음 중 옳은 것은? (단, a, b, c는 상수)

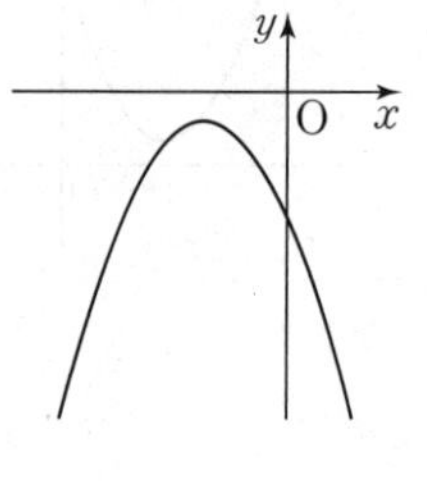

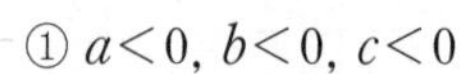

① $a<0,\ b<0,\ c<0$
② $a<0,\ b<0,\ c>0$
③ $a<0,\ b>0,\ c<0$
④ $a>0,\ b<0,\ c<0$
⑤ $a>0,\ b>0,\ c<0$

• 정답 및 해설 55쪽

05 $a>0$, $b<0$, $c<0$일 때, 다음 중 이차함수 $y=ax^2+bx+c$의 그래프로 적당한 것은? (단, a, b, c는 상수)

①
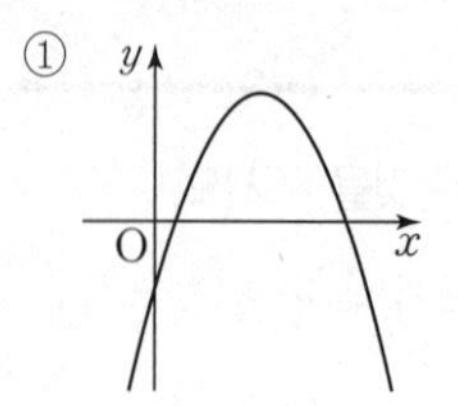

②
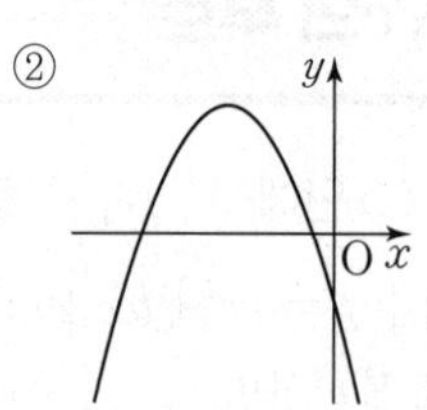

③
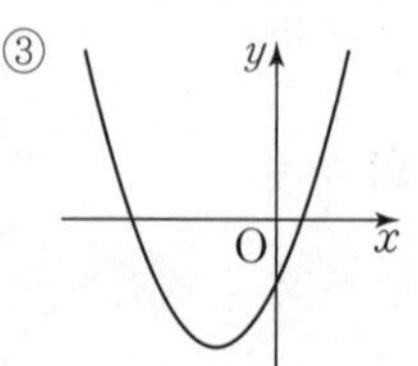

④
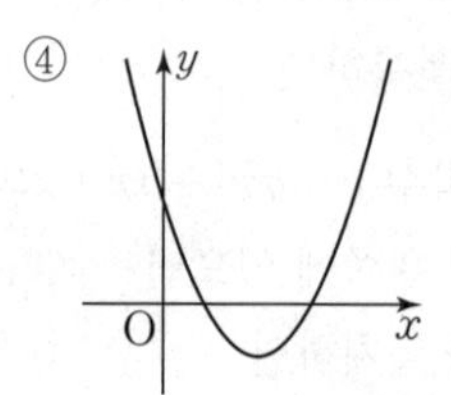

⑤
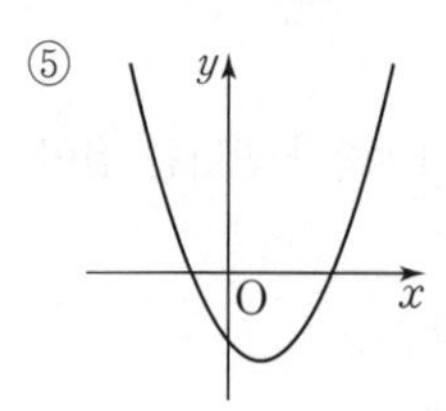

06 이차함수 $y=-x^2+ax+b$의 그래프가 오른쪽 그림과 같을 때, 일차함수 $y=ax+b$의 그래프가 지나지 않는 사분면은? (단, a, b는 상수)

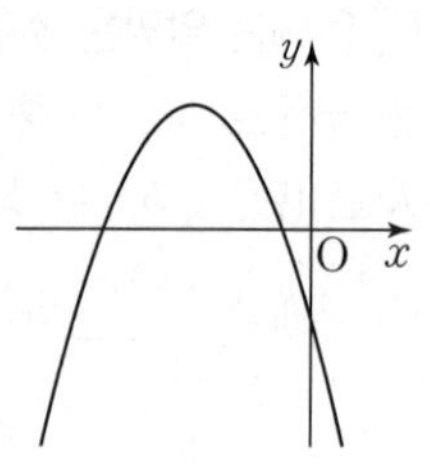

① 제1사분면　② 제2사분면
③ 제3사분면　④ 제4사분면
⑤ 모든 사분면을 지난다.

개념 42 ~ 개념 43

한번 더! 기본 문제

01 이차함수 $y=-\frac{1}{2}x^2-8x-26$의 그래프의 꼭짓점의 좌표와 축의 방정식을 차례로 구하면?

① $(-8, -6)$, $x=-8$ ② $(-8, -4)$, $x=-8$
③ $(-8, 6)$, $x=-8$ ④ $(8, -6)$, $x=8$
⑤ $(8, 6)$, $x=8$

02 다음 이차함수의 그래프 중 모든 사분면을 지나는 것은?

① $y=-2x^2+12x-17$ ② $y=-x^2-2x$
③ $y=-\frac{1}{3}x^2-2x-7$ ④ $y=\frac{1}{2}x^2-x-2$
⑤ $y=2x^2-8x+9$

자신감 Up

03 오른쪽 그림과 같이 이차함수 $y=-x^2+2x+3$의 그래프의 꼭짓점을 A라 하고 그래프가 x축과 만나는 두 점을 각각 B, C라 할 때, △ABC의 넓이를 구하시오.

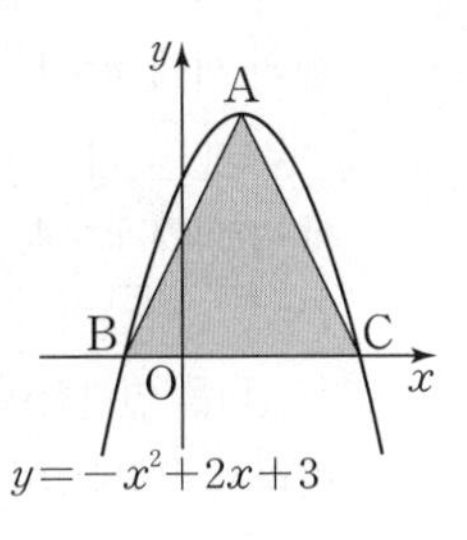

04 이차함수 $y=3x^2+kx+2$의 그래프가 점 $(-2, 2)$를 지날 때, x의 값이 증가하면 y의 값도 증가하는 x의 값의 범위는? (단, k는 상수)

① $x<-2$ ② $x>-2$ ③ $x<-1$
④ $x>-1$ ⑤ $x<1$

05 $a>0$, $b>0$, $c<0$일 때, 이차함수 $y=ax^2+bx+c$의 그래프의 꼭짓점은 제몇 사분면 위에 있는지 말하시오.
(단, a, b, c는 상수)

06 이차함수 $y=ax^2+bx+c$의 그래프가 오른쪽 그림과 같을 때, 다음 중 옳은 것은? (단, a, b, c는 상수)

① $a<0$ ② $c>0$
③ $ab<0$ ④ $bc>0$
⑤ $a+b+c<0$

6 이차함수와 그 그래프 (2)

개념 44

이차함수의 식 구하기 (1)

01 다음 □ 안에 알맞은 것을 쓰시오.

(1) 꼭짓점의 좌표 $(p,\ q)$와 다른 한 점의 좌표가 주어진 포물선을 그래프로 하는 이차함수의 식은 다음과 같은 순서로 구한다.

❶ 이차함수의 식을 $y=a(x-\square)^2+\square$로 놓는다.

❷ ❶의 식에 그래프 위의 다른 한 점의 좌표를 대입하여 a의 값을 구한다.

(2) 축의 방정식 $x=p$와 두 점의 좌표가 주어진 포물선을 그래프로 하는 이차함수의 식은 다음과 같은 순서로 구한다.

❶ 이차함수의 식을 $y=a(x-\square)^2+q$로 놓는다.

❷ ❶의 식에 그래프 위의 두 점의 좌표를 대입하여 a, q의 값을 구한다.

02 다음은 꼭짓점의 좌표가 $(1,\ -3)$이고, 점 $(2,\ -1)$을 지나는 포물선을 그래프로 하는 이차함수의 식을 구하는 과정이다. □ 안에 알맞은 것을 쓰시오.

❶ 꼭짓점의 좌표가 $(1,\ -3)$이므로 이차함수의 식을
$y=a(x-\square)^2-\square$으로 놓자.

❷ 이 그래프가 점 $(2,\ -1)$을 지나므로 ❶의 식에
$x=\square$, $y=\square$을 대입하여 a의 값을 구하면
$a=\square$
따라서 구하는 이차함수의 식은
$y=\square$

03 다음을 만족시키는 포물선을 그래프로 하는 이차함수의 식을 $y=a(x-p)^2+q$의 꼴로 나타내시오.
(단, a, p, q는 상수)

(1) 꼭짓점의 좌표가 $(2,\ 4)$이고, 점 $(4,\ 0)$을 지난다.

(2) 꼭짓점의 좌표가 $(-1,\ 6)$이고, 점 $(-2,\ 9)$를 지난다.

(3) 꼭짓점의 좌표가 $(3,\ -7)$이고, 점 $(2,\ -11)$을 지난다.

(4) 꼭짓점의 좌표가 $(-5,\ -10)$이고, 점 $(-3,\ -6)$을 지난다.

04 다음은 축의 방정식이 $x=2$이고, 두 점 $(1,\ -2)$, $(4,\ 7)$을 지나는 포물선을 그래프로 하는 이차함수의 식을 구하는 과정이다. □ 안에 알맞은 것을 쓰시오.

❶ 축의 방정식이 $x=2$이므로 이차함수의 식을
$y=a(x-\square)^2+q$로 놓자.

❷ 이 그래프가 두 점 $(1,\ -2)$, $(4,\ 7)$을 지나므로
❶의 식에 $x=1$, $y=-2$를 대입하면
$-2=\square$ ⋯ ㉠
❶의 식에 $x=4$, $y=7$을 대입하면
$7=\square$ ⋯ ㉡
㉠, ㉡을 연립하여 풀면 $a=\square$, $q=\square$
따라서 구하는 이차함수의 식은
$y=\square$

• 정답 및 해설 56쪽

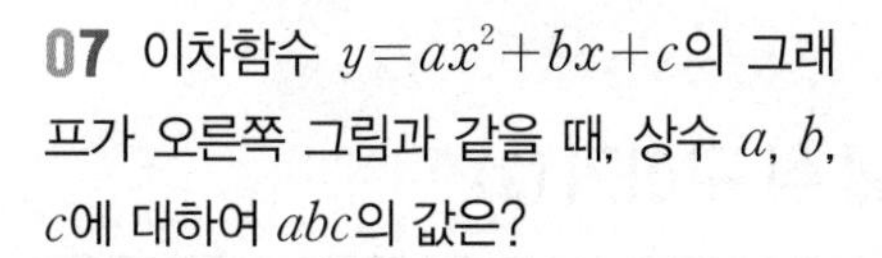

05 다음을 만족시키는 포물선을 그래프로 하는 이차함수의 식을 $y=a(x-p)^2+q$의 꼴로 나타내시오.
(단, a, p, q는 상수)

(1) 축의 방정식이 $x=-1$이고, 두 점 $(-2, 6)$, $(1, 12)$를 지난다.

(2) 축의 방정식이 $x=3$이고, 두 점 $(1, -6)$, $(6, -21)$을 지난다.

(3) 축의 방정식이 $x=-2$이고, 두 점 $(-3, -3)$, $(2, -18)$을 지난다.

(4) 축의 방정식이 $x=5$이고, 두 점 $(3, 7)$, $(6, -5)$를 지난다.

기본 문제

06 꼭짓점의 좌표가 $(-1, 2)$이고, 점 $(0, 5)$를 지나는 포물선을 그래프로 하는 이차함수의 식은?

① $y=x^2+6x+5$ ② $y=2x^2-4x+5$
③ $y=2x^2+4x+5$ ④ $y=3x^2-6x+5$
⑤ $y=3x^2+6x+5$

07 이차함수 $y=ax^2+bx+c$의 그래프가 오른쪽 그림과 같을 때, 상수 a, b, c에 대하여 abc의 값은?

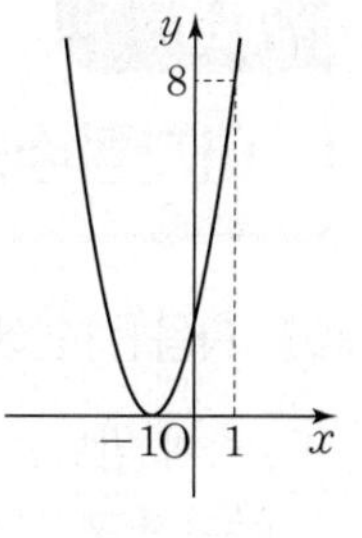

① 8 ② 10
③ 12 ④ 14
⑤ 16

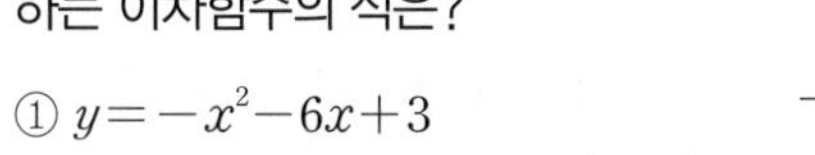

08 오른쪽 그림과 같이 직선 $x=3$을 축으로 하는 포물선을 그래프로 하는 이차함수의 식은?

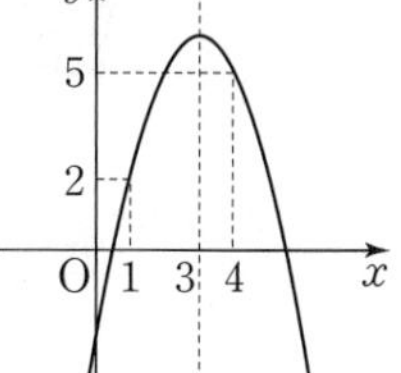

① $y=-x^2-6x+3$
② $y=-x^2-6x-3$
③ $y=-x^2+6x+3$
④ $y=-x^2+6x-3$
⑤ $y=-x^2+6x+4$

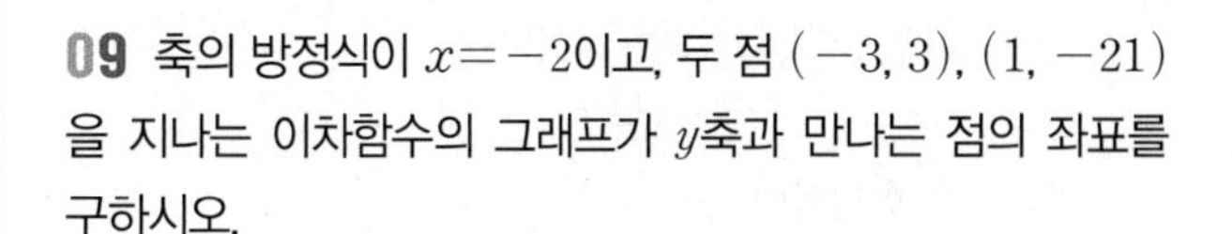

09 축의 방정식이 $x=-2$이고, 두 점 $(-3, 3)$, $(1, -21)$을 지나는 이차함수의 그래프가 y축과 만나는 점의 좌표를 구하시오.

개념 45

이차함수의 식 구하기 (2)

01 다음 □ 안에 알맞은 것을 쓰시오.

(1) y축과 만나는 점의 좌표 $(0,\ k)$와 다른 두 점의 좌표가 주어진 포물선을 그래프로 하는 이차함수의 식은 다음과 같은 순서로 구한다.

❶ 이차함수의 식을 $y=ax^2+bx+\square$로 놓는다.

❷ ❶의 식에 그래프 위의 다른 두 점의 좌표를 대입하여 a, b의 값을 구한다.

(2) x축과 만나는 두 점의 좌표 $(\alpha,\ 0)$, $(\beta,\ 0)$과 다른 한 점의 좌표가 주어진 포물선을 그래프로 하는 이차함수의 식은 다음과 같은 순서로 구한다.

❶ 이차함수의 식을 $y=a(x-\square)(x-\square)$로 놓는다.

❷ ❶의 식에 그래프 위의 다른 한 점의 좌표를 대입하여 a의 값을 구한다.

02 다음은 세 점 $(-1,\ 3)$, $(0,\ 1)$, $(1,\ 5)$를 지나는 포물선을 그래프로 하는 이차함수의 식을 구하는 과정이다. □ 안에 알맞은 것을 쓰시오.

❶ 그래프가 점 $(0,\ 1)$을 지나므로 이차함수의 식을 $y=ax^2+bx+\square$로 놓자.

❷ 이 그래프가 두 점 $(-1,\ 3)$, $(1,\ 5)$를 지나므로

❶의 식에 $x=-1$, $y=3$을 대입하면

$3=a-b+\square$ $\quad\therefore a-b=\square$ $\quad\cdots$ ㉠

❶의 식에 $x=1$, $y=5$를 대입하면

$5=a+b+\square$ $\quad\therefore a+b=\square$ $\quad\cdots$ ㉡

㉠, ㉡을 연립하여 풀면 $a=\square$, $b=\square$

따라서 구하는 이차함수의 식은

$y=\square$

03 다음을 만족시키는 포물선을 그래프로 하는 이차함수의 식을 $y=ax^2+bx+c$의 꼴로 나타내시오.

(단, a, b, c는 상수)

(1) 세 점 $(0,\ 5)$, $(2,\ 3)$, $(4,\ 9)$를 지난다.

(2) 세 점 $(-1,\ -11)$, $(0,\ -4)$, $(3,\ 5)$를 지난다.

(3) 세 점 $(-3,\ -5)$, $(-1,\ -1)$, $(0,\ 7)$을 지난다.

(4) 세 점 $(-2,\ -1)$, $(0,\ -3)$, $(2,\ -9)$를 지난다.

04 다음은 x축과 두 점 $(2,\ 0)$, $(5,\ 0)$에서 만나고, 점 $(3,\ -4)$를 지나는 포물선을 그래프로 하는 이차함수의 식을 구하는 과정이다. □ 안에 알맞은 것을 쓰시오.

❶ x축과 두 점 $(2,\ 0)$, $(5,\ 0)$에서 만나므로 이차함수의 식을 $y=a(x-2)(x-\square)$로 놓자.

❷ 이 그래프가 점 $(3,\ -4)$를 지나므로

❶의 식에 $x=3$, $y=-4$를 대입하면

$-4=a(3-2)(3-\square)$

$\therefore a=\square$

따라서 구하는 이차함수의 식은

$y=\square(x-2)(x-\square)=\square$

05 다음을 만족시키는 포물선을 그래프로 하는 이차함수의 식을 $y=ax^2+bx+c$의 꼴로 나타내시오.

(단, a, b, c는 상수)

(1) x축과 두 점 $(-1, 0)$, $(3, 0)$에서 만나고, 점 $(-2, -5)$를 지난다.

(2) x축과 두 점 $(-3, 0)$, $(-2, 0)$에서 만나고, 점 $(-6, 12)$를 지난다.

(3) x축과 두 점 $(-2, 0)$, $(4, 0)$에서 만나고, 점 $(3, 15)$를 지난다.

(4) x축과 두 점 $(1, 0)$, $(7, 0)$에서 만나고, 점 $(9, 4)$를 지난다.

기본 문제

06 이차함수 $y=ax^2+bx+c$의 그래프가 세 점 $(0, -5)$, $(1, 3)$, $(4, -9)$를 지날 때, 상수 a, b, c에 대하여 $3a+b+c$의 값은?

① -6 ② -3 ③ -1
④ 3 ⑤ 6

07 세 점 $(0, 2)$, $(-1, -4)$, $(2, 8)$을 지나는 포물선의 축의 방정식을 구하시오.

08 이차함수 $y=-4x^2$의 그래프를 평행이동하면 완전히 포개어지고, x축과 두 점 $(-1, 0)$, $(2, 0)$에서 만나는 포물선을 그래프로 하는 이차함수의 식은?

① $y=-4x^2-4x+8$ ② $y=-4x^2+4x+8$
③ $y=-4x^2-4x-8$ ④ $y=-4x^2+4x-8$
⑤ $y=-4x^2+8x+4$

09 오른쪽 그림과 같은 이차함수의 그래프의 꼭짓점의 좌표를 구하시오.

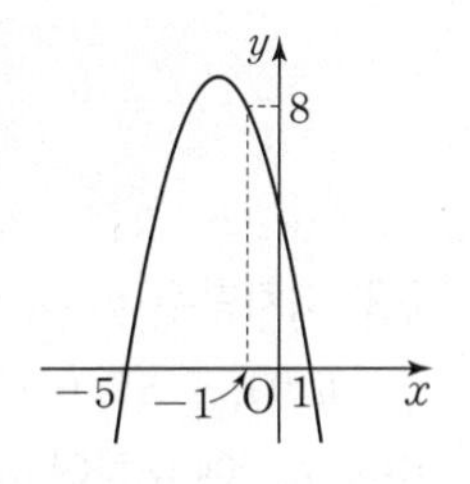

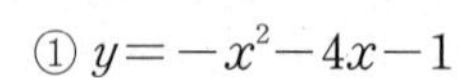

개념 44 ~ 개념 45

한번 더! 기본 문제

01 오른쪽 그림과 같은 포물선을 그래프로 하는 이차함수의 식은?

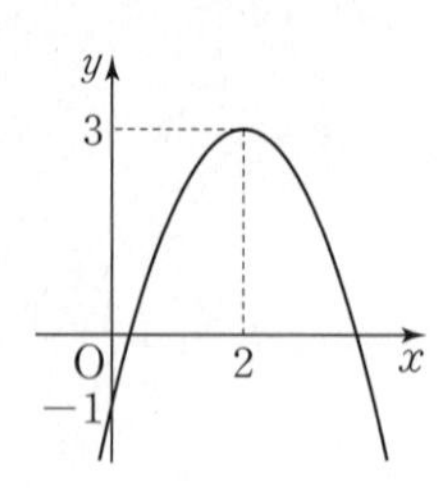

① $y=-x^2-4x-1$
② $y=-x^2+4x-1$
③ $y=-x^2+2x-1$
④ $y=x^2+4x-1$
⑤ $y=x^2-4x-1$

02 이차함수 $y=ax^2+bx+c$의 그래프가 오른쪽 그림과 같을 때, 상수 a, b, c에 대하여 $2a-b+c$의 값은?

① -5　② -4
③ -3　④ -2
⑤ -1

03 이차함수 $y=ax^2+bx+c$의 그래프가 x축과 두 점 $(-4,\ 0)$, $(-1,\ 0)$에서 만나고, 점 $(-2,\ 4)$를 지난다. 상수 a, b, c에 대하여 $ab+c$의 값은?

① 12　② 14　③ 16
④ 18　⑤ 20

04 세 점 $(-3,\ -10)$, $(0,\ -7)$, $(1,\ -2)$를 지나는 이차함수의 그래프의 꼭짓점의 좌표를 구하시오.

05 오른쪽 그림과 같은 이차함수의 그래프가 점 $(-3,\ k)$를 지날 때, k의 값을 구하시오.

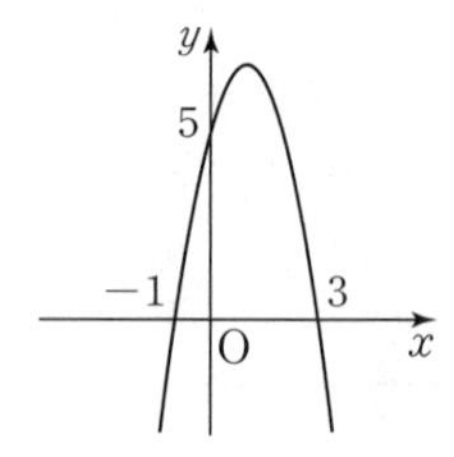

06 이차함수 $y=ax^2+bx+c$의 그래프는 꼭짓점의 좌표가 $(1,\ 2)$이고, x축과 두 점 A, B에서 만난다. $\overline{AB}=4$일 때, $a+b-c$의 값은? (단, a, b, c는 상수)

① -2　② -1　③ 0
④ 1　⑤ 2

PART 2

테스트

- 단원 테스트
- 서술형 테스트

1. 제곱근과 실수 [1회]

01 양수 a의 제곱근을 x라 할 때, 다음 중 a와 x 사이의 관계식으로 옳은 것을 모두 고르면? (정답 2개)

① $x=-\sqrt{a}$ ② $x=\sqrt{a}$ ③ $x=\pm\sqrt{a}$
④ $x=a^2$ ⑤ $x^2=a$

02 다음 중 옳은 것은?

① 0의 제곱근은 없다.
② -9의 제곱근은 ± 3이다.
③ 모든 수의 제곱근은 2개이다.
④ 11의 음의 제곱근은 $-\sqrt{11}$이다.
⑤ 5의 제곱근은 $\sqrt{5}$이다.

03 제곱근 121을 A, $\left(-\frac{1}{11}\right)^2$의 음의 제곱근을 B라 할 때, AB의 값을 구하시오.

04 오른쪽 그림과 같이 $\angle C=90°$인 직각삼각형 ABC에서 $\overline{AC}=3\,cm$, $\overline{BC}=7\,cm$일 때, $\overline{AB}$의 길이를 구하시오.

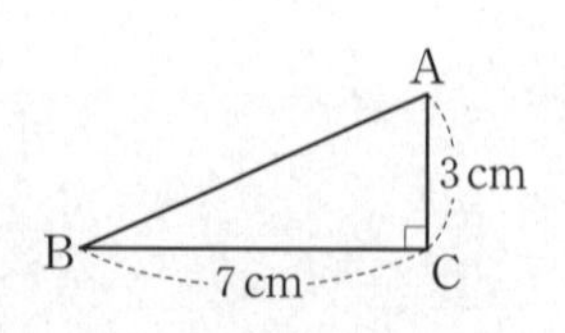

05 다음 중 옳은 것은?

① $-\sqrt{(-6)^2}=6$ ② $\left(-\sqrt{\frac{5}{6}}\right)^2=-\frac{5}{6}$
③ $\sqrt{(-8)^2}=8$ ④ $(-\sqrt{0.5})^2=-0.5$
⑤ $(\sqrt{7})^2=49$

06 $\sqrt{0.49}\times\sqrt{\left(\frac{20}{7}\right)^2}+\sqrt{(-24)^2}\div(\sqrt{6})^2$을 계산하시오.

07 $a<0$, $b>0$일 때, $\sqrt{25a^2}-\sqrt{(-4b)^2}$을 간단히 하시오.

08 $1<x<4$일 때, $\sqrt{(1-x)^2}+\sqrt{(x-4)^2}=ax+b$이다. 유리수 a, b에 대하여 $a-b$의 값을 구하시오.

09 $\sqrt{\frac{192}{x}}$가 자연수가 되도록 하는 가장 작은 두 자리의 자연수 x의 값을 구하시오.

10 다음 | 보기 | 중 두 수의 대소 관계가 옳은 것을 모두 고른 것은?

| 보기 |

ㄱ. $2<\sqrt{5}$ ㄴ. $-4>-\sqrt{17}$

ㄷ. $0.5>\sqrt{0.5}$ ㄹ. $\sqrt{\frac{1}{5}}<\sqrt{\frac{1}{7}}$

① ㄱ, ㄴ ② ㄱ, ㄷ ③ ㄴ, ㄹ
④ ㄱ, ㄴ, ㄷ ⑤ ㄴ, ㄷ, ㄹ

11 $2<\sqrt{x-1}<3$을 만족시키는 자연수 x의 개수를 구하시오.

12 다음 중 무리수인 것의 개수는?

$\sqrt{0.7}$, $\sqrt{144}$, $-\frac{9}{5}$, $\frac{\sqrt{5}}{3}$, $1.\dot{4}$

① 1개 ② 2개 ③ 3개
④ 4개 ⑤ 5개

13 다음 중 옳지 않은 것을 모두 고르면? (정답 2개)

① 근호를 사용하여 나타낸 수는 모두 무리수이다.
② 무리수는 $\frac{(\text{정수})}{(0\text{이 아닌 정수})}$의 꼴로 나타낼 수 없다.
③ 실수 중 유리수가 아닌 수는 모두 무리수이다.
④ 유리수는 모두 무한소수이다.
⑤ 순환소수가 아닌 무한소수는 무리수이다.

14 다음 제곱근표에서 $\sqrt{76}=a$, $\sqrt{77.3}=b$일 때, $a+b$의 값을 구하시오.

수	0	1	2	3	4
75	8.660	8.666	8.672	8.678	8.683
76	8.718	8.724	8.729	8.735	8.741
77	8.775	8.781	8.786	8.792	8.798

15 다음 그림과 같이 수직선 위에 한 변의 길이가 1인 정사각형 ABCD를 그리고 $\overline{BD}=\overline{BP}$, $\overline{AC}=\overline{AQ}$가 되도록 수직선 위에 두 점 P, Q를 정할 때, 두 점 P, Q에 대응하는 수를 차례로 구하시오.

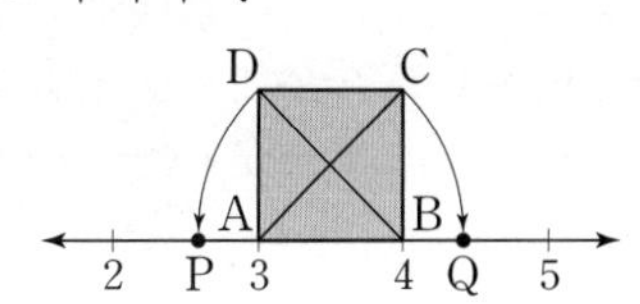

단원 테스트

16 다음 중 옳지 않은 것을 모두 고르면? (정답 2개)

① 1과 2 사이에는 무수히 많은 무리수가 있다.
② $\sqrt{3}$과 $\sqrt{5}$ 사이에는 무수히 많은 유리수가 있다.
③ 2에 가장 가까운 무리수는 $\sqrt{5}$이다.
④ 유리수에 대응하는 점으로만 수직선을 완전히 메울 수 있다.
⑤ 모든 실수는 각각 수직선 위의 한 점에 대응한다.

17 다음 수 중에서 가장 작은 수를 a, 가장 큰 수를 b라 할 때, a^2-4b의 값을 구하시오.

$$-\sqrt{20},\quad \sqrt{8},\quad -4,\quad \frac{7}{2},\quad -\sqrt{5}$$

18 다음 세 수 A, B, C의 대소 관계를 부등호를 사용하여 나타내시오.

$$A=\sqrt{10}-6,\quad B=-1,\quad C=\sqrt{2}-2$$

서술형

19 $\sqrt{77+a}=b$라 할 때, b가 자연수가 되도록 하는 가장 작은 자연수 a와 그때의 b에 대하여 $a+b$의 값을 구하시오. (단, 풀이 과정을 자세히 쓰시오.)

풀이

답

20 두 수 $3-\sqrt{17}$, $1+\sqrt{29}$ 사이에 있는 정수의 개수를 구하시오. (단, 풀이 과정을 자세히 쓰시오.)

풀이

답

단원 테스트 1. 제곱근과 실수 [2회]

01 다음 중 $(-9)^2$의 제곱근을 모두 고르면? (정답 2개)

① -9 ② -3 ③ 0
④ 3 ⑤ 9

02 다음 중 옳은 것은?

① 제곱근 3은 $\pm\sqrt{3}$이다.
② $\sqrt{5}$는 5의 제곱근이다.
③ 7의 제곱근은 $\sqrt{7}$이다.
④ $\sqrt{-10}$은 10의 음의 제곱근이다.
⑤ 모든 실수의 제곱근은 2개이다.

03 $(-10)^2$의 양의 제곱근을 A, $\frac{25}{49}$의 음의 제곱근을 B라 할 때, $A+7B$의 값을 구하시오.

04 다음 중 옳지 <u>않은</u> 것은?

① $(\sqrt{13})^2=13$
② $-(\sqrt{0.6})^2=-0.6$
③ $\sqrt{\left(\frac{1}{5}\right)^2}=\frac{1}{5}$
④ $-\left(\sqrt{\frac{2}{7}}\right)^2=\frac{2}{7}$
⑤ $-\sqrt{(-21)^2}=-21$

05 $\sqrt{11^2}-(-\sqrt{12})^2\div\sqrt{\left(-\frac{3}{5}\right)^2}$을 계산하시오.

06 $a>0$일 때, $\sqrt{(-6a)^2}+\sqrt{16a^2}$을 간단히 하면?

① $-10a$ ② $-6a$ ③ $2a$
④ $6a$ ⑤ $10a$

07 $2<a<3$일 때, $\sqrt{(2-a)^2}-\sqrt{(3-a)^2}$을 간단히 하면?

① -5 ② 5 ③ $-2a-5$
④ $2a-5$ ⑤ $2a+5$

08 $\sqrt{200x}$가 자연수가 되도록 하는 가장 작은 두 자리의 자연수 x의 값은?

① 12 ② 14 ③ 16
④ 18 ⑤ 20

09 $\sqrt{62+x}$가 자연수가 되도록 하는 100 이하의 자연수 x의 개수를 구하시오.

10 다음 중 두 수의 대소 관계가 옳은 것을 모두 고르면? (정답 2개)

① $\sqrt{13}<\sqrt{14}$
② $\sqrt{0.2}<0.2$
③ $\sqrt{15}>4$
④ $-\sqrt{10}<-\sqrt{11}$
⑤ $-3<-\sqrt{8}$

11 $6<\sqrt{3n}<7$을 만족시키는 모든 자연수 n의 값의 합을 구하시오.

12 다음 | 보기 |에서 무리수인 것을 모두 고른 것은?

| 보기 |

ㄱ. $\sqrt{0.25}$
ㄴ. $\sqrt{16}-4$
ㄷ. $\sqrt{\frac{11}{64}}$
ㄹ. $-\sqrt{100}$
ㅁ. $\sqrt{0.\dot{7}}$

① ㄱ, ㄴ
② ㄱ, ㄹ
③ ㄴ, ㄷ
④ ㄷ, ㄹ
⑤ ㄷ, ㅁ

13 다음 중 옳은 것을 모두 고르면? (정답 2개)

① 실수는 유리수와 무리수로 이루어져 있다.
② 무한소수는 모두 무리수이다.
③ 유리수는 모두 유한소수이다.
④ 순환소수는 모두 유리수이다.
⑤ 소수는 유한소수와 순환소수로 이루어져 있다.

14 다음 제곱근표에서 $\sqrt{x}=2.972$, $\sqrt{y}=2.951$을 만족시키는 x, y에 대하여 $x-y$의 값을 구하시오.

수	0	1	2	3	4
8.5	2.915	2.917	2.919	2.921	2.922
8.6	2.933	2.934	2.936	2.938	2.939
8.7	2.950	2.951	2.953	2.955	2.956
8.8	2.966	2.968	2.970	2.972	2.973

15 다음 중 옳지 않은 것을 모두 고르면? (정답 2개)

① 서로 다른 두 무리수 사이에는 무수히 많은 무리수가 있다.
② 서로 다른 두 유리수 사이에는 유한개의 유리수가 있다.
③ 수직선은 실수에 대응하는 점으로 완전히 메울 수 있다.
④ 모든 무리수는 각각 수직선 위의 한 점에 대응한다.
⑤ 무리수 중에는 수직선 위의 점으로 나타낼 수 없는 것도 있다.

16 다음 중 ◯ 안에 알맞은 부등호의 방향이 나머지 넷과 <u>다른</u> 하나는?

① $1+\sqrt{6}$ ◯ 4　② -1 ◯ $\sqrt{3}-2$
③ 7 ◯ $3+\sqrt{11}$　④ $1-\sqrt{19}$ ◯ -3
⑤ $-4-\sqrt{30}$ ◯ -9

17 다음 세 수를 수직선 위에 나타낼 때, 가장 오른쪽에 위치하는 수를 구하시오.

$\sqrt{2}+3$, $5-\sqrt{3}$, 4

18 다음 수직선 위의 점 중에서 $\sqrt{13}-6$에 대응하는 점을 구하시오.

A B C D E
−3 −2 −1 0 1 2 3

서술형

19 오른쪽 그림은 한 변의 길이가 각각 3 cm, 5 cm인 두 정사각형을 서로 이어 붙여 만든 도형이다. 이 도형과 넓이가 같은 정사각형의 한 변의 길이를 구하시오. (단, 풀이 과정을 자세히 쓰시오.)

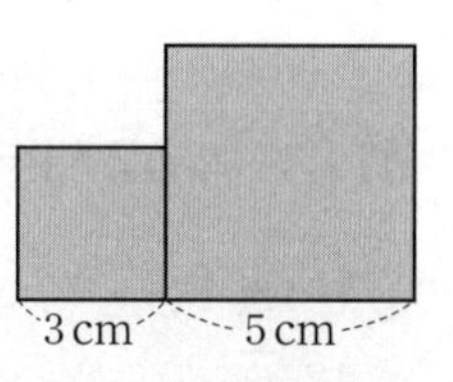

풀이

답

20 오른쪽 그림과 같이 한 눈금의 길이가 1인 모눈종이 위에 수직선과 직각삼각형 ABC를 그리고 $\overline{AC}=\overline{PC}$가 되도록 수직선 위에 점 P를 정했다. 점 P에 대응하는 수가 $a-\sqrt{b}$일 때, 유리수 a, b에 대하여 $a+b$의 값을 구하시오. (단, 풀이 과정을 자세히 쓰시오.)

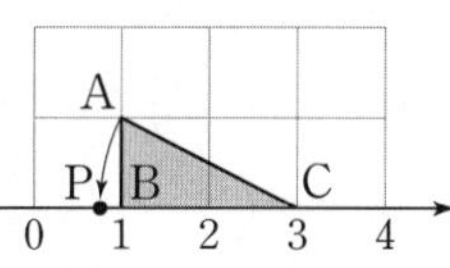

풀이

답

단원 테스트 2. 근호를 포함한 식의 계산 [1회]

01 $3\sqrt{7}\times4\sqrt{2}\times\left(-\sqrt{\frac{3}{7}}\right)$을 간단히 하면?

① $-12\sqrt{14}$　② $-12\sqrt{6}$　③ $-6\sqrt{6}$
④ $12\sqrt{6}$　⑤ $12\sqrt{14}$

02 다음을 만족시키는 유리수 a, b에 대하여 $\sqrt{a}\div\sqrt{b}$의 값을 구하시오.

$$\frac{\sqrt{60}}{\sqrt{5}}=\sqrt{a},\qquad \sqrt{\frac{15}{8}}\div\sqrt{\frac{5}{16}}=\sqrt{b}$$

03 $2\sqrt{7}=\sqrt{a}$, $\sqrt{125}=b\sqrt{5}$일 때, 유리수 a, b에 대하여 $a-b$의 값은?

① 21　② 23　③ 25
④ 27　⑤ 29

04 $\sqrt{0.12}=k\sqrt{3}$일 때, 유리수 k의 값을 구하시오.

05 다음 중 주어진 제곱근표를 이용하여 그 값을 구할 수 없는 것은?

수	0	1	2	3	4
4.1	2.025	2.027	2.030	2.032	2.035
4.2	2.049	2.052	2.054	2.057	2.059
4.3	2.074	2.076	2.078	2.081	2.083

① $\sqrt{413}$　② $\sqrt{420}$　③ $\sqrt{43400}$
④ $\sqrt{0.0423}$　⑤ $\sqrt{0.00411}$

06 $\sqrt{3}=a$, $\sqrt{7}=b$일 때, $\sqrt{63}-\sqrt{147}$을 a, b를 사용하여 나타내면?

① $a-b$　② a^2b-2ab
③ a^2b-ab^2　④ $3a^2-2b^2$
⑤ $4a^2-3b^2$

07 $\frac{2\sqrt{2}}{\sqrt{7}}$의 분모를 유리화하면?

① $\frac{\sqrt{7}}{14}$　② $\frac{\sqrt{14}}{2}$　③ $\frac{2\sqrt{7}}{7}$
④ $\frac{2\sqrt{14}}{7}$　⑤ $\frac{7\sqrt{14}}{2}$

08 다음 중 옳지 <u>않은</u> 것은?

① $\sqrt{30}\times\sqrt{5}\div\sqrt{6}=5$

② $3\sqrt{6}\div4\sqrt{18}\times12\sqrt{3}=9$

③ $\sqrt{\frac{9}{5}}\times\sqrt{\frac{2}{33}}\div\sqrt{\frac{72}{55}}=\frac{\sqrt{3}}{6}$

④ $\frac{3}{4\sqrt{2}}\times\frac{\sqrt{14}}{\sqrt{54}}\div\frac{\sqrt{35}}{\sqrt{96}}=\sqrt{5}$

⑤ $\frac{\sqrt{50}}{\sqrt{7}}\div\sqrt{\frac{11}{49}}\times\frac{3\sqrt{11}}{\sqrt{14}}=15$

09 오른쪽 그림과 같이 직사각형 ABCD에서 $\overline{AD}$, $\overline{DC}$를 각각 한 변으로 하는 정사각형을 그렸더니 그 넓이가 각각 48, 8이 되었다. 이때 직사각형 ABCD의 넓이는?

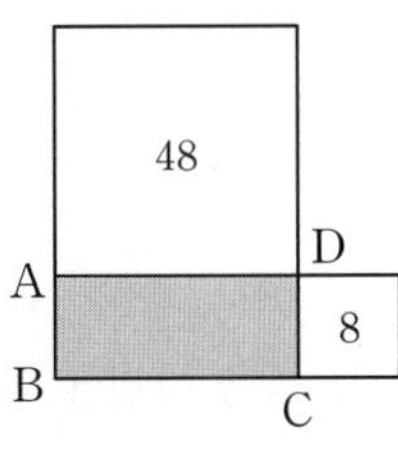

① $4\sqrt{6}$ ② $6\sqrt{3}$ ③ $6\sqrt{6}$
④ $8\sqrt{3}$ ⑤ $8\sqrt{6}$

10 $\sqrt{3}-3\sqrt{27}-\sqrt{75}=a\sqrt{3}$일 때, 유리수 a의 값을 구하시오.

11 $a=\sqrt{2}$, $b=\sqrt{7}$일 때, $\frac{b}{a}-\frac{a}{b}$의 값을 구하시오.

12 $5\sqrt{3}-2a+6-a\sqrt{3}$이 유리수가 되도록 하는 유리수 a의 값은?

① 1 ② 2 ③ 3
④ 4 ⑤ 5

13 $\sqrt{2}(2\sqrt{3}-3)-\sqrt{3}(2\sqrt{2}-1)$을 간단히 하면?

① $-\sqrt{2}-\sqrt{3}$ ② $-3\sqrt{2}+\sqrt{3}$
③ $-\sqrt{2}+3\sqrt{3}$ ④ $\sqrt{2}+\sqrt{3}$
⑤ $\sqrt{2}+3\sqrt{3}$

14 $\frac{\sqrt{108}-12}{\sqrt{8}}$의 분모를 유리화하였더니 $a\sqrt{2}+b\sqrt{6}$이 되었다. 유리수 a, b에 대하여 $a-2b$의 값을 구하시오.

15 다음 식을 간단히 하시오.

$$\frac{\sqrt{6}}{5}(15-\sqrt{50})+\frac{12-\sqrt{72}}{\sqrt{3}}$$

단원 테스트

16 오른쪽 그림과 같은 사다리꼴 ABCD의 넓이를 구하시오.

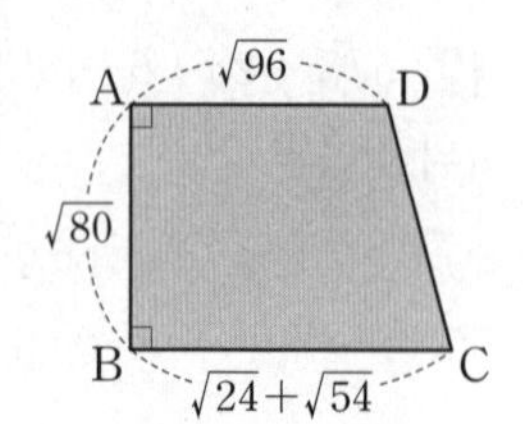

17 다음 | 보기 | 중 두 실수의 대소 관계가 옳은 것을 모두 고른 것은?

| 보기 |

ㄱ. $2+\sqrt{7}<2\sqrt{7}-1$ ㄴ. $\sqrt{5}+\sqrt{40}>\sqrt{10}+\sqrt{20}$
ㄷ. $3+2\sqrt{6}>\sqrt{54}+1$ ㄹ. $2\sqrt{2}+\sqrt{27}<\sqrt{2}+\sqrt{48}$

① ㄱ, ㄴ ② ㄱ, ㄷ ③ ㄴ, ㄷ
④ ㄴ, ㄹ ⑤ ㄷ, ㄹ

18 다음 세 수를 수직선 위에 나타낼 때, 가장 왼쪽에 위치하는 수를 구하시오.

$2\sqrt{7}+4,\quad 3\sqrt{7},\quad 4\sqrt{7}+2$

서술형

19 $\sqrt{8.49}=2.914$, $\sqrt{84.9}=9.214$일 때, $\sqrt{8490}-\sqrt{849}$의 값을 구하시오. (단, 풀이 과정을 자세히 쓰시오.)

풀이

답

20 다음 그림은 한 눈금의 길이가 1인 모눈종이 위에 수직선과 두 직각삼각형 ABC, DEF를 그린 것이다. $\overline{AC}=\overline{PC}$, $\overline{DF}=\overline{QF}$가 되도록 수직선 위에 두 점 P, Q를 정할 때, $\overline{PQ}$의 길이를 구하시오.

(단, 풀이 과정을 자세히 쓰시오.)

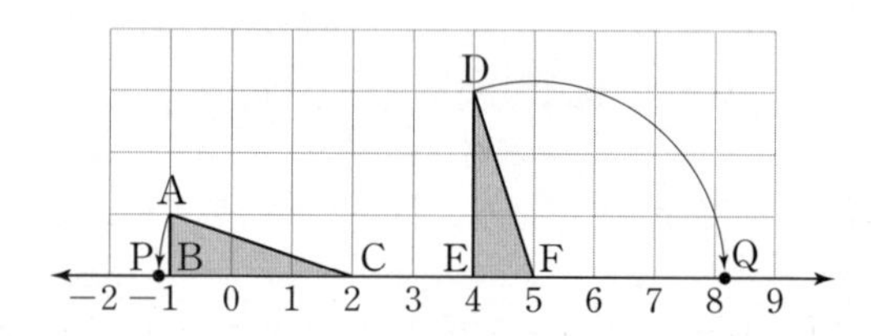

풀이

답

단원 테스트 2. 근호를 포함한 식의 계산 [2회]

01 다음 중 옳지 않은 것은?

① $\sqrt{5}\times\sqrt{7}=\sqrt{35}$

② $-4\sqrt{3}\times2\sqrt{2}=-8\sqrt{6}$

③ $\sqrt{\frac{6}{5}}\times2\sqrt{\frac{10}{3}}=8$

④ $6\sqrt{15}\div2\sqrt{3}=3\sqrt{5}$

⑤ $\sqrt{63}\div\frac{\sqrt{7}}{4}=12$

02 $4\sqrt{5}\div\frac{\sqrt{3}}{\sqrt{10}}\div\frac{1}{\sqrt{15}}=n\sqrt{10}$일 때, 자연수 n의 값을 구하시오.

03 $\sqrt{200}$은 $\sqrt{2}$의 a배이고 $\sqrt{27}$은 $\sqrt{3}$의 b배일 때, $a+b$의 값을 구하시오.

04 $\frac{\sqrt{6}}{6}=\sqrt{a}$, $\sqrt{\frac{75}{16}}=b\sqrt{3}$일 때, 유리수 a, b에 대하여 $3a-2b$의 값을 구하시오.

05 $\sqrt{9.13}=3.022$, $\sqrt{91.3}=9.555$일 때, 다음 | 보기 |에서 옳은 것을 모두 고른 것은?

| 보기 |

ㄱ. $\sqrt{9130}=95.55$　　ㄴ. $\sqrt{91300}=302.2$

ㄷ. $\sqrt{0.913}=0.9555$　　ㄹ. $\sqrt{0.0913}=0.03022$

① ㄱ, ㄴ　② ㄱ, ㄷ　③ ㄷ, ㄹ
④ ㄱ, ㄴ, ㄷ　⑤ ㄴ, ㄷ, ㄹ

06 $\sqrt{3}=a$, $\sqrt{5}=b$일 때, $\sqrt{45}$를 a, b를 사용하여 나타내면?

① $3ab$　② $3ab^2$　③ a^2b
④ $3a^2b$　⑤ a^2b^2

07 다음 중 분모를 유리화한 것으로 옳지 않은 것은?

① $\frac{1}{\sqrt{3}}=\frac{\sqrt{3}}{3}$　② $\frac{\sqrt{3}}{\sqrt{7}}=\frac{\sqrt{21}}{7}$

③ $\frac{\sqrt{2}}{\sqrt{5}}=\frac{\sqrt{10}}{5}$　④ $\frac{6}{\sqrt{2}}=3\sqrt{3}$

⑤ $\frac{\sqrt{2}}{3\sqrt{3}}=\frac{\sqrt{6}}{9}$

08 다음을 만족시키는 유리수 k의 값을 구하시오.

$$\frac{3\sqrt{3}}{\sqrt{2}}\times\frac{5}{\sqrt{6}}\div\frac{\sqrt{18}}{8}=k\sqrt{2}$$

09 오른쪽 그림과 같이 밑변의 길이가 $4\sqrt{6}\,\text{cm}$이고 높이가 $5\sqrt{2}\,\text{cm}$인 삼각형의 넓이를 구하시오.

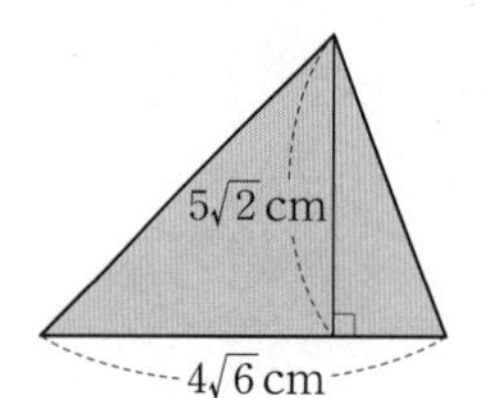

10 $5\sqrt{3}-\sqrt{80}+\sqrt{12}+4\sqrt{20}=a\sqrt{3}+b\sqrt{5}$일 때, 유리수 a, b에 대하여 $a+b$의 값을 구하시오.

11 $\sqrt{72}-\frac{\sqrt{2}}{2}+\frac{15}{\sqrt{18}}=k\sqrt{2}$일 때, 유리수 k의 값을 구하시오.

12 $a=\sqrt{5}-\sqrt{3}$, $b=\sqrt{5}+\sqrt{3}$일 때, $\sqrt{5}a-\sqrt{3}b$의 값을 구하시오.

13 $\frac{9-\sqrt{21}}{\sqrt{3}}+\sqrt{28}$을 간단히 하면?

① $\sqrt{3}+\sqrt{7}$　② $\sqrt{3}+3\sqrt{7}$　③ $3\sqrt{3}+\sqrt{7}$　④ $3\sqrt{3}-\sqrt{7}$　⑤ $3\sqrt{3}-3\sqrt{7}$

14 $\sqrt{2}(\sqrt{27}+\sqrt{8})-\frac{\sqrt{50}-\sqrt{75}}{\sqrt{3}}=a\sqrt{6}+b$일 때, 유리수 a, b에 대하여 ab의 값을 구하시오.

15 $6(a-2\sqrt{3})+3\sqrt{3}(a-2\sqrt{3})$을 계산한 결과가 유리수일 때, 유리수 a의 값을 구하시오.

16 오른쪽 그림은 넓이가 7인 정사각형 ABCD를 수직선 위에 그린 것이다. $\overline{CB}=\overline{CQ}$, $\overline{CD}=\overline{CP}$이고 두 점 P, Q에 대응하는 수를 각각 p, q라 할 때, $4p-q$의 값을 구하시오.

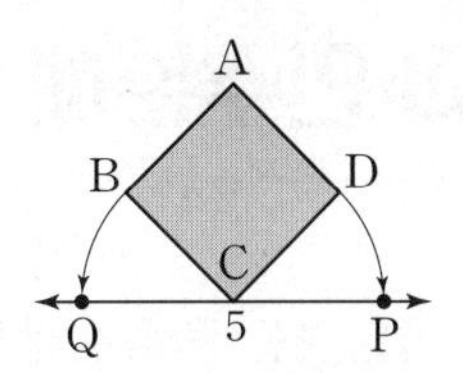

17 오른쪽 그림과 같이 가로의 길이가 $3\sqrt{5}$ cm인 직사각형 ABCD의 넓이가 30 cm^2일 때, 직사각형 ABCD의 둘레의 길이를 구하시오.

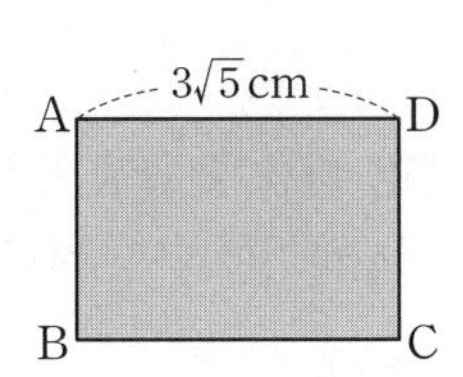

18 다음 중 두 실수의 대소 관계가 옳은 것은?

① $2\sqrt{6}+4>\sqrt{96}$
② $8-\sqrt{3}<\sqrt{27}$
③ $\sqrt{32}+\sqrt{7}>\sqrt{72}$
④ $7+\sqrt{45}<3+\sqrt{125}$
⑤ $-9-\sqrt{28}<-4-\sqrt{112}$

서술형

19 오른쪽 그림과 같이 밑면의 가로, 세로의 길이가 각각 $2\sqrt{3}$ cm, $4\sqrt{2}$ cm인 직육면체가 있다. 이 직육면체의 부피가 144 cm^3일 때, 높이를 구하시오.

(단, 풀이 과정을 자세히 쓰시오.)

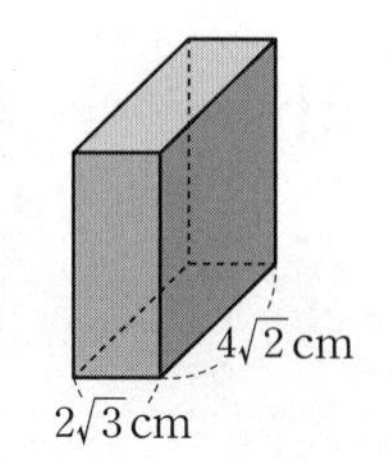

풀이

답

20 다음 세 수 중 가장 큰 수를 A, 가장 작은 수를 B라 할 때, $A-B$의 값을 구하시오.

(단, 풀이 과정을 자세히 쓰시오.)

$5\sqrt{3}+\sqrt{10}$, $4\sqrt{10}$, $3\sqrt{3}+2\sqrt{10}$

풀이

답

단원 테스트 3. 다항식의 곱셈과 인수분해 [1회]

01 $(3x-2y-3)(2x-3y+2)$의 전개식에서 xy의 계수와 상수항의 합을 구하시오.

02 $\left(-\frac{1}{3}x+2y\right)\left(-\frac{1}{3}x-2y\right)$를 전개하면?

① $-\frac{1}{9}x^2-4y^2$ ② $-\frac{1}{9}x^2+4y^2$

③ $\frac{1}{9}x^2-4y^2$ ④ $\frac{1}{9}x^2+4y^2$

⑤ $\frac{1}{3}x^2+2y^2$

03 $(x+5)(x-a)$를 전개한 식에서 x의 계수가 -3일 때, 상수항을 구하시오. (단, a는 상수)

04 $(ax-1)(4x+b)=12x^2+cx-5$일 때, 상수 a, b, c에 대하여 $a-b+c$의 값을 구하시오.

05 다음 중 옳지 않은 것을 모두 고르면? (정답 2개)

① $(5x-2)^2=25x^2-20x+4$

② $(x+6)(x-7)=x^2-x-42$

③ $(-x+10)(10+x)=x^2-100$

④ $(3x+2y)(2x+3y)=6x^2+13xy+6y^2$

⑤ $(-x-3y)^2=x^2-6xy+9y^2$

06 다음 중 곱셈 공식 $(a+b)(a-b)=a^2-b^2$을 이용하여 계산하기에 가장 편리한 것은?

① 99^2 ② 103^2 ③ 48×49

④ 81×79 ⑤ 102×104

07 다음을 계산하시오.

$$\frac{1}{1+\sqrt{2}}+\frac{1}{\sqrt{2}+\sqrt{3}}+\frac{1}{\sqrt{3}+2}$$

08 $x=\frac{1}{3+2\sqrt{2}}$일 때, x^2-6x-2의 값을 구하시오.

09 $x^2+y^2=7$, $x-y=3$일 때, $\frac{y}{x}+\frac{x}{y}$의 값을 구하시오.

10 다음 중 $8a^2-6a$의 인수가 아닌 것은?

① a ② $2a$ ③ a^2
④ $2(4a-3)$ ⑤ $2a(4a-3)$

11 다음 두 다항식이 모두 완전제곱식이 되도록 하는 양수 p, q에 대하여 $p+q$의 값을 구하시오.

$$9x^2+6x+p,\quad \frac{1}{4}x^2+qxy+y^2$$

12 $x^2+kx-18$이 $(x+a)(x+b)$로 인수분해될 때, 다음 중 상수 k의 값이 될 수 없는 것은? (단, a, b는 정수)

① -20 ② -7 ③ -3
④ 7 ⑤ 17

13 다음 □ 안에 알맞은 수가 나머지 넷과 다른 하나는?

① $25x^2+10x+1=(\square x+1)^2$
② $4x^2-25y^2=(2x+5y)(2x-\square y)$
③ $x^2-\square x-24=(x+3)(x-8)$
④ $2x^2-x-21=(x+\square)(2x-7)$
⑤ $3x^2+11xy+10y^2=(x+2y)(3x+\square y)$

14 다음 중 두 다항식 $8x^2-18$, $2x^2-7x-15$의 공통인 인수는?

① $x-5$ ② $x-1$ ③ $2x-3$
④ $2x+1$ ⑤ $2x+3$

15 $2x-3$이 다항식 $6x^2+ax+6$의 인수일 때, 상수 a의 값을 구하시오.

16 $(2x-5y)^2-(2x-5y-6)-8$을 인수분해하면 $(2x-5y+a)(2x-5y+b)$일 때, 상수 a, b에 대하여 $a+b$의 값을 구하시오.

17 $x^2+4x+4-4y^2$을 인수분해하면?

① $(x-2y+2)^2$
② $(x+2y+2)^2$
③ $(x+2y-2)(x-2y+2)$
④ $(x+2y+2)(x-2y+2)$
⑤ $(x+2y+2)(x-2y-2)$

18 인수분해 공식을 이용하여 $\frac{998\times996+998\times4}{999^2-1}$를 계산하면?

① 1 ② 994 ③ 996
④ 998 ⑤ 1000

서술형

19 두 수 A, B가 다음과 같을 때, $A+B$의 값을 구하시오.
(단, 풀이 과정을 자세히 쓰시오.)

$$A=(\sqrt{2}+5)^2,\quad B=(1+3\sqrt{2})(1-3\sqrt{2})$$

풀이

답

20 넓이가 $15a^2-7ab-2b^2$이고 가로의 길이가 $5a+b$인 직사각형의 둘레의 길이를 구하시오.
(단, 풀이 과정을 자세히 쓰시오.)

풀이

답

단원 테스트 3. 다항식의 곱셈과 인수분해 [2회]

01 $(2x-y+3)(x-y)$를 전개하면?

① $2x^2-3xy+y^2+3x-3y$
② $2x^2-3xy-y^2-3x+3y$
③ $2x^2-xy+y^2+3x-3y$
④ $2x^2-xy-y^2+3x-3y$
⑤ $2x^2+3xy+y^2+3x-3y$

02 $(x-a)^2=x^2-\frac{1}{2}x+b$일 때, 상수 a, b에 대하여 ab의 값을 구하시오.

03 $(2x-3)(5x+a)$의 전개식에서 x의 계수가 -3일 때, 상수항을 구하시오. (단, a는 상수)

04 $(-3y+x)^2-(4x+5y)(5y-4x)$를 계산한 식에서 y^2의 계수는?

① -16　② -10　③ -5
④ 5　⑤ 12

05 다음 중 옳은 것은?

① $(-x+y)^2=x^2+2xy+y^2$
② $(2x-3y)^2=4x^2-9y^2$
③ $(-x+1)(-x-1)=x^2+1$
④ $(x-4)(x+5)=x^2+x-20$
⑤ $(3x+2)(4x-1)=12x^2-5x+2$

06 다음 중 97×103을 계산할 때 이용하면 가장 편리한 곱셈 공식은?

① $(a+b)^2=a^2+2ab+b^2$ (단, $a>0$, $b>0$)
② $(a-b)^2=a^2-2ab+b^2$ (단, $a>0$, $b>0$)
③ $(a-b)(a+b)=a^2-b^2$
④ $(x+a)(x+b)=x^2+(a+b)x+ab$
⑤ $(ax+b)(cx+d)=acx^2+(ad+bc)x+bd$

07 $(2\sqrt{7}+\sqrt{3})^2-(\sqrt{21}-1)(\sqrt{21}-5)=a+b\sqrt{21}$일 때, 유리수 a, b에 대하여 $a+b$의 값을 구하시오.

08 $x=5-2\sqrt{7}$일 때, $x^2-10x+11$의 값을 구하시오.

09 $x+y=5\sqrt{2}$, $xy=5$일 때, $\frac{y}{x}+\frac{x}{y}$의 값을 구하시오.

10 다음 | 보기 | 중 $6x^2y-3xy^2$의 인수를 모두 고른 것은?

| 보기 |

ㄱ. x　　ㄴ. x^2　　ㄷ. xy

ㄹ. $x-2y$　　ㅁ. $6x-3y$

① ㄱ, ㄷ　② ㄱ, ㄹ　③ ㄴ, ㅁ

④ ㄱ, ㄴ, ㄹ　⑤ ㄱ, ㄷ, ㅁ

11 다음 식이 모두 완전제곱식이 될 때, □ 안에 들어가는 양수 중 가장 큰 것은?

① $x^2-4x+\square$　② $x^2+xy+\square y^2$

③ $\square x^2+6x+1$　④ $4x^2+\square x+9$

⑤ $\frac{1}{4}x^2+\square x+4$

12 $3x^2-16x+5$가 x의 계수가 자연수인 두 일차식의 곱으로 인수분해될 때, 두 일차식의 합을 구하시오.

13 다음 중 $x+3$을 인수로 갖지 않는 것은?

① x^2-9　② x^2+6x+9

③ x^2+x-6　④ $2x^2-5x-3$

⑤ $3x^2+11x+6$

14 다음 중 두 다항식의 공통인 인수는?

$6x^2+x-2$,　$3x^2-4x-4$

① $x-2$　② $x-3$　③ $x+3$

④ $2x-1$　⑤ $3x+2$

15 $9x^2-6x+a$가 $3x-7$을 인수로 가질 때, 상수 a의 값을 구하시오.

16 다음 중 $2(a+4)^2-7(a+4)-15$의 인수를 모두 고르면? (정답 2개)

① $a-5$　② $a-1$　③ $a+3$
④ $2a+3$　⑤ $2a+11$

17 $36-x^2+4xy-4y^2$을 인수분해하면 $(a+x+by)(a-x+cy)$가 된다. 이때 상수 a, b, c에 대하여 abc의 값을 구하시오. (단, $a>0$)

18 인수분해 공식을 이용하여 다음을 계산하시오.

$$4.9^2\times10-5.1^2\times10$$

서술형

19 두 수 A, B가 다음과 같을 때, $A-B$의 값을 구하시오. (단, 풀이 과정을 자세히 쓰시오.)

$$A=\frac{\sqrt{2}}{3-2\sqrt{2}},\quad B=\frac{\sqrt{2}-2}{\sqrt{2}+2}$$

풀이

답

20 다음 그림과 같이 도형 (가)는 한 변의 길이가 $3x+4$인 정사각형에서 한 변의 길이가 3인 정사각형을 잘라 낸 도형이고, 도형 (나)는 세로의 길이가 $3x+1$인 직사각형이다. 두 도형 (가), (나)의 넓이가 서로 같을 때, 도형 (나)의 가로의 길이를 구하시오. (단, 풀이 과정을 자세히 쓰시오.)

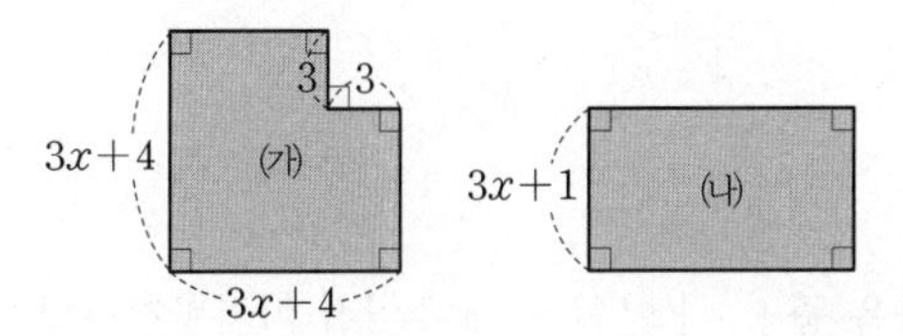

풀이

답

단원 테스트 4. 이차방정식 [1회]

01 다음 |보기| 중 이차방정식인 것을 모두 고른 것은?

| 보기 |

ㄱ. $2x^2=0$　　ㄴ. $x^2=(x-6)^2$
ㄷ. $x^2-5=4x-1$　　ㄹ. $x^3+3=x(x^2-2)$

① ㄱ, ㄴ　② ㄱ, ㄷ　③ ㄴ, ㄹ
④ ㄱ, ㄴ, ㄷ　⑤ ㄱ, ㄷ, ㄹ

02 $2x(ax-5)=6x^2+1$이 x에 대한 이차방정식일 때, 다음 중 상수 a의 값이 될 수 없는 것은?

① -2　② -1　③ 1
④ 2　⑤ 3

03 다음 중 [ ] 안의 수가 주어진 이차방정식의 해인 것은?

① $(x-1)(x+3)=0$ [-1]
② $x^2-x+2=0$ [2]
③ $x^2-4x+3=0$ [-3]
④ $-2x^2-x+3=0$ [1]
⑤ $x(x-4)=0$ [-2]

04 이차방정식 $x^2-4x-3=0$의 두 근이 α, β일 때, $(\alpha^2-4\alpha+3)(\beta^2-4\beta+4)$의 값을 구하시오.

05 이차방정식 $3x^2-2x-2=3x$의 두 근 중 음수인 것을 a라 할 때, $6a+4$의 값을 구하시오.

06 이차방정식 $x^2+ax+6=0$의 한 근이 $x=2$일 때, 다른 한 근은 $x=b$이다. 이때 $a+b$의 값을 구하시오.
(단, a는 상수)

07 다음 이차방정식 중 중근을 갖지 않는 것을 모두 고르면? (정답 2개)

① $x^2-4x+4=0$　② $x^2-8x+7=0$
③ $x^2-12x+36=0$　④ $9x^2-6x+1=0$
⑤ $12x^2-5x-2=0$

08 이차방정식 $x^2+2ax+15-2a=0$이 중근을 갖도록 하는 모든 상수 a의 값의 합을 구하시오.

09 이차방정식 $2(x+A)^2=B$의 해가 $x=3\pm\sqrt{5}$일 때, 유리수 A, B에 대하여 $A-B$의 값은?

① -13　② -7　③ -3
④ 7　⑤ 13

10 이차방정식 $5x^2+10x-2=0$의 해를 구하기 위해 $(x+p)^2=q$의 꼴로 나타낼 때, 상수 p, q에 대하여 $p+q$의 값을 구하시오.

11 이차방정식 $4x^2-10x+a-1=0$의 근이 $x=\frac{5\pm\sqrt{21}}{4}$일 때, 상수 a의 값을 구하시오.

12 이차방정식 $0.4x^2-\frac{1}{2}x-0.3=0$의 두 근의 합을 구하시오.

13 이차방정식 $2(3x-5)^2-5(3x-5)+2=0$을 풀면?

① $x=-\frac{7}{3}$ 또는 $x=\frac{11}{6}$　② $x=-\frac{11}{6}$ 또는 $x=\frac{7}{3}$
③ $x=\frac{11}{6}$ 또는 $x=\frac{7}{3}$　④ $x=-2$ 또는 $x=-\frac{1}{2}$
⑤ $x=\frac{1}{2}$ 또는 $x=2$

14 다음 이차방정식 중 근이 존재하지 않는 것은?

① $x^2-2x-2=0$　② $x^2-25=0$
③ $x^2-\frac{1}{2}x-\frac{1}{4}=0$　④ $2x^2+4x+2=0$
⑤ $4x^2+x+2=0$

15 이차방정식 $2x^2+px+q=0$의 두 근이 -3, 4일 때, 상수 p, q에 대하여 $p+q$의 값을 구하시오.

단원 테스트

16 수학 문제집을 펼쳤더니 펼친 두 면의 쪽수의 곱이 930이었다. 펼친 두 면의 쪽수의 합을 구하시오.

17 볼펜 270개를 남김없이 모든 학생들에게 똑같이 나누어 주려고 한다. 한 학생이 받는 볼펜의 개수가 학생 수보다 3만큼 많다고 할 때, 학생 수를 구하시오.

18 지면으로부터 15 m 높이에 있는 건물 옥상에서 초속 30 m로 차 올린 축구공의 t초 후의 높이는 $(15+30t-5t^2)$ m라 한다. 지면으로부터 축구공까지의 높이가 60 m가 되는 것은 축구공을 차 올린 지 몇 초 후인가?

① 1초 후 ② 2초 후 ③ 3초 후
④ 4초 후 ⑤ 5초 후

서술형

19 두 이차방정식 $x^2-2x-8=0$, $x^2-3x-10=0$을 동시에 만족시키는 x의 값이 이차방정식 $2x^2-ax+2a-6=0$의 한 근일 때, 상수 a의 값을 구하시오.
(단, 풀이 과정을 자세히 쓰시오.)

풀이

답

20 밑변의 길이와 높이가 같은 삼각형이 있다. 이 삼각형의 밑변의 길이를 2 cm, 높이를 4 cm 늘였더니 그 넓이가 처음 삼각형의 넓이의 3배가 되었다. 이때 처음 삼각형의 넓이를 구하시오. (단, 풀이 과정을 자세히 쓰시오.)

풀이

답

단원 테스트 4. 이차방정식 [2회]

01 다음 중 이차방정식인 것을 모두 고르면? (정답 2개)

① $x^2=-5$
② $3x^2=3(x^2-4)$
③ $x(2-x)=-x^2$
④ $x^2-4x=4x^2$
⑤ $x^2-4x+3=(x-1)(x-2)$

02 다음 중 방정식 $ax^2+3x+1=2x(x-1)$이 x에 대한 이차방정식이 되도록 하는 상수 a의 조건은?

① $a\neq1$　② $a\neq2$　③ $a\neq3$
④ $a\neq4$　⑤ $a\neq5$

03 다음 중 $x=2$를 근으로 갖는 이차방정식인 것은?

① $x^2+4=0$　② $x^2-x-2=0$
③ $2x(x+1)=0$　④ $(x+2)(x+3)=0$
⑤ $2x^2-x+1=0$

04 이차방정식 $x^2-6x+1=0$의 한 근이 $x=\alpha$일 때, $\alpha+\frac{1}{\alpha}$의 값을 구하시오.

05 이차방정식 $3x^2-5x=12$의 두 근 사이에 있는 정수의 개수를 구하시오.

06 이차방정식 $x^2-2x-15=0$의 두 근 중 큰 근이 이차방정식 $x^2-ax-10=0$의 한 근일 때, 상수 a의 값을 구하시오.

07 다음 | 보기 |의 이차방정식 중 중근을 갖는 것을 모두 고른 것은?

| 보기 |
ㄱ. $x^2-\frac{16}{9}=0$　ㄴ. $x^2=6x-9$
ㄷ. $4x^2-4x+1=0$　ㄹ. $x^2-x=2(x+1)-4$

① ㄱ, ㄴ　② ㄱ, ㄷ　③ ㄴ, ㄷ
④ ㄴ, ㄹ　⑤ ㄱ, ㄴ, ㄷ

08 이차방정식 $x^2+3x+a=0$이 중근 $x=b$를 가질 때, $a+b$의 값을 구하시오. (단, a는 상수)

09 이차방정식 $3(x-2)^2-15=0$의 해가 $x=a\pm\sqrt{b}$일 때, 유리수 a, b에 대하여 ab의 값을 구하시오.

10 이차방정식 $\frac{1}{2}x^2-4x-5=0$을 풀기 위해 $(x-4)^2=k$의 꼴로 나타낼 때, 상수 k의 값을 구하시오.

11 이차방정식 $2x^2-4x-3=0$의 근이 $x=\frac{a\pm\sqrt{b}}{2}$일 때, 유리수 a, b에 대하여 $a+b$의 값은?

① 8 ② 9 ③ 10
④ 11 ⑤ 12

12 이차방정식 $\frac{1}{4}x^2-\frac{1}{5}x=0.1$을 풀면?

① $x=\frac{-4\pm\sqrt{14}}{5}$ ② $x=\frac{-2\pm\sqrt{14}}{5}$
③ $x=\frac{2\pm\sqrt{14}}{5}$ ④ $x=\frac{2\pm\sqrt{14}}{10}$
⑤ $x=\frac{4\pm\sqrt{14}}{10}$

13 이차방정식 $2\left(x-\frac{1}{2}\right)^2-5=4\left(x-\frac{1}{2}\right)$의 두 근의 차를 구하시오.

14 다음 이차방정식 중 근의 개수가 나머지 넷과 다른 하나는?

① $x^2+x+3=0$ ② $x^2+5x+7=0$
③ $-2x^2-3x-6=0$ ④ $3x^2-x-8=0$
⑤ $5x^2-7x+3=0$

15 이차방정식 $x^2+ax+b=0$이 $x=2$를 중근으로 가질 때, a, b를 두 근으로 하고 x^2의 계수가 1인 이차방정식을 구하시오. (단, a, b는 상수)

16 연속하는 두 자연수 중 작은 수의 제곱의 2배는 큰 수의 제곱보다 14만큼 크다고 할 때, 큰 수는?

① 2　② 3　③ 4　④ 5　⑤ 6

17 지우와 동생의 나이의 차는 2세이고, 동생의 나이의 5배는 지우의 나이의 제곱보다 60세가 적다. 이때 동생의 나이는?

① 7세　② 8세　③ 9세　④ 10세　⑤ 11세

18 농구 경기에서 키가 2 m인 어떤 선수가 공을 위로 던질 때, 공을 던진 지 t초 후의 지면으로부터의 공의 높이는 $(2+9t-5t^2)$ m라 한다. 이 공이 지면에 떨어지는 것은 공을 던진 지 몇 초 후인지 구하시오.

서술형

19 두 이차방정식 $x^2+ax+8=0$, $2x^2+5x+b=0$의 공통인 근이 $x=-2$일 때, 상수 a, b에 대하여 $a-b$의 값을 구하시오. (단, 풀이 과정을 자세히 쓰시오.)

풀이

답

20 오른쪽 그림과 같이 크기가 다른 세 개의 반원으로 이루어진 도형이 있다. 가장 큰 반원의 지름의 길이가 24 cm이고 색칠한 부분의 넓이가 32π cm^{2}일 때, 가장 작은 반원의 반지름의 길이를 구하시오. (단, 풀이 과정을 자세히 쓰시오.)

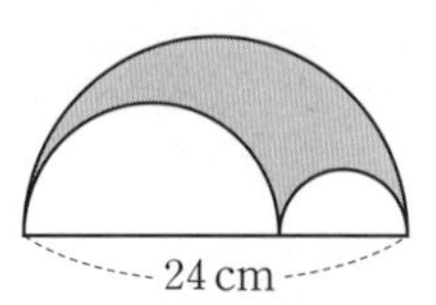

풀이

답

단원 테스트 5. 이차함수와 그 그래프 (1) [1회]

01 다음 중 이차함수인 것을 모두 고르면? (정답 2개)

① $y=2x-x^2-3x^3$

② $y=1-\frac{1}{x^2}$

③ $y=(3-x)(4+x)+x^2$

④ $y=2x^2-x(x-2)$

⑤ $y=\left(1+\frac{1}{2}x\right)\left(1-\frac{1}{2}x\right)$

02 $y=3x^2-kx(x+1)+2$가 x에 대한 이차함수일 때, 다음 중 상수 k의 값이 될 수 <u>없는</u> 것은?

① -3　② -2　③ 0

④ 2　⑤ 3

03 이차함수 $f(x)=2x^2-3x+5$에서 $f(a)=7$일 때, a의 값을 구하시오. (단, $a>0$)

04 이차함수 $y=-4x^2$의 그래프가 점 $(a,\ 2a)$를 지날 때, a의 값을 구하시오. (단, $a\neq 0$)

05 세 이차함수 $y=ax^2$, $y=2x^2$, $y=\frac{1}{6}x^2$의 그래프가 아래 그림과 같을 때, 다음 중 상수 a의 값이 될 수 있는 것은?

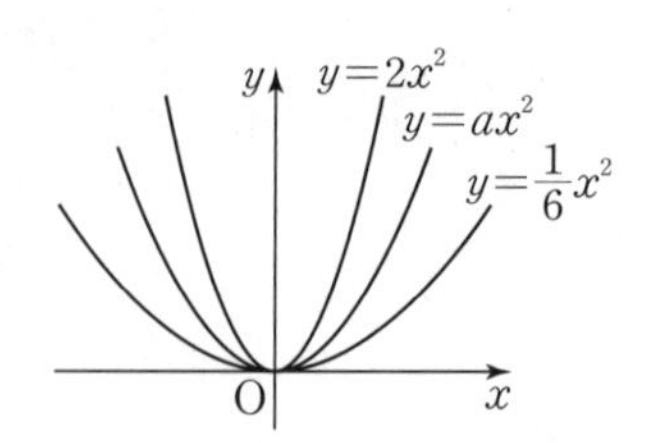

① $\frac{5}{3}$　② $\frac{11}{5}$　③ $\frac{9}{4}$

④ $\frac{17}{6}$　⑤ $\frac{23}{8}$

06 이차함수 $y=ax^2$의 그래프는 이차함수 $y=\frac{2}{5}x^2$의 그래프와 x축에 서로 대칭이고, 이차함수 $y=-10x^2$의 그래프는 이차함수 $y=bx^2$의 그래프와 x축에 서로 대칭이다. 이때 상수 a, b에 대하여 ab의 값을 구하시오.

07 원점을 꼭짓점으로 하고 y축을 축으로 하며, 점 $(-3,\ 4)$를 지나는 포물선을 그래프로 하는 이차함수의 식을 구하시오.

08 이차함수 $y=-2x^2$의 그래프를 y축의 방향으로 3만큼 평행이동하면 점 $(-3, a)$를 지날 때, a의 값을 구하시오.

09 이차함수 $y=3(x+5)^2$의 그래프의 꼭짓점의 좌표와 축의 방정식을 차례로 구하면?

① $(0, -5)$, $x=-5$
② $(0, -5)$, $x=5$
③ $(-5, 0)$, $x=-5$
④ $(-5, 0)$, $x=5$
⑤ $(5, 0)$, $x=5$

10 이차함수 $y=-\frac{1}{3}x^2$의 그래프를 x축의 방향으로 a만큼 평행이동한 그래프는 꼭짓점의 좌표가 $(2, 0)$이고, 점 $(5, b)$를 지난다. 이때 $a-b$의 값을 구하시오.

11 이차함수 $y=4(x-1)^2-5$의 그래프는 이차함수 $y=4x^2$의 그래프를 x축의 방향으로 p만큼, y축의 방향으로 q만큼 평행이동한 것이다. 이때 pq의 값을 구하시오.

12 다음 | 보기 |의 이차함수의 그래프 중 꼭짓점이 제2사분면 위에 있는 것을 모두 고른 것은?

| 보기 |
ㄱ. $y=-(x+1)^2+9$
ㄴ. $y=(x-3)^2+2$
ㄷ. $y=-2(x+4)^2-5$
ㄹ. $y=6(x-7)^2-1$

① ㄱ
② ㄴ
③ ㄹ
④ ㄱ, ㄷ
⑤ ㄴ, ㄹ

13 이차함수 $y=3(x-2)^2-2$의 그래프가 지나지 않는 사분면을 말하시오.

14 다음 중 이차함수 $y=-(x+3)^2+10$의 그래프에 대한 설명으로 옳지 않은 것은?

① 꼭짓점의 좌표는 $(-3, 10)$이다.
② y축에 대칭이다.
③ $x>-3$일 때, x의 값이 증가하면 y의 값은 감소한다.
④ 이차함수 $y=x^2$의 그래프와 폭이 같다.
⑤ 모든 사분면을 지난다.

15 이차함수 $y=-\frac{1}{4}x^2$의 그래프를 평행이동하여 포갤 수 있고, 꼭짓점의 좌표가 $(8,\ 7)$인 포물선을 그래프로 하는 이차함수의 식을 $y=a(x+p)^2+q$라 하자. 이때 상수 a, p, q에 대하여 apq의 값을 구하시오.

16 이차함수 $y=-a(x+p)^2+q$의 그래프가 오른쪽 그림과 같을 때, 상수 a, p, q의 부호는?

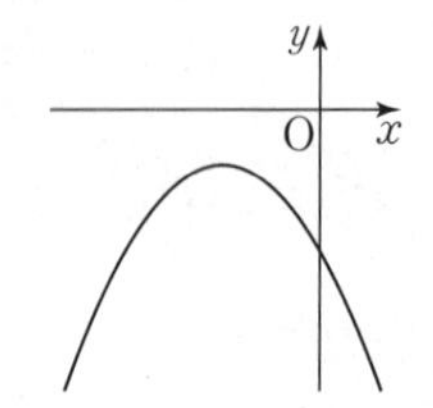

① $a>0$, $p>0$, $q>0$
② $a>0$, $p>0$, $q<0$
③ $a>0$, $p<0$, $q>0$
④ $a<0$, $p>0$, $q>0$
⑤ $a<0$, $p<0$, $q<0$

17 $a>0$, $p<0$, $q<0$일 때, 다음 중 이차함수 $y=a(x+p)^2-q$의 그래프로 적당한 것은?

(단, a, p, q는 상수)

①
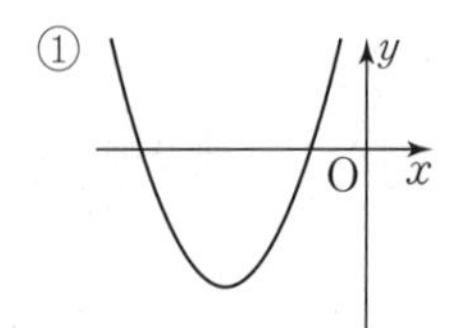

②
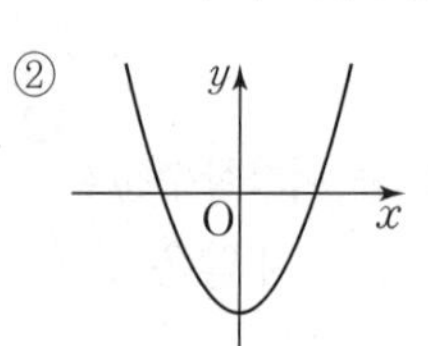

③
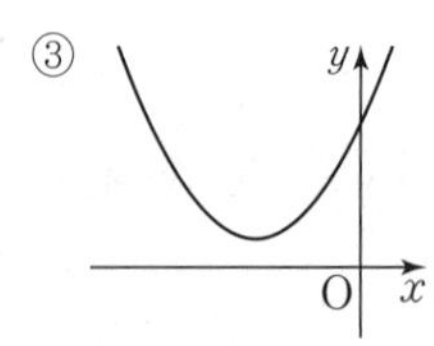

④
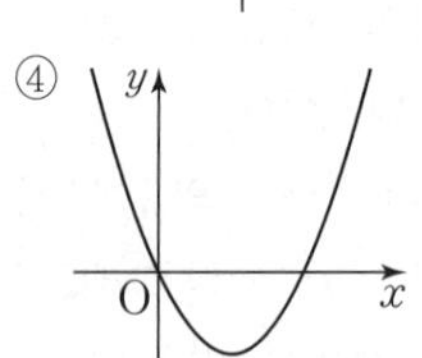

⑤
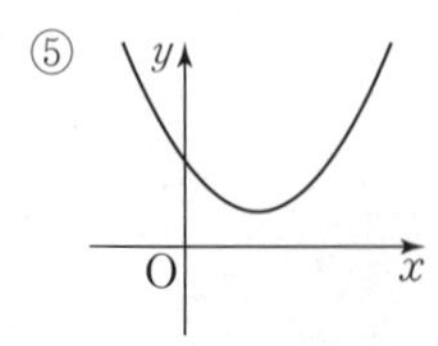

서술형

18 이차함수 $y=ax^2$의 그래프가 오른쪽 그림과 같을 때, $a+k$의 값을 구하시오. (단, a는 상수이고, 풀이 과정을 자세히 쓰시오.)

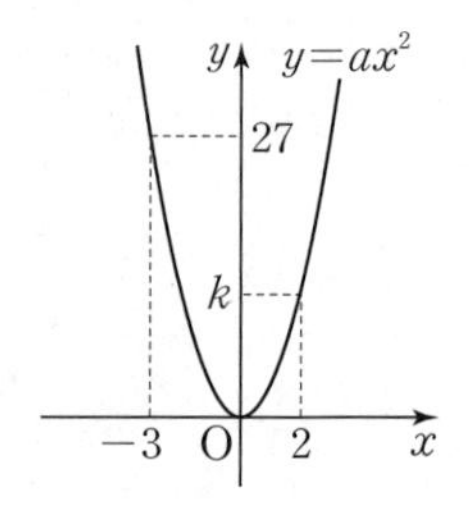

풀이

답

19 이차함수 $y=ax^2$의 그래프를 x축의 방향으로 3만큼, y축의 방향으로 3만큼 평행이동한 그래프가 두 점 $(1,\ 4)$, $(-1,\ b)$를 지날 때, $a+b$의 값을 구하시오.

(단, a는 상수이고, 풀이 과정을 자세히 쓰시오.)

풀이

답

• 정답 및 해설 76쪽

단원 테스트 5. 이차함수와 그 그래프 (1) [2회]

01 다음 중 y가 x에 대한 이차함수인 것을 모두 고르면? (정답 2개)

① 한 변의 길이가 x인 정사각형의 넓이 y
② 반지름의 길이가 x인 원의 둘레의 길이 y
③ 연속한 두 정수 중 작은 수를 x라 할 때, 이 두 수의 곱 y
④ 3 km인 거리를 시속 x km로 갈 때 걸리는 시간 y시간
⑤ 한 개에 700원인 볼펜 x자루를 샀을 때의 물건 값 y원

02 다음 중 $y=6x^2-2(x-kx^2)$이 x에 대한 이차함수가 되도록 하는 상수 k의 조건은?

① $k\neq-6$ ② $k\neq-3$ ③ $k\neq0$
④ $k\neq3$ ⑤ $k\neq6$

03 이차함수 $f(x)=x^2+x+3$에서 $f(2)+f(-2)$의 값을 구하시오.

04 이차함수 $y=ax^2$의 그래프가 두 점 $(2,\ -12)$, $(-1,\ b)$를 지날 때, ab의 값을 구하시오. (단, a는 상수)

05 두 이차함수 $y=3ax^2$, $y=5x^2$의 그래프가 오른쪽 그림과 같을 때, 상수 a의 값의 범위를 구하시오.

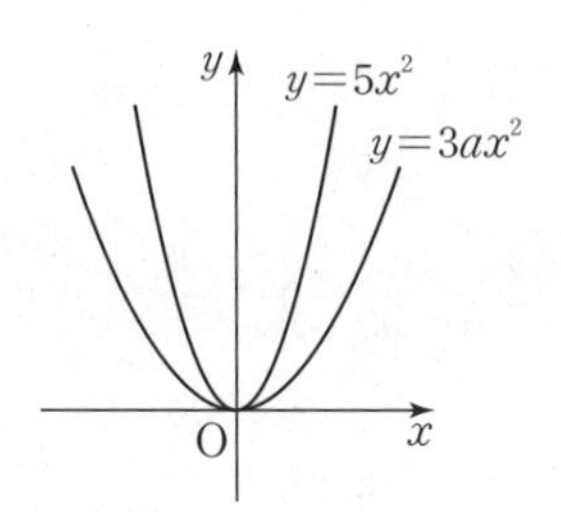

06 다음 중 |보기|의 이차함수의 그래프에 대한 설명으로 옳지 않은 것은?

| 보기 |
ㄱ. $y=-3x^2$ ㄴ. $y=\frac{1}{3}x^2$
ㄷ. $y=-\frac{3}{5}x^2$ ㄹ. $y=3x^2$

① 모두 원점을 꼭짓점으로 한다.
② 축의 방정식은 모두 $x=0$이다.
③ 그래프의 폭이 가장 넓은 것은 ㄴ이다.
④ 위로 볼록한 그래프는 ㄱ, ㄷ이다.
⑤ ㄴ과 ㄹ은 x축에 서로 대칭이다.

07 오른쪽 그림과 같이 원점을 꼭짓점으로 하고 점 $(-3,\ -6)$을 지나는 포물선을 그래프로 하는 이차함수의 식을 구하시오.

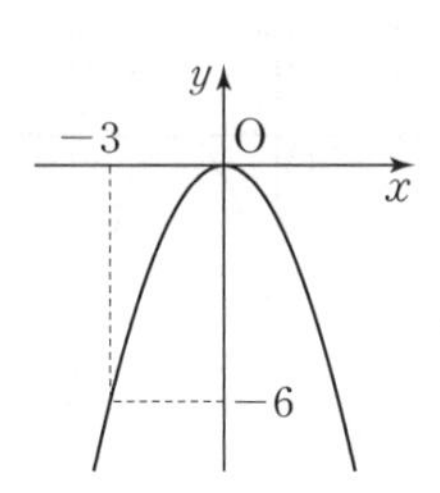

08 이차함수 $y=x^2+q$의 그래프가 점 $(-1,\ 3)$을 지날 때, 다음 중 이차함수 $y=qx^2$의 그래프 위의 점인 것은?

(단, q는 상수)

① $(-3,\ 1)$ ② $(-1,\ 4)$ ③ $(1,\ -2)$
④ $(2,\ 8)$ ⑤ $(3,\ 6)$

09 이차함수 $y=\frac{1}{2}x^2$의 그래프를 y축의 방향으로 k만큼 평행이동하였더니 점 $(-4,\ 3)$을 지날 때, k의 값을 구하시오.

10 다음 중 이차함수 $y=2(x-1)^2$의 그래프는?

①
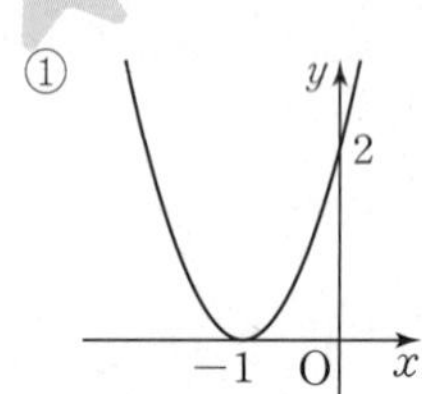

②
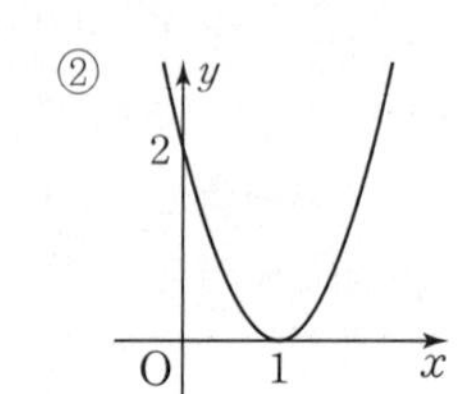

③
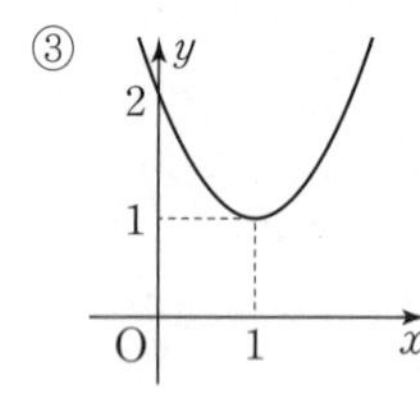

④
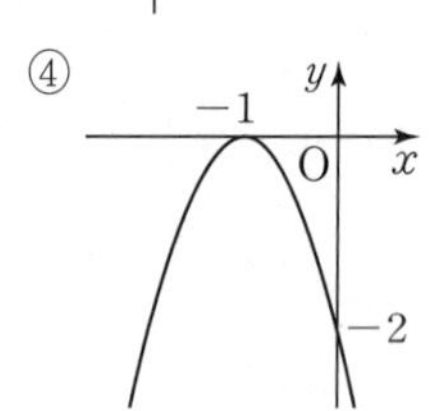

⑤
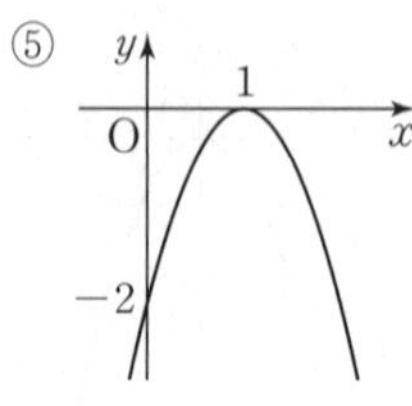

11 다음 중 이차함수 $y=-5x^2$의 그래프를 x축의 방향으로 -2만큼 평행이동한 그래프에 대한 설명으로 옳은 것은?

① 꼭짓점의 좌표는 $(2,\ 0)$이다.
② 아래로 볼록한 포물선이다.
③ 모든 x의 값에 대하여 y의 값은 음수이다.
④ 이차함수 $y=6x^2$의 그래프보다 폭이 넓다.
⑤ $x>-2$일 때, x의 값이 증가하면 y의 값도 증가한다.

12 이차함수 $y=-3x^2$의 그래프를 x축의 방향으로 2만큼, y축의 방향으로 -6만큼 평행이동한 그래프의 식이 $y=-3(x-p)^2-q$일 때, 상수 p, q에 대하여 $p+q$의 값을 구하시오.

13 이차함수 $y=-(x+p)^2-2p$의 그래프의 꼭짓점이 직선 $y=3x-2$ 위에 있을 때, 상수 p의 값을 구하시오.

14 이차함수 $y=(x+5)^2+3$의 그래프에서 x의 값이 증가할 때 y의 값은 감소하는 x의 값의 범위는?

① $x<-5$ ② $x>-5$ ③ $x<3$
④ $x<5$ ⑤ $x>5$

15 다음 이차함수의 그래프 중 제2사분면을 지나지 않는 것은?

① $y=-x^2+2$　② $y=3(x+1)^2$

③ $y=-\frac{1}{2}(x-2)^2+1$　④ $y=(x+2)^2-2$

⑤ $y=\frac{1}{3}(x-3)^2-2$

16 이차함수 $y=a(x-p)^2+q$의 그래프가 오른쪽 그림과 같을 때, 상수 a, p, q의 부호는?

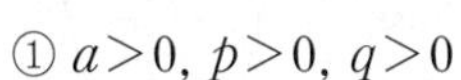

① $a>0$, $p>0$, $q>0$

② $a>0$, $p>0$, $q<0$

③ $a>0$, $p<0$, $q<0$

④ $a<0$, $p>0$, $q>0$

⑤ $a<0$, $p>0$, $q<0$

17 이차함수 $y=a(x-p)^2+q$의 그래프가 오른쪽 그림과 같을 때, 상수 a, p, q에 대하여 다음 | 보기 | 중 옳지 않은 것을 모두 고르시오.

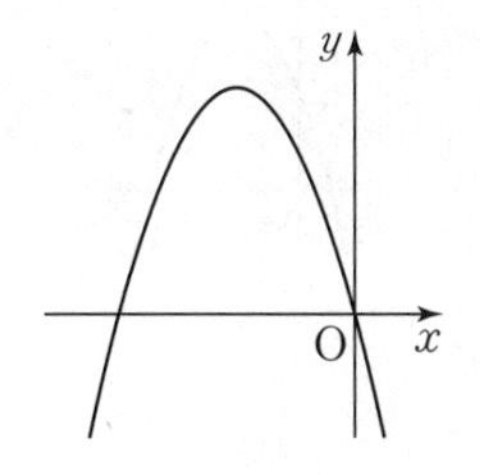

| 보기 |

ㄱ. $a>0$　ㄴ. $pq<0$

ㄷ. $p-q>0$　ㄹ. $apq>0$

서술형

18 이차함수 $y=\frac{1}{3}x^2$의 그래프와 x축에 서로 대칭인 그래프가 점 $(a, -12)$를 지날 때, 양수 a의 값을 구하시오.

(단, 풀이 과정을 자세히 쓰시오.)

풀이

답

19 이차함수 $y=a(x-p)^2+q$의 그래프가 오른쪽 그림과 같을 때, 상수 a, p, q에 대하여 $a-p-q$의 값을 구하시오.

(단, 풀이 과정을 자세히 쓰시오.)

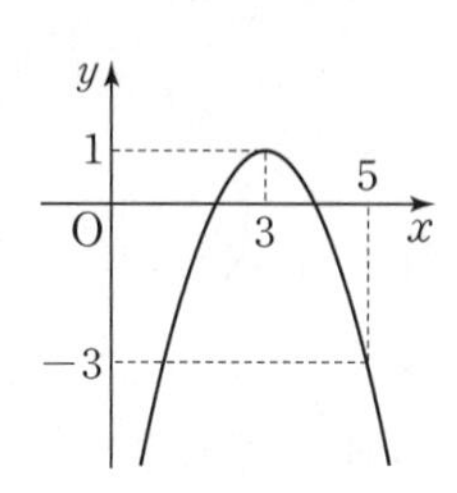

풀이

답

단원 테스트

단원 테스트 6. 이차함수와 그 그래프 (2) [1회]

01 다음 이차함수의 그래프 중 꼭짓점이 제3사분면 위에 있는 것은?

① $y=-4x^2+8x-1$ ② $y=-x^2+6x-10$

③ $y=\frac{1}{2}x^2-2x+7$ ④ $y=x^2+10x+10$

⑤ $y=3x^2-12x-2$

02 이차함수 $y=3x^2-6x+2$의 그래프가 지나지 않는 사분면을 구하시오.

03 이차함수 $y=-\frac{1}{3}x^2+4x+k$의 그래프가 점 $(3, 6)$을 지날 때, x의 값이 증가하면 y의 값은 감소하는 x의 값의 범위는? (단, k는 상수)

① $x<-6$ ② $x<-3$ ③ $x>1$

④ $x>3$ ⑤ $x>6$

04 이차함수 $y=\frac{1}{2}x^2-4x+6$의 그래프가 x축과 만나는 두 점의 x좌표가 각각 p, q일 때, $p+q$의 값을 구하시오.

05 다음 중 이차함수 $y=-2x^2+8x-2$의 그래프에 대한 설명으로 옳지 않은 것은?

① 위로 볼록한 포물선이다.

② 이차함수 $y=-2x^2$의 그래프를 평행이동하면 일치한다.

③ 꼭짓점의 좌표는 $(2, 6)$이다.

④ $x<2$일 때, x의 값이 증가하면 y의 값도 증가한다.

⑤ 모든 사분면을 지난다.

06 이차함수 $y=ax^2+bx+c$의 그래프가 오른쪽 그림과 같을 때, 다음 중 이차함수 $y=bx^2+cx-a$의 그래프로 적당한 것은? (단, a, b, c는 상수)

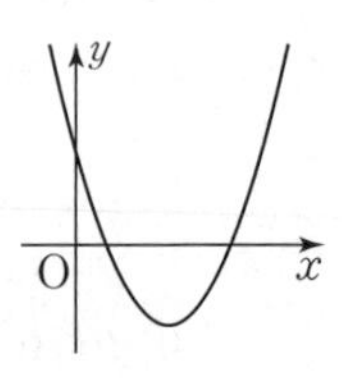

①
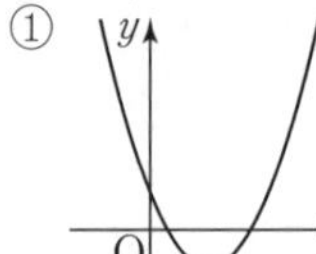

②
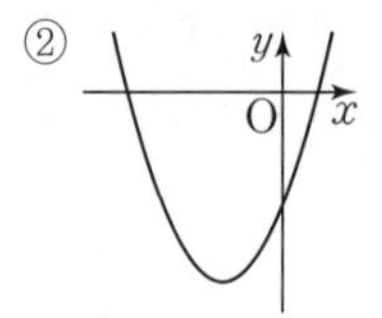

③
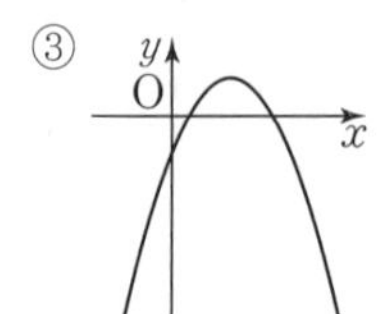

④
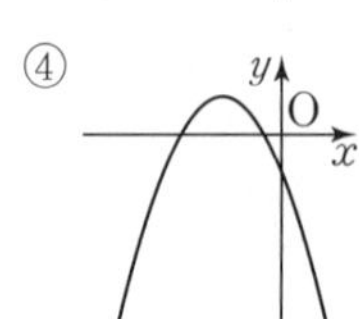

⑤
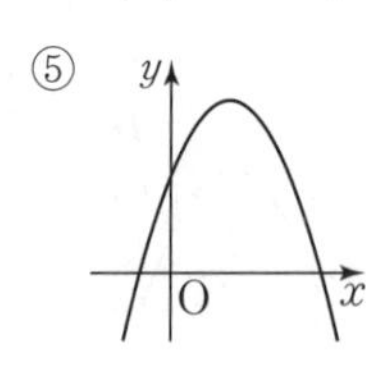

07 이차함수 $y=ax^2+bx+c$의 그래프는 꼭짓점의 좌표가 $(3, -2)$이고, 점 $(5, 6)$을 지난다. 이때 상수 a, b, c에 대하여 $a+b+c$의 값을 구하시오.

08 다음 | 조건 |을 모두 만족시키는 포물선을 그래프로 하는 이차함수의 식을 $y=ax^2+bx+c$의 꼴로 나타내시오.
(단, a, b, c는 상수)

| 조건 |
(가) x축과 한 점에서 만난다.
(나) 축의 방정식은 $x=-2$이다.
(다) 점 $(1,\ -9)$를 지난다.

09 직선 $x=1$을 축으로 하고, 두 점 $(-1,\ 5)$, $(2,\ -1)$을 지나는 포물선을 그래프로 하는 이차함수의 식은?

① $y=-3x^2-4x+1$
② $y=-2x^2-4x+1$
③ $y=2x^2-4x-1$
④ $y=2x^2+4x-1$
⑤ $y=3x^2-4x+1$

10 세 점 $(0,\ 3)$, $(1,\ 0)$, $(2,\ -5)$를 지나는 포물선을 그래프로 하는 이차함수의 식을 구하시오.

11 이차함수 $y=ax^2+bx+c$의 그래프가 오른쪽 그림과 같을 때, 이 이차함수의 그래프의 꼭짓점의 좌표를 구하시오. (단, a, b, c는 상수)

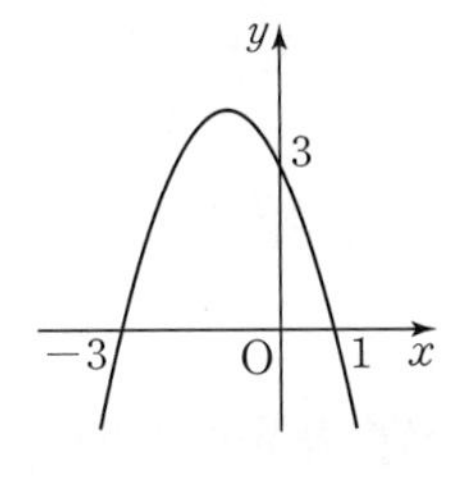

서술형

12 오른쪽 그림과 같이 이차함수 $y=-x^2+x+6$의 그래프가 x축과 만나는 두 점을 각각 A, B라 하고 y축과 만나는 점을 C라 할 때, △ABC의 넓이를 구하시오.
(단, 풀이 과정을 자세히 쓰시오.)

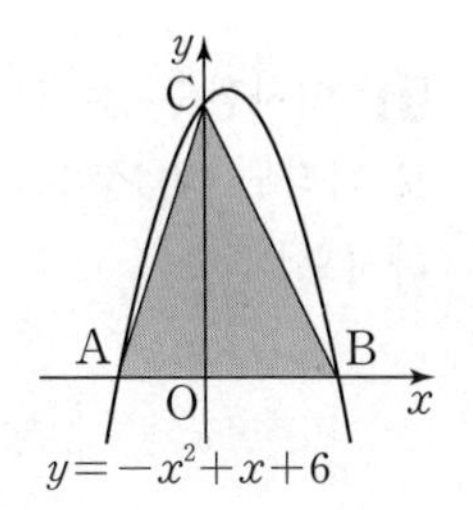

풀이

답

13 오른쪽 그림과 같은 이차함수의 그래프가 점 $(3,\ k)$를 지날 때, k의 값을 구하시오.
(단, 풀이 과정을 자세히 쓰시오.)

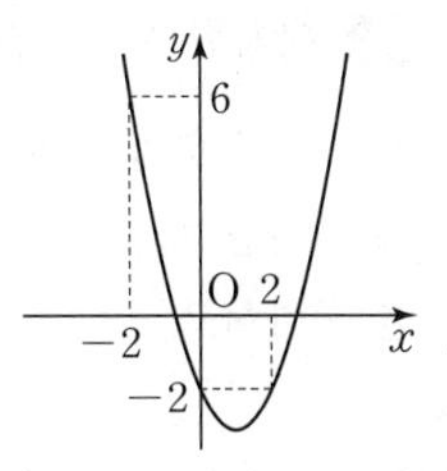

풀이

답

단원 테스트

단원 테스트 6. 이차함수와 그 그래프 (2) [2회]

01 이차함수 $y=2x^2+12x-1$을 $y=a(x+p)^2+q$의 꼴로 나타낼 때, 상수 a, p, q에 대하여 $a+p+q$의 값을 구하시오.

02 이차함수 $y=x^2+4x+a$의 그래프의 꼭짓점의 좌표가 $(b, 3)$일 때, $a-b$의 값을 구하시오. (단, a는 상수)

03 이차함수 $y=\frac{1}{2}x^2+ax+3$의 그래프에서 $x<2$이면 x의 값이 증가할 때 y의 값은 감소하고, $x>2$이면 x의 값이 증가할 때 y의 값도 증가한다고 한다. 이때 상수 a의 값을 구하시오.

04 이차함수 $y=-3x^2+3x+18$의 그래프가 x축과 만나는 두 점을 각각 A, B라 할 때, $\overline{AB}$의 길이를 구하시오.

05 다음 중 이차함수 $y=\frac{1}{3}x^2-2x+2$의 그래프에 대한 설명으로 옳지 않은 것은?

① 꼭짓점의 좌표는 $(3, -1)$이다.
② 제1사분면을 지나지 않는다.
③ 축의 방정식은 $x=3$이다.
④ $x>3$일 때, x의 값이 증가하면 y의 값도 증가한다.
⑤ x축과 서로 다른 두 점에서 만난다.

06 일차함수 $y=ax+b$의 그래프가 오른쪽 그림과 같을 때, 다음 중 이차함수 $y=ax^2+x+b$의 그래프로 적당한 것은? (단, a, b는 상수)

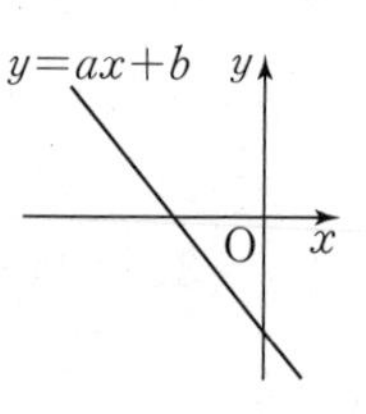

①

②
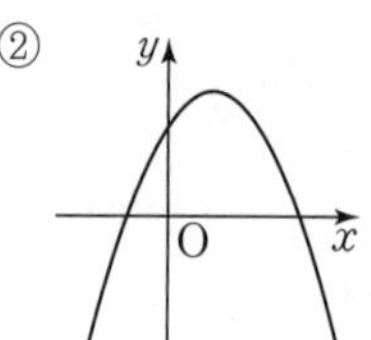

③

④
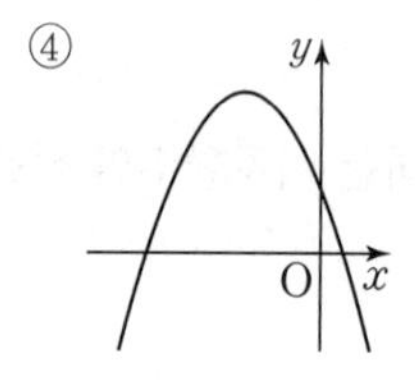

⑤
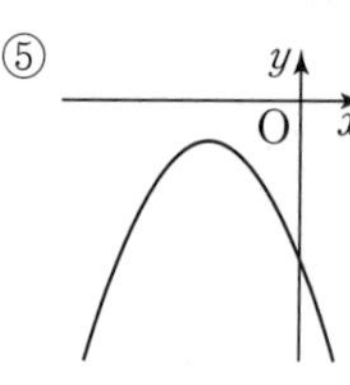

07 꼭짓점의 좌표가 $(-3, 3)$이고, 점 $(-1, 1)$을 지나는 포물선이 y축과 만나는 점의 좌표를 구하시오.

08 이차함수 $y=ax^2+bx+c$의 그래프가 오른쪽 그림과 같을 때, 상수 a, b, c에 대하여 abc의 값을 구하시오.

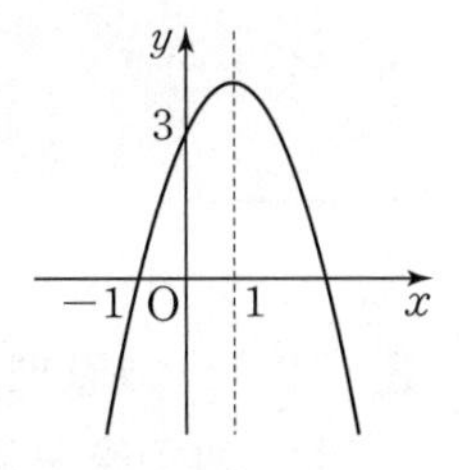

09 세 점 $(-5,\ 0)$, $(0,\ -10)$, $(-1,\ -16)$을 지나는 이차함수의 그래프의 꼭짓점의 좌표를 구하시오.

10 이차함수 $y=-3x^2$의 그래프를 평행이동하여 포갤 수 있고, x축과 만나는 두 점의 x좌표가 각각 -3, 2인 포물선을 그래프로 하는 이차함수의 식을 $y=ax^2+bx+c$의 꼴로 나타내시오. (단, a, b, c는 상수)

11 오른쪽 그림과 같은 이차함수의 그래프가 점 $(-2,\ k)$를 지날 때, k의 값을 구하시오.

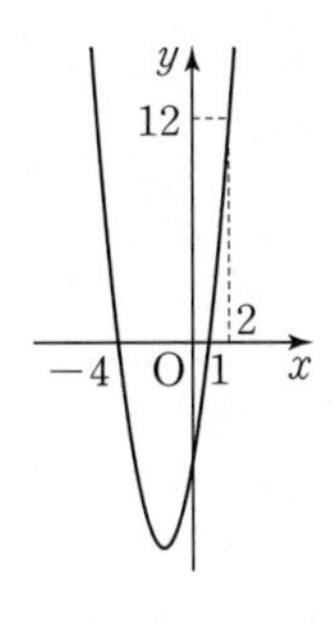

서술형

12 오른쪽 그림은 이차함수 $y=-\frac{1}{4}x^2+x+6$의 그래프이다. 이 그래프의 꼭짓점을 A, y축과 만나는 점을 B라 할 때, △ABO의 넓이를 구하시오. (단, O는 원점이고, 풀이 과정을 자세히 쓰시오.)

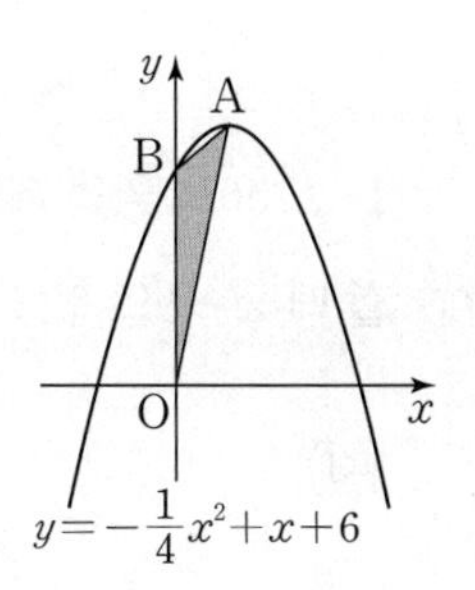

풀이

답

13 꼭짓점이 이차함수 $y=x^2+2x+3$의 그래프의 꼭짓점과 일치하고, 점 $(-2,\ -1)$을 지나는 포물선을 그래프로 하는 이차함수의 식을 $y=ax^2+bx+c$의 꼴로 나타내시오.

(단, a, b, c는 상수이고, 풀이 과정을 자세히 쓰시오.)

풀이

답

서술형 테스트 1. 제곱근과 실수

※ 모든 문제는 풀이 과정을 자세히 서술한 후 답을 쓰세요.

1 $\sqrt{256}$의 양의 제곱근을 a, $\sqrt{\frac{1}{81}}$의 음의 제곱근을 b라 할 때, $a+b$의 값을 구하시오.

풀이

답

2 $A=\sqrt{196}+(\sqrt{7})^2\times\sqrt{(-5)^2}$일 때, $\sqrt{A}$의 값을 구하시오.

풀이

답

3 $-2<x<1$일 때, $\sqrt{(x-1)^2}-\sqrt{(x+2)^2}=1$을 만족시키는 x의 값을 구하시오.

풀이

답

4 $\sqrt{175n}$이 자연수가 되도록 하는 100 이하의 자연수 n의 개수를 구하시오.

풀이

답

5 $\frac{1}{3}<\sqrt{\frac{x}{4}}<\frac{3}{2}$을 만족시키는 모든 자연수 x의 값의 합을 구하시오.

풀이

답

7 오른쪽 그림과 같이 한 눈금의 길이가 1인 모눈종이 위에 수직선과 직각삼각형 ABC를 그리고 $\overline{AC}=\overline{AP}$가 되도록 수직선 위에 점 P를 정했다. 이때 점 P에 대응하는 수를 구하시오.

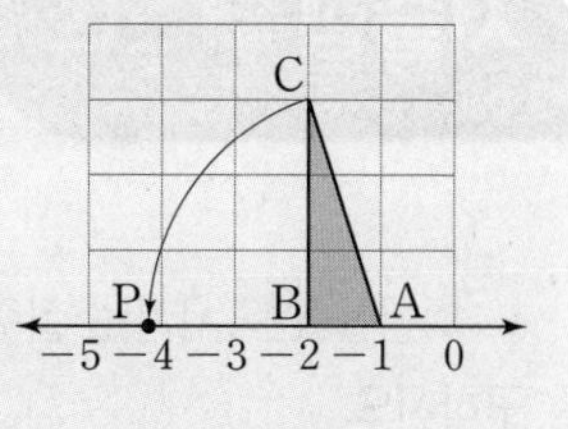

풀이

답

6 다음 제곱근표에서 $\sqrt{a}=2.159$, $\sqrt{4.77}=b$일 때, $a+10b$의 값을 구하시오.

수	5	6	7	8	9
4.5	2.133	2.135	2.138	2.140	2.142
4.6	2.156	2.159	2.161	2.163	2.166
4.7	2.179	2.182	2.184	2.186	2.189

풀이

답

8 다음 수직선 위의 세 점 A, B, C는 각각 아래의 수 중 하나에 대응한다. 세 점 A, B, C에 대응하는 수를 차례로 구하시오.

$\sqrt{7}-1$, $2-\sqrt{21}$, $\sqrt{13}-4$

A　B　C
−3　−2　−1　0　1　2　3

풀이

답

서술형 테스트

서술형 테스트 2. 근호를 포함한 식의 계산

※ 모든 문제는 풀이 과정을 자세히 서술한 후 답을 쓰세요.

1 다음을 만족시키는 실수 a, b에 대하여 $a+b$의 값을 구하시오.

$$8\sqrt{\frac{14}{3}}\times\frac{1}{2}\sqrt{\frac{6}{7}}=a,\quad \sqrt{\frac{13}{2}}\div\frac{\sqrt{13}}{4\sqrt{2}}=b$$

풀이

답

2 $\sqrt{300}$은 $\sqrt{3}$의 x배이고 $\sqrt{96}$은 $\sqrt{6}$의 y배일 때, $x-y$의 값을 구하시오.

풀이

답

3 $\sqrt{\frac{32}{75}}=\frac{b\sqrt{2}}{a\sqrt{3}}=c\sqrt{6}$일 때, abc의 값을 구하시오.

(단, a, b는 서로소인 자연수이고, c는 유리수)

풀이

답

4 다음 그림과 같은 삼각형과 직사각형의 넓이가 서로 같을 때, 삼각형의 밑변의 길이인 x의 값을 구하시오.

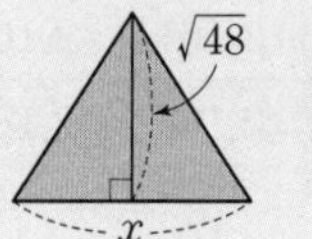

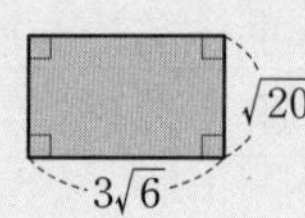

풀이

답

5 $A=2\sqrt{2}+8\sqrt{2}-6\sqrt{2}$, $B=4\sqrt{3}-\sqrt{3}-5\sqrt{3}$일 때, AB의 값을 구하시오.

풀이

답

6 $\sqrt{24}-\sqrt{a}+\sqrt{216}=5\sqrt{6}$일 때, 유리수 a의 값을 구하시오.

풀이

답

7 $\frac{\sqrt{5}}{7}(21-\sqrt{98})+\frac{15-\sqrt{50}}{\sqrt{5}}=a\sqrt{5}+b\sqrt{10}$일 때, 유리수 a, b에 대하여 $a-b$의 값을 구하시오.

풀이

답

8 다음 세 수 x, y, z에 대하여 물음에 답하시오.

$$x=1+\sqrt{2},\quad y=\sqrt{8},\quad z=\sqrt{18}-2$$

(1) x, y의 대소를 비교하시오.

(2) x, z의 대소를 비교하시오.

(3) x, y, z 중에서 가장 작은 수를 구하시오.

풀이

답

서술형 테스트 3. 다항식의 곱셈과 인수분해

※ 모든 문제는 풀이 과정을 자세히 서술한 후 답을 쓰세요.

1 $(2x+A)^2=4x^2+Bx+25$일 때, 양수 A, B에 대하여 $A+B$의 값을 구하시오.

풀이

답

2 $\left(x-\frac{1}{3}\right)(x+a)$의 전개식에서 x의 계수와 상수항이 같을 때, 상수 a의 값을 구하시오.

풀이

답

3 곱셈 공식을 이용하여 $82^2-77\times83$을 계산하시오.

풀이

답

4 $a+b=2$, $ab=-1$일 때, $(a-b)^2$의 값을 구하시오.

풀이

답

5 다항식 $2x^2-12xy+18y^2$이 $a(bx-cy)^2$으로 인수분해될 때, 자연수 a, b, c에 대하여 $a+b+c$의 값을 구하시오.

풀이

답

6 $(x+3)(x-7)+k$가 완전제곱식이 되도록 하는 상수 k의 값을 구하시오.

풀이

답

7 $(x+3)^2-2(x+3)-24$가 x의 계수가 1인 두 일차식의 곱으로 인수분해될 때, 이 두 일차식의 합을 구하시오.

풀이

답

8 인수분해 공식을 이용하여 다음 두 수 A, B의 합을 구하시오.

$A=42.5^2-5\times42.5+2.5^2$,
$B=\sqrt{58^2-42^2}$

풀이

답

서술형 테스트

서술형 테스트 4. 이차방정식

※ 모든 문제는 풀이 과정을 자세히 서술한 후 답을 쓰세요.

1 이차방정식 $2x^2+ax-3=0$의 한 근이 $x=3$이고, 이차방정식 $x^2+6x+b=0$의 한 근이 $x=-5$이다. 이때 상수 a, b에 대하여 $a-b$의 값을 구하시오.

풀이

답

2 두 이차방정식 $x^2+2x-8=0$, $x^2+4x-12=0$의 공통이 아닌 근의 곱을 구하시오.

풀이

답

3 이차방정식 $x^2-18x+k=0$이 중근을 가질 때, 그 중근을 구하시오. (단, k는 상수)

풀이

답

4 이차방정식 $x^2+10x+20=0$을 $(x+a)^2=b$의 꼴로 나타낸 후 풀면 해가 $x=c$ 또는 $x=d$이다. 이때 실수 a, b, c, d에 대하여 $ad-bc$의 값을 구하시오. (단, $c<d$)

풀이

답

5 이차방정식 $0.5(x-1)^2=0.2(x-3)(2x-1)$의 근이 $x=p\pm\sqrt{q}$일 때, 유리수 p, q에 대하여 $p+q$의 값을 구하시오.

풀이

답

6 이차방정식 $x^2-6x+2a=0$이 해를 갖도록 하는 음이 아닌 정수 a의 개수를 구하시오.

풀이

답

7 이차방정식 $x^2+ax+b=0$의 두 근이 1, 4일 때, x^2의 계수가 2이고 a, b를 두 근으로 하는 이차방정식을 구하시오. (단, a, b는 상수)

풀이

답

8 어떤 자연수에 그 수보다 2만큼 작은 수를 곱해야 할 것을 잘못하여 2만큼 큰 수를 곱했더니 168이 되었다. 원래 두 수의 곱을 구하시오.

풀이

답

서술형 테스트 5. 이차함수와 그 그래프 (1)

※ 모든 문제는 풀이 과정을 자세히 서술한 후 답을 쓰세요.

1 이차함수 $f(x)=-2x^2-ax+5$에 대하여 $f(-1)=2$, $f(3)=b$일 때, ab의 값을 구하시오. (단, a는 상수)

풀이

답

2 이차함수 $y=5x^2$의 그래프는 점 $(-2, a)$를 지나고, 이차함수 $y=bx^2$의 그래프와 x축에 서로 대칭이다. 이때 $a+b$의 값을 구하시오. (단, b는 상수)

풀이

답

3 원점을 꼭짓점으로 하고 y축을 축으로 하는 포물선이 두 점 $(-2, 8)$, $(k, 14)$를 지날 때, 양수 k의 값을 구하시오.

풀이

답

4 이차함수 $y=-\frac{1}{3}x^2$의 그래프를 y축의 방향으로 q만큼 평행이동한 그래프가 점 $(-3, -1)$을 지날 때, q의 값을 구하시오.

풀이

답

5 이차함수 $y=5(x+2)^2$의 그래프는 이차함수 $y=5x^2$의 그래프를 x축의 방향으로 a만큼 평행이동한 것이고, 꼭짓점의 좌표는 (b, c)이다. 이때 $a+b+c$의 값을 구하시오.

풀이

답

6 이차함수 $y=-\frac{1}{4}(x-p)^2+q$의 그래프는 점 $(0, 3)$을 지나고 축의 방정식은 $x=-2$일 때, $p+q$의 값을 구하시오. (단, p, q는 상수)

풀이

답

7 이차함수 $y=a(x-p)^2+q$의 그래프가 오른쪽 그림과 같을 때, 상수 a, p, q에 대하여 $a+p-q$의 값을 구하시오.

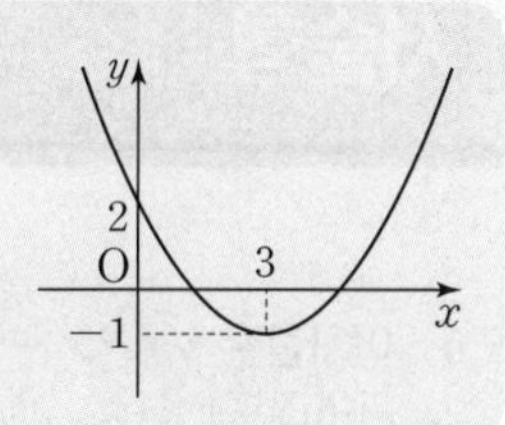

풀이

답

8 이차함수 $y=a(x-p)^2$의 그래프가 오른쪽 그림과 같을 때, 일차함수 $y=px-a$의 그래프가 지나지 않는 사분면을 구하시오.

(단, a, p는 상수)

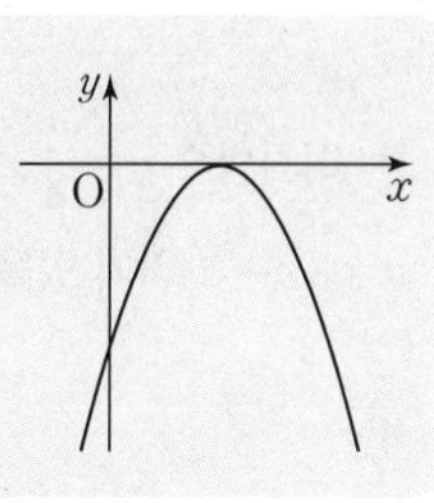

풀이

답

서술형 테스트 6. 이차함수와 그 그래프 (2)

※ 모든 문제는 풀이 과정을 자세히 서술한 후 답을 쓰세요.

1 이차함수 $y=2x^2-4x+5$를 $y=a(x-p)^2+q$의 꼴로 나타낼 때, 상수 a, p, q에 대하여 $ap-q$의 값을 구하시오.

풀이

답

2 이차함수 $y=\frac{1}{4}x^2+x-k$의 그래프의 꼭짓점이 직선 $y=3x+2$ 위에 있을 때, 상수 k의 값을 구하시오.

풀이

답

3 이차함수 $y=ax^2+2x+3$의 그래프는 x축과 서로 다른 두 점에서 만난다. 두 교점 중 한 점의 좌표가 $(3, 0)$일 때, 다른 한 점의 좌표를 구하시오. (단, a는 상수)

풀이

답

4 이차함수 $y=x^2+ax+b$의 그래프가 오른쪽 그림과 같을 때, 일차함수 $y=ax+b$의 그래프가 지나지 않는 사분면을 구하시오. (단, a, b는 상수)

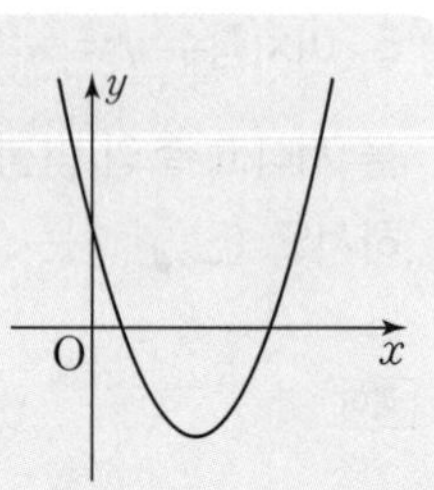

풀이

답

5 이차함수 $y=ax^2+bx+c$의 그래프가 오른쪽 그림과 같을 때, 상수 a, b, c에 대하여 $a-b+c$의 값을 구하시오.

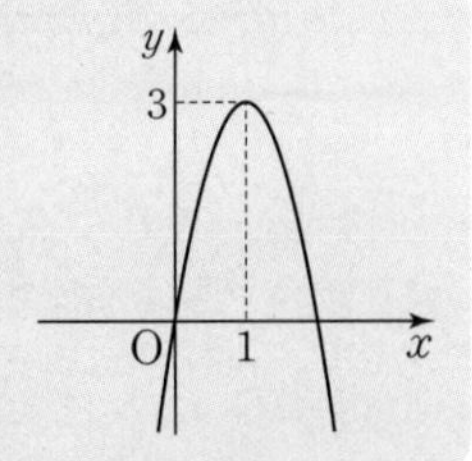

풀이

답

6 축의 방정식이 $x=-1$이고 두 점 $(-3, 1)$, $(2, -4)$를 지나는 이차함수의 그래프가 y축과 만나는 점의 좌표를 구하시오.

풀이

답

7 이차함수 $y=ax^2+bx+c$의 그래프가 세 점 $(0, 1)$, $(2, 5)$, $(-1, -4)$를 지날 때, 상수 a, b, c에 대하여 $a+b-2c$의 값을 구하시오.

풀이

답

8 이차함수 $y=-2x^2$의 그래프를 평행이동하면 완전히 포개어지고, x축과 두 점 $(-5, 0)$, $(1, 0)$에서 만나는 이차함수의 그래프의 꼭짓점의 좌표를 구하시오.

풀이

답

MEMO

수학 숙제

중 3·1

수학 공부는 숙제다

수학 숙제

중 3·1

수학 공부는 숙제다

수학 공부는 숙제다

중 3·1

정답 및 해설

진짜 공부 챌린지 내/가/스/터/디

메가스터디BOOKS

수학 공부는 숙제다

중 3·1

정답 및 해설

빠른 정답

PART I

1. 제곱근과 실수

개념 01 본문 8~9쪽

01 (1) 제곱근 (2) 2, 1, 0
02 (1) 1, −1 (2) 2, −2 (3) 5, −5 (4) 12, −12
(5) $\frac{1}{3}$, $-\frac{1}{3}$ (6) 0.1, −0.1
03 (1) 6, −6 (2) 9, −9 (3) 13, −13 (4) $\frac{1}{8}$, $-\frac{1}{8}$
(5) 0.7, −0.7 (6) 11, −11 (7) $\frac{2}{5}$, $-\frac{2}{5}$
(8) 0.4, −0.4
04 (1) 2개 (2) 1개 (3) 0개 (4) 2개 (5) 2개 (6) 0개
05 ②, ④ **06** ③ **07** ③, ⑤ **08** 68

개념 02 본문 10~11쪽

01 (1) 양의 제곱근, $\sqrt{a}$ (2) 음의 제곱근, $-\sqrt{a}$
02 (1) $\pm\sqrt{5}$ (2) $\pm\sqrt{14}$ (3) $\pm\sqrt{38}$ (4) $\pm\sqrt{123}$
(5) $\pm\sqrt{\frac{11}{6}}$ (6) $\pm\sqrt{0.3}$
03 풀이 참조
04 (1) $\sqrt{7}$ (2) $-\sqrt{15}$ (3) $\sqrt{33}$ (4) $\pm\sqrt{61}$ (5) $\sqrt{\frac{1}{10}}$
(6) $-\sqrt{4.6}$
05 (1) 2 (2) −6 (3) ±10 (4) $\frac{3}{5}$ (5) −0.7 (6) ±1.1
06 ③ **07** ④ **08** ① **09** $\sqrt{65}$ cm

한번 더! 기본 문제 (개념 01~02) 본문 12쪽

01 ④ **02** 3개 **03** ③ **04** ④
05 14 **06** ②

개념 03 본문 13~14쪽

01 (1) a, a (2) a, a
02 (1) 5 (2) 13 (3) $\frac{2}{7}$ (4) 6 (5) 27 (6) 5.4
03 (1) 7 (2) 10 (3) 2.8 (4) 12 (5) 46 (6) $\frac{11}{3}$
04 (1) 19 (2) −6 (3) 3 (4) −24 (5) 28 (6) 2
(7) −0.9 (8) 2
05 ⑤ **06** ③ **07** ④ **08** 7

개념 04 본문 15~17쪽

01 (1) a (2) $-a$
02 (1) $2a$ (2) $-6a$ (3) $5a$ (4) $-9a$
03 (1) $-3a$ (2) $7a$ (3) $-8a$ (4) $10a$
04 (1) $a-2$ (2) $-a+4$ (3) $-7+a$ (4) $a+1$
(5) $-3-a$ (6) $6-a$
05 (1) $11a$ (2) $-5a$ (3) $7a$ (4) $2a-10$ (5) 0
(6) $-2a-4$
06 (1) 2, 5, 5, 5, 5 (2) 16, 25, 36, 3, 12, 23, 3
07 ⑤ **08** ② **09** $4x$ **10** ②
11 $a+2b$ **12** ④ **13** 2개 **14** 21
15 ③

개념 05 본문 18~19쪽

01 (1) < (2) <
02 (1) < (2) > (3) > (4) > (5) < (6) <
03 36, 36, <, 40, 40, <
04 (1) < (2) > (3) < (4) < (5) > (6) >
05 1, 4, 2, 3
06 (1) 1, 2, 3, 4 (2) 6, 7, 8 (3) 1, 2 (4) 7, 8, 9
07 ④ **08** $-\frac{7}{3}$ **09** 35 **10** ①

한번 더! 기본 문제 (개념 03~05) 본문 20~21쪽

01 ④ **02** ⑤ **03** −4 **04** ⑤
05 ④ **06** $2x$ **07** 24 **08** ④
09 34 **10** ⑤ **11** x^2, $\sqrt{x}$, $\sqrt{\frac{1}{x}}$, $\frac{1}{x}$
12 7

개념 06 본문 22~23쪽

01 (1) 무리수 (2) 실수
02 (1) 유 (2) 무 (3) 무 (4) 유 (5) 유 (6) 무
03 (1) −2, $\sqrt{36}$ (2) −2, $\sqrt{36}$, $-\sqrt{\frac{4}{25}}$ (3) $\sqrt{10}$, $\pi+1$
(4) −2, $\sqrt{10}$, $\pi+1$, $\sqrt{36}$, $-\sqrt{\frac{4}{25}}$
04 (1) ○ (2) × (3) ○ (4) ×
05 ③ **06** 3개 **07** ⑤ **08** ④
09 ㄱ, ㄴ, ㄹ

개념 07 본문 24~25쪽

01 (1) ○ (2) × (3) ○
02 (1) 1.421 (2) 1.497 (3) 1.520 (4) 1.549
03 (1) 2.903 (2) 2.927 (3) 2.941 (4) 9.198 (5) 9.241 (6) 9.290
04 (1) 10.8 (2) 11.5 (3) 12.6 (4) 13.7 (5) 14.5 (6) 14.9
05 0.04 **06** ②

한번 더! 기본 문제 (개념 06~07) 본문 26쪽

01 ② **02** ④ **03** ㄴ, ㄷ
04 10.43 **05** ② **06** 2.315

개념 08 본문 27~29쪽

01 (1) 실수 (2) 무리수, 실수
02 2, 5, $\sqrt{5}$, $-\sqrt{5}$
03 (1) P: $\sqrt{8}$, Q: $-\sqrt{8}$ (2) P: $\sqrt{10}$, Q: $-\sqrt{10}$ (3) P: $\sqrt{13}$, Q: $-\sqrt{13}$ (4) P: $\sqrt{18}$, Q: $-\sqrt{18}$
04 3, 10, $\sqrt{10}$, $\sqrt{10}$, $2+\sqrt{10}$, $2-\sqrt{10}$
05 (1) P: $-1+\sqrt{5}$, Q: $-1-\sqrt{5}$
(2) P: $5+\sqrt{8}$, Q: $5-\sqrt{8}$
(3) P: $4+\sqrt{13}$, Q: $4-\sqrt{13}$
(4) P: $-3+\sqrt{18}$, Q: $-3-\sqrt{18}$
06 (1) ○ (2) × (3) ○ (4) ○ (5) ×
07 1 **08** $-3-\sqrt{15}$ **09** 점 B
10 ④ **11** ③ **12** ②

개념 09 본문 30~31쪽

01 (1) 크다 (2) 크다 (3) 작다 (4) >, =, <
02 (1) > (2) < (3) > (4) < (5) < (6) >
03 (1) 2, 4, <, < (2) 3, 9, >, >
04 (1) < (2) > (3) > (4) <
05 (1) 점 D (2) 점 C (3) 점 B (4) 점 A
06 $\frac{61}{5}$ **07** ③ **08** ④ **09** ③

한번 더! 기본 문제 (개념 08~09) 본문 32쪽

01 ⑤ **02** 11 **03** ④ **04** ③
05 $7-\sqrt{5}$ **06** 점 D **07** 3개

2. 근호를 포함한 식의 계산

개념 10 본문 34~35쪽

01 (1) ab (2) $\frac{a}{b}$
02 (1) $\sqrt{21}$ (2) $\sqrt{55}$ (3) $\sqrt{10}$ (4) 8 (5) $6\sqrt{15}$ (6) $-8\sqrt{42}$ (7) $8\sqrt{6}$ (8) -40
03 (1) $\sqrt{5}$ (2) $\sqrt{3}$ (3) $\sqrt{\frac{3}{7}}$ (4) $3\sqrt{2}$ (5) $-\frac{3}{2}$ (6) $\sqrt{33}$ (7) $-2\sqrt{6}$ (8) -4
04 (1) 12 (2) $\sqrt{11}$ (3) $\sqrt{10}$ (4) 6 (5) -24 (6) 30
05 25 **06** ⑤ **07** 42

개념 11 본문 36~38쪽

01 (1) a^2b (2) $\frac{b}{a^2}$
02 (1) $4\sqrt{2}$ (2) $3\sqrt{7}$ (3) $-2\sqrt{5}$ (4) $-8\sqrt{3}$ (5) $\frac{\sqrt{11}}{7}$ (6) $-\frac{\sqrt{6}}{13}$ (7) $\frac{3\sqrt{3}}{10}$ (8) $-\frac{\sqrt{5}}{2}$
03 (1) $\sqrt{12}$ (2) $\sqrt{50}$ (3) $-\sqrt{90}$ (4) $-\sqrt{216}$ (5) $\sqrt{\frac{1}{8}}$ (6) $-\sqrt{\frac{5}{9}}$ (7) $\sqrt{\frac{9}{28}}$ (8) $-\sqrt{\frac{8}{3}}$
04 (1) 100, 10, 10, 14.14 (2) 100, 10, 10, 44.72 (3) 100, 10, 10, 0.1414 (4) 20, 20, 4.472, 0.4472
05 (1) 17.32 (2) 54.77 (3) 173.2 (4) 0.5477 (5) 0.1732 (6) 0.05477 (7) 0.01732
06 ④ **07** ② **08** $\frac{1}{3}$ **09** ②, ⑤
10 ② **11** $30\sqrt{6}$

개념 12 본문 39~40쪽

01 (1) $b\sqrt{a}$ (2) $\sqrt{ab}$
02 (1) $\sqrt{2}$, $\sqrt{2}$, $\frac{\sqrt{2}}{2}$ (2) $\sqrt{5}$, $\sqrt{5}$, $\frac{3\sqrt{5}}{5}$ (3) $\sqrt{7}$, $\sqrt{7}$, $\frac{\sqrt{14}}{7}$ (4) $\sqrt{3}$, $\sqrt{3}$, $\frac{5\sqrt{3}}{6}$ (5) $\sqrt{2}$, $\sqrt{2}$, $\frac{\sqrt{14}}{8}$
03 (1) $\frac{5\sqrt{7}}{7}$ (2) $-\frac{4\sqrt{6}}{3}$ (3) $\frac{\sqrt{30}}{10}$ (4) $-\frac{\sqrt{22}}{11}$ (5) $\frac{\sqrt{15}}{6}$ (6) $-\frac{\sqrt{26}}{10}$
04 (1) $\frac{\sqrt{6}}{12}$ (2) $\frac{2\sqrt{2}}{3}$ (3) $-\frac{2\sqrt{3}}{15}$ (4) $\frac{\sqrt{15}}{20}$ (5) $-\frac{\sqrt{10}}{14}$ (6) $\frac{\sqrt{14}}{4}$

05 (1) $\frac{3\sqrt{2}}{10}$ (2) $\frac{\sqrt{6}}{21}$ (3) $\frac{2\sqrt{6}}{27}$ (4) $\frac{4\sqrt{30}}{5}$

06 ④ **07** ⑤ **08** 5 **09** $\frac{2}{3}$

한번 더! 기본 문제 (개념 10~12)

본문 41쪽

01 ④ **02** ④ **03** ⑤ **04** $\frac{11}{6}$

05 ⑤ **06** $4\sqrt{5}$ cm

개념 13

본문 42~43쪽

01 (1) $m+n$ (2) $m-n$

02 (1) $7\sqrt{2}$ (2) $11\sqrt{3}$ (3) $7\sqrt{5}$ (4) $6\sqrt{11}$ (5) $-4\sqrt{7}$ (6) $-9\sqrt{6}$

03 (1) $4\sqrt{5}$ (2) $5\sqrt{3}$ (3) $\frac{13\sqrt{6}}{12}$ (4) $\frac{5\sqrt{2}}{18}$ (5) $7\sqrt{3}+6\sqrt{7}$ (6) $3\sqrt{2}-4\sqrt{5}$ (7) $\sqrt{10}+2\sqrt{11}$ (8) $-\frac{\sqrt{2}}{10}+\frac{9\sqrt{6}}{5}$

04 (1) $7\sqrt{3}$ (2) $2\sqrt{7}$ (3) $4\sqrt{2}$ (4) $\sqrt{5}$ (5) $6\sqrt{6}$ (6) $\frac{\sqrt{10}}{10}$ (7) $2\sqrt{3}$ (8) $-\frac{\sqrt{2}}{12}$

05 ②, ⑤ **06** -1 **07** ④

개념 14

본문 44~45쪽

01 (1) $\sqrt{ab}$ (2) $\sqrt{bc}$

02 (1) $\sqrt{6}+\sqrt{15}$ (2) $12+2\sqrt{7}$ (3) $5\sqrt{3}-5\sqrt{2}$ (4) $7\sqrt{3}+21$ (5) $12\sqrt{3}-3\sqrt{10}$ (6) $\sqrt{13}+3$ (7) $2\sqrt{2}-\sqrt{7}$ (8) $4\sqrt{6}+6\sqrt{5}$

03 (1) $\frac{\sqrt{7}+\sqrt{14}}{7}$ (2) $\frac{\sqrt{33}-11}{11}$ (3) $\frac{2\sqrt{15}+3\sqrt{7}}{3}$ (4) $\frac{2\sqrt{2}-\sqrt{6}}{4}$ (5) $\frac{3\sqrt{6}+2\sqrt{22}}{6}$ (6) $\frac{5\sqrt{2}-3\sqrt{7}}{3}$

04 (1) $12\sqrt{10}$ (2) $16\sqrt{5}$ (3) $-3\sqrt{3}$ (4) $2\sqrt{15}+5$ (5) $\sqrt{2}-6\sqrt{7}$ (6) $\frac{\sqrt{10}}{5}$ (7) $\frac{\sqrt{6}}{3}+\frac{\sqrt{2}}{4}$ (8) $12\sqrt{6}+2\sqrt{5}$

05 ③ **06** 0

한번 더! 기본 문제 (개념 13~14)

본문 46쪽

01 ① **02** 1 **03** ③ **04** $3\sqrt{2}-\sqrt{6}$

05 ⑤ **06** $4\sqrt{3}-1$

3. 다항식의 곱셈과 인수분해

개념 15

본문 48~49쪽

01 (1) 전개 (2) $ac+ad+bc+bd$

02 (1) $xy+3x+y+3$ (2) $ab+4a-2b-8$ (3) $-2xy+2x+5y-5$ (4) $3ab-6a-7b+14$ (5) $ac-ad+bc-bd$ (6) $3ax+4ay-3bx-4by$ (7) $ax+ay+az+bx+by+bz$ (8) $ax-2bx+4x+3ay-6by+12y$

03 (1) x^2+4x-5 (2) $a^2-7a+12$ (3) $2b^2-3b-14$ (4) $5x^2+14xy-3y^2$ (5) $6x^2-xy-12y^2$ (6) $2a^2-13ab+6b^2$ (7) $2a^2+b^2+3ab-6a-3b$ (8) $-12x^2-y^2+7xy+20x-5y$

04 (1) -9 (2) 5 (3) 1 (4) -8 (5) 19 (6) -1

05 ② **06** ④ **07** -10

개념 16

본문 50~51쪽

01 (1) 2, b, a, 2 (2) a, b

02 (1) x^2+2x+1 (2) $4a^2+12a+9$ (3) $25x^2+10xy+y^2$ (4) $9a^2+24ab+16b^2$ (5) x^2-4x+4 (6) $16a^2-24a+9$ (7) $36x^2-12xy+y^2$ (8) $16a^2-40ab+25b^2$ (9) x^2+6x+9 (10) $4a^2+28ab+49b^2$ (11) $x^2-8x+16$ (12) $36a^2-60ab+25b^2$

03 (1) x^2-4 (2) y^2-25 (3) $9a^2-1$ (4) $4a^2-b^2$ (5) $25x^2-16y^2$ (6) $a^2-\frac{1}{4}$ (7) $x^2-\frac{9}{25}$ (8) x^2-36 (9) $49x^2-4y^2$ (10) $25-x^2$ (11) $9-16a^2$ (12) b^2-a^2

04 ③ **05** 14 **06** ④

개념 17

본문 52~53쪽

01 (1) $a+b$, ab (2) ac, bc, bd

02 (1) x^2+5x+6 (2) $x^2+4x-32$ (3) a^2+4a-5 (4) $a^2-9a+18$ (5) $x^2-\frac{1}{4}x-\frac{1}{8}$ (6) $x^2-4xy-21y^2$ (7) $a^2-11ab+30b^2$ (8) $x^2-\frac{7}{3}xy-2y^2$

03 (1) $6x^2+11x+4$ (2) $20x^2-2x-6$ (3) $12a^2-8a-15$ (4) $12a^2-34a+14$ (5) $6x^2+11xy+3y^2$ (6) $8a^2-2ab-15b^2$ (7) $14x^2+19xy-3y^2$ (8) $-3a^2+11ab+20b^2$

04 (1) $2x^2-10x+9$ (2) $3x^2-5x-18$
(3) $-2a^2+7a+7$ (4) $9a^2+31a+5$
(5) $2x^2+5xy-7y^2$ (6) $-2a^2+5ab+13b^2$

05 ② **06** ② **07** 15

한번 더! 기본 문제 (개념 15~17) 본문 54쪽

01 8 **02** ② **03** ⑤ **04** ④
05 ⑤ **06** $6x^2+2x-4$

개념 18 본문 55~56쪽

01 (1) ㄴ (2) ㄷ (3) ㄱ (4) ㄹ
02 (1) 2, 2, 2, 200, 4, 2704 (2) 3, 3, 3, 600, 9, 9409
(3) 2, 2, 2, 4, 6396 (4) 1, 4, 1, 4, 1, 4, 250, 4, 2754
03 (1) 5329 (2) 10201 (3) 104.04 (4) 4624 (5) 159201
(6) 94.09 (7) 2491 (8) 9996 (9) 99.99 (10) 6642
(11) 10918 (12) 38016
04 ① **05** ③, ④ **06** 1022

개념 19 본문 57~59쪽

01 (1) ab, b (2) a, ab (3) a, b
02 (1) $5+2\sqrt{6}$ (2) $12+2\sqrt{35}$ (3) $19+6\sqrt{10}$ (4) $13+4\sqrt{3}$
(5) $7-2\sqrt{10}$ (6) $10-2\sqrt{21}$ (7) $42-12\sqrt{6}$
(8) $73-40\sqrt{3}$ (9) 3 (10) 6 (11) -4 (12) 12
03 (1) $\sqrt{5}-1$, $\sqrt{5}-1$, $\frac{\sqrt{5}-1}{4}$ (2) $4+\sqrt{2}$, $4+\sqrt{2}$, $\frac{4+\sqrt{2}}{7}$
(3) $\sqrt{3}-1$, $\sqrt{3}-1$, $2-\sqrt{3}$ (4) $\sqrt{6}+\sqrt{2}$, $\sqrt{6}+\sqrt{2}$, $2+\sqrt{3}$
04 (1) $2\sqrt{6}+4$ (2) $\frac{\sqrt{5}-\sqrt{3}}{2}$ (3) $\frac{\sqrt{11}-\sqrt{5}}{3}$
(4) $\frac{14+5\sqrt{3}}{11}$ (5) $3+2\sqrt{2}$ (6) $\frac{11-4\sqrt{6}}{5}$
05 (1) 1, 1, 1, 4 (2) 2, 2, 4, -1, -1, 8
06 (1) 5 (2) -2 (3) -17 (4) 0
07 ⑤ **08** 12 **09** ⑤ **10** ①
11 ② **12** 9

개념 20 본문 60~61쪽

01 (1) $2ab$ (2) $a-b$ (3) $4ab$ (4) $a+b$
02 (1) 2, 4, 12 (2) 4, 8, 8
03 (1) 2, 10, 19 (2) 4, 20, 29
04 (1) 7 (2) 28 (3) 2 (4) $-\frac{1}{2}$ (5) 29 (6) 6 (7) 17 (8) 24

05 (1) 2, 2, 14 (2) 4, 4, 12
06 ④ **07** 6 **08** ③

한번 더! 기본 문제 (개념 18~20) 본문 62쪽

01 ④ **02** $2\sqrt{15}$ **03** ③ **04** ②
05 ⑤ **06** 9

개념 21 본문 63~64쪽

01 (1) 인수 (2) 인수분해 (3) m, m
02 (1) x^2-2x (2) $a^2+10a+25$ (3) x^2-2x-3
(4) $2x^2+7x-4$ (5) $3a^2-7ab+2b^2$
03 (1) x, $y-1$, $x(y-1)$ (2) x, $x+3$
(3) $a+2$, $a-2$, $(a+2)(a-2)$
(4) x, $x-y$, x^2, $x(x-y)$
04 풀이 참조
05 (1) x, $a+b$ (2) $x(1+3x)$ (3) $2a(a-4)$
(4) $2y(2x+3y)$ (5) $5xy^2(1-2xy)$ (6) $x(a-b-c)$
(7) $x+y$, $a-5$ (8) $(a-4)(x-2)$
06 6 **07** ④ **08** ③

개념 22 본문 65~66쪽

01 (1) $a+b$, $a-b$ (2) $a-b$ (3) 완전제곱식
02 (1) $(x+4)^2$ (2) $(a-6)^2$ (3) $(x+5y)^2$
(4) $(2x+7)^2$ (5) $(3x-2)^2$ (6) $(5a-6b)^2$
03 (1) 3, 3, 9 (2) ±10, ±20 (3) 144 (4) ±16
04 (1) 9, 9, 81 (2) ±5, ±30 (3) 25 (4) ±70
05 (1) $(x+6)(x-6)$ (2) $(a+8)(a-8)$
(3) $(9+x)(9-x)$ (4) $(2x+5)(2x-5)$
(5) $(3a+4b)(3a-4b)$ (6) $(6x+7y)(6x-7y)$
(7) $(10y+x)(10y-x)$ (8) $\left(\frac{3}{4}x+\frac{1}{5}y\right)\left(\frac{3}{4}x-\frac{1}{5}y\right)$
06 ③ **07** $5x-11$ **08** 23

개념 23 본문 67~68쪽

01 (1) $x+b$ (2) $ax+b$
02 (1) 1, 3 (2) -2, 4 (3) 4, 5 (4) -5, -3
(5) -9, -2 (6) -5, 8
03 (1) $(x+1)(x+2)$ (2) $(a+4)(a+6)$
(3) $(x+6)(x-5)$ (4) $(x+2)(x-9)$
(5) $(a-4)(a-5)$ (6) $(x+y)(x+5y)$
(7) $(x+4y)(x-3y)$ (8) $(a+2b)(a-7b)$

04 (1) $(x+2)(2x-3)$ (2) $(x+3)(4x+1)$
(3) $(x+1)(9x-2)$ (4) $(5x+6)(2x-5)$
(5) $(3x-2)(4x-5)$ (6) $(5a+1)(a-3)$
(7) $(2b+7)(3b+2)$ (8) $(2y+5)(8y-3)$

05 ① **06** ⑤ **07** 8

한번 더! 기본 문제 (개념 21~23) 본문 69쪽

01 ②, ④ **02** 6 **03** 8, −7 **04** ⑤
05 ⑤ **06** (1) $x^2-2x-24$ (2) $(x+4)(x-6)$

개념 24 본문 70~71쪽

01 6, $x+1$, 6, 3, 5

02 (1) $(x+2)^2$ (2) $(a+2)(a-8)$ (3) $(3a+1)(3a-4)$
(4) $(x-y+5)(x-y-5)$ (5) $(5x-2)(3x+4)$

03 $y-1$, $x-1$

04 (1) $(x-1)(x-y)$ (2) $(a+3)(b+2)$
(3) $(x-y)(x+y-4)$ (4) $(a+b)(a-b-c)$
(5) $(x+1)^2(x-1)$

05 $x-1$, $x-1$, $x-1$

06 (1) $(x+y+3)(x-y+3)$
(2) $(2a+b+1)(2a-b+1)$
(3) $(x+y-6)(x-y+6)$
(4) $(x-y+5)(x-y-5)$
(5) $(4+3x-y)(4-3x+y)$

07 ④ **08** 4 **09** ②, ③

개념 25 본문 72~73쪽

01 (1) ㄱ, 115 (2) ㄹ, 860 (3) ㄷ, 900 (4) ㄴ, 4900

02 (1) 800 (2) 680 (3) 1600 (4) 3600
(5) 144 (6) 4900 (7) 9800 (8) 9

03 (1) 3, 3, 100, 10000 (2) 13, 87, 74, 7400
(3) $x-y$, $3-\sqrt{5}$, $2\sqrt{5}$, 20

04 (1) 780 (2) 6400 (3) 10 (4) 1220

05 ③ **06** 12 **07** ⑤

한번 더! 기본 문제 (개념 24~25) 본문 74쪽

01 6 **02** ⑤ **03** ①
04 A: 11200, B: 1380 **05** ② **06** 45

4. 이차방정식

개념 26 본문 76~77쪽

01 (1) 이차식 (2) 해

02 (1) ○ (2) ○ (3) × (4) × (5) ○

03 (1) ○ (2) × (3) × (4) ○ (5) ×

04 풀이 참조

05 (1) $x=-2$ 또는 $x=2$ (2) $x=0$
(3) $x=-2$ 또는 $x=1$ (4) $x=2$

06 ④ **07** ④ **08** 8 **09** ②

개념 27 본문 78~79쪽

01 (1) $B=0$ (2) a

02 (1) 0, 0, −1, 4 (2) $x=0$ 또는 $x=-3$
(3) $x=2$ 또는 $x=6$ (4) $x=-5$ 또는 $x=\frac{9}{2}$
(5) $x=-\frac{7}{4}$ 또는 $x=4$

03 (1) $x=0$ 또는 $x=1$ (2) $x=0$ 또는 $x=-5$
(3) $x=-4$ 또는 $x=4$ (4) $x=-3$ 또는 $x=-2$
(5) $x=-5$ 또는 $x=3$ (6) $x=1$ 또는 $x=10$
(7) $x=-\frac{1}{2}$ 또는 $x=4$ (8) $x=-3$ 또는 $x=-\frac{2}{3}$
(9) $x=\frac{3}{4}$ 또는 $x=\frac{3}{2}$ (10) $x=-\frac{5}{2}$ 또는 $x=\frac{3}{5}$

04 (1) $x=0$ 또는 $x=\frac{7}{3}$ (2) $x=-4$ 또는 $x=6$
(3) $x=-10$ 또는 $x=1$ (4) $x=\frac{3}{2}$ 또는 $x=5$
(5) $x=-3$ 또는 $x=6$ (6) $x=-\frac{7}{3}$ 또는 $x=3$

05 ③ **06** $x=3$ **07** $x=\frac{5}{2}$

개념 28 본문 80~81쪽

01 (1) 중근 (2) 완전제곱식, $\frac{a}{2}$

02 (1) $x=4$ (2) $x=-6$ (3) $x=\frac{1}{2}$ (4) $x=-\frac{5}{3}$

03 (1) $x=-1$ (2) $x=5$ (3) $x=-\frac{1}{3}$ (4) $x=\frac{7}{2}$
(5) $x=-8$ (6) $x=\frac{6}{5}$ (7) $x=9$ (8) $x=-\frac{4}{3}$

04 (1) 8, 16 (2) 144, 12 (3) 9 (4) 49 (5) 100
(6) ±4 (7) ±10 (8) ±22

05 ①, ⑤ **06** 12 **07** ①

한번 더! 기본 문제 (개념 26~28)

본문 82쪽

01 ①, ③ 02 ④ 03 -13 04 ④
05 -7 06 20

개념 29

본문 83~84쪽

01 (1) $\sqrt{q}$ (2) p (3) 완전제곱식
02 (1) $x=\pm\sqrt{5}$ (2) $x=\pm 3\sqrt{2}$ (3) $x=\pm\frac{5}{2}$
(4) $\sqrt{2}$, $1\pm\sqrt{2}$ (5) $x=-4\pm\sqrt{7}$ (6) $x=5\pm\sqrt{5}$
(7) $x=-2\pm 2\sqrt{3}$ (8) $x=-6\pm 2\sqrt{2}$ (9) $x=8\pm 2\sqrt{5}$
03 (1) 4, 4, 2, 6, $2\pm\sqrt{6}$ (2) 9, 9, 3, 13, $-3\pm\sqrt{13}$
04 (1) $x=-4\pm\sqrt{7}$ (2) $x=-7\pm 5\sqrt{2}$ (3) $x=\frac{-5\pm\sqrt{13}}{2}$
(4) $x=-1\pm\sqrt{5}$ (5) $x=-6\pm\sqrt{31}$
05 ③ 06 12 07 $\frac{13}{4}$ 08 ③

개념 30

본문 85~86쪽

01 (1) $-b$, b^2-4ac, b^2-4ac, 근의 공식
(2) $-b'$, b'^2-ac, b'^2-ac
02 -3, -3, $\frac{3\pm\sqrt{17}}{4}$
03 (1) $x=\frac{-1\pm\sqrt{13}}{2}$ (2) $x=\frac{-5\pm\sqrt{17}}{2}$
(3) $x=\frac{9\pm\sqrt{57}}{2}$ (4) $x=\frac{-13\pm\sqrt{89}}{2}$
(5) $x=\frac{7\pm\sqrt{13}}{6}$ (6) $x=\frac{-3\pm\sqrt{41}}{8}$
(7) $x=\frac{1\pm\sqrt{29}}{14}$ (8) $x=\frac{-9\pm\sqrt{17}}{16}$
04 -5, 3, $\frac{5\pm\sqrt{13}}{4}$
05 (1) $x=1\pm\sqrt{7}$ (2) $x=-2\pm\sqrt{6}$
(3) $x=3\pm\sqrt{17}$ (4) $x=-5\pm 3\sqrt{2}$
(5) $x=\frac{2\pm\sqrt{2}}{2}$ (6) $x=\frac{4\pm 2\sqrt{7}}{3}$
(7) $x=\frac{-6\pm\sqrt{66}}{6}$ (8) $x=\frac{-7\pm\sqrt{19}}{10}$
06 ② 07 $\frac{\sqrt{13}}{3}$ 08 ④

개념 31

본문 87~88쪽

01 (1) 곱셈 공식 (2) 10 (3) 최소공배수
02 x^2-x-2, x^2+x-6, 3, 2, -3, 2
03 (1) $x=0$ 또는 $x=-5$ (2) $x=-\frac{2}{3}$ 또는 $x=2$
(3) $x=-4\pm\sqrt{30}$
04 (1) 10, x^2+3x+2, 2, 1, -2, -1
(2) 6, $2x^2+7x+3$, 3, 1, -3, $-\frac{1}{2}$
05 (1) $x=-\frac{5}{2}$ 또는 $x=2$ (2) $x=\frac{9\pm\sqrt{21}}{6}$
(3) $x=-2$ 또는 $x=15$ (4) $x=\frac{-1\pm\sqrt{33}}{4}$
(5) $x=\frac{1}{3}$ 또는 $x=\frac{4}{3}$ (6) $x=\frac{11\pm 2\sqrt{19}}{5}$
06 $A^2-4A-12$, 2, 6, -2, 6, -2, 6, -3, 5
07 (1) $x=3$ 또는 $x=6$ (2) $x=9$ 또는 $x=2$
(3) $x=-9$ (4) $x=-\frac{1}{2}$ 또는 $x=4$
08 ④ 09 ① 10 $-\frac{1}{3}$

한번 더! 기본 문제 (개념 29~31)

본문 89쪽

01 ② 02 18 03 ④ 04 -1
05 ① 06 ③

개념 32

본문 90~91쪽

01 (1) ① 서로 다른 두 근 ② 중근 ③ 근이 없다
(2) α, β (3) α
02 풀이 참조
03 (1) ① $k<4$ ② $k=4$ ③ $k>4$
(2) ① $k>-3$ ② $k=-3$ ③ $k<-3$
(3) ① $k<\frac{1}{5}$ ② $k=\frac{1}{5}$ ③ $k>\frac{1}{5}$
04 (1) $x^2-6x+8=0$ (2) $x^2-3x-18=0$
(3) $-x^2-6x-5=0$ (4) $2x^2+2x-24=0$
(5) $3x^2+6x=0$ (6) $10x^2-7x+1=0$
(7) $12x^2+x-\frac{1}{2}=0$
05 (1) $x^2+6x+9=0$ (2) $-x^2+8x-16=0$
(3) $4x^2+16x+16=0$ (4) $-9x^2+6x-1=0$
06 ④ 07 ② 08 ④

개념 33

본문 92~93쪽

01 $x+1$, $x+1$, 16, 15, -16, 15, 15, 15, 16, 15, 16
02 (1) $x+2$ (2) $x^2+(x+2)^2=244$
(3) $x=-12$ 또는 $x=10$ (4) 10, 12
03 $x+4$, $x+4$, 3, 12, -3, 12, 12, 12, 12, 12
04 (1) $(x-3)$세 (2) $8x=(x-3)^2+4$
(3) $x=1$ 또는 $x=13$ (4) 13세
05 5 06 ② 07 ② 08 17세
09 ③ 10 13명

개념 34 본문 94~95쪽

01 0, 4, 4, 4, 4, 4
02 (1) $50x-5x^2=125$ (2) $x=5$ (3) 5초 후
03 $x+6$, $x+6$, 8, 8, 8, 8, 8
04 (1) $(x-5)$ cm (2) $\frac{1}{2}x(x-5)=63$
(3) $x=-9$ 또는 $x=14$ (4) 14 cm
05 2초 후 06 ① 07 7 cm 08 ②
09 6 cm 10 3

한번 더! 기본 문제 (개념 32~34) 본문 96쪽

01 ⑤ 02 30 03 ④ 04 ①
05 2초 후 06 96 cm^3

5. 이차함수와 그 그래프 (1)

개념 35 본문 98~99쪽

01 (1) 이차함수 (2) k, ak^2+bk+c
02 (1) × (2) ○ (3) ○ (4) × (5) ○ (6) × (7) ○
03 (1) $y=3x$, 이차함수가 아니다.
(2) $y=2x^2+4x$, 이차함수이다.
(3) $y=x^2-10x$, 이차함수이다.
(4) $y=5x$, 이차함수가 아니다.
(5) $y=x^2+3x$, 이차함수이다.
04 (1) 5 (2) 4 (3) 13
05 (1) 5 (2) 0 (3) -14 (4) -4 (5) -13
06 ③ 07 ㄱ, ㄴ, ㄷ 08 18 09 ⑤

개념 36 본문 100~101쪽

01 (1) 아래, 위 (2) y (3) 포물선 (4) 꼭짓점
02 풀이 참조 03 풀이 참조
04 (1) $(0, 0)$ (2) $x=0$ (3) 제1사분면, 제2사분면
(4) $y=-x^2$
05 (1) × (2) ○ (3) × (4) × (5) ○ (6) ○ (7) × (8) ○
06 ③ 07 13 08 $(6, -36)$, $(-6, -36)$

개념 37 본문 102~104쪽

01 (1) 아래, 위 (2) 좁아진다 (3) x축
02 (1) 풀이 참조 (2) $(0, 0)$, $x=0$ (3) $y=-2x^2$
03 (1) 풀이 참조 (2) $(0, 0)$, $x=0$ (3) $y=\frac{1}{2}x^2$
04 (1) ㉠, ㉡, ㉢ (2) ㉢, ㉡, ㉠ (3) ㉠, ㉢, ㉡
05 (1) ㄴ, ㄹ (2) ㄹ (3) ㄱ과 ㄴ (4) ㄱ, ㄷ
06 (1) $\frac{1}{3}$ (2) -2 07 (1) -16 (2) $\frac{1}{8}$
08 (1) 4 (2) $-\frac{1}{3}$ (3) $\frac{2}{5}$
09 ⑤ 10 ②, ③ 11 ③ 12 ④
13 $\frac{1}{2}$ 14 $y=-\frac{3}{2}x^2$

한번 더! 기본 문제 (개념 35~37) 본문 105쪽

01 3개 02 8 03 ③ 04 2
05 ①, ⑤ 06 20

개념 38 본문 106~107쪽

01 (1) y, q (2) $x=0$ (3) $(0, q)$
02 (1) $y=2x^2+3$ (2) $y=-3x^2-1$ (3) $y=\frac{1}{4}x^2-2$
(4) $y=-\frac{3}{5}x^2+6$
03 풀이 참조 04 풀이 참조
05 (1) $x=0$, $(0, -5)$ (2) $x=0$, $(0, 2)$
(3) $x=0$, $(0, 3)$ (4) $x=0$, $\left(0, -\frac{1}{9}\right)$
06 (1) × (2) ○ (3) × (4) ○
07 ① 08 2 09 2

개념 39 본문 108~109쪽

01 (1) x, p (2) $x=p$ (3) $(p, 0)$
02 (1) $y=3(x-4)^2$ (2) $y=-4(x+5)^2$
(3) $y=\frac{1}{2}(x+6)^2$ (4) $y=-\frac{5}{6}(x-7)^2$
03 풀이 참조 04 풀이 참조
05 (1) $x=3$, $(3, 0)$ (2) $x=-8$, $(-8, 0)$
(3) $x=-4$, $(-4, 0)$ (4) $x=\frac{1}{8}$, $\left(\frac{1}{8}, 0\right)$
06 (1) × (2) ○ (3) ○ (4) ×
07 ③ 08 -5 09 -4

한번 더! 기본 문제 (개념 38~39) 본문 110쪽

01 ③ 02 ③ 03 -24 04 -4, -2
05 ② 06 -8

개념 40 본문 111~113쪽

01 (1) p, q (2) $x=p$ (3) (p, q)

02 (1) $y=(x-5)^2+3$ (2) $y=-3\left(x+\frac{1}{2}\right)^2+6$

(3) $y=\frac{5}{2}(x-4)^2-4$ (4) $y=-\frac{1}{8}(x+3)^2-\frac{1}{7}$

03 풀이 참조 **04** 풀이 참조

05 (1) $x=-4$, $(-4, -1)$ (2) $x=6$, $(6, 3)$

(3) $x=5$, $(5, -8)$ (4) $x=-\frac{1}{3}$, $\left(-\frac{1}{3}, \frac{1}{2}\right)$

06 (1) ○ (2) × (3) ○ (4) ×

07 (1) ㄱ, ㄷ, ㅂ (2) ㅂ (3) ㄴ (4) ㄷ (5) ㅁ (6) ㄹ

08 8 **09** ④ **10** 제2사분면

11 ③, ⑤ **12** 14 **13** ①

개념 41 본문 114~115쪽

01 (1) >, < (2) >, >, <, >, <, <, >, <

02 (1) 아래, > (2) 4, >, <

03 (1) <, <, > (2) >, <, < (3) <, >, >

(4) >, >, > (5) <, <, = (6) >, =, >

04 ③ **05** ⑤ **06** ⑤

한번 더! 기본 문제 (개념 40~41) 본문 116쪽

01 2 **02** ㄱ, ㄹ **03** ④ **04** ③

05 ②

6. 이차함수와 그 그래프 (2)

개념 42 본문 118~120쪽

01 (1) $a(x-p)^2+q$ (2) 아래, 위 (3) c

02 (1) 1, 1, 1, 1, 1, 6 (2) 16, 16, 16, 16, 4, 13

(3) 49, 49, 49, 49, 7, 15 (4) 9, 9, 9, 18, 3, 11

(5) 1, 1, 1, 3, 1, 2

03 (1) $y=(x+2)^2+2$ (2) $y=(x-5)^2-10$

(3) $y=-(x+3)^2+4$ (4) $y=3(x+3)^2-17$

(5) $y=-\frac{1}{4}(x+4)^2-5$

04 풀이 참조 **05** 0, 0, 4, 4, 0, 4, 0

06 (1) $(-5, 0)$, $(-1, 0)$ (2) $(2, 0)$, $(6, 0)$

07 11 **08** ③ **09** ⑤ **10** ③

11 30 **12** $\frac{1}{2}$

개념 43 본문 121~122쪽

01 (1) >, < (2) >, =, < (3) >, =, <

02 (1) 아래, > (2) 왼, >, > (3) 아래, <

03 (1) >, <, > (2) <, <, < (3) >, >, >

(4) <, >, > (5) >, <, > (6) <, <, =

04 ① **05** ⑤ **06** ①

한번 더! 기본 문제 (개념 42~43) 본문 123쪽

01 ③ **02** ④ **03** 8 **04** ④

05 제3사분면 **06** ⑤

개념 44 본문 124~125쪽

01 (1) p, q (2) p

02 1, 3, 2, -1, 2, $2(x-1)^2-3$

03 (1) $y=-(x-2)^2+4$ (2) $y=3(x+1)^2+6$

(3) $y=-4(x-3)^2-7$ (4) $y=(x+5)^2-10$

04 2, $a+q$, $4a+q$, 3, -5, $3(x-2)^2-5$

05 (1) $y=2(x+1)^2+4$ (2) $y=-3(x-3)^2+6$

(3) $y=-(x+2)^2-2$ (4) $y=4(x-5)^2-9$

06 ⑤ **07** ⑤ **08** ④ **09** $(0, -6)$

개념 45 본문 126~127쪽

01 (1) k (2) α, β

02 1, 1, 2, 1, 4, 3, 1, $3x^2+x+1$

03 (1) $y=x^2-3x+5$ (2) $y=-x^2+6x-4$

(3) $y=2x^2+10x+7$ (4) $y=-\frac{1}{2}x^2-2x-3$

04 5, 5, 2, 2, 5, $2x^2-14x+20$

05 (1) $y=-x^2+2x+3$ (2) $y=x^2+5x+6$

(3) $y=-3x^2+6x+24$ (4) $y=\frac{1}{4}x^2-2x+\frac{7}{4}$

06 ② **07** $x=\frac{5}{2}$ **08** ② **09** $(-2, 9)$

한번 더! 기본 문제 (개념 44~45) 본문 128쪽

01 ② **02** ④ **03** ①

04 $(-2, -11)$ **05** -20 **06** ②

PART Ⅱ

단원 테스트

1. 제곱근과 실수 [1회]
본문 130~132쪽

01 ③, ⑤ 02 ④ 03 -1 04 $\sqrt{58}$ cm
05 ③ 06 6 07 $-5a-4b$
08 -3 09 12 10 ① 11 4개
12 ② 13 ①, ④ 14 17.51
15 $4-\sqrt{2}$, $3+\sqrt{2}$ 16 ③, ④ 17 6
18 $A<B<C$ 19 13 20 8개

1. 제곱근과 실수 [2회]
본문 133~135쪽

01 ①, ⑤ 02 ② 03 5 04 ④
05 -9 06 ⑤ 07 ④ 08 ④
09 5개 10 ①, ⑤ 11 58 12 ⑤
13 ①, ④ 14 0.12 15 ②, ⑤ 16 ③
17 $\sqrt{2}+3$ 18 점 A 19 $\sqrt{34}$ cm 20 8

2. 근호를 포함한 식의 계산 [1회]
본문 136~138쪽

01 ② 02 $\sqrt{2}$ 03 ② 04 $\frac{1}{5}$
05 ⑤ 06 ③ 07 ④ 08 ④
09 ⑤ 10 -13 11 $\frac{5\sqrt{14}}{14}$ 12 ⑤
13 ② 14 -6 15 $2\sqrt{3}+\sqrt{6}$
16 $18\sqrt{30}$ 17 ④ 18 $3\sqrt{7}$ 19 63
20 $3+2\sqrt{10}$

2. 근호를 포함한 식의 계산 [2회]
본문 139~141쪽

01 ③ 02 20 03 13 04 -2
05 ④ 06 ③ 07 ④ 08 10
09 $20\sqrt{3}$ cm^2 10 11 11 8
12 $2-2\sqrt{15}$ 13 ③ 14 12
15 4 16 $15+5\sqrt{7}$ 17 $10\sqrt{5}$ cm
18 ④ 19 $3\sqrt{6}$ cm 20 $2\sqrt{10}-3\sqrt{3}$

3. 다항식의 곱셈과 인수분해 [1회]
본문 142~144쪽

01 -19 02 ③ 03 -40 04 9
05 ③, ⑤ 06 ④ 07 1 08 -3
09 -7 10 ③ 11 2 12 ①
13 ④ 14 ⑤ 15 -13 16 -1
17 ④ 18 ① 19 $10+10\sqrt{2}$
20 $16a-2b$

3. 다항식의 곱셈과 인수분해 [2회]
본문 145~147쪽

01 ① 02 $\frac{1}{64}$ 03 -18 04 ①
05 ④ 06 ③ 07 15 08 14
09 8 10 ⑤ 11 ④ 12 $4x-6$
13 ④ 14 ⑤ 15 -35 16 ②, ⑤
17 -24 18 -20 19 $\sqrt{2}+7$ 20 $3x+7$

4. 이차방정식 [1회]
본문 148~150쪽

01 ② 02 ⑤ 03 ④ 04 42
05 2 06 -2 07 ②, ⑤ 08 -2
09 ① 10 $\frac{12}{5}$ 11 2 12 $\frac{5}{4}$
13 ③ 14 ⑤ 15 -26 16 61쪽
17 15명 18 ③ 19 $-\frac{1}{2}$ 20 8 cm^2

4. 이차방정식 [2회]
본문 151~153쪽

01 ①, ④ 02 ② 03 ② 04 6
05 4개 06 3 07 ③ 08 $\frac{3}{4}$
09 10 10 26 11 ⑤ 12 ③
13 $\sqrt{14}$ 14 ④ 15 $x^2-16=0$
16 ⑤ 17 ② 18 2초 후 19 4
20 4 cm

5. 이차함수와 그 그래프 (1) [1회]

본문 154~156쪽

01 ④, ⑤ **02** ⑤ **03** 2 **04** $-\frac{1}{2}$
05 ① **06** -4 **07** $y=\frac{4}{9}x^2$ **08** -15
09 ③ **10** 5 **11** -5 **12** ①
13 제3사분면 **14** ② **15** 14
16 ② **17** ⑤ **18** 15 **19** $\frac{29}{4}$

5. 이차함수와 그 그래프 (1) [2회]

본문 157~159쪽

01 ①, ③ **02** ② **03** 14 **04** 9
05 $0<a<\frac{5}{3}$ **06** ⑤
07 $y=-\frac{2}{3}x^2$ **08** ④ **09** -5
10 ② **11** ④ **12** 8 **13** -2
14 ① **15** ③ **16** ② **17** ㄱ, ㄷ
18 6 **19** -5

6. 이차함수와 그 그래프 (2) [1회]

본문 160~161쪽

01 ④ **02** 제3사분면 **03** ⑤
04 8 **05** ⑤ **06** ③ **07** 6
08 $y=-x^2-4x-4$ **09** ③
10 $y=-x^2-2x+3$ **11** $(-1, 4)$
12 15 **13** 1

6. 이차함수와 그 그래프 (2) [2회]

본문 162~163쪽

01 -14 **02** 9 **03** -2 **04** 5
05 ② **06** ① **07** $\left(0, -\frac{3}{2}\right)$
08 -6 **09** $(-2, -18)$
10 $y=-3x^2-3x+18$ **11** -12 **12** 6
13 $y=-3x^2-6x-1$

서술형 테스트

1. 제곱근과 실수

본문 164~165쪽

1 $\frac{11}{3}$ **2** 7 **3** -1 **4** 3개
5 36 **6** 26.5 **7** $-1-\sqrt{10}$
8 $2-\sqrt{21}$, $\sqrt{13}-4$, $\sqrt{7}-1$

2. 근호를 포함한 식의 계산

본문 166~167쪽

1 12 **2** 6 **3** $\frac{16}{3}$ **4** $3\sqrt{10}$
5 $-8\sqrt{6}$ **6** 54 **7** 8
8 (1) $x<y$ (2) $x>z$ (3) z

3. 다항식의 곱셈과 인수분해

본문 168~169쪽

1 25 **2** $\frac{1}{4}$ **3** 333 **4** 8
5 6 **6** 25 **7** $2x+4$ **8** 1640

4. 이차방정식

본문 170~171쪽

1 -10 **2** 24 **3** $x=9$ **4** $10\sqrt{5}$
5 3 **6** 5개 **7** $2x^2+2x-40=0$
8 120

5. 이차함수와 그 그래프 (1)

본문 172~173쪽

1 10 **2** 15 **3** $\sqrt{7}$ **4** 2
5 -4 **6** 2 **7** $\frac{13}{3}$ **8** 제4사분면

6. 이차함수와 그 그래프 (2)

본문 174~175쪽

1 -1 **2** 3 **3** $(-1, 0)$ **4** 제3사분면
5 -9 **6** $(0, 4)$ **7** 1 **8** $(-2, 18)$

PART Ⅰ

1. 제곱근과 실수

본문 8~9쪽

개념 01 제곱근

01 답 (1) 제곱근 (2) 2, 1, 0

02 답 (1) 1, -1 (2) 2, -2 (3) 5, -5 (4) 12, -12

(5) $\frac{1}{3}$, $-\frac{1}{3}$ (6) 0.1, -0.1

03 답 (1) 6, -6 (2) 9, -9 (3) 13, -13 (4) $\frac{1}{8}$, $-\frac{1}{8}$

(5) 0.7, -0.7 (6) 11, -11 (7) $\frac{2}{5}$, $-\frac{2}{5}$

(8) 0.4, -0.4

(6) $11^2=121$이고 121의 제곱근은 11, -11

(7) $\left(\frac{2}{5}\right)^2=\frac{4}{25}$이고 $\frac{4}{25}$의 제곱근은 $\frac{2}{5}$, $-\frac{2}{5}$

(8) $(-0.4)^2=0.16$이고 0.16의 제곱근은 0.4, -0.4

04 답 (1) 2개 (2) 1개 (3) 0개 (4) 2개 (5) 2개 (6) 0개

05 답 ②, ④

16의 제곱근은 4, -4

06 답 ③

x가 49의 제곱근이므로 $x^2=49$

07 답 ③, ⑤

음수의 제곱근은 없으므로 제곱근을 구할 수 없는 수는 ③, ⑤이다.

08 답 68

a가 4의 제곱근이므로 $a^2=4$

b가 64의 제곱근이므로 $b^2=64$

$\therefore a^2+b^2=4+64=68$

본문 10~11쪽

개념 02 제곱근의 표현

01 답 (1) 양의 제곱근, $\sqrt{a}$ (2) 음의 제곱근, $-\sqrt{a}$

02 답 (1) $\pm\sqrt{5}$ (2) $\pm\sqrt{14}$ (3) $\pm\sqrt{38}$ (4) $\pm\sqrt{123}$

(5) $\pm\sqrt{\frac{11}{6}}$ (6) $\pm\sqrt{0.3}$

03 답

a	a의 제곱근	제곱근 a
6	$\pm\sqrt{6}$	$\sqrt{6}$
21	$\pm\sqrt{21}$	$\sqrt{21}$
47	$\pm\sqrt{47}$	$\sqrt{47}$
95	$\pm\sqrt{95}$	$\sqrt{95}$
$\frac{2}{13}$	$\pm\sqrt{\frac{2}{13}}$	$\sqrt{\frac{2}{13}}$
5.5	$\pm\sqrt{5.5}$	$\sqrt{5.5}$

04 답 (1) $\sqrt{7}$ (2) $-\sqrt{15}$ (3) $\sqrt{33}$ (4) $\pm\sqrt{61}$ (5) $\sqrt{\frac{1}{10}}$

(6) $-\sqrt{4.6}$

05 답 (1) 2 (2) -6 (3) ±10 (4) $\frac{3}{5}$ (5) -0.7 (6) ±1.1

(4) $\frac{9}{25}$의 양의 제곱근은 $\frac{3}{5}$이므로

$\sqrt{\frac{9}{25}}=\frac{3}{5}$

(5) 0.49의 음의 제곱근은 -0.7이므로

$-\sqrt{0.49}=-0.7$

(6) 1.21의 제곱근은 ±1.1이므로

$\pm\sqrt{1.21}=\pm1.1$

06 답 ③

①, ②, ④, ⑤ ±3　③ 3

따라서 그 값이 나머지 넷과 다른 하나는 ③이다.

07 답 ④

② $\sqrt{16}=4$이고 4의 제곱근은 ±2

③ $(-12)^2=144$이고 144의 음의 제곱근은 -12

④ $\sqrt{0.36}=0.6$이고 제곱근 0.6은 $\sqrt{0.6}$

⑤ $\left(\frac{5}{9}\right)^2=\frac{25}{81}$이고 $\frac{25}{81}$의 제곱근은 $\pm\frac{5}{9}$

따라서 옳지 않은 것은 ④이다.

08 답 ①

$(-8)^2=64$이고 제곱근 64는 8이므로

$A=8$

$\sqrt{\frac{1}{256}}=\frac{1}{16}$이고 $\frac{1}{16}$의 음의 제곱근은 $-\frac{1}{4}$이므로

$B=-\frac{1}{4}$

$\therefore AB=8\times\left(-\frac{1}{4}\right)=-2$

09 답 $\sqrt{65}$ cm

주어진 직사각형의 넓이는 $13\times5=65(\text{cm}^2)$

따라서 넓이가 65 cm^2인 정사각형의 한 변의 길이는 $\sqrt{65}$ cm이다.

한번 더! 기본 문제 (개념 01~02)

본문 12쪽

01 ④ **02** 3개 **03** ③ **04** ④
05 14 **06** ②

01 답 ④

$0.6^2=0.36$이고 0.36의 제곱근은 ±0.6

02 답 3개

양수의 제곱근은 절댓값이 같고 부호가 다른 두 수로 2개이다.

즉, 제곱근이 2개인 수는 9^2, $\left(\frac{2}{3}\right)^2$, $\left(-\frac{10}{7}\right)^2$의 3개이다.

03 답 ③

③ 제곱근 12는 $\sqrt{12}$이다.

④ $\sqrt{256}=16$이므로 -4는 $\sqrt{256}$의 음의 제곱근이다.

⑤ 제곱근 10과 10의 양의 제곱근은 $\sqrt{10}$으로 같다.

따라서 옳지 않은 것은 ③이다.

04 답 ④

④ $0.5^2=0.25$이므로 $\sqrt{0.25}=0.5$

05 답 14

$\sqrt{625}=25$이고 25의 양의 제곱근은 5이므로

$a=5$

$(-9)^2=81$이고 81의 음의 제곱근은 -9이므로

$b=-9$

$\therefore a-b=5-(-9)=14$

06 답 ②

직각삼각형 ABD에서 피타고라스 정리에 의하여

$5^2=3^2+\overline{AD}^2$, $\overline{AD}^2=16$

$\therefore \overline{AD}=4$ ($\because \overline{AD}>0$)

따라서 직각삼각형 ADC에서 피타고라스 정리에 의하여

$\overline{AC}^2=4^2+7^2=65$

$\therefore \overline{AC}=\sqrt{65}$ ($\because \overline{AC}>0$)

본문 13~14쪽

개념 03 제곱근의 성질

01 답 (1) a, a (2) a, a

02 답 (1) 5 (2) 13 (3) $\frac{2}{7}$ (4) 6 (5) 27 (6) 5.4

03 답 (1) 7 (2) 10 (3) 2.8 (4) 12 (5) 46 (6) $\frac{11}{3}$

04 답 (1) 19 (2) -6 (3) 3 (4) -24 (5) 28 (6) 2 (7) -0.9 (8) 2

(1) $(\sqrt{14})^2=14$, $(-\sqrt{5})^2=5$이므로
$(\sqrt{14})^2+(-\sqrt{5})^2=14+5=19$

(2) $(-\sqrt{3})^2=3$, $\sqrt{9^2}=9$이므로
$(-\sqrt{3})^2-\sqrt{9^2}=3-9=-6$

(3) $\sqrt{(-11)^2}=11$, $(-\sqrt{8})^2=8$이므로
$\sqrt{(-11)^2}-(-\sqrt{8})^2=11-8=3$

(4) $\sqrt{12^2}=12$, $\sqrt{(-2)^2}=2$이므로
$-\sqrt{12^2}\times\sqrt{(-2)^2}=-12\times2=-24$

(5) $\sqrt{20^2}=20$, $\sqrt{64}=8$이므로
$\sqrt{20^2}+\sqrt{64}=20+8=28$

(6) $\sqrt{196}=\sqrt{14^2}=14$, $(-\sqrt{7})^2=7$이므로
$\sqrt{196}\div(-\sqrt{7})^2=14\div7=2$

(7) $\sqrt{(-0.6)^2}=0.6$, $\sqrt{2.25}=\sqrt{1.5^2}=1.5$이므로
$\sqrt{(-0.6)^2}-\sqrt{2.25}=0.6-1.5=-0.9$

(8) $\left(\sqrt{\frac{5}{9}}\right)^2=\frac{5}{9}$, $\sqrt{\left(-\frac{18}{5}\right)^2}=\frac{18}{5}$이므로
$\left(\sqrt{\frac{5}{9}}\right)^2\times\sqrt{\left(-\frac{18}{5}\right)^2}=\frac{5}{9}\times\frac{18}{5}=2$

05 답 ⑤

①, ②, ③, ④ 2 ⑤ -2

따라서 그 값이 나머지 넷과 다른 하나는 ⑤이다.

06 답 ③

① $-\sqrt{5^2}=-5$ ② $\left(-\sqrt{\frac{1}{6}}\right)^2=\frac{1}{6}$

④ $(-\sqrt{0.4})^2=0.4$ ⑤ $(\sqrt{9})^2=9$

따라서 옳은 것은 ③이다.

07 답 ④

$\sqrt{(-8)^2}+\sqrt{36}\times(-\sqrt{3})^2=8+6\times3=26$

08 답 7

$A=-\sqrt{4^2}+\sqrt{(-12)^2}=-4+12=8$

$B=\sqrt{7^2}-(-\sqrt{10})^2\div\sqrt{\left(-\frac{5}{3}\right)^2}$

$=7-10\div\frac{5}{3}=7-10\times\frac{3}{5}=1$

$\therefore A-B=8-1=7$

본문 15~17쪽

개념 04 $\sqrt{a^2}$의 성질

01 답 (1) a (2) $-a$

02 답 (1) $2a$ (2) $-6a$ (3) $5a$ (4) $-9a$

(1) $2a>0$이므로 $\sqrt{(2a)^2}=2a$

(2) $6a>0$이므로 $\sqrt{(6a)^2}=6a$

$\therefore -\sqrt{(6a)^2}=-6a$

(3) $-5a<0$이므로 $\sqrt{(-5a)^2}=-(-5a)=5a$

(4) $-9a<0$이므로 $\sqrt{(-9a)^2}=-(-9a)=9a$

$\therefore -\sqrt{(-9a)^2}=-9a$

03 답 (1) $-3a$ (2) $7a$ (3) $-8a$ (4) $10a$

(1) $3a<0$이므로 $\sqrt{(3a)^2}=-3a$

(2) $7a<0$이므로 $\sqrt{(7a)^2}=-7a$

$\therefore -\sqrt{(7a)^2}=-(-7a)=7a$

(3) $-8a>0$이므로 $\sqrt{(-8a)^2}=-8a$

(4) $-10a>0$이므로 $\sqrt{(-10a)^2}=-10a$

$\therefore -\sqrt{(-10a)^2}=-(-10a)=10a$

04 답 (1) $a-2$ (2) $-a+4$ (3) $-7+a$ (4) $a+1$ (5) $-3-a$ (6) $6-a$

(1) $a-2>0$이므로 $\sqrt{(a-2)^2}=a-2$

(2) $a-4<0$이므로 $\sqrt{(a-4)^2}=-(a-4)=-a+4$

(3) $7-a<0$이므로 $\sqrt{(7-a)^2}=-(7-a)=-7+a$

(4) $a+1>0$이므로 $\sqrt{(a+1)^2}=a+1$

(5) $-3-a>0$이므로 $\sqrt{(-3-a)^2}=-3-a$

(6) $6-a<0$이므로 $-\sqrt{(6-a)^2}=-\{-(6-a)\}=6-a$

05 답 (1) $11a$ (2) $-5a$ (3) $7a$ (4) $2a-10$ (5) 0 (6) $-2a-4$

(1) $9a>0$, $-2a<0$이므로

$\sqrt{(9a)^2}=9a$, $\sqrt{(-2a)^2}=-(-2a)=2a$

$\therefore \sqrt{(9a)^2}+\sqrt{(-2a)^2}=9a+2a=11a$

(2) $-7a<0$, $12a>0$이므로

$\sqrt{(-7a)^2}=-(-7a)=7a$, $\sqrt{(12a)^2}=12a$

$\therefore \sqrt{(-7a)^2}-\sqrt{(12a)^2}=7a-12a=-5a$

(3) $-11a>0$, $4a<0$이므로

$\sqrt{(-11a)^2}=-11a$, $\sqrt{(4a)^2}=-4a$

$\therefore -\sqrt{(-11a)^2}+\sqrt{(4a)^2}=-(-11a)+(-4a)=7a$

(4) $a-5>0$, $5-a<0$이므로

$\sqrt{(a-5)^2}=a-5$, $\sqrt{(5-a)^2}=-(5-a)=-5+a$

$\therefore \sqrt{(a-5)^2}+\sqrt{(5-a)^2}=(a-5)+(-5+a)$
$=2a-10$

(5) $8-a>0$, $a-8<0$이므로

$\sqrt{(8-a)^2}=8-a$, $\sqrt{(a-8)^2}=-(a-8)=-a+8$

$\therefore \sqrt{(8-a)^2}-\sqrt{(a-8)^2}=(8-a)-(-a+8)=0$

(6) $a+2<0$, $-a-2>0$이므로

$\sqrt{(a+2)^2}=-(a+2)=-a-2$, $\sqrt{(-a-2)^2}=-a-2$

$\therefore \sqrt{(a+2)^2}+\sqrt{(-a-2)^2}=(-a-2)+(-a-2)$
$=-2a-4$

06 답 (1) 2, 5, 5, 5, 5 (2) 16, 25, 36, 3, 12, 23, 3

07 답 ⑤

① $-a<0$이므로 $\sqrt{(-a)^2}=-(-a)=a$

② $2a>0$이므로 $-\sqrt{(2a)^2}=-2a$

③ $9a^2=(3a)^2$이고 $3a>0$이므로

$-\sqrt{9a^2}=-\sqrt{(3a)^2}=-3a$

④ $-6a<0$이므로 $\sqrt{(-6a)^2}=-(-6a)=6a$

⑤ $-5a<0$이므로 $-\sqrt{(-5a)^2}=-\{-(-5a)\}=-5a$

따라서 옳지 않은 것은 ⑤이다.

08 답 ②

$\frac{a^2}{81}=\left(\frac{a}{9}\right)^2$이고 $\frac{a}{9}<0$이므로

$\sqrt{\frac{a^2}{81}}=\sqrt{\left(\frac{a}{9}\right)^2}=-\frac{a}{9}$

09 답 $4x$

$-4x>0$이므로 $\sqrt{(-4x)^2}=-4x$

$64x^2=(8x)^2$이고 $8x<0$이므로

$\sqrt{64x^2}=\sqrt{(8x)^2}=-8x$

$\therefore \sqrt{(-4x)^2}-\sqrt{64x^2}=-4x-(-8x)=4x$

10 답 ②

$a-6<0$, $a+3>0$이므로

$\sqrt{(a-6)^2}-\sqrt{(a+3)^2}=-(a-6)-(a+3)$
$=-a+6-a-3$
$=-2a+3$

11 답 $a+2b$

$2a>0$, $a-b>0$이므로

$\sqrt{(2a)^2}-\sqrt{b^2}-\sqrt{(a-b)^2}=2a-(-b)-(a-b)$
$=2a+b-a+b$
$=a+2b$

12 답 ④

90을 소인수분해하면 $90=2\times3^2\times5$

90의 소인수 중에서 지수가 홀수인 소인수는 2, 5이다.

따라서 x는 $2\times5\times$(자연수)^{2}의 꼴이어야 하므로 가장 작은 자연수 x의 값은 $2\times5\times1^2=10$이다.

13 답 2개

104를 소인수분해하면 $104=2^3\times13$

104의 소인수 중에서 지수가 홀수인 소인수는 2, 13이다.

따라서 x는 $2\times13\times$(자연수)^{2}의 꼴이고 104의 약수이어야 하므로 구하는 자연수 x는

$2\times13\times1^2=26$, $2\times13\times2^2=104$

의 2개이다.

14 답 21

$\sqrt{x+28}$이 자연수가 되려면 $x+28$은 28보다 큰 (자연수)^{2}의 꼴이어야 하므로

$x+28=36, 49, 64, \cdots$

$\therefore x=8, 21, 36, \cdots$

따라서 가장 작은 두 자리의 자연수 x의 값은 21이다.

15 답 ③

$\sqrt{63-x}$가 자연수가 되려면 $63-x$는 63보다 작은 (자연수)^{2}의 꼴이어야 하므로

$63-x=49, 36, 25, 16, 9, 4, 1$

$\therefore x=14, 27, 38, 47, 54, 59, 62$

따라서 조건을 만족시키는 자연수 x의 개수는 7개이다.

본문 18~19쪽

개념 05 제곱근의 대소 관계

01 답 (1) < (2) <

02 답 (1) < (2) > (3) > (4) > (5) < (6) <

(1) $2<5$이므로 $\sqrt{2}<\sqrt{5}$

(2) $14>8$이므로 $\sqrt{14}>\sqrt{8}$

(3) $\frac{1}{3}>\frac{1}{6}$이므로 $\sqrt{\frac{1}{3}}>\sqrt{\frac{1}{6}}$

(4) $7<10$이므로 $\sqrt{7}<\sqrt{10}$
$\therefore -\sqrt{7}>-\sqrt{10}$

(5) $31>29$이므로 $\sqrt{31}>\sqrt{29}$
$\therefore -\sqrt{31}<-\sqrt{29}$

(6) $1.2>0.8$이므로 $\sqrt{1.2}>\sqrt{0.8}$
$\therefore -\sqrt{1.2}<-\sqrt{0.8}$

03 답 36, 36, <, 40, 40, <

04 답 (1) < (2) > (3) < (4) < (5) > (6) >

(1) $4=\sqrt{16}$이고 $16<18$이므로
$4<\sqrt{18}$

(2) $11=\sqrt{121}$이고 $128>121$이므로
$\sqrt{128}>11$

(3) $\frac{1}{4}=\sqrt{\frac{1}{16}}$이고 $\frac{1}{16}<\frac{1}{8}$이므로
$\frac{1}{4}<\sqrt{\frac{1}{8}}$

(4) $8=\sqrt{64}$이고 $64>59$이므로
$8>\sqrt{59}$ $\therefore -8<-\sqrt{59}$

(5) $14=\sqrt{196}$이고 $192<196$이므로
$\sqrt{192}<14$ $\therefore -\sqrt{192}>-14$

(6) $0.5=\sqrt{0.25}$이고 $0.2<0.25$이므로
$\sqrt{0.2}<0.5$ $\therefore -\sqrt{0.2}>-0.5$

05 답 1, 4, 2, 3

06 답 (1) 1, 2, 3, 4 (2) 6, 7, 8 (3) 1, 2 (4) 7, 8, 9

(1) $0<\sqrt{n}\le2$에서
$0^2<(\sqrt{n})^2\le2^2$ $\therefore 0<n\le4$
따라서 부등식을 만족시키는 자연수 n의 값은 1, 2, 3, 4이다.

(2) $\sqrt{6}\le\sqrt{n}<3$에서
$(\sqrt{6})^2\le(\sqrt{n})^2<3^2$ $\therefore 6\le n<9$
따라서 부등식을 만족시키는 자연수 n의 값은 6, 7, 8이다.

(3) $1\le\sqrt{n}\le1.5$에서
$1^2\le(\sqrt{n})^2\le1.5^2$ $\therefore 1\le n\le2.25$
따라서 부등식을 만족시키는 자연수 n의 값은 1, 2이다.

(4) $2.5<\sqrt{n}<\sqrt{10}$에서
$2.5^2<(\sqrt{n})^2<(\sqrt{10})^2$ $\therefore 6.25<n<10$
따라서 부등식을 만족시키는 자연수 n의 값은 7, 8, 9이다.

07 답 ④

① $6<7$이므로 $\sqrt{6}<\sqrt{7}$

② $5=\sqrt{25}$이고 $20<25$이므로
$\sqrt{20}<5$

③ $1=\sqrt{1}$이고 $1<3$이므로 $1<\sqrt{3}$ $\therefore -1>-\sqrt{3}$

④ $3=\sqrt{9}$이고 $10>9$이므로
$\sqrt{10}>3$ $\therefore -\sqrt{10}<-3$

⑤ $\frac{1}{3}=\sqrt{\frac{1}{9}}$이고 $\frac{1}{9}<\frac{1}{3}$이므로
$\frac{1}{3}<\sqrt{\frac{1}{3}}$

따라서 옳은 것은 ④이다.

08 답 $-\frac{7}{3}$

$-2=-\sqrt{4}$, $-\frac{7}{3}=-\sqrt{\frac{49}{9}}$이고 $4<4.2<\frac{49}{9}<6$이므로

$2<\sqrt{4.2}<\frac{7}{3}<\sqrt{6}$

$\therefore -2>-\sqrt{4.2}>-\frac{7}{3}>-\sqrt{6}$

따라서 두 번째로 작은 수는 $-\frac{7}{3}$이다.

09 답 35

$\frac{\sqrt{n}}{3}<2$의 양변에 3을 곱하면 $\sqrt{n}<6$

$(\sqrt{n})^2<6^2$ $\therefore n<36$

따라서 부등식을 만족시키는 자연수 n의 값 중 가장 큰 수는 35이다.

10 답 ①

$2<\sqrt{2n}<4$에서 $2^2<(\sqrt{2n})^2<4^2$

$4<2n<16$ $\therefore 2<n<8$

따라서 부등식을 만족시키는 자연수 n은 3, 4, 5, 6, 7의 5개이다.

한번 더! 기본 문제 (개념 03~05)

본문 20~21쪽

01 ④	02 ⑤	03 -4	04 ⑤
05 ④	06 $2x$	07 24	08 ④
09 34	10 ⑤	11 x^2, $\sqrt{x}$, $\sqrt{\frac{1}{x}}$, $\frac{1}{x}$	
12 7			

01 답 ④

ㄹ. $-\sqrt{(-13)^2}=-13$

따라서 옳은 것은 ㄱ, ㄴ, ㄷ이다.

02 답 ⑤

① $\sqrt{\left(\frac{1}{4}\right)^2}=\frac{1}{4}$　　② $\sqrt{\left(-\frac{1}{3}\right)^2}=\frac{1}{3}$

③ $\left(\sqrt{\frac{1}{5}}\right)^2=\frac{1}{5}$　　④ $\left(-\sqrt{\frac{1}{2}}\right)^2=\frac{1}{2}$

⑤ $\left(\frac{1}{3}\right)^2=\frac{1}{9}$

따라서 가장 작은 수는 ⑤이다.

03 답 -4

$\sqrt{\left(-\frac{3}{2}\right)^2}-\sqrt{5^2}-(-\sqrt{0.5})^2=\frac{3}{2}-5-0.5=-4$

04 답 ⑤

① $-2a<0$이므로 $\sqrt{(-2a)^2}=-(-2a)=2a$

② $3a>0$이므로 $-\sqrt{(3a)^2}=-3a$

③ $-\sqrt{4a^2}=-\sqrt{(2a)^2}$이고, $2a>0$이므로
$-\sqrt{4a^2}=-\sqrt{(2a)^2}=-2a$

④ $-5a<0$이므로 $\sqrt{(-5a)^2}=-(-5a)=5a$

⑤ $-6a<0$이므로 $-\sqrt{(-6a)^2}=-\{-(-6a)\}=-6a$

따라서 옳지 않은 것은 ⑤이다.

05 답 ④

$-2a<0$이므로 $\sqrt{(-2a)^2}=-(-2a)=2a$

$16b^2=(4b)^2$이고 $4b<0$이므로

$\sqrt{16b^2}=\sqrt{(4b)^2}=-4b$

$\therefore \sqrt{(-2a)^2}-\sqrt{16b^2}=2a-(-4b)=2a+4b$

06 답 $2x$

$x+5>0$, $5-x>0$이므로

$\sqrt{(x+5)^2}-\sqrt{(5-x)^2}=(x+5)-(5-x)$
$=x+5-5+x=2x$

07 답 24

2×3^3의 소인수 중에서 지수가 홀수인 소인수는 2, 3이다.

따라서 x는 $2\times3\times(\text{자연수})^2$의 꼴이어야 하므로 가장 작은 두 자리의 자연수 x의 값은 $2\times3\times2^2=24$이다.

08 답 ④

140을 소인수분해하면 $2^2\times5\times7$

140의 소인수 중에서 지수가 홀수인 소인수는 5, 7이다.

따라서 x는 $5\times7\times(\text{자연수})^2$의 꼴이고 140의 약수이어야 하므로 가장 작은 자연수 x의 값은 $5\times7\times1^2=35$이다.

09 답 34

$\sqrt{16-x}$가 자연수가 되려면 $16-x$는 16보다 작은 $(\text{자연수})^2$의 꼴이어야 하므로

$16-x=9, 4, 1$　　$\therefore x=7, 12, 15$

따라서 모든 자연수 x의 값의 합은

$7+12+15=34$

10 답 ⑤

① $3=\sqrt{9}$이고 $9<10$이므로
$3<\sqrt{10}$

② $6>3$이므로 $\sqrt{6}>\sqrt{3}$
$\therefore -\sqrt{6}<-\sqrt{3}$

③ $5<6$이므로 $0<\sqrt{5}<\sqrt{6}$
$\therefore \frac{1}{\sqrt{5}}>\frac{1}{\sqrt{6}}$

④ $\frac{1}{2}=\sqrt{\frac{1}{4}}$이고 $\frac{1}{4}>\frac{1}{5}$이므로
$\frac{1}{2}>\sqrt{\frac{1}{5}}$

⑤ $0.6=\sqrt{0.36}$이고 $0.6>0.36$이므로
$\sqrt{0.6}>0.6$

따라서 옳지 않은 것은 ⑤이다.

11 답 x^2, $\sqrt{x}$, $\sqrt{\frac{1}{x}}$, $\frac{1}{x}$

$\frac{1}{x}=3=\sqrt{9}$, $x^2=\frac{1}{9}=\sqrt{\frac{1}{81}}$, $\sqrt{\frac{1}{x}}=\sqrt{3}$, $\sqrt{x}=\sqrt{\frac{1}{3}}$이고

$\frac{1}{81}<\frac{1}{3}<3<9$이므로

$\sqrt{\frac{1}{81}}<\sqrt{\frac{1}{3}}<\sqrt{3}<\sqrt{9}$

$\therefore x^2<\sqrt{x}<\sqrt{\frac{1}{x}}<\frac{1}{x}$

따라서 그 값이 작은 것부터 차례로 나열하면 x^2, $\sqrt{x}$, $\sqrt{\frac{1}{x}}$, $\frac{1}{x}$이다.

12 답 7

$4<\sqrt{n+2}<5$에서 $4^2<(\sqrt{n+2})^2<5^2$

$16<n+2<25$　　$\therefore 14<n<23$

따라서 부등식을 만족시키는 자연수 n의 값 중에서 가장 큰 수는 22, 가장 작은 수는 15이므로

$a=22$, $b=15$
$\therefore a-b=22-15=7$

본문 22~23쪽

개념 06 무리수와 실수

01 답 (1) 무리수 (2) 실수

02 답 (1) 유 (2) 무 (3) 무 (4) 유 (5) 유 (6) 무
(5) $-\sqrt{64}=-8$은 유리수이다.

03 답 (1) -2, $\sqrt{36}$ (2) -2, $\sqrt{36}$, $-\sqrt{\frac{4}{25}}$ (3) $\sqrt{10}$, $\pi+1$
(4) -2, $\sqrt{10}$, $\pi+1$, $\sqrt{36}$, $-\sqrt{\frac{4}{25}}$
$\sqrt{36}=6$, $-\sqrt{\frac{4}{25}}=-\frac{2}{5}$

04 답 (1) ○ (2) × (3) ○ (4) ×
(2) 순환소수는 무한소수이지만 유리수이다.
(4) $\sqrt{4}=2$와 같이 근호 안의 수가 어떤 수의 제곱이면 유리수이다.

05 답 ③
① $\sqrt{0.\dot{4}}=\sqrt{\frac{4}{9}}=\frac{2}{3}$ ⑤ $\sqrt{0.64}=0.8$
따라서 무리수인 것은 ③이다.

06 답 3개
$\sqrt{\frac{1}{36}}=\frac{1}{6}$, $\sqrt{3.\dot{3}}=\sqrt{\frac{10}{3}}$
따라서 소수로 나타내었을 때 순환소수가 아닌 무한소수가 되는 것, 즉 무리수는 2π, $\sqrt{0.4}$, $\sqrt{3.\dot{3}}$의 3개이다.

07 답 ⑤
$\sqrt{0.16}=0.4$, $\sqrt{121}=11$, $-\frac{\sqrt{9}}{2}=-\frac{3}{2}$
① 자연수는 $\sqrt{121}$의 1개이다.
② 정수는 $\sqrt{121}$의 1개이다.
③ 유리수는 $\sqrt{0.16}$, $\sqrt{121}$, $0.1\dot{3}\dot{4}$, $-\frac{\sqrt{9}}{2}$의 4개이다.
④ 정수가 아닌 유리수는 $\sqrt{0.16}$, $0.1\dot{3}\dot{4}$, $-\frac{\sqrt{9}}{2}$의 3개이다.
⑤ 무리수는 $\sqrt{2}-2$, $\sqrt{250}$의 2개이다.
따라서 옳은 것은 ⑤이다.

08 답 ④
(가)에 해당하는 수는 유리수가 아닌 실수, 즉 무리수이다.
① $\sqrt{0.25}=0.5$ ② $\sqrt{\frac{16}{9}}=\frac{4}{3}$
③ $-\frac{5}{\sqrt{49}}=-\frac{5}{7}$ ⑤ $6+\sqrt{4}=6+2=8$
따라서 (가)에 해당하는 것은 ④이다.

09 답 ㄱ, ㄴ, ㄹ
ㄷ. $\frac{1}{2}$은 정수가 아니면서 유리수이다.
따라서 옳은 것은 ㄱ, ㄴ, ㄹ이다.

본문 24~25쪽

개념 07 제곱근표

01 답 (1) ○ (2) × (3) ○
(2) 제곱근표에서 왼쪽의 수 4.0의 가로줄과 위쪽의 수 3의 세로줄이 만나는 곳에 적힌 수는 $\sqrt{4.03}$의 값이다.

02 답 (1) 1.421 (2) 1.497 (3) 1.520 (4) 1.549

03 답 (1) 2.903 (2) 2.927 (3) 2.941 (4) 9.198
(5) 9.241 (6) 9.290

04 답 (1) 10.8 (2) 11.5 (3) 12.6 (4) 13.7 (5) 14.5 (6) 14.9

05 답 0.04
$\sqrt{7.73}-\sqrt{7.51}=2.78-2.74=0.04$

06 답 ②
$\sqrt{31.5}=5.612$이므로 $a=31.5$
$\sqrt{32.8}=5.727$이므로 $b=32.8$
$\therefore a+b=31.5+32.8=64.3$

한번 더! 기본 문제 (개념 06~07)

본문 26쪽

01 ② **02** ④ **03** ㄴ, ㄷ
04 10.43 **05** ② **06** 2.315

01 답 ②
① 0.5의 제곱근은 $\pm\sqrt{0.5}$
② $\frac{9}{4}$의 제곱근은 $\pm\sqrt{\frac{9}{4}}=\pm\frac{3}{2}$
③ 15의 제곱근은 $\pm\sqrt{15}$
④ 48의 제곱근은 $\pm\sqrt{48}$
⑤ 200의 제곱근은 $\pm\sqrt{200}$
따라서 제곱근이 무리수가 아닌 것은 ②이다.

02 답 ④
(가)에 해당하는 수는 순환소수가 아닌 무한소수, 즉 무리수이다.
① $\sqrt{9}=3$ ③ $\sqrt{196}=14$ ⑤ $\sqrt{\frac{1}{49}}=\frac{1}{7}$
따라서 (가)에 해당하는 것은 ④이다.

03 답 ㄴ, ㄷ

ㄱ. 0은 유리수이다.

ㄷ. 순환소수는 무한소수이면서 유리수이다.

ㄹ. 양수 4의 제곱근은 ±2이다.

따라서 옳은 것은 ㄴ, ㄷ이다.

04 답 10.43

$\sqrt{26.5}+\sqrt{27.9}=5.148+5.282=10.43$

05 답 ②

$\sqrt{6.64}=2.577$이므로 $a=2.577$

$\sqrt{6.83}=2.613$이므로 $b=6.83$

$\therefore 1000a+100b=2577+683=3260$

06 답 2.315

넓이가 5.36인 정사각형의 한 변의 길이는

$\sqrt{5.36}=2.315$

본문 27~29쪽

개념 08 실수와 수직선

01 답 (1) 실수 (2) 무리수, 실수

02 답 2, 5, $\sqrt{5}$, $-\sqrt{5}$

03 답 (1) P: $\sqrt{8}$, Q: $-\sqrt{8}$ (2) P: $\sqrt{10}$, Q: $-\sqrt{10}$
(3) P: $\sqrt{13}$, Q: $-\sqrt{13}$ (4) P: $\sqrt{18}$, Q: $-\sqrt{18}$

(1) $\overline{AC}=\sqrt{2^2+2^2}=\sqrt{8}$

점 P는 원점에서 오른쪽으로 $\sqrt{8}$만큼 떨어진 점이므로 점 P에 대응하는 수는 $\sqrt{8}$이고, 점 Q는 원점에서 왼쪽으로 $\sqrt{8}$만큼 떨어진 점이므로 점 Q에 대응하는 수는 $-\sqrt{8}$이다.

(2) $\overline{AC}=\sqrt{1^2+3^2}=\sqrt{10}$

점 P는 원점에서 오른쪽으로 $\sqrt{10}$만큼 떨어진 점이므로 점 P에 대응하는 수는 $\sqrt{10}$이고, 점 Q는 원점에서 왼쪽으로 $\sqrt{10}$만큼 떨어진 점이므로 점 Q에 대응하는 수는 $-\sqrt{10}$이다.

(3) $\overline{AC}=\sqrt{3^2+2^2}=\sqrt{13}$

점 P는 원점에서 오른쪽으로 $\sqrt{13}$만큼 떨어진 점이므로 점 P에 대응하는 수는 $\sqrt{13}$이고, 점 Q는 원점에서 왼쪽으로 $\sqrt{13}$만큼 떨어진 점이므로 점 Q에 대응하는 수는 $-\sqrt{13}$이다.

(4) $\overline{AC}=\sqrt{3^2+3^2}=\sqrt{18}$

점 P는 원점에서 오른쪽으로 $\sqrt{18}$만큼 떨어진 점이므로 점 P에 대응하는 수는 $\sqrt{18}$이고, 점 Q는 원점에서 왼쪽으로 $\sqrt{18}$만큼 떨어진 점이므로 점 Q에 대응하는 수는 $-\sqrt{18}$이다.

04 답 3, 10, $\sqrt{10}$, $\sqrt{10}$, $2+\sqrt{10}$, $2-\sqrt{10}$

05 답 (1) P: $-1+\sqrt{5}$, Q: $-1-\sqrt{5}$
(2) P: $5+\sqrt{8}$, Q: $5-\sqrt{8}$
(3) P: $4+\sqrt{13}$, Q: $4-\sqrt{13}$
(4) P: $-3+\sqrt{18}$, Q: $-3-\sqrt{18}$

(1) $\overline{AC}=\sqrt{1^2+2^2}=\sqrt{5}$

점 P는 -1을 나타내는 점에서 오른쪽으로 $\sqrt{5}$만큼 떨어진 점이므로 점 P에 대응하는 수는 $-1+\sqrt{5}$이고, 점 Q는 -1을 나타내는 점에서 왼쪽으로 $\sqrt{5}$만큼 떨어진 점이므로 점 Q에 대응하는 수는 $-1-\sqrt{5}$이다.

(2) $\overline{AC}=\sqrt{2^2+2^2}=\sqrt{8}$

점 P는 5를 나타내는 점에서 오른쪽으로 $\sqrt{8}$만큼 떨어진 점이므로 점 P에 대응하는 수는 $5+\sqrt{8}$이고, 점 Q는 5를 나타내는 점에서 왼쪽으로 $\sqrt{8}$만큼 떨어진 점이므로 점 Q에 대응하는 수는 $5-\sqrt{8}$이다.

(3) $\overline{AC}=\sqrt{3^2+2^2}=\sqrt{13}$

점 P는 4를 나타내는 점에서 오른쪽으로 $\sqrt{13}$만큼 떨어진 점이므로 점 P에 대응하는 수는 $4+\sqrt{13}$이고, 점 Q는 4를 나타내는 점에서 왼쪽으로 $\sqrt{13}$만큼 떨어진 점이므로 점 Q에 대응하는 수는 $4-\sqrt{13}$이다.

(4) $\overline{AC}=\sqrt{3^2+3^2}=\sqrt{18}$

점 P는 -3을 나타내는 점에서 오른쪽으로 $\sqrt{18}$만큼 떨어진 점이므로 점 P에 대응하는 수는 $-3+\sqrt{18}$이고, 점 Q는 -3을 나타내는 점에서 왼쪽으로 $\sqrt{18}$만큼 떨어진 점이므로 점 Q에 대응하는 수는 $-3-\sqrt{18}$이다.

06 답 (1) ○ (2) × (3) ○ (4) ○ (5) ×

(2) 0과 1 사이에는 무수히 많은 무리수가 있다.

(5) 수직선은 유리수와 무리수, 즉 실수에 대응하는 점들로 완전히 메울 수 있으므로 유리수에 대응하는 점만으로는 수직선을 완전히 메울 수 없다.

07 답 1

$\overline{AC}=\sqrt{2^2+2^2}=\sqrt{8}$

점 P는 7을 나타내는 점에서 오른쪽으로 $\sqrt{8}$만큼 떨어진 점이므로 점 P에 대응하는 수는 $7+\sqrt{8}$이다.

따라서 $a=7$, $b=8$이므로 $b-a=8-7=1$

08 답 $-3-\sqrt{15}$

$\overline{AP}=\overline{AD}=\sqrt{15}$

점 P는 -3을 나타내는 점에서 왼쪽으로 $\sqrt{15}$만큼 떨어진 점이므로 점 P에 대응하는 수는 $-3-\sqrt{15}$이다.

09 답 점 B

직각을 낀 두 변의 길이가 모두 1인 직각삼각형의 빗변의 길이는

$\sqrt{1^2+1^2}=\sqrt{2}$

$-1+\sqrt{2}$에 대응하는 점은 -1을 나타내는 점에서 오른쪽으로 $\sqrt{2}$만큼 떨어진 점이므로 $-1+\sqrt{2}$에 대응하는 점은 점 B이다.

10 답 ④

$\overline{AC}=\sqrt{1^2+1^2}=\sqrt{2}$, $\overline{DF}=\sqrt{1^2+2^2}=\sqrt{5}$

① $\overline{AP}=\overline{AC}=\sqrt{2}$

② $\overline{DS}=\overline{DF}=\sqrt{5}$

③ 점 Q는 -2를 나타내는 점에서 오른쪽으로 $\sqrt{2}$만큼 떨어진 점이므로 점 Q에 대응하는 수는 $-2+\sqrt{2}$이다.

④ 점 R는 2를 나타내는 점에서 왼쪽으로 $\sqrt{5}$만큼 떨어진 점이므로 점 R에 대응하는 수는 $2-\sqrt{5}$이다.

⑤ 점 S는 2를 나타내는 점에서 오른쪽으로 $\sqrt{5}$만큼 떨어진 점이므로 점 S에 대응하는 수는 $2+\sqrt{5}$이다.

따라서 옳지 않은 것은 ④이다.

11 답 ③

③ 1과 2 사이에는 정수가 존재하지 않는다.

12 답 ②

ㄱ. $\frac{1}{3}$과 $\frac{3}{4}$ 사이에는 무수히 많은 유리수가 있다.

ㄹ. 1과 1000 사이에는 998개의 자연수가 있다.

ㅁ. 무리수에 대응하는 점만으로는 수직선을 완전히 메울 수 없다.

따라서 옳은 것은 ㄴ, ㄷ이다.

본문 30~31쪽

개념 09 실수의 대소 관계

01 답 (1) 크다 (2) 크다 (3) 작다 (4) $>$, $=$, $<$

02 답 (1) $>$ (2) $<$ (3) $>$ (4) $<$ (5) $<$ (6) $>$

(6) $|-2|=2=\sqrt{4}$, $|-\sqrt{8}|=\sqrt{8}$이므로

$|-2|<|-\sqrt{8}|$ $\quad\therefore -2>-\sqrt{8}$

03 답 (1) 2, 4, $<$, $<$ (2) 3, 9, $>$, $>$

04 답 (1) $<$ (2) $>$ (3) $>$ (4) $<$

(1) $(\sqrt{5}+3)-6=\sqrt{5}-3=\sqrt{5}-\sqrt{9}<0$

$\therefore \sqrt{5}+3<6$

(2) $5-(1+\sqrt{14})=4-\sqrt{14}=\sqrt{16}-\sqrt{14}>0$

$\therefore 5>1+\sqrt{14}$

(3) $(\sqrt{20}-2)-2=\sqrt{20}-4=\sqrt{20}-\sqrt{16}>0$

$\therefore \sqrt{20}-2>2$

(4) $-4-(1-\sqrt{23})=-5+\sqrt{23}=-\sqrt{25}+\sqrt{23}<0$

$\therefore -4<1-\sqrt{23}$

05 답 (1) 점 D (2) 점 C (3) 점 B (4) 점 A

(1) $2=\sqrt{4}$, $3=\sqrt{9}$이므로 $2<\sqrt{6}<3$

따라서 $\sqrt{6}$에 대응하는 점은 점 D이다.

(2) $1=\sqrt{1}$이므로 $0<\sqrt{\frac{3}{5}}<1$

따라서 $\sqrt{\frac{3}{5}}$에 대응하는 점은 점 C이다.

(3) $1=\sqrt{1}$, $2=\sqrt{4}$이므로 $1<\sqrt{3}<2$

$\therefore -2<-\sqrt{3}<-1$

따라서 $-\sqrt{3}$에 대응하는 점은 점 B이다.

(4) $2=\sqrt{4}$, $3=\sqrt{9}$이므로 $2<\sqrt{8}<3$

$\therefore -3<-\sqrt{8}<-2$

따라서 $-\sqrt{8}$에 대응하는 점은 점 A이다.

06 답 $\frac{61}{5}$

$\frac{4}{3}=\sqrt{\frac{16}{9}}$ 이므로 $\frac{4}{3}<\sqrt{\frac{11}{5}}$

$|-3|=3=\sqrt{9}$이므로 $|-\sqrt{8.5}|<|-3|<|-\sqrt{10}|$

$\therefore -\sqrt{10}<-3<-\sqrt{8.5}$

$\therefore -\sqrt{10}<-3<-\sqrt{8.5}<\frac{4}{3}<\sqrt{\frac{11}{5}}$

따라서 $a=\sqrt{\frac{11}{5}}$, $b=-\sqrt{10}$이므로

$a^2+b^2=\frac{11}{5}+10=\frac{61}{5}$

07 답 ③

① $(\sqrt{3}+2)-4=\sqrt{3}-2=\sqrt{3}-\sqrt{4}<0$

$\therefore \sqrt{3}+2<4$

② $(1-\sqrt{8})-(-2)=3-\sqrt{8}=\sqrt{9}-\sqrt{8}>0$

$\therefore 1-\sqrt{8}>-2$

③ $7-(3+\sqrt{10})=4-\sqrt{10}=\sqrt{16}-\sqrt{10}>0$

$\therefore 7>3+\sqrt{10}$

④ $3-(5-\sqrt{13})=-2+\sqrt{13}=-\sqrt{4}+\sqrt{13}>0$

$\therefore 3>5-\sqrt{13}$

⑤ $(-3-\sqrt{26})-(-9)=6-\sqrt{26}=\sqrt{36}-\sqrt{26}>0$

$\therefore -3-\sqrt{26}>-9$

따라서 옳지 않은 것은 ③이다.

08 답 ④

$a-c=(\sqrt{5}+2)-3=\sqrt{5}-1>0$ $\quad\therefore a>c$

$b-c=(\sqrt{11}-1)-3=\sqrt{11}-4=\sqrt{11}-\sqrt{16}<0$ $\quad\therefore b<c$

$\therefore b<c<a$

09 답 ③

$3=\sqrt{9}$, $4=\sqrt{16}$이므로 $3<\sqrt{15}<4$

$\therefore 0<\sqrt{15}-3<1$

따라서 $\sqrt{15}-3$에 대응하는 점이 있는 구간은 구간 C이다.

한번 더! 기본 문제 (개념 08~09)

본문 32쪽

01 ⑤ **02** 11 **03** ④ **04** ③

05 $7-\sqrt{5}$ **06** 점 D **07** 3개

01 답 ⑤

③ 점 P는 -4를 나타내는 점에서 왼쪽으로 $\sqrt{10}$만큼 떨어진 점이므로 점 P에 대응하는 수는 $-4-\sqrt{10}$이다.

④ 점 Q는 -4를 나타내는 점에서 오른쪽으로 $\sqrt{10}$만큼 떨어진 점이므로 점 Q에 대응하는 수는 $-4+\sqrt{10}$이다.

⑤ 점 R는 3을 나타내는 점에서 왼쪽으로 $\sqrt{6}$만큼 떨어진 점이므로 점 R에 대응하는 수는 $3-\sqrt{6}$이다.

따라서 옳지 않은 것은 ⑤이다.

02 답 11

$\overline{PC}=\overline{AC}=\sqrt{2^2+3^2}=\sqrt{13}$

이므로 점 P는 점 C를 나타내는 점에서 왼쪽으로 $\sqrt{13}$만큼 떨어진 점이다. 이때 점 P에 대응하는 수는 $11-\sqrt{13}$이므로 점 C에 대응하는 수는 11이다.

03 답 ④

④ π는 무리수이므로 수직선 위에 π에 대응하는 점을 나타낼 수 있다.

04 답 ③

$-2,\ -\sqrt{6},\ -\sqrt{\frac{16}{3}}$은 음수이고, $\sqrt{2.9}$, 3은 양수이다.

이때 (음수)$<0<$(양수)이므로 두 번째로 작은 수는 음수이다.

한편 $|-2|=2=\sqrt{4},\ |-\sqrt{6}|=\sqrt{6},\ \left|-\sqrt{\frac{16}{3}}\right|=\sqrt{\frac{16}{3}}$이므로

$|-2|<\left|-\sqrt{\frac{16}{3}}\right|<|-\sqrt{6}|$

$\therefore -\sqrt{6}<-\sqrt{\frac{16}{3}}<-2$

따라서 두 번째로 작은 수는 $-\sqrt{\frac{16}{3}}$이다.

05 답 $7-\sqrt{5}$

$5-(7-\sqrt{5})=-2+\sqrt{5}=-\sqrt{4}+\sqrt{5}>0$

$\therefore 5>7-\sqrt{5}$

$5-(8-\sqrt{6})=-3+\sqrt{6}=-\sqrt{9}+\sqrt{6}<0$

$\therefore 5<8-\sqrt{6}$

따라서 $7-\sqrt{5}<5<8-\sqrt{6}$이므로 수직선 위에 나타낼 때, 가장 왼쪽에 위치하는 수는 $7-\sqrt{5}$이다.

06 답 점 D

$2=\sqrt{4},\ 3=\sqrt{9}$이므로 $2<\sqrt{7}<3$

$\therefore 4<\sqrt{7}+2<5$

따라서 $\sqrt{7}+2$에 대응하는 점은 점 D이다.

07 답 3개

$6=\sqrt{36},\ 3=\sqrt{9},\ (-\sqrt{5})^2=5=\sqrt{25},\ (\sqrt{8})^2=8=\sqrt{64}$

이므로 $\sqrt{5}$와 6 사이에 있는 수는 $3,\ \sqrt{17},\ (-\sqrt{5})^2$의 3개이다.

2. 근호를 포함한 식의 계산

본문 34~35쪽

개념 10 제곱근의 곱셈과 나눗셈

01 답 (1) ab (2) $\frac{a}{b}$

02 답 (1) $\sqrt{21}$ (2) $\sqrt{55}$ (3) $\sqrt{10}$ (4) 8 (5) $6\sqrt{15}$ (6) $-8\sqrt{42}$ (7) $8\sqrt{6}$ (8) -40

(4) $\sqrt{32}\times\sqrt{2}=\sqrt{64}=8$

(8) $-2\sqrt{2}\times5\sqrt{8}=-10\sqrt{16}=-10\times4=-40$

03 답 (1) $\sqrt{5}$ (2) $\sqrt{3}$ (3) $\sqrt{\frac{3}{7}}$ (4) $3\sqrt{2}$ (5) $-\frac{3}{2}$ (6) $\sqrt{33}$ (7) $-2\sqrt{6}$ (8) -4

(5) $-8\sqrt{63}\div16\sqrt{7}=-8\sqrt{63}\times\frac{1}{16\sqrt{7}}$

$=-\frac{1}{2}\sqrt{9}=-\frac{1}{2}\times3$

$=-\frac{3}{2}$

(6) $\sqrt{3}\div\frac{1}{\sqrt{11}}=\sqrt{3}\times\sqrt{11}=\sqrt{33}$

(7) $-\sqrt{18}\div\frac{\sqrt{3}}{2}=-\sqrt{18}\times\frac{2}{\sqrt{3}}=-2\sqrt{6}$

(8) $\frac{\sqrt{24}}{5}\div\left(-\frac{\sqrt{6}}{10}\right)=\frac{\sqrt{24}}{5}\times\left(-\frac{10}{\sqrt{6}}\right)$

$=-2\sqrt{4}=-2\times2$

$=-4$

04 답 (1) 12 (2) $\sqrt{11}$ (3) $\sqrt{10}$ (4) 6 (5) -24 (6) 30

(1) $\sqrt{8}\times\sqrt{6}\times\sqrt{3}=\sqrt{144}=12$

(2) $\sqrt{30}\div\sqrt{6}\div\sqrt{\frac{5}{11}}=\sqrt{30}\times\frac{1}{\sqrt{6}}\times\frac{\sqrt{11}}{\sqrt{5}}=\sqrt{11}$

(3) $\sqrt{35}\div\sqrt{7}\times\sqrt{2}=\sqrt{35}\times\frac{1}{\sqrt{7}}\times\sqrt{2}=\sqrt{10}$

(4) $\sqrt{10}\times\sqrt{6}\div\sqrt{\frac{5}{3}}=\sqrt{10}\times\sqrt{6}\times\frac{\sqrt{3}}{\sqrt{5}}=\sqrt{36}=6$

(5) $10\sqrt{6}\times(-2\sqrt{30})\div5\sqrt{5}=10\sqrt{6}\times(-2\sqrt{30})\times\frac{1}{5\sqrt{5}}$

$=-4\sqrt{36}=-4\times6$

$=-24$

(6) $3\sqrt{3}\div\frac{6}{\sqrt{15}}\times4\sqrt{5}=3\sqrt{3}\times\frac{\sqrt{15}}{6}\times4\sqrt{5}$

$=2\sqrt{225}=2\times15$

$=30$

05 답 25

$3\sqrt{2}\times2\sqrt{5}=6\sqrt{10}$이므로 $a=10$

$-5\sqrt{3}\times3\sqrt{10}=-15\sqrt{30}$이므로 $b=-15$

$\therefore a-b=10-(-15)=25$

06 답 ⑤

② $3\sqrt{3}\times(-2\sqrt{12})=-6\sqrt{36}=-6\times6=-36$

④ $8\sqrt{42}\div2\sqrt{6}=8\sqrt{42}\times\frac{1}{2\sqrt{6}}=4\sqrt{7}$

⑤ $\frac{\sqrt{20}}{3}\div\frac{\sqrt{2}}{6}=\frac{\sqrt{20}}{3}\times\frac{6}{\sqrt{2}}=2\sqrt{10}$

따라서 옳지 않은 것은 ⑤이다.

07 답 42

$\frac{\sqrt{a}}{\sqrt{7}}\div\frac{\sqrt{2}}{\sqrt{5}}=\frac{\sqrt{a}}{\sqrt{7}}\times\frac{\sqrt{5}}{\sqrt{2}}=\sqrt{\frac{5a}{14}}$

따라서 $\sqrt{\frac{5a}{14}}=\sqrt{15}$이므로

$\frac{5a}{14}=15$, $5a=210$

$\therefore a=42$

본문 36~38쪽

개념 11 근호가 있는 식의 변형

01 답 (1) a^2b (2) $\frac{b}{a^2}$

02 답 (1) $4\sqrt{2}$ (2) $3\sqrt{7}$ (3) $-2\sqrt{5}$ (4) $-8\sqrt{3}$ (5) $\frac{\sqrt{11}}{7}$
(6) $-\frac{\sqrt{6}}{13}$ (7) $\frac{3\sqrt{3}}{10}$ (8) $-\frac{\sqrt{5}}{2}$

(1) $\sqrt{32}=\sqrt{4^2\times2}=4\sqrt{2}$

(2) $\sqrt{63}=\sqrt{3^2\times7}=3\sqrt{7}$

(3) $-\sqrt{20}=-\sqrt{2^2\times5}=-2\sqrt{5}$

(4) $-\sqrt{192}=-\sqrt{8^2\times3}=-8\sqrt{3}$

(5) $\sqrt{\frac{11}{49}}=\sqrt{\frac{11}{7^2}}=\frac{\sqrt{11}}{7}$

(6) $-\sqrt{\frac{6}{169}}=-\sqrt{\frac{6}{13^2}}=-\frac{\sqrt{6}}{13}$

(7) $\sqrt{0.27}=\sqrt{\frac{27}{100}}=\sqrt{\frac{3^2\times3}{10^2}}=\frac{3\sqrt{3}}{10}$

(8) $-\sqrt{1.25}=-\sqrt{\frac{5}{4}}=-\sqrt{\frac{5}{2^2}}=-\frac{\sqrt{5}}{2}$

03 답 (1) $\sqrt{12}$ (2) $\sqrt{50}$ (3) $-\sqrt{90}$ (4) $-\sqrt{216}$ (5) $\sqrt{\frac{1}{8}}$
(6) $-\sqrt{\frac{5}{9}}$ (7) $\sqrt{\frac{9}{28}}$ (8) $-\sqrt{\frac{8}{3}}$

(1) $2\sqrt{3}=\sqrt{2^2\times3}=\sqrt{12}$

(2) $5\sqrt{2}=\sqrt{5^2\times2}=\sqrt{50}$

(3) $-3\sqrt{10}=-\sqrt{3^2\times10}=-\sqrt{90}$

(4) $-6\sqrt{6}=-\sqrt{6^2\times6}=-\sqrt{216}$

(5) $\frac{\sqrt{2}}{4}=\sqrt{\frac{2}{4^2}}=\sqrt{\frac{1}{8}}$

(6) $-\frac{\sqrt{5}}{3}=-\sqrt{\frac{5}{3^2}}=-\sqrt{\frac{5}{9}}$

(7) $\frac{3\sqrt{7}}{14}=\sqrt{\frac{3^2\times7}{14^2}}=\sqrt{\frac{9}{28}}$

(8) $-\frac{2\sqrt{6}}{3}=-\sqrt{\frac{2^2\times6}{3^2}}=-\sqrt{\frac{8}{3}}$

04 답 (1) 100, 10, 10, 14.14 (2) 100, 10, 10, 44.72
(3) 100, 10, 10, 0.1414 (4) 20, 20, 4.472, 0.4472

05 답 (1) 17.32 (2) 54.77 (3) 173.2 (4) 0.5477 (5) 0.1732
(6) 0.05477 (7) 0.01732

(1) $\sqrt{300}=\sqrt{3\times10^2}=10\sqrt{3}=17.32$

(2) $\sqrt{3000}=\sqrt{30\times10^2}=10\sqrt{30}=54.77$

(3) $\sqrt{30000}=\sqrt{3\times100^2}=100\sqrt{3}=173.2$

(4) $\sqrt{0.3}=\sqrt{\frac{30}{100}}=\sqrt{\frac{30}{10^2}}=\frac{\sqrt{30}}{10}=0.5477$

(5) $\sqrt{0.03}=\sqrt{\frac{3}{100}}=\sqrt{\frac{3}{10^2}}=\frac{\sqrt{3}}{10}=0.1732$

(6) $\sqrt{0.003}=\sqrt{\frac{30}{10000}}=\sqrt{\frac{30}{100^2}}=\frac{\sqrt{30}}{100}=0.05477$

(7) $\sqrt{0.0003}=\sqrt{\frac{3}{10000}}=\sqrt{\frac{3}{100^2}}=\frac{\sqrt{3}}{100}=0.01732$

06 답 ④

① $\sqrt{45}=\sqrt{3^2\times5}=3\sqrt{5}$ $\therefore \square=3$

② $\sqrt{90}=\sqrt{3^2\times10}=3\sqrt{10}$ $\therefore \square=10$

③ $\sqrt{108}=\sqrt{6^2\times3}=6\sqrt{3}$ $\therefore \square=6$

④ $\sqrt{128}=\sqrt{8^2\times2}=8\sqrt{2}$ $\therefore \square=2$

⑤ $\sqrt{180}=\sqrt{6^2\times5}=6\sqrt{5}$ $\therefore \square=6$

따라서 □ 안에 알맞은 수가 가장 작은 것은 ④이다.

07 답 ②

ㄱ. $\sqrt{\frac{6}{25}}=\sqrt{\frac{6}{5^2}}=\frac{\sqrt{6}}{5}$

ㄴ. $\sqrt{\frac{15}{108}}=\sqrt{\frac{5}{36}}=\sqrt{\frac{5}{6^2}}=\frac{\sqrt{5}}{6}$

ㄷ. $\sqrt{0.07}=\sqrt{\frac{7}{100}}=\sqrt{\frac{7}{10^2}}=\frac{\sqrt{7}}{10}$

ㄹ. $-\sqrt{\frac{21}{27}}=-\sqrt{\frac{7}{9}}=-\sqrt{\frac{7}{3^2}}=-\frac{\sqrt{7}}{3}$

따라서 옳은 것은 ㄱ, ㄷ이다.

08 답 $\frac{1}{3}$

$\sqrt{0.12}=\sqrt{\frac{12}{100}}=\sqrt{\frac{2^2\times3}{10^2}}=\frac{2\sqrt{3}}{10}=\frac{\sqrt{3}}{5}$이므로

$a=\frac{1}{5}$

$\sqrt{\frac{50}{9}}=\sqrt{\frac{5^2\times2}{3^2}}=\frac{5\sqrt{2}}{3}$이므로 $b=\frac{5}{3}$

$\therefore ab=\frac{1}{5}\times\frac{5}{3}=\frac{1}{3}$

09 답 ②, ⑤

② $\sqrt{0.05}=\sqrt{\frac{5}{100}}=\sqrt{\frac{5}{10^2}}=\frac{\sqrt{5}}{10}=0.2236$

⑤ $\sqrt{500}=\sqrt{5\times10^2}=10\sqrt{5}=22.36$

10 답 ②

$\sqrt{24}=\sqrt{2^2\times2\times3}=2\times\sqrt{2}\times\sqrt{3}=2ab$

11 답 $30\sqrt{6}$

주어진 직육면체의 부피는

$\sqrt{27}\times\sqrt{10}\times\sqrt{20}=3\sqrt{3}\times\sqrt{10}\times2\sqrt{5}=6\sqrt{150}=30\sqrt{6}$

본문 39~40쪽

개념 12 분모의 유리화

01 답 (1) $b\sqrt{a}$ (2) $\sqrt{ab}$

02 답 (1) $\sqrt{2}$, $\sqrt{2}$, $\frac{\sqrt{2}}{2}$ (2) $\sqrt{5}$, $\sqrt{5}$, $\frac{3\sqrt{5}}{5}$ (3) $\sqrt{7}$, $\sqrt{7}$, $\frac{\sqrt{14}}{7}$ (4) $\sqrt{3}$, $\sqrt{3}$, $\frac{5\sqrt{3}}{6}$ (5) $\sqrt{2}$, $\sqrt{2}$, $\frac{\sqrt{14}}{8}$

03 답 (1) $\frac{5\sqrt{7}}{7}$ (2) $-\frac{4\sqrt{6}}{3}$ (3) $\frac{\sqrt{30}}{10}$ (4) $-\frac{\sqrt{22}}{11}$ (5) $\frac{\sqrt{15}}{6}$ (6) $-\frac{\sqrt{26}}{10}$

(1) $\frac{5}{\sqrt{7}}=\frac{5\times\sqrt{7}}{\sqrt{7}\times\sqrt{7}}=\frac{5\sqrt{7}}{7}$

(2) $-\frac{8}{\sqrt{6}}=-\frac{8\times\sqrt{6}}{\sqrt{6}\times\sqrt{6}}=-\frac{4\sqrt{6}}{3}$

(3) $\frac{\sqrt{3}}{\sqrt{10}}=\frac{\sqrt{3}\times\sqrt{10}}{\sqrt{10}\times\sqrt{10}}=\frac{\sqrt{30}}{10}$

(4) $-\frac{\sqrt{2}}{\sqrt{11}}=-\frac{\sqrt{2}\times\sqrt{11}}{\sqrt{11}\times\sqrt{11}}=-\frac{\sqrt{22}}{11}$

(5) $\frac{\sqrt{5}}{2\sqrt{3}}=\frac{\sqrt{5}\times\sqrt{3}}{2\sqrt{3}\times\sqrt{3}}=\frac{\sqrt{15}}{6}$

(6) $-\frac{\sqrt{13}}{5\sqrt{2}}=-\frac{\sqrt{13}\times\sqrt{2}}{5\sqrt{2}\times\sqrt{2}}=-\frac{\sqrt{26}}{10}$

04 답 (1) $\frac{\sqrt{6}}{12}$ (2) $\frac{2\sqrt{2}}{3}$ (3) $-\frac{2\sqrt{3}}{15}$ (4) $\frac{\sqrt{15}}{20}$ (5) $-\frac{\sqrt{10}}{14}$ (6) $\frac{\sqrt{14}}{4}$

(1) $\frac{1}{\sqrt{24}}=\frac{1}{2\sqrt{6}}=\frac{\sqrt{6}}{2\sqrt{6}\times\sqrt{6}}=\frac{\sqrt{6}}{12}$

(2) $\frac{4}{\sqrt{18}}=\frac{4}{3\sqrt{2}}=\frac{4\times\sqrt{2}}{3\sqrt{2}\times\sqrt{2}}=\frac{2\sqrt{2}}{3}$

(3) $-\frac{2}{\sqrt{75}}=-\frac{2}{5\sqrt{3}}=-\frac{2\times\sqrt{3}}{5\sqrt{3}\times\sqrt{3}}=-\frac{2\sqrt{3}}{15}$

(4) $\frac{\sqrt{3}}{\sqrt{80}}=\frac{\sqrt{3}}{4\sqrt{5}}=\frac{\sqrt{3}\times\sqrt{5}}{4\sqrt{5}\times\sqrt{5}}=\frac{\sqrt{15}}{20}$

(5) $-\frac{\sqrt{5}}{\sqrt{98}}=-\frac{\sqrt{5}}{7\sqrt{2}}=-\frac{\sqrt{5}\times\sqrt{2}}{7\sqrt{2}\times\sqrt{2}}=-\frac{\sqrt{10}}{14}$

(6) $\frac{3\sqrt{7}}{\sqrt{72}}=\frac{3\sqrt{7}}{6\sqrt{2}}=\frac{\sqrt{7}}{2\sqrt{2}}=\frac{\sqrt{7}\times\sqrt{2}}{2\sqrt{2}\times\sqrt{2}}=\frac{\sqrt{14}}{4}$

05 답 (1) $\frac{3\sqrt{2}}{10}$ (2) $\frac{\sqrt{6}}{21}$ (3) $\frac{2\sqrt{6}}{27}$ (4) $\frac{4\sqrt{30}}{5}$

(1) $\frac{\sqrt{3}}{5}\times\frac{3}{\sqrt{6}}=\frac{3}{5\sqrt{2}}=\frac{3\times\sqrt{2}}{5\sqrt{2}\times\sqrt{2}}=\frac{3\sqrt{2}}{10}$

(2) $\sqrt{\frac{2}{7}}\div\sqrt{21}=\frac{\sqrt{2}}{\sqrt{7}}\times\frac{1}{\sqrt{21}}=\frac{\sqrt{2}}{7\sqrt{3}}=\frac{\sqrt{2}\times\sqrt{3}}{7\sqrt{3}\times\sqrt{3}}=\frac{\sqrt{6}}{21}$

(3) $\sqrt{\frac{5}{9}}\div3\sqrt{15}\times\sqrt{8}=\frac{\sqrt{5}}{3}\times\frac{1}{3\sqrt{15}}\times2\sqrt{2}=\frac{2\sqrt{2}}{9\sqrt{3}}$

$=\frac{2\sqrt{2}\times\sqrt{3}}{9\sqrt{3}\times\sqrt{3}}=\frac{2\sqrt{6}}{27}$

(4) $\sqrt{12}\times\frac{4}{\sqrt{98}}\div\frac{\sqrt{5}}{7}=\sqrt{12}\times\frac{4}{7\sqrt{2}}\times\frac{7}{\sqrt{5}}=\frac{4\sqrt{6}}{\sqrt{5}}$

$=\frac{4\sqrt{6}\times\sqrt{5}}{\sqrt{5}\times\sqrt{5}}=\frac{4\sqrt{30}}{5}$

06 답 ④

$\frac{\sqrt{7}}{\sqrt{3}}=\frac{\sqrt{7}\times\sqrt{3}}{\sqrt{3}\times\sqrt{3}}=\frac{\sqrt{21}}{3}$이므로

$a=\sqrt{3}$, $b=\sqrt{21}$

$\therefore b\div a=\sqrt{21}\div\sqrt{3}=\sqrt{7}$

07 답 ⑤

① $\frac{1}{\sqrt{7}}=\frac{1\times\sqrt{7}}{\sqrt{7}\times\sqrt{7}}=\frac{\sqrt{7}}{7}$

② $\frac{\sqrt{2}}{\sqrt{15}}=\frac{\sqrt{2}\times\sqrt{15}}{\sqrt{15}\times\sqrt{15}}=\frac{\sqrt{30}}{15}$

③ $\frac{\sqrt{5}}{\sqrt{18}}=\frac{\sqrt{5}}{3\sqrt{2}}=\frac{\sqrt{5}\times\sqrt{2}}{3\sqrt{2}\times\sqrt{2}}=\frac{\sqrt{10}}{6}$

④ $\frac{\sqrt{7}}{2\sqrt{6}}=\frac{\sqrt{7}\times\sqrt{6}}{2\sqrt{6}\times\sqrt{6}}=\frac{\sqrt{42}}{12}$

⑤ $\frac{7}{2\sqrt{27}}=\frac{7}{2\times3\sqrt{3}}=\frac{7}{6\sqrt{3}}=\frac{7\times\sqrt{3}}{6\sqrt{3}\times\sqrt{3}}=\frac{7\sqrt{3}}{18}$

따라서 옳지 않은 것은 ⑤이다.

08 답 5

$\frac{k}{\sqrt{45}}=\frac{k}{3\sqrt{5}}=\frac{k\times\sqrt{5}}{3\sqrt{5}\times\sqrt{5}}=\frac{k\sqrt{5}}{15}$이므로

$\frac{k}{15}=\frac{1}{3}$ $\quad\therefore k=5$

09 답 $\frac{2}{3}$

$$\frac{2\sqrt{2}}{\sqrt{5}} \div \frac{\sqrt{6}}{\sqrt{10}} \times \frac{\sqrt{8}}{4} = \frac{2\sqrt{2}}{\sqrt{5}} \times \frac{\sqrt{10}}{\sqrt{6}} \times \frac{2\sqrt{2}}{4}$$
$$= \frac{2}{\sqrt{3}} = \frac{2\times\sqrt{3}}{\sqrt{3}\times\sqrt{3}}$$
$$= \frac{2\sqrt{3}}{3}$$

$\therefore a=\frac{2}{3}$

한번 더! 기본 문제 (개념 10~12)

본문 41쪽

01 ④	02 ④	03 ⑤	04 $\frac{11}{6}$
05 ⑤	06 $4\sqrt{5}\,\text{cm}$		

01 답 ④

① $\sqrt{3}\times\sqrt{6}=\sqrt{18}$

② $\frac{\sqrt{2}}{3}\times 6\sqrt{3}=2\sqrt{6}=\sqrt{24}$

③ $\sqrt{40}\div\sqrt{2}=\sqrt{20}$

④ $4\sqrt{5}\div\frac{4}{\sqrt{6}}=4\sqrt{5}\times\frac{\sqrt{6}}{4}=\sqrt{30}$

⑤ $\sqrt{22}\div\sqrt{\frac{11}{12}}=\sqrt{22}\times\frac{\sqrt{12}}{\sqrt{11}}=\sqrt{24}$

따라서 계산 결과가 가장 큰 것은 ④이다.

02 답 ④

① $\sqrt{48}=\sqrt{4^2\times 3}=4\sqrt{3}$

② $-3\sqrt{2}=-\sqrt{3^2\times 2}=-\sqrt{18}$

③ $2\sqrt{5}=\sqrt{2^2\times 5}=\sqrt{20}$

④ $\sqrt{\frac{5}{16}}=\sqrt{\frac{5}{4^2}}=\frac{\sqrt{5}}{4}$

⑤ $-\frac{\sqrt{3}}{7}=-\sqrt{\frac{3}{7^2}}=-\sqrt{\frac{3}{49}}$

따라서 옳은 것은 ④이다.

03 답 ⑤

① $\sqrt{415}=\sqrt{4.15\times 10^2}=10\sqrt{4.15}=20.37$

② $\sqrt{4150}=\sqrt{41.5\times 10^2}=10\sqrt{41.5}=64.42$

③ $\sqrt{0.415}=\sqrt{\frac{41.5}{100}}=\sqrt{\frac{41.5}{10^2}}=\frac{\sqrt{41.5}}{10}=0.6442$

④ $\sqrt{0.0415}=\sqrt{\frac{4.15}{100}}=\sqrt{\frac{4.15}{10^2}}=\frac{\sqrt{4.15}}{10}=0.2037$

⑤ $\sqrt{0.000415}=\sqrt{\frac{4.15}{10000}}=\sqrt{\frac{4.15}{100^2}}=\frac{\sqrt{4.15}}{100}=0.02037$

따라서 옳지 않은 것은 ⑤이다.

04 답 $\frac{11}{6}$

$\frac{3}{\sqrt{6}}=\frac{3\times\sqrt{6}}{\sqrt{6}\times\sqrt{6}}=\frac{\sqrt{6}}{2}$이므로 $a=\frac{1}{2}$

$\frac{12}{\sqrt{27}}=\frac{12}{3\sqrt{3}}=\frac{4}{\sqrt{3}}=\frac{4\times\sqrt{3}}{\sqrt{3}\times\sqrt{3}}=\frac{4\sqrt{3}}{3}$이므로 $b=\frac{4}{3}$

$\therefore a+b=\frac{1}{2}+\frac{4}{3}=\frac{11}{6}$

05 답 ⑤

① $5\sqrt{2}\times\sqrt{10}\div\sqrt{5}=5\sqrt{2}\times\sqrt{10}\times\frac{1}{\sqrt{5}}=10$

② $4\sqrt{5}\div 2\sqrt{3}\times\sqrt{6}=4\sqrt{5}\times\frac{1}{2\sqrt{3}}\times\sqrt{6}=2\sqrt{10}$

③ $\sqrt{\frac{5}{2}}\div\sqrt{\frac{10}{3}}\times\sqrt{\frac{14}{3}}=\sqrt{\frac{5}{2}}\times\sqrt{\frac{3}{10}}\times\sqrt{\frac{14}{3}}$
$=\sqrt{\frac{7}{2}}=\frac{\sqrt{14}}{2}$

④ $3\sqrt{2}\times(-2\sqrt{6})\div\frac{\sqrt{3}}{2}=3\sqrt{2}\times(-2\sqrt{6})\times\frac{2}{\sqrt{3}}=-24$

⑤ $\frac{\sqrt{15}}{\sqrt{8}}\div\frac{\sqrt{5}}{2\sqrt{2}}\times(-\sqrt{30})=\frac{\sqrt{15}}{\sqrt{8}}\times\frac{2\sqrt{2}}{\sqrt{5}}\times(-\sqrt{30})$
$=-\sqrt{90}=-3\sqrt{10}$

따라서 옳지 않은 것은 ⑤이다.

06 답 $4\sqrt{5}\,\text{cm}$

$\overline{AH}=x\,\text{cm}$라 하면

$\frac{1}{2}\times 3\sqrt{10}\times x=30\sqrt{2}$

$\frac{3\sqrt{10}}{2}x=30\sqrt{2}$

$\therefore x=30\sqrt{2}\times\frac{2}{3\sqrt{10}}=\frac{20}{\sqrt{5}}$
$=\frac{20\times\sqrt{5}}{\sqrt{5}\times\sqrt{5}}=4\sqrt{5}$

따라서 $\overline{AH}$의 길이는 $4\sqrt{5}\,\text{cm}$이다.

본문 42~43쪽

개념 13 제곱근의 덧셈과 뺄셈

01 답 (1) $m+n$ (2) $m-n$

02 답 (1) $7\sqrt{2}$ (2) $11\sqrt{3}$ (3) $7\sqrt{5}$ (4) $6\sqrt{11}$ (5) $-4\sqrt{7}$ (6) $-9\sqrt{6}$

03 답 (1) $4\sqrt{5}$ (2) $5\sqrt{3}$ (3) $\frac{13\sqrt{6}}{12}$ (4) $\frac{5\sqrt{2}}{18}$ (5) $7\sqrt{3}+6\sqrt{7}$ (6) $3\sqrt{2}-4\sqrt{5}$ (7) $\sqrt{10}+2\sqrt{11}$ (8) $-\frac{\sqrt{2}}{10}+\frac{9\sqrt{6}}{5}$

(5) $12\sqrt{3}+2\sqrt{7}-5\sqrt{3}+4\sqrt{7}$
$=(12-5)\sqrt{3}+(2+4)\sqrt{7}$
$=7\sqrt{3}+6\sqrt{7}$

(6) $6\sqrt{2}-5\sqrt{5}+\sqrt{5}-3\sqrt{2}$
$=(6-3)\sqrt{2}+(-5+1)\sqrt{5}$
$=3\sqrt{2}-4\sqrt{5}$

(7) $7\sqrt{10}-3\sqrt{11}-6\sqrt{10}+5\sqrt{11}$
$=(7-6)\sqrt{10}+(-3+5)\sqrt{11}$
$=\sqrt{10}+2\sqrt{11}$

(8) $\frac{2\sqrt{2}}{5}+\frac{3\sqrt{6}}{10}+\frac{3\sqrt{6}}{2}-\frac{\sqrt{2}}{2}$
$=\left(\frac{2}{5}-\frac{1}{2}\right)\sqrt{2}+\left(\frac{3}{10}+\frac{3}{2}\right)\sqrt{6}$
$=-\frac{\sqrt{2}}{10}+\frac{9\sqrt{6}}{5}$

04 답 (1) $7\sqrt{3}$ (2) $2\sqrt{7}$ (3) $4\sqrt{2}$ (4) $\sqrt{5}$ (5) $6\sqrt{6}$
(6) $\frac{\sqrt{10}}{10}$ (7) $2\sqrt{3}$ (8) $-\frac{\sqrt{2}}{12}$

(1) $\sqrt{48}+3\sqrt{3}=4\sqrt{3}+3\sqrt{3}=7\sqrt{3}$
(2) $\sqrt{112}-\sqrt{28}=4\sqrt{7}-2\sqrt{7}=2\sqrt{7}$
(3) $\sqrt{72}+\sqrt{8}-\sqrt{32}=6\sqrt{2}+2\sqrt{2}-4\sqrt{2}=4\sqrt{2}$
(4) $\sqrt{180}-\sqrt{45}-\sqrt{20}=6\sqrt{5}-3\sqrt{5}-2\sqrt{5}=\sqrt{5}$
(5) $\frac{12}{\sqrt{6}}+4\sqrt{6}=\frac{12\times\sqrt{6}}{\sqrt{6}\times\sqrt{6}}+4\sqrt{6}=2\sqrt{6}+4\sqrt{6}=6\sqrt{6}$
(6) $\frac{\sqrt{2}}{\sqrt{5}}-\frac{\sqrt{10}}{10}=\frac{\sqrt{2}\times\sqrt{5}}{\sqrt{5}\times\sqrt{5}}-\frac{\sqrt{10}}{10}=\frac{\sqrt{10}}{5}-\frac{\sqrt{10}}{10}=\frac{\sqrt{10}}{10}$
(7) $\sqrt{75}-\sqrt{192}+\frac{15}{\sqrt{3}}=5\sqrt{3}-8\sqrt{3}+\frac{15\times\sqrt{3}}{\sqrt{3}\times\sqrt{3}}$
$=5\sqrt{3}-8\sqrt{3}+5\sqrt{3}=2\sqrt{3}$
(8) $\frac{1}{\sqrt{18}}+\frac{\sqrt{2}}{4}-\frac{5}{\sqrt{50}}=\frac{1}{3\sqrt{2}}+\frac{\sqrt{2}}{4}-\frac{1}{\sqrt{2}}$
$=\frac{\sqrt{2}}{3\sqrt{2}\times\sqrt{2}}+\frac{\sqrt{2}}{4}-\frac{\sqrt{2}}{\sqrt{2}\times\sqrt{2}}$
$=\frac{\sqrt{2}}{6}+\frac{\sqrt{2}}{4}-\frac{\sqrt{2}}{2}$
$=-\frac{\sqrt{2}}{12}$

05 답 ②, ⑤
① 좌변을 더 이상 간단히 할 수 없다.
③ $4\sqrt{5}+2\sqrt{5}=6\sqrt{5}$
④ $\sqrt{10}-3\sqrt{10}=-2\sqrt{10}$
따라서 옳은 것은 ②, ⑤이다.

06 답 -1
$\frac{\sqrt{3}}{2}-\frac{\sqrt{5}}{3}-\sqrt{3}+\frac{5\sqrt{5}}{6}=\left(\frac{1}{2}-1\right)\sqrt{3}+\left(-\frac{1}{3}+\frac{5}{6}\right)\sqrt{5}$
$=-\frac{\sqrt{3}}{2}+\frac{\sqrt{5}}{2}$
따라서 $a=-\frac{1}{2}$, $b=\frac{1}{2}$이므로
$a-b=-\frac{1}{2}-\frac{1}{2}=-1$

07 답 ④
$\frac{5\sqrt{3}}{2}-\frac{6}{\sqrt{48}}+\sqrt{147}=\frac{5\sqrt{3}}{2}-\frac{3}{2\sqrt{3}}+7\sqrt{3}$
$=\frac{5\sqrt{3}}{2}-\frac{3\times\sqrt{3}}{2\sqrt{3}\times\sqrt{3}}+7\sqrt{3}$
$=\frac{5\sqrt{3}}{2}-\frac{\sqrt{3}}{2}+7\sqrt{3}=9\sqrt{3}$
$\therefore k=9$

개념 14 분배법칙을 이용한 제곱근의 계산 / 혼합 계산

01 답 (1) $\sqrt{ab}$ (2) $\sqrt{bc}$

02 답 (1) $\sqrt{6}+\sqrt{15}$ (2) $12+2\sqrt{7}$ (3) $5\sqrt{3}-5\sqrt{2}$
(4) $7\sqrt{3}+21$ (5) $12\sqrt{3}-3\sqrt{10}$ (6) $\sqrt{13}+3$
(7) $2\sqrt{2}-\sqrt{7}$ (8) $4\sqrt{6}+6\sqrt{5}$

(2) $\sqrt{2}(6\sqrt{2}+\sqrt{14})=6\sqrt{4}+\sqrt{28}=12+2\sqrt{7}$
(3) $\sqrt{5}(\sqrt{15}-\sqrt{10})=\sqrt{75}-\sqrt{50}=5\sqrt{3}-5\sqrt{2}$
(4) $(\sqrt{21}+3\sqrt{7})\sqrt{7}=\sqrt{147}+3\sqrt{49}=7\sqrt{3}+21$
(5) $(2\sqrt{18}-\sqrt{15})\sqrt{6}=2\sqrt{108}-\sqrt{90}=12\sqrt{3}-3\sqrt{10}$
(6) $(\sqrt{26}+\sqrt{18})\div\sqrt{2}=(\sqrt{26}+\sqrt{18})\times\frac{1}{\sqrt{2}}$
$=\sqrt{13}+\sqrt{9}=\sqrt{13}+3$
(7) $(\sqrt{40}-\sqrt{35})\div\sqrt{5}=(\sqrt{40}-\sqrt{35})\times\frac{1}{\sqrt{5}}$
$=\sqrt{8}-\sqrt{7}=2\sqrt{2}-\sqrt{7}$
(8) $(\sqrt{32}+\sqrt{60})\div\frac{1}{\sqrt{3}}=(\sqrt{32}+\sqrt{60})\times\sqrt{3}$
$=\sqrt{96}+\sqrt{180}=4\sqrt{6}+6\sqrt{5}$

03 답 (1) $\frac{\sqrt{7}+\sqrt{14}}{7}$ (2) $\frac{\sqrt{33}-11}{11}$ (3) $\frac{2\sqrt{15}+3\sqrt{7}}{3}$
(4) $\frac{2\sqrt{2}-\sqrt{6}}{4}$ (5) $\frac{3\sqrt{6}+2\sqrt{22}}{6}$ (6) $\frac{5\sqrt{2}-3\sqrt{7}}{3}$

(1) $\frac{1+\sqrt{2}}{\sqrt{7}}=\frac{(1+\sqrt{2})\times\sqrt{7}}{\sqrt{7}\times\sqrt{7}}=\frac{\sqrt{7}+\sqrt{14}}{7}$
(2) $\frac{\sqrt{3}-\sqrt{11}}{\sqrt{11}}=\frac{(\sqrt{3}-\sqrt{11})\times\sqrt{11}}{\sqrt{11}\times\sqrt{11}}=\frac{\sqrt{33}-11}{11}$
(3) $\frac{2\sqrt{5}+\sqrt{21}}{\sqrt{3}}=\frac{(2\sqrt{5}+\sqrt{21})\times\sqrt{3}}{\sqrt{3}\times\sqrt{3}}=\frac{2\sqrt{15}+\sqrt{63}}{3}$
$=\frac{2\sqrt{15}+3\sqrt{7}}{3}$
(4) $\frac{\sqrt{20}-\sqrt{15}}{2\sqrt{10}}=\frac{2\sqrt{5}-\sqrt{15}}{2\sqrt{10}}=\frac{(2\sqrt{5}-\sqrt{15})\times\sqrt{10}}{2\sqrt{10}\times\sqrt{10}}$
$=\frac{2\sqrt{50}-\sqrt{150}}{20}=\frac{10\sqrt{2}-5\sqrt{6}}{20}$
$=\frac{2\sqrt{2}-\sqrt{6}}{4}$

(5) $\frac{\sqrt{27}+\sqrt{44}}{\sqrt{18}}=\frac{3\sqrt{3}+2\sqrt{11}}{3\sqrt{2}}=\frac{(3\sqrt{3}+2\sqrt{11})\times\sqrt{2}}{3\sqrt{2}\times\sqrt{2}}$

$=\frac{3\sqrt{6}+2\sqrt{22}}{6}$

(6) $\frac{5\sqrt{14}-21}{\sqrt{63}}=\frac{5\sqrt{14}-21}{3\sqrt{7}}=\frac{(5\sqrt{14}-21)\times\sqrt{7}}{3\sqrt{7}\times\sqrt{7}}$

$=\frac{5\sqrt{98}-21\sqrt{7}}{21}=\frac{35\sqrt{2}-21\sqrt{7}}{21}$

$=\frac{5\sqrt{2}-3\sqrt{7}}{3}$

04 답 (1) $12\sqrt{10}$ (2) $16\sqrt{5}$ (3) $-3\sqrt{3}$ (4) $2\sqrt{15}+5$
(5) $\sqrt{2}-6\sqrt{7}$ (6) $\frac{\sqrt{10}}{5}$ (7) $\frac{\sqrt{6}}{3}+\frac{\sqrt{2}}{4}$ (8) $12\sqrt{6}+2\sqrt{5}$

(1) $6\sqrt{10}+3\sqrt{2}\times2\sqrt{5}=6\sqrt{10}+6\sqrt{10}=12\sqrt{10}$

(2) $\sqrt{35}\times2\sqrt{7}+6\sqrt{15}\div3\sqrt{3}=2\sqrt{245}+2\sqrt{5}$

$=14\sqrt{5}+2\sqrt{5}=16\sqrt{5}$

(3) $\sqrt{54}\div\frac{\sqrt{18}}{2}-\sqrt{21}\times\frac{5}{\sqrt{7}}=\sqrt{54}\times\frac{2}{\sqrt{18}}-\sqrt{21}\times\frac{5}{\sqrt{7}}$

$=2\sqrt{3}-5\sqrt{3}=-3\sqrt{3}$

(4) $\sqrt{5}(3\sqrt{3}+\sqrt{5})-\sqrt{15}=3\sqrt{15}+5-\sqrt{15}=2\sqrt{15}+5$

(5) $\sqrt{98}-2\sqrt{3}(\sqrt{6}+\sqrt{21})=7\sqrt{2}-2\sqrt{18}-2\sqrt{63}$

$=7\sqrt{2}-6\sqrt{2}-6\sqrt{7}=\sqrt{2}-6\sqrt{7}$

(6) $\frac{\sqrt{2}+\sqrt{15}}{\sqrt{5}}-\sqrt{3}=\frac{(\sqrt{2}+\sqrt{15})\times\sqrt{5}}{\sqrt{5}\times\sqrt{5}}-\sqrt{3}$

$=\frac{\sqrt{10}+\sqrt{75}}{5}-\sqrt{3}$

$=\frac{\sqrt{10}+5\sqrt{3}}{5}-\sqrt{3}=\frac{\sqrt{10}}{5}$

(7) $\frac{\sqrt{8}+\sqrt{6}}{2\sqrt{12}}+\sqrt{5}\div\sqrt{30}=\frac{2\sqrt{2}+\sqrt{6}}{4\sqrt{3}}+\frac{1}{\sqrt{6}}$

$=\frac{(2\sqrt{2}+\sqrt{6})\times\sqrt{3}}{4\sqrt{3}\times\sqrt{3}}+\frac{\sqrt{6}}{\sqrt{6}\times\sqrt{6}}$

$=\frac{2\sqrt{6}+\sqrt{18}}{12}+\frac{\sqrt{6}}{6}$

$=\frac{2\sqrt{6}+3\sqrt{2}}{12}+\frac{\sqrt{6}}{6}$

$=\frac{\sqrt{6}}{6}+\frac{\sqrt{2}}{4}+\frac{\sqrt{6}}{6}$

$=\frac{\sqrt{6}}{3}+\frac{\sqrt{2}}{4}$

(8) $\sqrt{30}(2\sqrt{5}+\sqrt{6})+\frac{12-4\sqrt{30}}{\sqrt{6}}$

$=2\sqrt{150}+\sqrt{180}+\frac{(12-4\sqrt{30})\times\sqrt{6}}{\sqrt{6}\times\sqrt{6}}$

$=10\sqrt{6}+6\sqrt{5}+\frac{12\sqrt{6}-4\sqrt{180}}{6}$

$=10\sqrt{6}+6\sqrt{5}+\frac{12\sqrt{6}-24\sqrt{5}}{6}$

$=10\sqrt{6}+6\sqrt{5}+2\sqrt{6}-4\sqrt{5}$

$=12\sqrt{6}+2\sqrt{5}$

05 답 ③

$\sqrt{2}(\sqrt{8}+\sqrt{24})-\sqrt{3}(\sqrt{12}-2)=\sqrt{16}+\sqrt{48}-\sqrt{36}+2\sqrt{3}$

$=4+4\sqrt{3}-6+2\sqrt{3}$

$=-2+6\sqrt{3}$

06 답 0

$\sqrt{3}\left(\frac{4}{\sqrt{6}}-\frac{25}{\sqrt{15}}\right)+\sqrt{2}(5-\sqrt{10})$

$=\frac{4}{\sqrt{2}}-\frac{25}{\sqrt{5}}+5\sqrt{2}-\sqrt{20}$

$=\frac{4\times\sqrt{2}}{\sqrt{2}\times\sqrt{2}}-\frac{25\times\sqrt{5}}{\sqrt{5}\times\sqrt{5}}+5\sqrt{2}-2\sqrt{5}$

$=2\sqrt{2}-5\sqrt{5}+5\sqrt{2}-2\sqrt{5}$

$=7\sqrt{2}-7\sqrt{5}$

따라서 $a=7$, $b=-7$이므로

$a+b=7+(-7)=0$

07 답 ①

$\frac{\sqrt{3}-2\sqrt{2}}{\sqrt{2}}-\frac{3\sqrt{2}-2\sqrt{3}}{\sqrt{3}}$

$=\frac{(\sqrt{3}-2\sqrt{2})\times\sqrt{2}}{\sqrt{2}\times\sqrt{2}}-\frac{(3\sqrt{2}-2\sqrt{3})\times\sqrt{3}}{\sqrt{3}\times\sqrt{3}}$

$=\frac{\sqrt{6}-4}{2}-\frac{3\sqrt{6}-6}{3}$

$=\frac{3\sqrt{6}-12}{6}-\frac{6\sqrt{6}-12}{6}=-\frac{\sqrt{6}}{2}$

$\therefore k=-\frac{1}{2}$

한번 더! 기본 문제 (개념 13~14)

본문 46쪽

01 ①	**02** 1	**03** ③	**04** $3\sqrt{2}-\sqrt{6}$
05 ⑤	**06** $4\sqrt{3}-1$		

01 답 ①

$4\sqrt{6}-\sqrt{150}+\sqrt{24}=4\sqrt{6}-5\sqrt{6}+2\sqrt{6}=\sqrt{6}$

02 답 1

$\sqrt{75}-4\sqrt{2}-\frac{8}{\sqrt{2}}+\sqrt{48}=5\sqrt{3}-4\sqrt{2}-\frac{8\times\sqrt{2}}{\sqrt{2}\times\sqrt{2}}+4\sqrt{3}$

$=5\sqrt{3}-4\sqrt{2}-4\sqrt{2}+4\sqrt{3}$

$=-8\sqrt{2}+9\sqrt{3}$

따라서 $a=-8$, $b=9$이므로

$a+b=-8+9=1$

03 답 ③

$\sqrt{6}A-\sqrt{2}B=\sqrt{6}(\sqrt{2}+\sqrt{6})-\sqrt{2}(\sqrt{2}-\sqrt{6})$

$=\sqrt{12}+6-2+\sqrt{12}$

$=2\sqrt{12}+4=4\sqrt{3}+4$

04 답 $3\sqrt{2}-\sqrt{6}$

$$\sqrt{2}(3-\sqrt{12})-\frac{\sqrt{32}-\sqrt{98}}{\sqrt{3}}=\sqrt{2}(3-2\sqrt{3})-\frac{4\sqrt{2}-7\sqrt{2}}{\sqrt{3}}$$
$$=3\sqrt{2}-2\sqrt{6}+\frac{3\sqrt{2}}{\sqrt{3}}$$
$$=3\sqrt{2}-2\sqrt{6}+\frac{3\sqrt{2}\times\sqrt{3}}{\sqrt{3}\times\sqrt{3}}$$
$$=3\sqrt{2}-2\sqrt{6}+\sqrt{6}$$
$$=3\sqrt{2}-\sqrt{6}$$

05 답 ⑤

① $(\sqrt{6}+1)-(\sqrt{6}+\sqrt{2})=1-\sqrt{2}=\sqrt{1}-\sqrt{2}<0$
$\therefore \sqrt{6}+1 \;ⓒ<\; \sqrt{6}+\sqrt{2}$

② $(\sqrt{5}-1)-(2\sqrt{5}-3)=-\sqrt{5}+2=-\sqrt{5}+\sqrt{4}<0$
$\therefore \sqrt{5}-1 < 2\sqrt{5}-3$

③ $(\sqrt{12}+\sqrt{5})-(\sqrt{3}+\sqrt{20})=(2\sqrt{3}+\sqrt{5})-(\sqrt{3}+2\sqrt{5})$
$=\sqrt{3}-\sqrt{5}<0$
$\therefore \sqrt{12}+\sqrt{5} < \sqrt{3}+\sqrt{20}$

④ $\sqrt{28}-(\sqrt{63}-\sqrt{6})=2\sqrt{7}-(3\sqrt{7}-\sqrt{6})$
$=-\sqrt{7}+\sqrt{6}<0$
$\therefore \sqrt{28} < \sqrt{63}-\sqrt{6}$

⑤ $(7+\sqrt{48})-(3+\sqrt{108})=(7+4\sqrt{3})-(3+6\sqrt{3})$
$=4-2\sqrt{3}$
$=\sqrt{16}-\sqrt{12}>0$
$\therefore 7+\sqrt{48} > 3+\sqrt{108}$

따라서 부등호의 방향이 나머지 넷과 다른 하나는 ⑤이다.

06 답 $4\sqrt{3}-1$

$(4\sqrt{3}-1)-(2+\sqrt{3})=3\sqrt{3}-3=\sqrt{27}-\sqrt{9}>0$이므로
$4\sqrt{3}-1>2+\sqrt{3}$
$(2+\sqrt{3})-3=\sqrt{3}-1=\sqrt{3}-\sqrt{1}>0$이므로
$2+\sqrt{3}>3$
따라서 $3<2+\sqrt{3}<4\sqrt{3}-1$이므로 가장 큰 수는 $4\sqrt{3}-1$이다.

3. 다항식의 곱셈과 인수분해

본문 48~49쪽

개념 15 다항식의 곱셈

01 답 (1) 전개 (2) $ac+ad+bc+bd$

02 답 (1) $xy+3x+y+3$ (2) $ab+4a-2b-8$
(3) $-2xy+2x+5y-5$ (4) $3ab-6a-7b+14$
(5) $ac-ad+bc-bd$ (6) $3ax+4ay-3bx-4by$
(7) $ax+ay+az+bx+by+bz$
(8) $ax-2bx+4x+3ay-6by+12y$

03 답 (1) x^2+4x-5 (2) $a^2-7a+12$ (3) $2b^2-3b-14$
(4) $5x^2+14xy-3y^2$ (5) $6x^2-xy-12y^2$
(6) $2a^2-13ab+6b^2$ (7) $2a^2+b^2+3ab-6a-3b$
(8) $-12x^2-y^2+7xy+20x-5y$

(1) $(x+5)(x-1)=x^2-x+5x-5$
$=x^2+4x-5$

(2) $(a-4)(a-3)=a^2-3a-4a+12$
$=a^2-7a+12$

(3) $(2b-7)(b+2)=2b^2+4b-7b-14$
$=2b^2-3b-14$

(4) $(x+3y)(5x-y)=5x^2-xy+15xy-3y^2$
$=5x^2+14xy-3y^2$

(5) $(2x-3y)(3x+4y)=6x^2+8xy-9xy-12y^2$
$=6x^2-xy-12y^2$

(6) $(-a+6b)(-2a+b)=2a^2-ab-12ab+6b^2$
$=2a^2-13ab+6b^2$

(7) $(a+b-3)(2a+b)=2a^2+ab+2ab+b^2-6a-3b$
$=2a^2+b^2+3ab-6a-3b$

(8) $(-4x+y)(3x-y-5)$
$=-12x^2+4xy+20x+3xy-y^2-5y$
$=-12x^2-y^2+7xy+20x-5y$

04 답 (1) -9 (2) 5 (3) 1 (4) -8 (5) 19 (6) -1

(1) x항이 나오는 부분만 전개하면
$2x\times(-5)+1\times x=-9x$
이므로 x의 계수는 -9이다.

(2) a항이 나오는 부분만 전개하면
$3a\times(-1)+2\times 4a=5a$
이므로 a의 계수는 5이다.

(3) b항이 나오는 부분만 전개하면
$-2b\times(-5)+3\times(-3b)=b$
이므로 b의 계수는 1이다.

(4) xy항이 나오는 부분만 전개하면
$x\times(-3y)+(-y)\times 5x=-8xy$
이므로 xy의 계수는 -8이다.

(5) xy항이 나오는 부분만 전개하면
$7x\times 4y+(-9y)\times x=19xy$
이므로 xy의 계수는 19이다.
(6) ab항이 나오는 부분만 전개하면
$-4a\times 4b+(-5b)\times(-3a)=-ab$
이므로 ab의 계수는 -1이다.

05 답 ②
$(x-2y+5)(2x-4y)=2x^2-4xy-4xy+8y^2+10x-20y$
$=2x^2+8y^2-8xy+10x-20y$

06 답 ④
② $(3x+y)(2x-y)=6x^2-3xy+2xy-y^2$
$=6x^2-xy-y^2$
④ $(4x-y)(5x+y+1)=20x^2+4xy+4x-5xy-y^2-y$
$=20x^2-y^2-xy+4x-y$
따라서 옳지 않은 것은 ④이다.

07 답 -10
$(-3x+4y)(x+2y-3)=-3x^2-6xy+9x+4xy+8y^2-12y$
$=-3x^2+8y^2-2xy+9x-12y$
따라서 xy의 계수는 -2, y^2의 계수는 8이므로
$a=-2,\ b=8$
$\therefore a-b=-2-8=-10$

다른 풀이
xy항이 나오는 부분만 전개하면
$-3x\times 2y+4y\times x=-2xy$
y^2항이 나오는 부분만 전개하면
$4y\times 2y=8y^2$

본문 50~51쪽

개념 16 곱셈 공식 (1), (2)

01 답 (1) $2,\ b,\ a,\ 2$ (2) $a,\ b$

02 답 (1) x^2+2x+1 (2) $4a^2+12a+9$
(3) $25x^2+10xy+y^2$ (4) $9a^2+24ab+16b^2$
(5) x^2-4x+4 (6) $16a^2-24a+9$
(7) $36x^2-12xy+y^2$ (8) $16a^2-40ab+25b^2$
(9) x^2+6x+9 (10) $4a^2+28ab+49b^2$
(11) $x^2-8x+16$ (12) $36a^2-60ab+25b^2$

(9) $(-x-3)^2=\{-(x+3)\}^2=(x+3)^2$
$=x^2+6x+9$
(10) $(-2a-7b)^2=\{-(2a+7b)\}^2=(2a+7b)^2$
$=4a^2+28ab+49b^2$
(11) $(-x+4)^2=\{-(x-4)\}^2=(x-4)^2$
$=x^2-8x+16$
(12) $(-6a+5b)^2=\{-(6a-5b)\}^2=(6a-5b)^2$
$=36a^2-60ab+25b^2$

03 답 (1) x^2-4 (2) y^2-25 (3) $9a^2-1$ (4) $4a^2-b^2$
(5) $25x^2-16y^2$ (6) $a^2-\frac{1}{4}$ (7) $x^2-\frac{9}{25}$ (8) x^2-36
(9) $49x^2-4y^2$ (10) $25-x^2$ (11) $9-16a^2$ (12) b^2-a^2

(8) $(-x+6)(-x-6)=(-x)^2-6^2$
$=x^2-36$
(9) $(-7x-2y)(-7x+2y)=(-7x)^2-(2y)^2$
$=49x^2-4y^2$
(10) $(x+5)(-x+5)=(5+x)(5-x)$
$=25-x^2$
(11) $(4a-3)(-4a-3)=(-3+4a)(-3-4a)$
$=(-3)^2-(4a)^2$
$=9-16a^2$
(12) $(a-b)(-a-b)=(-b+a)(-b-a)$
$=(-b)^2-a^2$
$=b^2-a^2$

04 답 ③
③ $\left(-2x-\frac{1}{4}\right)^2=\left\{-\left(2x+\frac{1}{4}\right)\right\}^2=\left(2x+\frac{1}{4}\right)^2$
$=4x^2+x+\frac{1}{16}$

05 답 14
$(3x+5y)^2=9x^2+30xy+25y^2$이므로
$a=9,\ b=30,\ c=25$
$\therefore a+b-c=9+30-25=14$

06 답 ④
$\left(A-\frac{1}{3}x\right)\left(\frac{1}{3}x+A\right)=\left(A-\frac{1}{3}x\right)\left(A+\frac{1}{3}x\right)$
$=A^2-\frac{1}{9}x^2$
따라서 $A^2=16$이므로 $A=4$ ($\because A>0$)

본문 52~53쪽

개념 17 곱셈 공식 (3), (4)

01 답 (1) $a+b,\ ab$ (2) $ac,\ bc,\ bd$

02 답 (1) x^2+5x+6 (2) $x^2+4x-32$
(3) a^2+4a-5 (4) $a^2-9a+18$
(5) $x^2-\frac{1}{4}x-\frac{1}{8}$ (6) $x^2-4xy-21y^2$
(7) $a^2-11ab+30b^2$ (8) $x^2-\frac{7}{3}xy-2y^2$

03 답 (1) $6x^2+11x+4$ (2) $20x^2-2x-6$
(3) $12a^2-8a-15$ (4) $12a^2-34a+14$
(5) $6x^2+11xy+3y^2$ (6) $8a^2-2ab-15b^2$
(7) $14x^2+19xy-3y^2$ (8) $-3a^2+11ab+20b^2$

04 답 (1) $2x^2-10x+9$ (2) $3x^2-5x-18$
(3) $-2a^2+7a+7$ (4) $9a^2+31a+5$
(5) $2x^2+5xy-7y^2$ (6) $-2a^2+5ab+13b^2$

(1) $(x-2)^2+(x-1)(x-5)=(x^2-4x+4)+(x^2-6x+5)$
$=2x^2-10x+9$

(2) $4x(x+1)-(x+3)(x+6)$
$=(4x^2+4x)-(x^2+9x+18)$
$=3x^2-5x-18$

(3) $(2a-1)(3a+2)-(4a+3)(2a-3)$
$=(6a^2+a-2)-(8a^2-6a-9)$
$=-2a^2+7a+7$

(4) $(5a-1)(a+4)+(2a+3)^2$
$=(5a^2+19a-4)+(4a^2+12a+9)$
$=9a^2+31a+5$

(5) $(x-y)(x+6y)-(x+y)(-x+y)$
$=(x^2+5xy-6y^2)-(-x^2+y^2)$
$=2x^2+5xy-7y^2$

(6) $(a+b)(a-7b)-(3a+4b)(a-5b)$
$=(a^2-6ab-7b^2)-(3a^2-11ab-20b^2)$
$=-2a^2+5ab+13b^2$

05 답 ②
① $(3x+1)^2=9x^2+6x+1$
② $(-5x-1)^2=25x^2+10x+1$
③ $(2x-3)(-x+3)=-2x^2+9x-9$
④ $(6x+2)(7x-1)=42x^2+8x-2$
⑤ $(3x+5)(2x-1)=6x^2+7x-5$
따라서 x의 계수가 가장 큰 것은 ②이다.

06 답 ②
$-3(x+1)(x-2)+2(x+3)(x+4)$
$=-3(x^2-x-2)+2(x^2+7x+12)$
$=-3x^2+3x+6+2x^2+14x+24$
$=-x^2+17x+30$

07 답 15
$(5x-2)(ax+3)=5ax^2+(15-2a)x-6$
이때 x의 계수가 9이므로
$15-2a=9,\ -2a=-6$
$\therefore a=3$
따라서 x^2의 계수는
$5a=5\times3=15$

한번 더! 기본 문제 (개념 15~17)

본문 54쪽

01 8 **02** ② **03** ⑤ **04** ④
05 ⑤ **06** $6x^2+2x-4$

01 답 8
xy항이 나오는 부분만 전개하면
$x\times ay+(-3y)\times x=(a-3)xy$
이때 xy의 계수가 5이므로
$a-3=5 \qquad \therefore a=8$

02 답 ②
② $(-a+b)^2=\{-(a-b)\}^2=(a-b)^2$

03 답 ⑤
$3(x-5)(x+5)-2(2x-1)(2x+1)$
$=3(x^2-25)-2(4x^2-1)$
$=3x^2-75-8x^2+2$
$=-5x^2-73$
따라서 $a=-5,\ b=-73$이므로
$a-b=-5-(-73)=68$

04 답 ④
① $(x-7)^2=x^2-14x+49$
② $(-x+6)(-x-6)=x^2-36$
③ $(-x+4)(x-3)=-x^2+7x-12$
⑤ $(x+2y)(x-4y)=x^2-2xy-8y^2$
따라서 옳은 것은 ④이다.

05 답 ⑤
$(2x+y)(3x-4y)-3(5x-y)^2$
$=6x^2-5xy-4y^2-3(25x^2-10xy+y^2)$
$=6x^2-5xy-4y^2-75x^2+30xy-3y^2$
$=-69x^2+25xy-7y^2$
따라서 xy의 계수는 25이다.

06 답 $6x^2+2x-4$
색칠한 직사각형의 가로의 길이는 $3x-2$, 세로의 길이는 $2x+2$이므로
(넓이)$=(3x-2)(2x+2)=6x^2+2x-4$

본문 55~56쪽

개념 18 곱셈 공식의 응용 (1) - 수의 계산

01 답 (1) ㄴ (2) ㄷ (3) ㄱ (4) ㄹ

02 답 (1) 2, 2, 2, 200, 4, 2704
(2) 3, 3, 3, 600, 9, 9409
(3) 2, 2, 2, 4, 6396
(4) 1, 4, 1, 4, 1, 4, 250, 4, 2754

03 답 (1) 5329 (2) 10201 (3) 104.04 (4) 4624 (5) 159201
(6) 94.09 (7) 2491 (8) 9996 (9) 99.99 (10) 6642
(11) 10918 (12) 38016

(1) $73^2=(70+3)^2=70^2+2\times70\times3+3^2$
$=5329$

(2) $101^2=(100+1)^2=100^2+2\times100\times1+1^2$
$=10201$

(3) $10.2^2=(10+0.2)^2=10^2+2\times10\times0.2+0.2^2$
$=104.04$

(4) $68^2=(70-2)^2=70^2-2\times70\times2+2^2$
$=4624$

(5) $399^2=(400-1)^2=400^2-2\times400\times1+1^2$
$=159201$

(6) $9.7^2=(10-0.3)^2=10^2-2\times10\times0.3+0.3^2$
$=94.09$

(7) $53\times47=(50+3)(50-3)=50^2-3^2$
$=2491$

(8) $102\times98=(100+2)(100-2)=100^2-2^2$
$=9996$

(9) $10.1\times9.9=(10+0.1)(10-0.1)=10^2-0.1^2$
$=99.99$

(10) $81\times82=(80+1)(80+2)$
$=80^2+(1+2)\times80+1\times2$
$=6642$

(11) $106\times103=(100+6)(100+3)$
$=100^2+(6+3)\times100+6\times3$
$=10918$

(12) $192\times198=(200-8)(200-2)$
$=200^2-(8+2)\times200+8\times2$
$=38016$

04 답 ①

$203^2=(200+3)^2=200^2+2\times200\times3+3^2=41209$
따라서 ① $(a+b)^2=a^2+2ab+b^2$ (단, $b>0$)을 이용하는 것이 가장 편리하다.

05 답 ③, ④

① $98^2=(100-2)^2 \Rightarrow (a-b)^2$
② $103\times104=(100+3)(100+4) \Rightarrow (x+a)(x+b)$
③ $3.03\times2.97=(3+0.03)(3-0.03) \Rightarrow (a+b)(a-b)$
④ $87\times93=(90-3)(90+3) \Rightarrow (a+b)(a-b)$
⑤ $43\times33=(40+3)(40-7) \Rightarrow (x+a)(x+b)$

따라서 곱셈 공식 $(a+b)(a-b)=a^2-b^2$을 이용하여 계산하면 편리한 것은 ③, ④이다.

06 답 1022

$1022=A$로 놓으면

$$\frac{1021\times1023+1}{1022}=\frac{(A-1)(A+1)+1}{A}$$
$$=\frac{A^2-1^2+1}{A}$$
$$=\frac{A^2}{A}=A$$
$$=1022$$

본문 57~59쪽

개념 19 곱셈 공식의 응용 (2) – 제곱근의 계산

01 답 (1) ab, b (2) a, ab (3) a, b

02 답 (1) $5+2\sqrt{6}$ (2) $12+2\sqrt{35}$ (3) $19+6\sqrt{10}$
(4) $13+4\sqrt{3}$ (5) $7-2\sqrt{10}$ (6) $10-2\sqrt{21}$
(7) $42-12\sqrt{6}$ (8) $73-40\sqrt{3}$ (9) 3 (10) 6
(11) -4 (12) 12

(1) $(\sqrt{2}+\sqrt{3})^2=(\sqrt{2})^2+2\times\sqrt{2}\times\sqrt{3}+(\sqrt{3})^2$
$=5+2\sqrt{6}$

(2) $(\sqrt{7}+\sqrt{5})^2=(\sqrt{7})^2+2\times\sqrt{7}\times\sqrt{5}+(\sqrt{5})^2$
$=12+2\sqrt{35}$

(3) $(3+\sqrt{10})^2=3^2+2\times3\times\sqrt{10}+(\sqrt{10})^2$
$=19+6\sqrt{10}$

(4) $(2\sqrt{3}+1)^2=(2\sqrt{3})^2+2\times2\sqrt{3}\times1+1^2$
$=13+4\sqrt{3}$

(5) $(\sqrt{5}-\sqrt{2})^2=(\sqrt{5})^2-2\times\sqrt{5}\times\sqrt{2}+(\sqrt{2})^2$
$=7-2\sqrt{10}$

(6) $(\sqrt{3}-\sqrt{7})^2=(\sqrt{3})^2-2\times\sqrt{3}\times\sqrt{7}+(\sqrt{7})^2$
$=10-2\sqrt{21}$

(7) $(\sqrt{6}-6)^2=(\sqrt{6})^2-2\times\sqrt{6}\times6+6^2$
$=42-12\sqrt{6}$

(8) $(5-4\sqrt{3})^2=5^2-2\times5\times4\sqrt{3}+(4\sqrt{3})^2$
$=73-40\sqrt{3}$

(9) $(\sqrt{6}-\sqrt{3})(\sqrt{6}+\sqrt{3})=(\sqrt{6})^2-(\sqrt{3})^2=3$

(10) $(4+\sqrt{10})(4-\sqrt{10})=4^2-(\sqrt{10})^2=6$

(11) $(3\sqrt{5}-7)(3\sqrt{5}+7)=(3\sqrt{5})^2-7^2=-4$

(12) $(-5+\sqrt{13})(-5-\sqrt{13})=(-5)^2-(\sqrt{13})^2=12$

03 답 (1) $\sqrt{5}-1$, $\sqrt{5}-1$, $\frac{\sqrt{5}-1}{4}$
(2) $4+\sqrt{2}$, $4+\sqrt{2}$, $\frac{4+\sqrt{2}}{7}$
(3) $\sqrt{3}-1$, $\sqrt{3}-1$, $2-\sqrt{3}$
(4) $\sqrt{6}+\sqrt{2}$, $\sqrt{6}+\sqrt{2}$, $2+\sqrt{3}$

04 답 (1) $2\sqrt{6}+4$ (2) $\frac{\sqrt{5}-\sqrt{3}}{2}$ (3) $\frac{\sqrt{11}-\sqrt{5}}{3}$
(4) $\frac{14+5\sqrt{3}}{11}$ (5) $3+2\sqrt{2}$ (6) $\frac{11-4\sqrt{6}}{5}$

(1) $\frac{4}{\sqrt{6}-2}=\frac{4(\sqrt{6}+2)}{(\sqrt{6}-2)(\sqrt{6}+2)}$
$=\frac{4\sqrt{6}+8}{2}=2\sqrt{6}+4$

(2) $\frac{\sqrt{3}}{\sqrt{15}+3}=\frac{\sqrt{3}(\sqrt{15}-3)}{(\sqrt{15}+3)(\sqrt{15}-3)}$
$=\frac{3\sqrt{5}-3\sqrt{3}}{6}=\frac{\sqrt{5}-\sqrt{3}}{2}$

(3) $\frac{2}{\sqrt{5}+\sqrt{11}}=\frac{2(\sqrt{5}-\sqrt{11})}{(\sqrt{5}+\sqrt{11})(\sqrt{5}-\sqrt{11})}$
$=\frac{2\sqrt{5}-2\sqrt{11}}{-6}=\frac{\sqrt{11}-\sqrt{5}}{3}$

(4) $\frac{5+\sqrt{3}}{5-\sqrt{3}}=\frac{(5+\sqrt{3})^2}{(5-\sqrt{3})(5+\sqrt{3})}$
$=\frac{28+10\sqrt{3}}{22}=\frac{14+5\sqrt{3}}{11}$

(5) $\frac{\sqrt{7}+\sqrt{14}}{\sqrt{14}-\sqrt{7}}=\frac{(\sqrt{7}+\sqrt{14})(\sqrt{14}+\sqrt{7})}{(\sqrt{14}-\sqrt{7})(\sqrt{14}+\sqrt{7})}$
$=\frac{(\sqrt{7}+\sqrt{14})^2}{7}=\frac{21+14\sqrt{2}}{7}$
$=3+2\sqrt{2}$

(6) $\frac{2\sqrt{6}-3}{2\sqrt{6}+3}=\frac{(2\sqrt{6}-3)^2}{(2\sqrt{6}+3)(2\sqrt{6}-3)}$
$=\frac{33-12\sqrt{6}}{15}=\frac{11-4\sqrt{6}}{5}$

05 답 (1) 1, 1, 1, 4 (2) 2, 2, 4, -1, -1, 8

06 답 (1) 5 (2) -2 (3) -17 (4) 0

(1) $x=1+\sqrt{6}$에서 $x-1=\sqrt{6}$
이 식의 양변을 제곱하면
$(x-1)^2=(\sqrt{6})^2$, $x^2-2x+1=6$
$\therefore x^2-2x=5$

(2) $x=\sqrt{7}-3$에서 $x+3=\sqrt{7}$
이 식의 양변을 제곱하면
$(x+3)^2=(\sqrt{7})^2$, $x^2+6x+9=7$
$\therefore x^2+6x=-2$

(3) $x=\sqrt{2}-4$에서 $x+4=\sqrt{2}$
이 식의 양변을 제곱하면
$(x+4)^2=(\sqrt{2})^2$, $x^2+8x+16=2$
$x^2+8x=-14$ $\therefore x^2+8x-3=-14-3=-17$

(4) $x=5+\sqrt{10}$에서 $x-5=\sqrt{10}$
이 식의 양변을 제곱하면
$(x-5)^2=(\sqrt{10})^2$, $x^2-10x+25=10$
$x^2-10x=-15$ $\therefore x^2-10x+15=-15+15=0$

07 답 ⑤

① $(\sqrt{11}+3)(\sqrt{11}-3)=(\sqrt{11})^2-3^2=2$
② $(2+\sqrt{6})^2=2^2+2\times2\times\sqrt{6}+(\sqrt{6})^2$
$=10+4\sqrt{6}$
③ $(\sqrt{2}+2\sqrt{3})^2=(\sqrt{2})^2+2\times\sqrt{2}\times2\sqrt{3}+(2\sqrt{3})^2$
$=14+4\sqrt{6}$
④ $(5-\sqrt{8})(4+\sqrt{2})=(5-2\sqrt{2})(4+\sqrt{2})$
$=5\times4+(5-8)\sqrt{2}+(-2\sqrt{2})\times\sqrt{2}$
$=16-3\sqrt{2}$
⑤ $(\sqrt{7}-\sqrt{5})^2=(\sqrt{7})^2-2\times\sqrt{7}\times\sqrt{5}+(\sqrt{5})^2$
$=12-2\sqrt{35}$
따라서 옳지 않은 것은 ⑤이다.

08 답 12

$(2+\sqrt{13})^2=2^2+2\times2\times\sqrt{13}+(\sqrt{13})^2=17+4\sqrt{13}$,
$(3\sqrt{2}+3)(3\sqrt{2}-3)=(3\sqrt{2})^2-3^2=9$
이므로
$(2+\sqrt{13})^2-(3\sqrt{2}+3)(3\sqrt{2}-3)=(17+4\sqrt{13})-9$
$=8+4\sqrt{13}$
따라서 $a=8$, $b=4$이므로
$a+b=8+4=12$

09 답 ⑤

$\frac{4}{2-\sqrt{2}}=\frac{4(2+\sqrt{2})}{(2-\sqrt{2})(2+\sqrt{2})}=\frac{8+4\sqrt{2}}{2}=4+2\sqrt{2}$

10 답 ①

$\frac{\sqrt{24}-\sqrt{2}}{\sqrt{2}}+\frac{4-\sqrt{27}}{2-\sqrt{3}}$
$=\sqrt{12}-1+\frac{(4-3\sqrt{3})(2+\sqrt{3})}{(2-\sqrt{3})(2+\sqrt{3})}$
$=2\sqrt{3}-1+(-1-2\sqrt{3})$
$=-2$

11 답 ②

$x=3\sqrt{2}-3$에서 $x+3=3\sqrt{2}$
이 식의 양변을 제곱하면
$(x+3)^2=(3\sqrt{2})^2$, $x^2+6x+9=18$
$x^2+6x=9$ $\therefore x^2+6x-3=6$

12 답 9

$x=\frac{2+\sqrt{3}}{2-\sqrt{3}}=\frac{(2+\sqrt{3})^2}{(2-\sqrt{3})(2+\sqrt{3})}=7+4\sqrt{3}$
즉, $x-7=4\sqrt{3}$이므로 이 식의 양변을 제곱하면
$(x-7)^2=(4\sqrt{3})^2$, $x^2-14x+49=48$
$x^2-14x=-1$ $\therefore x^2-14x+10=9$

개념 20 곱셈 공식의 응용 (3) - 곱셈 공식의 변형

01 답 (1) $2ab$ (2) $a-b$ (3) $4ab$ (4) $a+b$

02 답 (1) 2, 4, 12 (2) 4, 8, 8

03 답 (1) 2, 10, 19 (2) 4, 20, 29

04 답 (1) 7 (2) 28 (3) 2 (4) $-\frac{1}{2}$
(5) 29 (6) 6 (7) 17 (8) 24

(1) $x^2+y^2=(x+y)^2-2xy$
$=3^2-2\times1=7$

(2) $x^2+y^2=(x-y)^2+2xy$
$=(-6)^2+2\times(-4)=28$

(3) $(x+y)^2=x^2+y^2+2xy$이므로
$4^2=12+2xy$, $2xy=4$
$\therefore xy=2$

(4) $(x-y)^2=x^2+y^2-2xy$이므로
$(-3)^2=8-2xy$, $2xy=-1$
$\therefore xy=-\frac{1}{2}$

(5) $(x+y)^2=(x-y)^2+4xy$
$=7^2+4\times(-5)=29$

(6) $(x+y)^2=(x-y)^2+4xy$
$=2^2+4\times\frac{1}{2}=6$

(7) $(x-y)^2=(x+y)^2-4xy$
$=(-1)^2-4\times(-4)=17$

(8) $(x-y)^2=(x+y)^2-4xy$
$=(-6)^2-4\times3=24$

05 답 (1) 2, 2, 14 (2) 4, 4, 12

06 답 ④

$(a+b)^2=(a-b)^2+4ab$
$=(2\sqrt{3})^2+4\times4=28$

07 답 6

$\frac{y}{x}+\frac{x}{y}=\frac{y^2+x^2}{xy}=\frac{(x+y)^2-2xy}{xy}$
$=\frac{(-4)^2-2\times2}{2}=6$

08 답 ③

$a^2+\frac{1}{a^2}=\left(a-\frac{1}{a}\right)^2+2$
$=6^2+2=38$

한번 더! 기본 문제 (개념 18~20)

01 ④ **02** $2\sqrt{15}$ **03** ③ **04** ②
05 ⑤ **06** 9

01 답 ④

① $301^2=(300+1)^2$ ⇨ $(a+b)^2$
② $58^2=(60-2)^2$ ⇨ $(a-b)^2$
③ $104\times97=(100+4)(100-3)$ ⇨ $(x+a)(x+b)$
④ $105\times96=(100+5)(100-4)$ ⇨ $(x+a)(x+b)$
⑤ $10.1\times9.8=(10+0.1)(10-0.2)$ ⇨ $(x+a)(x+b)$
따라서 옳지 않은 것은 ④이다.

02 답 $2\sqrt{15}$

$(\sqrt{15}+2)(\sqrt{15}+4)=(\sqrt{15})^2+(2+4)\sqrt{15}+2\times4$
$=23+6\sqrt{15}$,
$(2\sqrt{5}+\sqrt{3})^2=(2\sqrt{5})^2+2\times2\sqrt{5}\times\sqrt{3}+(\sqrt{3})^2$
$=23+4\sqrt{15}$
이므로
$(\sqrt{15}+2)(\sqrt{15}+4)-(2\sqrt{5}+\sqrt{3})^2$
$=(23+6\sqrt{15})-(23+4\sqrt{15})=2\sqrt{15}$

03 답 ③

$\frac{3-2\sqrt{2}}{3+2\sqrt{2}}=\frac{(3-2\sqrt{2})^2}{(3+2\sqrt{2})(3-2\sqrt{2})}=17-12\sqrt{2}$
따라서 $A=17$, $B=-12$이므로
$A+B=17+(-12)=5$

04 답 ②

$x=\frac{1}{\sqrt{3}-2}=\frac{\sqrt{3}+2}{(\sqrt{3}-2)(\sqrt{3}+2)}=-\sqrt{3}-2$
즉, $x+2=-\sqrt{3}$이므로 이 식의 양변을 제곱하면
$(x+2)^2=(-\sqrt{3})^2$, $x^2+4x+4=3$
$x^2+4x=-1$ $\therefore x^2+4x+3=-1+3=2$

05 답 ⑤

$x^2+y^2=(x-y)^2+2xy$
$=8^2+2\times10=84$

06 답 9

$x=\frac{1}{\sqrt{3}-\sqrt{2}}=\frac{\sqrt{3}+\sqrt{2}}{(\sqrt{3}-\sqrt{2})(\sqrt{3}+\sqrt{2})}=\sqrt{3}+\sqrt{2}$

$y=\frac{1}{\sqrt{3}+\sqrt{2}}=\frac{\sqrt{3}-\sqrt{2}}{(\sqrt{3}+\sqrt{2})(\sqrt{3}-\sqrt{2})}=\sqrt{3}-\sqrt{2}$

따라서 $x+y=(\sqrt{3}+\sqrt{2})+(\sqrt{3}-\sqrt{2})=2\sqrt{3}$,
$xy=(\sqrt{3}+\sqrt{2})(\sqrt{3}-\sqrt{2})=1$이므로
$x^2+y^2-xy=(x+y)^2-3xy$
$=(2\sqrt{3})^2-3\times1=9$

본문 63~64쪽

개념 21 다항식의 인수분해

01 답 (1) 인수 (2) 인수분해 (3) m, m

02 답 (1) x^2-2x (2) $a^2+10a+25$ (3) x^2-2x-3
(4) $2x^2+7x-4$ (5) $3a^2-7ab+2b^2$

03 답 (1) x, $y-1$, $x(y-1)$ (2) x, $x+3$
(3) $a+2$, $a-2$, $(a+2)(a-2)$
(4) x, $x-y$, x^2, $x(x-y)$

04 답

다항식	공통인 인수	인수분해한 식
$a+ab$	a	$a(1+b)$
x^2-2xy	x	$x(x-2y)$
$xy+xy^2$	xy	$xy(1+y)$

05 답 (1) x, $a+b$ (2) $x(1+3x)$ (3) $2a(a-4)$
(4) $2y(2x+3y)$ (5) $5xy^2(1-2xy)$ (6) $x(a-b-c)$
(7) $x+y$, $a-5$ (8) $(a-4)(x-2)$

06 답 6
$3x^2-axy=3x(x-2y)$이므로
$a=6$

07 답 ④
$8x^3-4x^2y=4x^2(2x-y)$
④ $4x-xy=x(4-y)$이므로 인수가 아니다.

08 답 ③
$x(2a-b)+y(b-2a)=x(2a-b)-y(2a-b)$
$=(x-y)(2a-b)$

본문 65~66쪽

개념 22 인수분해 공식 (1), (2)

01 답 (1) $a+b$, $a-b$ (2) $a-b$ (3) 완전제곱식

02 답 (1) $(x+4)^2$ (2) $(a-6)^2$ (3) $(x+5y)^2$
(4) $(2x+7)^2$ (5) $(3x-2)^2$ (6) $(5a-6b)^2$

03 답 (1) 3, 3, 9 (2) ±10, ±20 (3) 144 (4) ±16
(3) $x^2-24x+A=x^2-2\times x\times12+A$이므로
$A=12^2=144$
(4) $x^2+Ax+64=x^2+Ax+(\pm8)^2$이므로
$A=2\times(\pm8)=\pm16$

04 답 (1) 9, 9, 81 (2) ±5, ±30 (3) 25 (4) ±70
(3) $36x^2-60x+A=(6x)^2-2\times6x\times5+A$이므로
$A=5^2=25$
(4) $25x^2+Ax+49=(5x)^2+Ax+(\pm7)^2$이므로
$A=2\times5\times(\pm7)=\pm70$

05 답 (1) $(x+6)(x-6)$ (2) $(a+8)(a-8)$
(3) $(9+x)(9-x)$ (4) $(2x+5)(2x-5)$
(5) $(3a+4b)(3a-4b)$ (6) $(6x+7y)(6x-7y)$
(7) $(10y+x)(10y-x)$ (8) $\left(\frac{3}{4}x+\frac{1}{5}y\right)\left(\frac{3}{4}x-\frac{1}{5}y\right)$

06 답 ③
③ $16x^2+16xy+4y^2=4(4x^2+4xy+y^2)=4(2x+y)^2$
⑤ $45x^2-20=5(9x^2-4)=5(3x+2)(3x-2)$
따라서 옳지 않은 것은 ③이다.

07 답 $5x-11$
$25x^2-121=(5x+11)(5x-11)$
따라서 평행사변형의 높이는 $5x-11$이다.

08 답 23
$16x^2+24x+a=(4x)^2+2\times4x\times3+a$이므로
$a=3^2=9$
$x^2-bx+49=x^2-bx+7^2$이므로
$b=2\times7=14$
$\therefore a+b=9+14=23$

본문 67~68쪽

개념 23 인수분해 공식 (3), (4)

01 답 (1) $x+b$ (2) $ax+b$

02 답 (1) 1, 3 (2) -2, 4 (3) 4, 5 (4) -5, -3
(5) -9, -2 (6) -5, 8

03 답 (1) $(x+1)(x+2)$ (2) $(a+4)(a+6)$
(3) $(x+6)(x-5)$ (4) $(x+2)(x-9)$
(5) $(a-4)(a-5)$ (6) $(x+y)(x+5y)$
(7) $(x+4y)(x-3y)$ (8) $(a+2b)(a-7b)$

04 답 (1) $(x+2)(2x-3)$ (2) $(x+3)(4x+1)$
(3) $(x+1)(9x-2)$ (4) $(5x+6)(2x-5)$
(5) $(3x-2)(4x-5)$ (6) $(5a+1)(a-3)$
(7) $(2b+7)(3b+2)$ (8) $(2y+5)(8y-3)$

05 답 ①
$x^2-14x+48=(x-6)(x-8)$
따라서 구하는 합은 $(x-6)+(x-8)=2x-14$

06 답 ⑤

① $3x^2-7x+2=(x-2)(3x-1)$

② $2x^2-7x+6=(x-2)(2x-3)$

③ $4x^2-5x-6=(x-2)(4x+3)$

④ $5x^2-12x+4=(x-2)(5x-2)$

⑤ $6x^2+11x-2=(x+2)(6x-1)$

따라서 $x-2$를 인수로 갖지 않는 것은 ⑤이다.

07 답 8

$4x^2+(3a-5)x-15=(2x-3)(2x+b)$

$=4x^2+(2b-6)x-3b$

이므로 $3a-5=2b-6$, $-15=-3b$

$\therefore a=3, b=5$

$\therefore a+b=3+5=8$

한번 더! 기본 문제 (개념 21~23)

본문 69쪽

01 ②, ④ **02** 6 **03** 8, −7 **04** ⑤
05 ⑤ **06** (1) $x^2-2x-24$ (2) $(x+4)(x-6)$

01 답 ②, ④

$(x-3)(x-2)+6(x-2)=(x-2)\{(x-3)+6\}$

$=(x-2)(x+3)$

따라서 인수는 ②, ④이다.

02 답 6

$2x^2-12xy+18y^2=2(x^2-6xy+9y^2)=2(x-3y)^2$

따라서 $a=2$, $b=1$, $c=3$이므로

$a+b+c=2+1+3=6$

03 답 8, −7

$36x^2+(8k-4)x+25=(6x)^2+(8k-4)x+(\pm5)^2$이므로

$8k-4=2\times6\times(\pm5)=\pm60$

$8k-4=60$에서 $k=8$

$8k-4=-60$에서 $k=-7$

따라서 완전제곱식이 되도록 하는 k의 값은 8, −7이다.

04 답 ⑤

$2x^2-50=2(x^2-25)=2(x+5)(x-5)$

$x^2+7x+10=(x+2)(x+5)$

따라서 두 다항식의 공통인 인수는 $x+5$이다.

05 답 ⑤

⑤ $6x^2-x-2=(2x+1)(3x-2)$

06 답 (1) $x^2-2x-24$ (2) $(x+4)(x-6)$

(1) $(x+8)(x-3)=x^2+5x-24$에서 하연이는 상수항을 제대로 보았으므로 처음 이차식의 상수항은 −24이다.

또 $(x+5)(x-7)=x^2-2x-35$에서 주원이는 x의 계수를 제대로 보았으므로 처음 이차식의 x의 계수는 −2이다.

따라서 처음 이차식은 $x^2-2x-24$이다.

(2) 처음 이차식 $x^2-2x-24$를 바르게 인수분해하면

$x^2-2x-24=(x+4)(x-6)$

본문 70~71쪽

개념 24 복잡한 식의 인수분해

01 답 6, $x+1$, 6, 3, 5

02 답 (1) $(x+2)^2$ (2) $(a+2)(a-8)$ (3) $(3a+1)(3a-4)$ (4) $(x-y+5)(x-y-5)$ (5) $(5x-2)(3x+4)$

(1) $x-2=A$로 놓으면

(주어진 식)$=A^2+8A+16$

$=(A+4)^2$

$=(x-2+4)^2$

$=(x+2)^2$

(2) $a+4=A$로 놓으면

(주어진 식)$=A^2-14A+24$

$=(A-2)(A-12)$

$=(a+4-2)(a+4-12)$

$=(a+2)(a-8)$

(3) $3a-1=A$로 놓으면

(주어진 식)$=A^2-A-6$

$=(A+2)(A-3)$

$=(3a-1+2)(3a-1-3)$

$=(3a+1)(3a-4)$

(4) $x-y=A$로 놓으면

(주어진 식)$=A^2-25$

$=(A+5)(A-5)$

$=(x-y+5)(x-y-5)$

(5) $4x+1=A$, $x-3=B$로 놓으면

(주어진 식)$=A^2-B^2$

$=(A+B)(A-B)$

$=\{(4x+1)+(x-3)\}\{(4x+1)-(x-3)\}$

$=(5x-2)(3x+4)$

03 답 $y-1$, $x-1$

04 답 (1) $(x-1)(x-y)$ (2) $(a+3)(b+2)$ (3) $(x-y)(x+y-4)$ (4) $(a+b)(a-b-c)$ (5) $(x+1)^2(x-1)$

(1) $x^2-xy+y-x=x(x-y)-(x-y)$

$=(x-1)(x-y)$

(2) $ab+2a+3b+6=a(b+2)+3(b+2)$
$=(a+3)(b+2)$
(3) $x^2-y^2-4x+4y=(x+y)(x-y)-4(x-y)$
$=(x-y)(x+y-4)$
(4) $a^2-b^2-ac-bc=(a+b)(a-b)-c(a+b)$
$=(a+b)(a-b-c)$
(5) $x^3+x^2-x-1=x^2(x+1)-(x+1)$
$=(x+1)(x^2-1)$
$=(x+1)(x+1)(x-1)$
$=(x+1)^2(x-1)$

05 답 $x-1$, $x-1$, $x-1$

06 답 (1) $(x+y+3)(x-y+3)$
(2) $(2a+b+1)(2a-b+1)$
(3) $(x+y-6)(x-y+6)$
(4) $(x-y+5)(x-y-5)$
(5) $(4+3x-y)(4-3x+y)$

(1) $x^2+6x+9-y^2=(x^2+6x+9)-y^2$
$=(x+3)^2-y^2$
$=(x+y+3)(x-y+3)$
(2) $4a^2+4a+1-b^2=(4a^2+4a+1)-b^2$
$=(2a+1)^2-b^2$
$=(2a+b+1)(2a-b+1)$
(3) $x^2-y^2+12y-36=x^2-(y^2-12y+36)$
$=x^2-(y-6)^2$
$=(x+y-6)(x-y+6)$
(4) $x^2+y^2-25-2xy=(x^2-2xy+y^2)-25$
$=(x-y)^2-5^2$
$=(x-y+5)(x-y-5)$
(5) $16-9x^2-y^2+6xy=16-(9x^2-6xy+y^2)$
$=4^2-(3x-y)^2$
$=(4+3x-y)(4-3x+y)$

07 답 ④

$x+2y=A$로 놓으면
$(x+2y)(x+2y-2)-15=A(A-2)-15$
$=A^2-2A-15$
$=(A+3)(A-5)$
$=(x+2y+3)(x+2y-5)$

08 답 4

$2x^3-x^2-18x+9=x^2(2x-1)-9(2x-1)$
$=(x^2-9)(2x-1)$
$=(x+3)(x-3)(2x-1)$
따라서 $a=3$, $b=1$이므로
$a+b=3+1=4$

09 답 ②, ③

$a^2-9b^2+6b-1=a^2-(9b^2-6b+1)$
$=a^2-(3b-1)^2$
$=(a+3b-1)(a-3b+1)$
따라서 인수는 ②, ③이다.

본문 72~73쪽

개념 25 인수분해 공식의 응용

01 답 (1) ㄱ, 115 (2) ㄹ, 860 (3) ㄷ, 900 (4) ㄴ, 4900

(1) $23\times89-23\times84=23(89-84)$
$=23\times5=115$
(2) $48^2-38^2=(48+38)(48-38)$
$=86\times10=860$
(3) $37^2-2\times37\times7+49=(37-7)^2$
$=30^2=900$
(4) $64^2+2\times64\times6+36=(64+6)^2$
$=70^2=4900$

02 답 (1) 800 (2) 680 (3) 1600 (4) 3600
(5) 144 (6) 4900 (7) 9800 (8) 9

(1) $8\times43+8\times57=8(43+57)$
$=8\times100=800$
(2) $17\times73-17\times33=17(73-33)$
$=17\times40=680$
(3) $21^2+2\times21\times19+19^2=(21+19)^2$
$=40^2=1600$
(4) $58^2+4\times58+4=58^2+2\times58\times2+2^2$
$=(58+2)^2$
$=60^2=3600$
(5) $36^2-2\times36\times24+24^2=(36-24)^2$
$=12^2=144$
(6) $71^2-2\times71+1=71^2-2\times71\times1+1^2$
$=(71-1)^2$
$=70^2=4900$
(7) $99^2-1=(99+1)(99-1)$
$=100\times98=9800$
(8) $\sqrt{41^2-40^2}=\sqrt{(41+40)(41-40)}$
$=\sqrt{81}=9$

03 답 (1) 3, 3, 100, 10000 (2) 13, 87, 74, 7400
(3) $x-y$, $3-\sqrt{5}$, $2\sqrt{5}$, 20

04 답 (1) 780 (2) 6400 (3) 10 (4) 1220

(1) $x^2+4x=x(x+4)$
$=26(26+4)$
$=26\times30=780$

(2) $x^2-2x+1=(x-1)^2$
$=(81-1)^2$
$=80^2=6400$

(3) $x^2+10x+25=(x+5)^2$
$=\{(-5+\sqrt{10})+5\}^2$
$=(\sqrt{10})^2=10$

(4) $x^2-y^2=(x+y)(x-y)$
$=(66+56)(66-56)$
$=122\times10=1220$

05 답 ③

$93^2-6\times93+3^2=93^2-2\times93\times3+3^2$
$=(93-3)^2$
$=90^2=8100$

따라서 ③ $a^2-2ab+b^2=(a-b)^2$ (단, $b>0$)을 이용하는 것이 가장 편리하다.

06 답 12

$5.5^2\times1.2-4.5^2\times1.2=1.2\times(5.5^2-4.5^2)$
$=1.2\times(5.5+4.5)(5.5-4.5)$
$=1.2\times10\times1=12$

07 답 ⑤

$x^2-y^2=(x+y)(x-y)$
$=\{(\sqrt{6}+\sqrt{3})+(\sqrt{6}-\sqrt{3})\}\{(\sqrt{6}+\sqrt{3})-(\sqrt{6}-\sqrt{3})\}$
$=2\sqrt{6}\times2\sqrt{3}$
$=4\sqrt{18}=12\sqrt{2}$

한번 더! 기본 문제 (개념 24~25)

본문 74쪽

01 6 **02** ⑤ **03** ①
04 A: 11200, B: 1380 **05** ② **06** 45

01 답 6

$x+1=A$, $x-2=B$로 놓으면
$2(x+1)^2+3(x+1)(x-2)-2(x-2)^2$
$=2A^2+3AB-2B^2$
$=(2A-B)(A+2B)$
$=\{2(x+1)-(x-2)\}\{(x+1)+2(x-2)\}$
$=(x+4)(3x-3)=3(x+4)(x-1)$
따라서 $a=3$, $b=4$, $c=1$이므로
$a+b-c=3+4-1=6$

02 답 ⑤

$a^2-2ab-2bc+ac=a(a-2b)+c(a-2b)$
$=(a-2b)(a+c)$

03 답 ①

$46^2+8\times46+16=46^2+2\times46\times4+4^2$
$=(46+4)^2$
$=50^2=2500$

04 답 A: 11200, B: 1380

도형 A에서 색칠한 부분의 넓이는
$106^2-6^2=(106+6)(106-6)$
$=112\times100=11200$
도형 B에서 색칠한 부분의 넓이는
$74^2-64^2=(74+64)(74-64)$
$=138\times10=1380$

05 답 ②

$x+6=A$로 놓으면
$(x+6)^2-6(x+6)+9=A^2-6A+9$
$=(A-3)^2$
$=\{(x+6)-3\}^2$
$=(x+3)^2$
$=\{(\sqrt{2}-3)+3\}^2$
$=(\sqrt{2})^2=2$

06 답 45

$10^2-9^2+8^2-7^2+6^2-5^2$
$=(10^2-9^2)+(8^2-7^2)+(6^2-5^2)$
$=(10+9)(10-9)+(8+7)(8-7)+(6+5)(6-5)$
$=19+15+11=45$

4. 이차방정식

본문 76~77쪽

개념 26 이차방정식과 그 해

01 답 (1) 이차식 (2) 해

02 답 (1) ○ (2) ○ (3) × (4) × (5) ○

(4) $x^2=(x+6)^2$에서 $x^2=x^2+12x+36$

$\therefore -12x-36=0$

따라서 이차방정식이 아니다.

(5) $x(2x+1)=x^2-5$에서 $2x^2+x=x^2-5$

$\therefore x^2+x+5=0$

따라서 이차방정식이다.

03 답 (1) ○ (2) × (3) × (4) ○ (5) ×

(1) $x=1$을 주어진 방정식에 대입하면

$1^2+2\times1-3=0$

(2) $x=-3$을 주어진 방정식에 대입하면

$-2\times(-3)^2+5\times(-3)+3=-30\neq0$

(3) $x=4$를 주어진 방정식에 대입하면

$(4-2)(4+4)=16\neq0$

(4) $x=\frac{1}{2}$을 주어진 방정식에 대입하면

$6\times\left(\frac{1}{2}\right)^2+7\times\frac{1}{2}-5=0$

(5) $x=0$을 주어진 방정식에 대입하면

$(3\times0-2)(4\times0-1)=2\neq2\times0$

04 답 풀이 참조

x의 값	좌변의 값	우변의 값	참, 거짓
1	0	0	참
2	-2	0	거짓
3	-2	0	거짓
4	0	0	참

따라서 이차방정식의 해는

$x=1$ 또는 $x=4$

05 답 (1) $x=-2$ 또는 $x=2$ (2) $x=0$

(3) $x=-2$ 또는 $x=1$ (4) $x=2$

(1) $x^2-4=0$에

$x=-2$를 대입하면 $(-2)^2-4=0$

$x=-1$을 대입하면 $(-1)^2-4=-3\neq0$

$x=0$을 대입하면 $0^2-4=-4\neq0$

$x=1$을 대입하면 $1^2-4=-3\neq0$

$x=2$를 대입하면 $2^2-4=0$

따라서 이차방정식의 해는 $x=-2$ 또는 $x=2$

(2) $x^2+3x=0$에

$x=-2$를 대입하면 $(-2)^2+3\times(-2)=-2\neq0$

$x=-1$을 대입하면 $(-1)^2+3\times(-1)=-2\neq0$

$x=0$을 대입하면 $0^2+3\times0=0$

$x=1$을 대입하면 $1^2+3\times1=4\neq0$

$x=2$를 대입하면 $2^2+3\times2=10\neq0$

따라서 이차방정식의 해는 $x=0$

(3) $x^2+x-2=0$에

$x=-2$를 대입하면 $(-2)^2+(-2)-2=0$

$x=-1$을 대입하면 $(-1)^2+(-1)-2=-2\neq0$

$x=0$을 대입하면 $0^2+0-2=-2\neq0$

$x=1$을 대입하면 $1^2+1-2=0$

$x=2$를 대입하면 $2^2+2-2=4\neq0$

따라서 이차방정식의 해는 $x=-2$ 또는 $x=1$

(4) $x^2-5x+6=0$에

$x=-2$를 대입하면 $(-2)^2-5\times(-2)+6=20\neq0$

$x=-1$을 대입하면 $(-1)^2-5\times(-1)+6=12\neq0$

$x=0$을 대입하면 $0^2-5\times0+6=6\neq0$

$x=1$을 대입하면 $1^2-5\times1+6=2\neq0$

$x=2$를 대입하면 $2^2-5\times2+6=0$

따라서 이차방정식의 해는 $x=2$

06 답 ④

ㄱ. $2x^2+x=2(x^2-x)$에서 $3x=0$

ㄴ. $x(x+3)=6$에서 $x^2+3x-6=0$

ㄷ. $x^2+3=x^2+5x$에서 $-5x+3=0$

ㄹ. $(x+2)^2=(x-4)^2$에서 $x^2+4x+4=x^2-8x+16$

$\therefore 12x-12=0$

ㅁ. $(x+1)(3x+5)=x^2-2x$에서 $3x^2+8x+5=x^2-2x$

$\therefore 2x^2+10x+5=0$

따라서 이차방정식인 것은 ㄴ, ㅁ이다.

07 답 ④

① $(-1+1)^2=0$

② $(-1+1)(-1+2)=0$

③ $(-1)^2-2\times(-1)-3=0$

④ $(-1)^2-4\times(-1)+3=8\neq0$

⑤ $(-1)^2+7\times(-1)+6=0$

따라서 $x=-1$이 해가 아닌 것은 ④이다.

08 답 8

$x^2-6x+a=0$에 $x=4$를 대입하면

$4^2-6\times4+a=0$ $\therefore a=8$

09 답 ②

$x=a$를 $2x^2-3x-1=0$에 대입하면

$2a^2-3a-1=0$, $2a^2-3a=1$

$\therefore 2a^2-3a-5=1-5=-4$

개념 27 인수분해를 이용한 이차방정식의 풀이

01 답 (1) $B=0$ (2) α

02 답 (1) 0, 0, -1, 4 (2) $x=0$ 또는 $x=-3$
(3) $x=2$ 또는 $x=6$ (4) $x=-5$ 또는 $x=\frac{9}{2}$
(5) $x=-\frac{7}{4}$ 또는 $x=4$

(2) $x(x+3)=0$에서
$x=0$ 또는 $x+3=0$
$\therefore x=0$ 또는 $x=-3$
(3) $(x-2)(x-6)=0$에서
$x-2=0$ 또는 $x-6=0$
$\therefore x=2$ 또는 $x=6$
(4) $(x+5)(2x-9)=0$에서
$x+5=0$ 또는 $2x-9=0$
$\therefore x=-5$ 또는 $x=\frac{9}{2}$
(5) $(4x+7)(-x+4)=0$에서
$4x+7=0$ 또는 $-x+4=0$
$\therefore x=-\frac{7}{4}$ 또는 $x=4$

03 답 (1) $x=0$ 또는 $x=1$ (2) $x=0$ 또는 $x=-5$
(3) $x=-4$ 또는 $x=4$ (4) $x=-3$ 또는 $x=-2$
(5) $x=-5$ 또는 $x=3$ (6) $x=1$ 또는 $x=10$
(7) $x=-\frac{1}{2}$ 또는 $x=4$ (8) $x=-3$ 또는 $x=-\frac{2}{3}$
(9) $x=\frac{3}{4}$ 또는 $x=\frac{3}{2}$ (10) $x=-\frac{5}{2}$ 또는 $x=\frac{3}{5}$

(1) $x^2-x=0$에서 $x(x-1)=0$
$x=0$ 또는 $x-1=0$
$\therefore x=0$ 또는 $x=1$
(2) $2x^2+10x=0$에서 $2x(x+5)=0$
$x=0$ 또는 $x+5=0$
$\therefore x=0$ 또는 $x=-5$
(3) $x^2-16=0$에서 $(x+4)(x-4)=0$
$x+4=0$ 또는 $x-4=0$
$\therefore x=-4$ 또는 $x=4$
(4) $x^2+5x+6=0$에서 $(x+3)(x+2)=0$
$x+3=0$ 또는 $x+2=0$
$\therefore x=-3$ 또는 $x=-2$
(5) $x^2+2x-15=0$에서 $(x+5)(x-3)=0$
$x+5=0$ 또는 $x-3=0$
$\therefore x=-5$ 또는 $x=3$
(6) $x^2-11x+10=0$에서 $(x-1)(x-10)=0$
$x-1=0$ 또는 $x-10=0$
$\therefore x=1$ 또는 $x=10$
(7) $2x^2-7x-4=0$에서 $(2x+1)(x-4)=0$
$2x+1=0$ 또는 $x-4=0$
$\therefore x=-\frac{1}{2}$ 또는 $x=4$
(8) $3x^2+11x+6=0$에서 $(x+3)(3x+2)=0$
$x+3=0$ 또는 $3x+2=0$
$\therefore x=-3$ 또는 $x=-\frac{2}{3}$
(9) $8x^2-18x+9=0$에서 $(4x-3)(2x-3)=0$
$4x-3=0$ 또는 $2x-3=0$
$\therefore x=\frac{3}{4}$ 또는 $x=\frac{3}{2}$
(10) $10x^2+19x-15=0$에서 $(2x+5)(5x-3)=0$
$2x+5=0$ 또는 $5x-3=0$
$\therefore x=-\frac{5}{2}$ 또는 $x=\frac{3}{5}$

04 답 (1) $x=0$ 또는 $x=\frac{7}{3}$ (2) $x=-4$ 또는 $x=6$
(3) $x=-10$ 또는 $x=1$ (4) $x=\frac{3}{2}$ 또는 $x=5$
(5) $x=-3$ 또는 $x=6$ (6) $x=-\frac{7}{3}$ 또는 $x=3$

(1) $3x^2=7x$에서 $3x^2-7x=0$
$x(3x-7)=0$
$x=0$ 또는 $3x-7=0$
$\therefore x=0$ 또는 $x=\frac{7}{3}$
(2) $x^2-2x=24$에서 $x^2-2x-24=0$
$(x+4)(x-6)=0$
$x+4=0$ 또는 $x-6=0$
$\therefore x=-4$ 또는 $x=6$
(3) $9x-10=-x^2$에서 $x^2+9x-10=0$
$(x+10)(x-1)=0$
$x+10=0$ 또는 $x-1=0$
$\therefore x=-10$ 또는 $x=1$
(4) $2x^2+15=13x$에서 $2x^2-13x+15=0$
$(2x-3)(x-5)=0$
$2x-3=0$ 또는 $x-5=0$
$\therefore x=\frac{3}{2}$ 또는 $x=5$
(5) $2x^2-4x=x^2-x+18$에서
$x^2-3x-18=0$
$(x+3)(x-6)=0$
$x+3=0$ 또는 $x-6=0$
$\therefore x=-3$ 또는 $x=6$
(6) $5x^2+2x-10=2x^2+4x+11$에서
$3x^2-2x-21=0$
$(3x+7)(x-3)=0$
$3x+7=0$ 또는 $x-3=0$
$\therefore x=-\frac{7}{3}$ 또는 $x=3$

05 답 ③

$2x^2-9x+4=0$에서 $(2x-1)(x-4)=0$

$\therefore x=\frac{1}{2}$ 또는 $x=4$

따라서 $\alpha=4$, $\beta=\frac{1}{2}$이므로 $\alpha-\beta=4-\frac{1}{2}=\frac{7}{2}$

06 답 $x=3$

$x^2-2x-3=0$에서 $(x+1)(x-3)=0$

$\therefore x=-1$ 또는 $x=3$

$3x^2-7x-6=0$에서 $(3x+2)(x-3)=0$

$\therefore x=-\frac{2}{3}$ 또는 $x=3$

따라서 두 이차방정식의 공통인 근은 $x=3$이다.

07 답 $x=\frac{5}{2}$

$2x^2-(a-1)x-10=0$에 $x=-2$를 대입하면

$2\times(-2)^2-(a-1)\times(-2)-10=0$

$2a=4 \quad \therefore a=2$

즉, 주어진 이차방정식은 $2x^2-x-10=0$이므로

$(x+2)(2x-5)=0 \quad \therefore x=-2$ 또는 $x=\frac{5}{2}$

따라서 다른 한 근은 $x=\frac{5}{2}$이다.

본문 80~81쪽

개념 28 이차방정식의 중근

01 답 (1) 중근 (2) 완전제곱식, $\frac{a}{2}$

02 답 (1) $x=4$ (2) $x=-6$ (3) $x=\frac{1}{2}$ (4) $x=-\frac{5}{3}$

03 답 (1) $x=-1$ (2) $x=5$ (3) $x=-\frac{1}{3}$ (4) $x=\frac{7}{2}$ (5) $x=-8$ (6) $x=\frac{6}{5}$ (7) $x=9$ (8) $x=-\frac{4}{3}$

(1) $x^2+2x+1=0$에서 $(x+1)^2=0$

$\therefore x=-1$

(2) $x^2-10x+25=0$에서 $(x-5)^2=0$

$\therefore x=5$

(3) $9x^2+6x+1=0$에서 $(3x+1)^2=0$

$\therefore x=-\frac{1}{3}$

(4) $4x^2-28x+49=0$에서 $(2x-7)^2=0$

$\therefore x=\frac{7}{2}$

(5) $x^2+16x=-64$에서

$x^2+16x+64=0$, $(x+8)^2=0$

$\therefore x=-8$

(6) $25x^2+36=60x$에서

$25x^2-60x+36=0$, $(5x-6)^2=0$

$\therefore x=\frac{6}{5}$

(7) $x^2+9=18(x-4)$에서 $x^2+9=18x-72$

$x^2-18x+81=0$, $(x-9)^2=0$

$\therefore x=9$

(8) $4(x^2+6x)=-5x^2-16$에서

$4x^2+24x=-5x^2-16$

$9x^2+24x+16=0$, $(3x+4)^2=0$

$\therefore x=-\frac{4}{3}$

04 답 (1) 8, 16 (2) 144, 12 (3) 9 (4) 49 (5) 100 (6) ±4 (7) ±10 (8) ±22

(3) $x^2-6x+k=0$에서

$k=\left(\frac{-6}{2}\right)^2=9$

(4) $x^2+14x+k=0$에서

$k=\left(\frac{14}{2}\right)^2=49$

(5) $x^2-20x+k=0$에서

$k=\left(\frac{-20}{2}\right)^2=100$

(6) $x^2+kx+4=0$에서

$4=\left(\frac{k}{2}\right)^2$, $k^2=16$

$\therefore k=\pm4$

(7) $x^2+kx+25=0$에서

$25=\left(\frac{k}{2}\right)^2$, $k^2=100$

$\therefore k=\pm10$

(8) $x^2+kx+121=0$에서

$121=\left(\frac{k}{2}\right)^2$, $k^2=484$

$\therefore k=\pm22$

05 답 ①, ⑤

① $9x^2-6x=-1$에서

$9x^2-6x+1=0$, $(3x-1)^2=0$

$\therefore x=\frac{1}{3}$

② $(x-4)^2=16$에서 $x^2-8x+16=16$

$x^2-8x=0$, $x(x-8)=0$

$\therefore x=0$ 또는 $x=8$

③ $x^2=25$에서

$x^2-25=0$, $(x+5)(x-5)=0$

$\therefore x=-5$ 또는 $x=5$

④ $(x+5)(x-5)=11$에서 $x^2-25=11$

$x^2-36=0$, $(x+6)(x-6)=0$

$\therefore x=-6$ 또는 $x=6$

⑤ $12x^2+8x+5=4-4x^2$에서

$16x^2+8x+1=0$, $(4x+1)^2=0$

$\therefore x=-\frac{1}{4}$

따라서 중근을 갖는 것은 ①, ⑤이다.

06 답 12

$x^2+12x+36=0$에서 $(x+6)^2=0$

$\therefore x=-6 \quad \therefore p=-6$

따라서 $x^2+8x+a=0$의 한 근이 $x=-6$이므로

$(-6)^2+8\times(-6)+a=0$

$\therefore a=12$

07 답 ①

$x^2+4x+7-3k=0$이 중근을 가지므로

$7-3k=\left(\frac{4}{2}\right)^2$, $-3k=-3$

$\therefore k=1$

한번 더! 기본 문제 (개념 26~28)

본문 82쪽

01 ①, ③ **02** ④ **03** -13 **04** ④
05 -7 **06** 20

01 답 ①, ③

① $x^2-6x=5$에서 $x^2-6x-5=0$

③ $2x^2+1=5x^2-4x$에서 $-3x^2+4x+1=0$

④ $x^2=x^2-x+6$에서 $x-6=0$

⑤ $3x^2-2x-1=x(3x+5)$에서 $3x^2-2x-1=3x^2+5x$

$\therefore -7x-1=0$

따라서 이차방정식인 것은 ①, ③이다.

02 답 ④

① $0\times(0-2)=0$

② $(-4+4)^2=0$

③ $(3+2)\times(3-3)=0$

④ $(-2)^2-4\times(-2)-5=7\neq0$

⑤ $4^2-4-12=0$

따라서 [ ] 안의 수가 주어진 이차방정식의 해가 아닌 것은 ④이다.

03 답 -13

$x^2+5x+4=0$에 $x=a$를 대입하면

$a^2+5a+4=0$, $a^2+5a=-4$

$\therefore 2a^2+10a-5=2(a^2+5a)-5=2\times(-4)-5=-13$

04 답 ④

$5x^2-17x=-6$에서 $5x^2-17x+6=0$

$(5x-2)(x-3)=0 \quad \therefore x=\frac{2}{5}$ 또는 $x=3$

따라서 $\frac{2}{5}$와 3 사이에 있는 정수는 1, 2이므로 구하는 합은

$1+2=3$

05 답 -7

$x^2-ax+6=0$에 $x=-3$을 대입하면

$(-3)^2-a\times(-3)+6=0$

$3a=-15 \quad \therefore a=-5$

즉, 주어진 이차방정식은 $x^2+5x+6=0$이므로

$(x+3)(x+2)=0 \quad \therefore x=-3$ 또는 $x=-2$

따라서 $b=-2$이므로

$a+b=-5+(-2)=-7$

06 답 20

$x^2-16x+5k+4=0$이 중근을 가지므로

$5k+4=\left(\frac{-16}{2}\right)^2$, $5k=60$

$\therefore k=12$

즉, 주어진 방정식은 $x^2-16x+64=0$이므로

$(x-8)^2=0 \quad \therefore x=8$

$\therefore a=8$

$\therefore a+k=8+12=20$

본문 83~84쪽

개념 29 제곱근 또는 완전제곱식을 이용한 이차방정식의 풀이

01 답 (1) $\sqrt{q}$ (2) p (3) 완전제곱식

02 답 (1) $x=\pm\sqrt{5}$ (2) $x=\pm3\sqrt{2}$ (3) $x=\pm\frac{5}{2}$
(4) $\sqrt{2}$, $1\pm\sqrt{2}$ (5) $x=-4\pm\sqrt{7}$ (6) $x=5\pm\sqrt{5}$
(7) $x=-2\pm2\sqrt{3}$ (8) $x=-6\pm2\sqrt{2}$ (9) $x=8\pm2\sqrt{5}$

(3) $4x^2-5=20$에서 $4x^2=25$

$x^2=\frac{25}{4} \quad \therefore x=\pm\frac{5}{2}$

(5) $(x+4)^2=7$에서 $x+4=\pm\sqrt{7}$

$\therefore x=-4\pm\sqrt{7}$

(6) $2(x-5)^2=10$에서 $(x-5)^2=5$

$x-5=\pm\sqrt{5} \quad \therefore x=5\pm\sqrt{5}$

(7) $3(x+2)^2=36$에서 $(x+2)^2=12$

$x+2=\pm2\sqrt{3} \quad \therefore x=-2\pm2\sqrt{3}$

(8) $4(x+6)^2=32$에서 $(x+6)^2=8$

$x+6=\pm2\sqrt{2} \quad \therefore x=-6\pm2\sqrt{2}$

(9) $6(x-8)^2=120$에서 $(x-8)^2=20$

$x-8=\pm2\sqrt{5} \quad \therefore x=8\pm2\sqrt{5}$

03 답 (1) 4, 4, 2, 6, $2\pm\sqrt{6}$
(2) 9, 9, 3, 13, $-3\pm\sqrt{13}$

04 답 (1) $x=-4\pm\sqrt{7}$ (2) $x=-7\pm5\sqrt{2}$
(3) $x=\frac{-5\pm\sqrt{13}}{2}$ (4) $x=-1\pm\sqrt{5}$
(5) $x=-6\pm\sqrt{31}$

(1) $x^2+8x+9=0$에서 $x^2+8x=-9$
$x^2+8x+16=-9+16$
$(x+4)^2=7$, $x+4=\pm\sqrt{7}$
$\therefore x=-4\pm\sqrt{7}$

(2) $x^2+14x-1=0$에서 $x^2+14x=1$
$x^2+14x+49=1+49$
$(x+7)^2=50$, $x+7=\pm5\sqrt{2}$
$\therefore x=-7\pm5\sqrt{2}$

(3) $2x^2+10x+6=0$에서
$x^2+5x+3=0$, $x^2+5x=-3$
$x^2+5x+\frac{25}{4}=-3+\frac{25}{4}$
$\left(x+\frac{5}{2}\right)^2=\frac{13}{4}$, $x+\frac{5}{2}=\pm\frac{\sqrt{13}}{2}$
$\therefore x=\frac{-5\pm\sqrt{13}}{2}$

(4) $4x^2+8x-16=0$에서
$x^2+2x-4=0$, $x^2+2x=4$
$x^2+2x+1=4+1$
$(x+1)^2=5$, $x+1=\pm\sqrt{5}$
$\therefore x=-1\pm\sqrt{5}$

(5) $5x^2+60x+25=0$에서
$x^2+12x+5=0$, $x^2+12x=-5$
$x^2+12x+36=-5+36$
$(x+6)^2=31$, $x+6=\pm\sqrt{31}$
$\therefore x=-6\pm\sqrt{31}$

05 답 ③

$5(x+3)^2=30$에서 $(x+3)^2=6$
$x+3=\pm\sqrt{6}$ $\therefore x=-3\pm\sqrt{6}$
따라서 $a=-3$, $b=6$이므로
$a+b=-3+6=3$

06 답 12

$(x-6)^2-3=0$에서 $(x-6)^2=3$
$x-6=\pm\sqrt{3}$ $\therefore x=6\pm\sqrt{3}$
따라서 두 근의 합은
$(6+\sqrt{3})+(6-\sqrt{3})=12$

07 답 $\frac{13}{4}$

$3x^2+9x-3=0$에서
$x^2+3x-1=0$, $x^2+3x=1$
$x^2+3x+\frac{9}{4}=1+\frac{9}{4}$ $\therefore \left(x+\frac{3}{2}\right)^2=\frac{13}{4}$
$\therefore k=\frac{13}{4}$

08 답 ③

$4x^2+8x+1=0$에서 $x^2+2x+\frac{1}{4}=0$
$x^2+\boxed{2}x=\boxed{-\frac{1}{4}}$, $x^2+2x+1=-\frac{1}{4}+1$
$(x+\boxed{1})^2=\boxed{\frac{3}{4}}$, $x+1=\pm\frac{\sqrt{3}}{2}$
$\therefore x=\boxed{-1\pm\frac{\sqrt{3}}{2}}$
따라서 옳지 않은 것은 ③이다.

본문 85~86쪽

개념 30 이차방정식의 근의 공식

01 답 (1) $-b$, b^2-4ac, b^2-4ac, 근의 공식
(2) $-b'$, b'^2-ac, b'^2-ac

02 답 -3, -3, $\frac{3\pm\sqrt{17}}{4}$

03 답 (1) $x=\frac{-1\pm\sqrt{13}}{2}$ (2) $x=\frac{-5\pm\sqrt{17}}{2}$
(3) $x=\frac{9\pm\sqrt{57}}{2}$ (4) $x=\frac{-13\pm\sqrt{89}}{2}$
(5) $x=\frac{7\pm\sqrt{13}}{6}$ (6) $x=\frac{-3\pm\sqrt{41}}{8}$
(7) $x=\frac{1\pm\sqrt{29}}{14}$ (8) $x=\frac{-9\pm\sqrt{17}}{16}$

(1) $x=\frac{-1\pm\sqrt{1^2-4\times1\times(-3)}}{2\times1}=\frac{-1\pm\sqrt{13}}{2}$

(2) $x=\frac{-5\pm\sqrt{5^2-4\times1\times2}}{2\times1}=\frac{-5\pm\sqrt{17}}{2}$

(3) $x=\frac{-(-9)\pm\sqrt{(-9)^2-4\times1\times6}}{2\times1}=\frac{9\pm\sqrt{57}}{2}$

(4) $x=\frac{-13\pm\sqrt{13^2-4\times1\times20}}{2\times1}=\frac{-13\pm\sqrt{89}}{2}$

(5) $x=\frac{-(-7)\pm\sqrt{(-7)^2-4\times3\times3}}{2\times3}=\frac{7\pm\sqrt{13}}{6}$

(6) $x=\frac{-3\pm\sqrt{3^2-4\times4\times(-2)}}{2\times4}=\frac{-3\pm\sqrt{41}}{8}$

(7) $x=\frac{-(-1)\pm\sqrt{(-1)^2-4\times7\times(-1)}}{2\times7}=\frac{1\pm\sqrt{29}}{14}$

(8) $x=\frac{-9\pm\sqrt{9^2-4\times8\times2}}{2\times8}=\frac{-9\pm\sqrt{17}}{16}$

04 답 -5, 3, $\frac{5\pm\sqrt{13}}{4}$

05 답 (1) $x=1\pm\sqrt{7}$ (2) $x=-2\pm\sqrt{6}$
(3) $x=3\pm\sqrt{17}$ (4) $x=-5\pm3\sqrt{2}$
(5) $x=\frac{2\pm\sqrt{2}}{2}$ (6) $x=\frac{4\pm2\sqrt{7}}{3}$
(7) $x=\frac{-6\pm\sqrt{66}}{6}$ (8) $x=\frac{-7\pm\sqrt{19}}{10}$

(1) $x=-(-1)\pm\sqrt{(-1)^2-1\times(-6)}=1\pm\sqrt{7}$
(2) $x=-2\pm\sqrt{2^2-1\times(-2)}=-2\pm\sqrt{6}$
(3) $x=-(-3)\pm\sqrt{(-3)^2-1\times(-8)}=3\pm\sqrt{17}$
(4) $x=-5\pm\sqrt{5^2-1\times7}=-5\pm3\sqrt{2}$
(5) $x=\frac{-(-2)\pm\sqrt{(-2)^2-2\times1}}{2}=\frac{2\pm\sqrt{2}}{2}$
(6) $x=\frac{-(-4)\pm\sqrt{(-4)^2-3\times(-4)}}{3}=\frac{4\pm2\sqrt{7}}{3}$
(7) $x=\frac{-6\pm\sqrt{6^2-6\times(-5)}}{6}=\frac{-6\pm\sqrt{66}}{6}$
(8) $x=\frac{-7\pm\sqrt{7^2-10\times3}}{10}=\frac{-7\pm\sqrt{19}}{10}$

06 답 ②

$9x^2-6x-2=0$에서
$x=\frac{-(-3)\pm\sqrt{(-3)^2-9\times(-2)}}{9}=\frac{3\pm\sqrt{27}}{9}$
$=\frac{3\pm3\sqrt{3}}{9}=\frac{1\pm\sqrt{3}}{3}$
따라서 $a=1$, $b=3$이므로
$a+b=1+3=4$

07 답 $\frac{\sqrt{13}}{3}$

$3x^2+5x+1=0$에서
$x=\frac{-5\pm\sqrt{5^2-4\times3\times1}}{2\times3}=\frac{-5\pm\sqrt{13}}{6}$
따라서 $\alpha=\frac{-5+\sqrt{13}}{6}$, $\beta=\frac{-5-\sqrt{13}}{6}$이므로
$\alpha-\beta=\frac{-5+\sqrt{13}}{6}-\left(\frac{-5-\sqrt{13}}{6}\right)=\frac{\sqrt{13}}{3}$

08 답 ④

$2x^2-10x+k=0$에서
$x=\frac{-(-5)\pm\sqrt{(-5)^2-2\times k}}{2}=\frac{5\pm\sqrt{25-2k}}{2}$
따라서 $25-2k=11$이므로 $-2k=-14$
$\therefore k=7$

본문 87~88쪽

개념 31 여러 가지 이차방정식의 풀이

01 답 (1) 곱셈 공식 (2) 10 (3) 최소공배수

02 답 x^2-x-2, x^2+x-6, 3, 2, -3, 2

03 답 (1) $x=0$ 또는 $x=-5$ (2) $x=-\frac{2}{3}$ 또는 $x=2$
(3) $x=-4\pm\sqrt{30}$

(1) $(x+3)^2=x+9$에서 $x^2+6x+9=x+9$
$x^2+5x=0$, $x(x+5)=0$
$\therefore x=0$ 또는 $x=-5$
(2) $3x(x-4)=4(1-2x)$에서 $3x^2-12x=4-8x$
$3x^2-4x-4=0$, $(3x+2)(x-2)=0$
$\therefore x=-\frac{2}{3}$ 또는 $x=2$
(3) $6(x-1)^2=5(x-2)^2$에서
$6(x^2-2x+1)=5(x^2-4x+4)$
$6x^2-12x+6=5x^2-20x+20$, $x^2+8x-14=0$
$\therefore x=-4\pm\sqrt{4^2-1\times(-14)}=-4\pm\sqrt{30}$

04 답 (1) 10, x^2+3x+2, 2, 1, -2, -1
(2) 6, $2x^2+7x+3$, 3, 1, -3, $-\frac{1}{2}$

05 답 (1) $x=-\frac{5}{2}$ 또는 $x=2$ (2) $x=\frac{9\pm\sqrt{21}}{6}$
(3) $x=-2$ 또는 $x=15$ (4) $x=\frac{-1\pm\sqrt{33}}{4}$
(5) $x=\frac{1}{3}$ 또는 $x=\frac{4}{3}$ (6) $x=\frac{11\pm2\sqrt{19}}{5}$

(1) 양변에 10을 곱하면
$2x^2+x-10=0$, $(2x+5)(x-2)=0$
$\therefore x=-\frac{5}{2}$ 또는 $x=2$
(2) 양변에 10을 곱하면
$3x^2-9x+5=0$
$\therefore x=\frac{-(-9)\pm\sqrt{(-9)^2-4\times3\times5}}{2\times3}=\frac{9\pm\sqrt{21}}{6}$
(3) 양변에 100을 곱하면
$x^2-13x-30=0$, $(x+2)(x-15)=0$
$\therefore x=-2$ 또는 $x=15$
(4) 양변에 4를 곱하면
$2x^2+x-4=0$
$\therefore x=\frac{-1\pm\sqrt{1^2-4\times2\times(-4)}}{2\times2}=\frac{-1\pm\sqrt{33}}{4}$
(5) 양변에 30을 곱하면
$9x^2-15x+4=0$, $(3x-1)(3x-4)=0$
$\therefore x=\frac{1}{3}$ 또는 $x=\frac{4}{3}$
(6) 양변에 15를 곱하면
$5(x^2-2x)=3(4x-3)$
$5x^2-10x=12x-9$, $5x^2-22x+9=0$
$\therefore x=\frac{-(-11)\pm\sqrt{(-11)^2-5\times9}}{5}=\frac{11\pm2\sqrt{19}}{5}$

06 답 $A^2-4A-12$, 2, 6, -2, 6, -2, 6, -3, 5

07 답 (1) $x=3$ 또는 $x=6$ (2) $x=9$ 또는 $x=2$
(3) $x=-9$ (4) $x=-\frac{1}{2}$ 또는 $x=4$

(1) $x-2=A$로 놓으면
$A^2-5A+4=0$, $(A-1)(A-4)=0$
$\therefore A=1$ 또는 $A=4$
즉, $x-2=1$ 또는 $x-2=4$이므로
$x=3$ 또는 $x=6$

(2) $4-x=A$로 놓으면
$A^2+3A-10=0$, $(A+5)(A-2)=0$
$\therefore A=-5$ 또는 $A=2$
즉, $4-x=-5$ 또는 $4-x=2$이므로
$x=9$ 또는 $x=2$

(3) $x+5=A$로 놓으면
$A^2+8A+16=0$, $(A+4)^2=0$
$\therefore A=-4$
즉, $x+5=-4$이므로 $x=-9$

(4) $x-1=A$로 놓으면
$2A^2-3A-9=0$, $(2A+3)(A-3)=0$
$\therefore A=-\frac{3}{2}$ 또는 $A=3$
즉, $x-1=-\frac{3}{2}$ 또는 $x-1=3$이므로
$x=-\frac{1}{2}$ 또는 $x=4$

08 답 ④

$7(x-1)^2+5x=(2x+1)(3x-2)$에서
$7x^2-14x+7+5x=6x^2-x-2$, $x^2-8x+9=0$
$\therefore x=-(-4)\pm\sqrt{(-4)^2-1\times9}=4\pm\sqrt{7}$

09 답 ①

$0.5x+\frac{1}{4}=-\frac{1}{8}x^2$에서 $\frac{1}{8}x^2+\frac{1}{2}x+\frac{1}{4}=0$
양변에 8을 곱하면
$x^2+4x+2=0$
$\therefore x=-2\pm\sqrt{2^2-1\times2}=-2\pm\sqrt{2}$
따라서 두 근의 곱은
$(-2+\sqrt{2})\times(-2-\sqrt{2})=4-2=2$

10 답 $-\frac{1}{3}$

$3x+2=A$로 놓으면
$A^2-3A-10=0$, $(A+2)(A-5)=0$
$\therefore A=-2$ 또는 $A=5$
즉, $3x+2=-2$ 또는 $3x+2=5$이므로
$x=-\frac{4}{3}$ 또는 $x=1$
따라서 $\alpha=-\frac{4}{3}$, $\beta=1$ 또는 $\alpha=1$, $\beta=-\frac{4}{3}$이므로
$\alpha+\beta=-\frac{4}{3}+1=-\frac{1}{3}$

한번 더! 기본 문제 (개념 29~31)

본문 89쪽

01 ② **02** 18 **03** ④ **04** -1
05 ① **06** ③

01 답 ②

$(x-4)^2-3=0$에서 $(x-4)^2=3$
$x-4=\pm\sqrt{3}$ $\therefore x=4\pm\sqrt{3}$
따라서 두 근의 차는
$(4+\sqrt{3})-(4-\sqrt{3})=2\sqrt{3}$

02 답 18

$2x^2+8x+5=0$에서 $x^2+4x+\frac{5}{2}=0$
$x^2+4x=-\frac{5}{2}$, $x^2+4x+4=-\frac{5}{2}+4$
$(x+2)^2=\frac{3}{2}$, $x+2=\pm\frac{\sqrt{6}}{2}$
$\therefore x=-2\pm\frac{\sqrt{6}}{2}$
따라서 $a=2$, $b=\frac{3}{2}$, $c=6$이므로
$abc=2\times\frac{3}{2}\times6=18$

03 답 ④

$3x^2-8x+1=0$에서
$x=\frac{-(-4)\pm\sqrt{(-4)^2-3\times1}}{3}=\frac{4\pm\sqrt{13}}{3}$
따라서 $a=\frac{4+\sqrt{13}}{3}$이므로
$3a-\sqrt{13}=3\times\frac{4+\sqrt{13}}{3}-\sqrt{13}=4+\sqrt{13}-\sqrt{13}=4$

04 답 -1

$5x^2+4x+a=0$에서
$x=\frac{-2\pm\sqrt{2^2-5\times a}}{5}=\frac{-2\pm\sqrt{4-5a}}{5}$
즉, $-2=b$, $4-5a=19$이므로
$a=-3$, $b=-2$
$\therefore a-b=-3-(-2)=-1$

05 답 ①

양변에 12를 곱하면
$9x^2-14x+5=0$, $(9x-5)(x-1)=0$
$\therefore x=\frac{5}{9}$ 또는 $x=1$

06 답 ③

$x+5=A$로 놓으면

$\frac{1}{2}A^2+0.4A=0.1$

$\frac{1}{2}A^2+\frac{2}{5}A-\frac{1}{10}=0$

양변에 10을 곱하면

$5A^2+4A-1=0$, $(A+1)(5A-1)=0$

$\therefore A=-1$ 또는 $A=\frac{1}{5}$

즉, $x+5=-1$ 또는 $x+5=\frac{1}{5}$이므로

$x=-6$ 또는 $x=-\frac{24}{5}$

따라서 정수인 해는 $x=-6$이다.

본문 90~91쪽

개념 32 이차방정식의 근의 개수 / 이차방정식 구하기

01 답 (1) ① 서로 다른 두 근 ② 중근 ③ 근이 없다
(2) a, β (3) a

02 답

$ax^2+bx+c=0$	b^2-4ac의 값	근의 개수
$x^2+3x+1=0$	5	2개
$x^2-4x+5=0$	-4	0개
$9x^2-6x+1=0$	0	1개
$3x^2-5x+4=0$	-23	0개
$2x^2+x-7=0$	57	2개
$4x^2+20x+25=0$	0	1개

03 답 (1) ① $k<4$ ② $k=4$ ③ $k>4$
(2) ① $k>-3$ ② $k=-3$ ③ $k<-3$
(3) ① $k<\frac{1}{5}$ ② $k=\frac{1}{5}$ ③ $k>\frac{1}{5}$

(1) $(-4)^2-4\times1\times k=16-4k$
① $16-4k>0$이므로 $k<4$
② $16-4k=0$이므로 $k=4$
③ $16-4k<0$이므로 $k>4$

(2) $6^2-4\times3\times(-k)=36+12k$
① $36+12k>0$이므로 $k>-3$
② $36+12k=0$이므로 $k=-3$
③ $36+12k<0$이므로 $k<-3$

(3) $(-2)^2-4\times5\times k=4-20k$
① $4-20k>0$이므로 $k<\frac{1}{5}$
② $4-20k=0$이므로 $k=\frac{1}{5}$
③ $4-20k<0$이므로 $k>\frac{1}{5}$

04 답 (1) $x^2-6x+8=0$ (2) $x^2-3x-18=0$
(3) $-x^2-6x-5=0$ (4) $2x^2+2x-24=0$
(5) $3x^2+6x=0$ (6) $10x^2-7x+1=0$
(7) $12x^2+x-\frac{1}{2}=0$

(1) 두 근이 2, 4이고 x^2의 계수가 1인 이차방정식은
$(x-2)(x-4)=0$ $\therefore x^2-6x+8=0$

(2) 두 근이 -3, 6이고 x^2의 계수가 1인 이차방정식은
$(x+3)(x-6)=0$ $\therefore x^2-3x-18=0$

(3) 두 근이 -1, -5이고 x^2의 계수가 -1인 이차방정식은
$-(x+1)(x+5)=0$, $-(x^2+6x+5)=0$
$\therefore -x^2-6x-5=0$

(4) 두 근이 -4, 3이고 x^2의 계수가 2인 이차방정식은
$2(x+4)(x-3)=0$, $2(x^2+x-12)=0$
$\therefore 2x^2+2x-24=0$

(5) 두 근이 -2, 0이고 x^2의 계수가 3인 이차방정식은
$3x(x+2)=0$ $\therefore 3x^2+6x=0$

(6) 두 근이 $\frac{1}{2}$, $\frac{1}{5}$이고 x^2의 계수가 10인 이차방정식은
$10\left(x-\frac{1}{2}\right)\left(x-\frac{1}{5}\right)=0$, $10\left(x^2-\frac{7}{10}x+\frac{1}{10}\right)=0$
$\therefore 10x^2-7x+1=0$

(7) 두 근이 $-\frac{1}{4}$, $\frac{1}{6}$이고 x^2의 계수가 12인 이차방정식은
$12\left(x+\frac{1}{4}\right)\left(x-\frac{1}{6}\right)=0$, $12\left(x^2+\frac{1}{12}x-\frac{1}{24}\right)=0$
$\therefore 12x^2+x-\frac{1}{2}=0$

05 답 (1) $x^2+6x+9=0$ (2) $-x^2+8x-16=0$
(3) $4x^2+16x+16=0$ (4) $-9x^2+6x-1=0$

(1) 중근이 -3이고 x^2의 계수가 1인 이차방정식은
$(x+3)^2=0$ $\therefore x^2+6x+9=0$

(2) 중근이 4이고 x^2의 계수가 -1인 이차방정식은
$-(x-4)^2=0$, $-(x^2-8x+16)=0$
$\therefore -x^2+8x-16=0$

(3) 중근이 -2이고 x^2의 계수가 4인 이차방정식은
$4(x+2)^2=0$, $4(x^2+4x+4)=0$
$\therefore 4x^2+16x+16=0$

(4) 중근이 $\frac{1}{3}$이고 x^2의 계수가 -9인 이차방정식은
$-9\left(x-\frac{1}{3}\right)^2=0$, $-9\left(x^2-\frac{2}{3}x+\frac{1}{9}\right)=0$
$\therefore -9x^2+6x-1=0$

06 답 ④

① $(-6)^2-4\times1\times5=16>0$이므로 근의 개수는 2개이다.
② $(-4)^2-4\times2\times(-3)=40>0$이므로 근의 개수는 2개이다.
③ $(-2)^2-4\times5\times(-1)=24>0$이므로 근의 개수는 2개이다.
④ $1^2-4\times6\times2=-47<0$이므로 근의 개수는 0개이다.

⑤ $3^2-4\times9\times\left(-\frac{1}{4}\right)=18>0$이므로 근의 개수는 2개이다.

따라서 근의 개수가 나머지 넷과 다른 하나는 ④이다.

07 답 ②

$6^2-4\times1\times(k-3)\geq0$이어야 하므로

$36-4k+12\geq0$, $-4k\geq-48$

$\therefore k\leq12$

08 답 ④

두 근이 -2, 4이고 x^2의 계수가 3인 이차방정식은

$3(x+2)(x-4)=0$, $3(x^2-2x-8)=0$

$\therefore 3x^2-6x-24=0$

따라서 $A=-6$, $B=-24$이므로

$A-B=-6-(-24)=18$

다른 풀이

이차방정식 $3x^2+Ax+B=0$의 두 근이 -2, 4이므로

$x=-2$를 대입하면

$12-2A+B=0$ $\therefore -2A+B=-12$ ⋯ ㉠

$x=4$를 대입하면

$48+4A+B=0$ $\therefore 4A+B=-48$ ⋯ ㉡

㉠, ㉡을 연립하여 풀면

$A=-6$, $B=-24$

본문 92~93쪽

개념 33 이차방정식의 활용 (1)

01 답 $x+1$, $x+1$, 16, 15, -16, 15, 15, 15, 16, 15, 16

02 답 (1) $x+2$ (2) $x^2+(x+2)^2=244$
(3) $x=-12$ 또는 $x=10$ (4) 10, 12

(3) $x^2+(x+2)^2=244$에서 $x^2+(x^2+4x+4)=244$

$2x^2+4x-240=0$, $x^2+2x-120=0$

$(x+12)(x-10)=0$

$\therefore x=-12$ 또는 $x=10$

(4) x는 자연수이므로 $x=10$

따라서 구하는 두 짝수는 10, 12이다.

03 답 $x+4$, $x+4$, 3, 12, -3, 12, 12, 12, 12, 12

04 답 (1) $(x-3)$세 (2) $8x=(x-3)^2+4$
(3) $x=1$ 또는 $x=13$ (4) 13세

(3) $8x=(x-3)^2+4$에서 $8x=(x^2-6x+9)+4$

$x^2-14x+13=0$, $(x-1)(x-13)=0$

$\therefore x=1$ 또는 $x=13$

(4) $x>3$이므로 $x=13$

따라서 윤서의 나이는 13세이다.

05 답 5

어떤 자연수를 x라 하면

$x^2=3x+10$, $x^2-3x-10=0$

$(x+2)(x-5)=0$

$\therefore x=-2$ 또는 $x=5$

그런데 x는 자연수이므로 $x=5$

따라서 구하는 자연수는 5이다.

06 답 ②

어떤 자연수를 x라 하면

$2x=x^2-24$, $x^2-2x-24=0$

$(x+4)(x-6)=0$

$\therefore x=-4$ 또는 $x=6$

그런데 x는 자연수이므로 $x=6$

따라서 구하는 자연수는 6이다.

07 답 ②

연속하는 세 자연수를 $x-1$, x, $x+1$이라 하면

$(x-1)^2+x^2+(x+1)^2=302$

$3x^2=300$, $x^2=100$

$\therefore x=-10$ 또는 $x=10$

그런데 $x>1$이므로 $x=10$

따라서 연속하는 세 자연수는 9, 10, 11이므로 가장 작은 자연수는 9이다.

08 답 17세

아들의 나이를 x세라 하면 어머니의 나이는 $(x+33)$세이므로

$x^2=6(x+33)-11$, $x^2-6x-187=0$

$(x+11)(x-17)=0$

$\therefore x=-11$ 또는 $x=17$

그런데 $x>0$이므로 $x=17$

따라서 아들의 나이는 17세이다.

09 답 ③

현우의 생일을 10월 x일이라 하면 민지의 생일은 10월 $(x-7)$일이므로

$x(x-7)=260$, $x^2-7x-260=0$

$(x+13)(x-20)=0$

$\therefore x=-13$ 또는 $x=20$

그런데 $x>7$이므로 $x=20$

따라서 현우의 생일은 10월 20일이다.

10 답 13명

학생 수를 x명이라 하면 한 학생이 받는 쿠키의 개수는 $(x-5)$개이므로

$x(x-5)=104$, $x^2-5x-104=0$

$(x+8)(x-13)=0$

$\therefore x=-8$ 또는 $x=13$

그런데 $x>5$이므로 $x=13$

따라서 구하는 학생 수는 13명이다.

본문 94~95쪽

개념 34 이차방정식의 활용 (2)

01 답 0, 4, 4, 4, 4, 4

02 답 (1) $50x-5x^2=125$ (2) $x=5$ (3) 5초 후

(2) $50x-5x^2=125$에서 $5x^2-50x+125=0$

$x^2-10x+25=0$, $(x-5)^2=0$

$\therefore x=5$

03 답 $x+6$, $x+6$, 8, 8, 8, 8, 8

04 답 (1) $(x-5)$ cm (2) $\frac{1}{2}x(x-5)=63$

(3) $x=-9$ 또는 $x=14$ (4) 14 cm

(3) $\frac{1}{2}x(x-5)=63$에서 $x^2-5x=126$

$x^2-5x-126=0$, $(x+9)(x-14)=0$

$\therefore x=-9$ 또는 $x=14$

(4) $x>5$이므로 $x=14$

즉, 삼각형의 밑변의 길이는 14 cm이다.

05 답 2초 후

$40t-5t^2=60$에서 $5t^2-40t+60=0$

$t^2-8t+12=0$, $(t-2)(t-6)=0$

$\therefore t=2$ 또는 $t=6$

따라서 공이 처음으로 높이가 60 m인 지점을 지나는 것은 공을 쳐올린 지 2초 후이다.

06 답 ①

$-5t^2+30t+80=0$에서 $t^2-6t-16=0$

$(t+2)(t-8)=0$

$\therefore t=-2$ 또는 $t=8$

그런데 $t>0$이므로 $t=8$

따라서 물체가 지면에 떨어지는 것은 물체를 던져 올린 지 8초 후이다.

07 답 7 cm

사다리꼴의 높이를 x cm라 하면

$\frac{1}{2}\times(5+x)\times x=42$, $\frac{1}{2}x^2+\frac{5}{2}x-42=0$

$x^2+5x-84=0$, $(x+12)(x-7)=0$

$\therefore x=-12$ 또는 $x=7$

그런데 $x>0$이므로 $x=7$

따라서 사다리꼴의 높이는 7 cm이다.

08 답 ②

정사각형의 한 변의 길이를 x cm라 하면

$(x+5)(x-4)=70$, $x^2+x-20=70$

$x^2+x-90=0$, $(x+10)(x-9)=0$

$\therefore x=-10$ 또는 $x=9$

그런데 $x>0$이므로 $x=9$

따라서 처음 정사각형의 한 변의 길이는 9 cm이므로 둘레의 길이는 $4\times9=36$(cm)이다.

09 답 6 cm

큰 정사각형의 한 변의 길이를 x cm라 하면 작은 정사각형의 한 변의 길이는 $(10-x)$ cm이므로

$x^2+(10-x)^2=52$, $2x^2-20x+48=0$

$x^2-10x+24=0$, $(x-4)(x-6)=0$

$\therefore x=4$ 또는 $x=6$

그런데 $5<x<10$이므로 $x=6$

따라서 큰 정사각형의 한 변의 길이는 6 cm이다.

10 답 3

길을 제외한 논의 넓이는 가로의 길이가 $(20-x)$ m, 세로의 길이가 $(16-x)$ m인 직사각형의 넓이와 같으므로

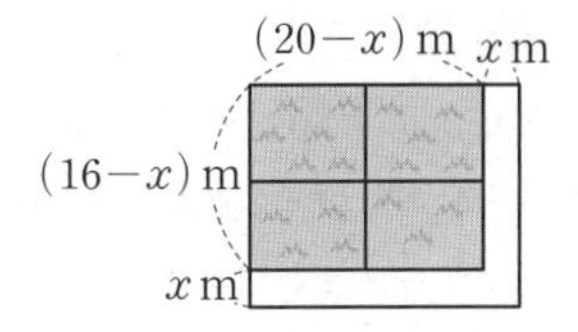

$(20-x)(16-x)=221$

$x^2-36x+320=221$, $x^2-36x+99=0$

$(x-3)(x-33)=0$

$\therefore x=3$ 또는 $x=33$

그런데 $0<x<16$이므로 $x=3$

한번 더! 기본 문제 (개념 32~34)

본문 96쪽

01 ⑤	**02** 30	**03** ④	**04** ①
05 2초 후	**06** 96 cm^3		

01 답 ⑤

$(-4)^2-4\times3\times p>0$이어야 하므로

$16-12p>0$, $-12p>-16$

$\therefore p<\frac{4}{3}$

따라서 p의 값이 될 수 없는 것은 ⑤이다.

02 답 30

중근 -5를 갖고 x^2의 계수가 2인 이차방정식은

$2(x+5)^2=0$ $\therefore 2x^2+20x+50=0$

따라서 $A=20$, $5B=50$이므로 $B=10$

$\therefore A+B=20+10=30$

03 답 ④

연속하는 세 자연수를 $x-1$, x, $x+1$이라 하면

$6\{(x+1)+(x-1)\}+13=x^2$

$x^2-12x-13=0$, $(x+1)(x-13)=0$

$\therefore x=-1$ 또는 $x=13$

그런데 $x>1$이므로 $x=13$

따라서 연속하는 세 자연수는 12, 13, 14이므로 가장 큰 수는 14이다.

04 답 ①

여행 날짜를 $(x-1)$일, x일, $(x+1)$일이라 하면

$(x-1)^2+x^2+(x+1)^2=110$

$3x^2-108=0$, $x^2-36=0$

$(x+6)(x-6)=0$

$\therefore x=-6$ 또는 $x=6$

그런데 $x>1$이므로 $x=6$

따라서 여행 날짜는 5일, 6일, 7일이므로 여행을 시작하는 날짜는 5일이다.

05 답 2초 후

$100-5t^2=80$에서 $5t^2-20=0$

$t^2-4=0$, $(t+2)(t-2)=0$

$\therefore t=-2$ 또는 $t=2$

그런데 $t>0$이므로 $t=2$

따라서 쇠공의 높이가 지면으로부터 80 m가 되는 것은 쇠공을 떨어뜨린 지 2초 후이다.

06 답 96cm^3

잘라 내는 정사각형의 한 변의 길이를 $x$cm라 하면

$(12-2x)(10-2x)=48$, $4x^2-44x+72=0$

$x^2-11x+18=0$, $(x-2)(x-9)=0$

$\therefore x=2$ 또는 $x=9$

그런데 $0<x<5$이므로 $x=2$

따라서 잘라 낸 정사각형의 한 변의 길이는 2cm이므로 상자의 부피는

$48\times2=96(\text{cm}^3)$

5. 이차함수와 그 그래프 (1)

본문 98~99쪽

개념 35 이차함수

01 답 (1) 이차함수 (2) k, ak^2+bk+c

02 답 (1) × (2) ○ (3) ○ (4) × (5) ○ (6) × (7) ○

(4) $y=x^2-(1-x)^2=-1+2x$이므로 이차함수가 아니다.

(5) $y=-2x(x+2)=-2x^2-4x$이므로 이차함수이다.

03 답 (1) $y=3x$, 이차함수가 아니다.
(2) $y=2x^2+4x$, 이차함수이다.
(3) $y=x^2-10x$, 이차함수이다.
(4) $y=5x$, 이차함수가 아니다.
(5) $y=x^2+3x$, 이차함수이다.

(1) $y=3x$이므로 이차함수가 아니다.

(2) $y=(x+2)\times2x=2x^2+4x$이므로 이차함수이다.

(3) $y=x(x-10)=x^2-10x$이므로 이차함수이다.

(4) $y=5x$이므로 이차함수가 아니다.

(5) $y=x(x+3)=x^2+3x$이므로 이차함수이다.

04 답 (1) 5 (2) 4 (3) 13

(1) $f(0)=0^2-2\times0+5=5$

(2) $f(1)=1^2-2\times1+5=4$

(3) $f(-2)=(-2)^2-2\times(-2)+5=13$

05 답 (1) 5 (2) 0 (3) -14 (4) -4 (5) -13

(1) $f(2)=2^2+1=5$

(2) $f(-1)=3\times(-1)^2+(-1)-2=0$

(3) $f(4)=-4^2+\frac{4}{2}=-14$

(4) $f(1)=\frac{3}{5}\times1^2-1=-\frac{2}{5}$이므로

$10f(1)=10\times\left(-\frac{2}{5}\right)=-4$

(5) $f(-2)=-4\times(-2)^2-3\times(-2)+2=-8$,

$f(1)=-4\times1^2-3\times1+2=-5$

이므로 $f(-2)+f(1)=-8+(-5)=-13$

06 답 ③

② $y=(3x-2)^2-5=9x^2-12x-1$이므로 이차함수이다.

④ $y=5x(x-3)=5x^2-15x$이므로 이차함수이다.

⑤ $y=(x-3)(x-2)=x^2-5x+6$이므로 이차함수이다.

따라서 이차함수가 아닌 것은 ③이다.

07 답 ㄱ, ㄴ, ㄷ

ㄱ. $y=\pi x^2$　　ㄴ. $y=(2x)^2\times6=24x^2$

ㄷ. $y=x^2$　　ㄹ. $y=8\times3x=24x$

따라서 이차함수인 것은 ㄱ, ㄴ, ㄷ이다.

08 답 18

$f(-2)=(-2)^2-5\times(-2)+11=25$

$f(1)=1^2-5\times1+11=7$

$\therefore f(-2)-f(1)=25-7=18$

09 답 ⑤

$f(-2)=4\times(-2)^2+a\times(-2)-5=-2a+11$

즉, $-2a+11=-3$이므로

$-2a=-14 \quad \therefore a=7$

본문 100~101쪽

개념 36 이차함수 $y=x^2$의 그래프

01 답 (1) 아래, 위 (2) y (3) 포물선 (4) 꼭짓점

02 답

x	…	-3	-2	-1	0	1	2	3	…
$y=x^2$	…	9	4	1	0	1	4	9	…

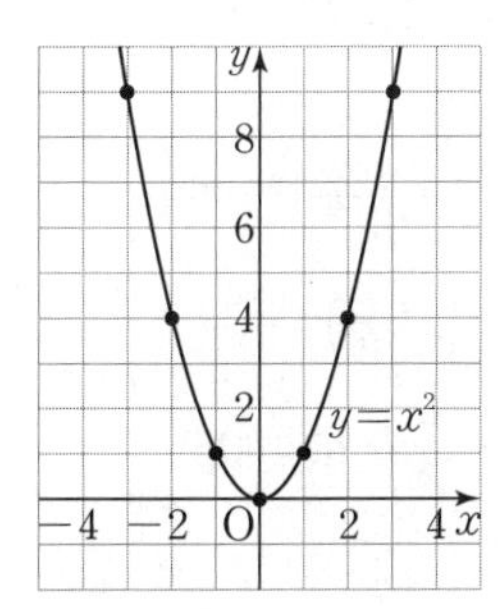

03 답

x	…	-3	-2	-1	0	1	2	3	…
$y=-x^2$	…	-9	-4	-1	0	-1	-4	-9	…

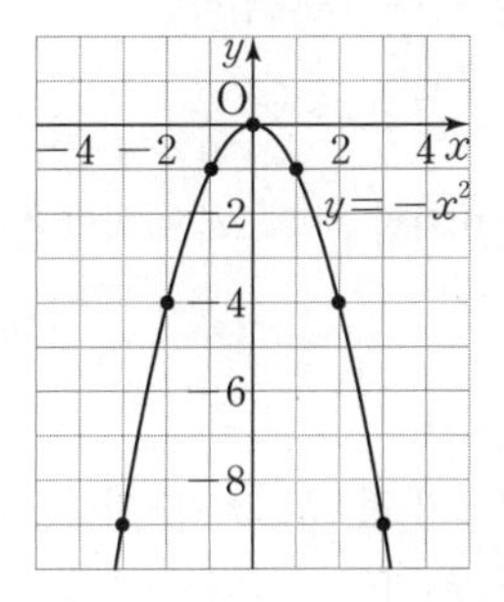

04 답 (1) $(0, 0)$ (2) $x=0$ (3) 제1사분면, 제2사분면
(4) $y=-x^2$

05 답 (1) × (2) ○ (3) × (4) × (5) ○ (6) ○ (7) × (8) ○

(1) 위로 볼록한 그래프이다.

(3) 축의 방정식은 $x=0$이다.

(4) $x>0$일 때, x의 값이 증가하면 y의 값은 감소한다.

(7) $y=-x^2$에 $x=-\frac{1}{3}$, $y=\frac{1}{9}$을 대입하면

$\frac{1}{9}\neq-\left(-\frac{1}{3}\right)^2$이므로 점 $\left(-\frac{1}{3}, \frac{1}{9}\right)$을 지나지 않는다.

06 답 ③

③ 이차함수 $y=x^2$의 그래프는 아래로 볼록한 포물선이다.

07 답 13

$y=x^2$의 그래프가 점 $(-3, a)$를 지나므로

$a=(-3)^2=9$

또 점 $(b, 16)$을 지나므로

$16=b^2 \quad \therefore b=4\,(\because b>0)$

$\therefore a+b=9+4=13$

08 답 $(6, -36)$, $(-6, -36)$

$y=-x^2$에 $y=-36$을 대입하면

$-36=-x^2$, $x^2=36$

$\therefore x=\pm6$

따라서 구하는 점의 좌표는

$(6, -36)$, $(-6, -36)$

본문 102~104쪽

개념 37 이차함수 $y=ax^2$의 그래프

01 답 (1) 아래, 위 (2) 좁아진다 (3) x축

02 답 (1)

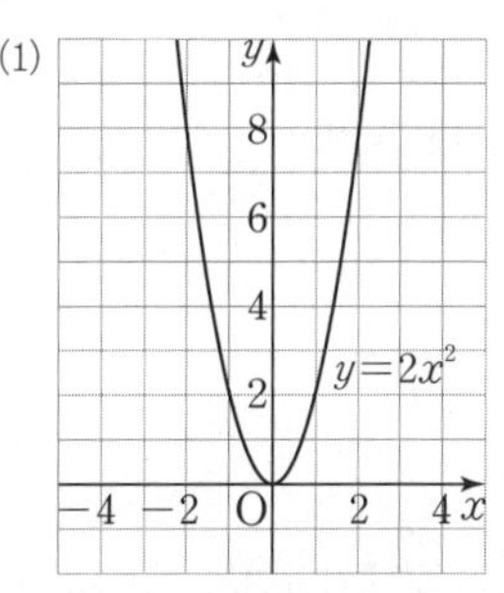

(2) $(0, 0)$, $x=0$ (3) $y=-2x^2$

03 답 (1)

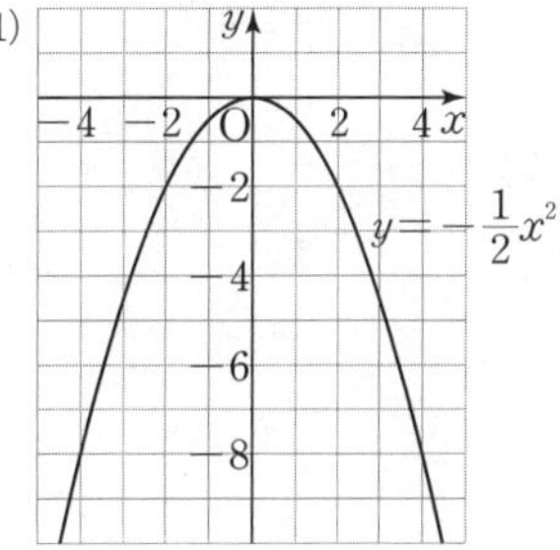

(2) $(0, 0)$, $x=0$ (3) $y=\frac{1}{2}x^2$

04 답 (1) ㉠, ㉡, ㉢ (2) ㉢, ㉡, ㉠ (3) ㉠, ㉢, ㉡

(1) ㉠, ㉡, ㉢의 그래프가 모두 아래로 볼록하므로 x^2의 계수가 양수이다. 이때 x^2의 계수의 절댓값이 클수록 그래프의 폭이 좁아지므로 상수 a의 값이 큰 것부터 차례로 나열하면 ㉠, ㉡, ㉢이다.

(2) ㉠, ㉡, ㉢의 그래프가 모두 위로 볼록하므로 x^2의 계수가 음수이다. 이때 x^2의 계수의 절댓값이 클수록 그래프의 폭이 좁아지므로 상수 a의 값이 큰 것부터 차례로 나열하면 ㉢, ㉡, ㉠이다.

(3) ㉠의 그래프는 아래로 볼록하므로 x^2의 계수가 양수이고, ㉡, ㉢의 그래프는 위로 볼록하므로 x^2의 계수가 음수이다. 이때 x^2의 계수의 절댓값이 클수록 그래프의 폭이 좁아지므로 상수 a의 값이 큰 것부터 차례로 나열하면 ㉠, ㉢, ㉡이다.

05 답 (1) ㄴ, ㄹ (2) ㄹ (3) ㄱ과 ㄴ (4) ㄱ, ㄷ

(1) x^2의 계수가 음수이면 그래프가 위로 볼록하므로 ㄴ, ㄹ이다.

(2) x^2의 계수의 절댓값이 작을수록 그래프의 폭이 넓어진다. 이때 x^2의 계수의 절댓값의 크기를 비교하면

$\left|-\frac{1}{5}\right|<\left|\frac{1}{4}\right|<|5|=|-5|$

이므로 그래프의 폭이 가장 넓은 것은 ㄹ이다.

(3) 두 이차함수의 그래프가 x축에 서로 대칭이면 x^2의 계수의 절댓값이 같고 부호가 반대이므로 ㄱ과 ㄴ이다.

(4) x^2의 계수가 양수이면 $x>0$일 때 x의 값이 증가하면 y의 값도 증가하므로 ㄱ, ㄷ이다.

06 답 (1) $\frac{1}{3}$ (2) -2

(1) $y=3x^2$에 $x=\frac{1}{3}$, $y=a$를 대입하면

$a=3\times\left(\frac{1}{3}\right)^2=\frac{1}{3}$

(2) $y=3x^2$에 $x=a$, $y=12$를 대입하면

$12=3a^2$, $a^2=4$

$\therefore a=-2$ ($\because a<0$)

07 답 (1) -16 (2) $\frac{1}{8}$

(1) $y=-4x^2$에 $x=-2$, $y=a$를 대입하면

$a=-4\times(-2)^2=-16$

(2) $y=-4x^2$에 $x=a$, $y=-\frac{1}{16}$을 대입하면

$-\frac{1}{16}=-4a^2$, $a^2=\frac{1}{64}$

$\therefore a=\frac{1}{8}$ ($\because a>0$)

08 답 (1) 4 (2) $-\frac{1}{3}$ (3) $\frac{2}{5}$

(1) $y=ax^2$에 $x=1$, $y=4$를 대입하면

$4=a\times1^2 \quad \therefore a=4$

(2) $y=ax^2$에 $x=-3$, $y=-3$을 대입하면

$-3=a\times(-3)^2 \quad \therefore a=-\frac{1}{3}$

(3) $y=ax^2$에 $x=\frac{1}{2}$, $y=\frac{1}{10}$을 대입하면

$\frac{1}{10}=a\times\left(\frac{1}{2}\right)^2 \quad \therefore a=\frac{2}{5}$

09 답 ⑤

⑤ $x>0$일 때, x의 값이 증가하면 y의 값도 증가한다.

10 답 ②, ③

두 이차함수의 그래프가 x축에 서로 대칭이면 x^2의 계수의 절댓값이 같고 부호가 반대이므로 ㄱ과 ㅂ, ㄴ과 ㄹ의 그래프가 각각 x축에 서로 대칭이다.

11 답 ③

그래프가 위로 볼록하므로 x^2의 계수가 음수이어야 한다.
이때 x^2의 계수의 절댓값이 작을수록 그래프의 폭이 넓어지므로 x^2의 계수 중 음수의 절댓값의 크기를 비교하면

$|-1|<\left|-\frac{5}{3}\right|<|-5|$

따라서 그래프가 위로 볼록하면서 폭이 가장 넓은 것은 ③이다.

12 답 ④

$y=-2x^2$에

① $x=-1$, $y=-2$를 대입하면

$-2=-2\times(-1)^2$

② $x=-\frac{1}{2}$, $y=-\frac{1}{2}$을 대입하면

$-\frac{1}{2}=-2\times\left(-\frac{1}{2}\right)^2$

③ $x=\frac{3}{2}$, $y=-\frac{9}{2}$를 대입하면

$-\frac{9}{2}=-2\times\left(\frac{3}{2}\right)^2$

④ $x=2$, $y=8$을 대입하면

$8\neq-2\times2^2$

⑤ $x=\frac{5}{2}$, $y=-\frac{25}{2}$를 대입하면

$-\frac{25}{2}=-2\times\left(\frac{5}{2}\right)^2$

따라서 주어진 이차함수의 그래프 위의 점이 아닌 것은 ④이다.

13 답 $\frac{1}{2}$

$y=6x^2$의 그래프가 점 $(k, 3k)$를 지나므로

$3k=6k^2$, $2k^2-k=0$

$k(2k-1)=0 \quad \therefore k=\frac{1}{2}$ ($\because k\neq0$)

14 답 $y=-\frac{3}{2}x^2$

구하는 이차함수의 식을 $y=ax^2$으로 놓으면 그래프가 점 $(2, -6)$을 지나므로

$-6=a\times2^2 \quad \therefore a=-\frac{3}{2}$

따라서 구하는 이차함수의 식은

$y=-\frac{3}{2}x^2$

한번 더! 기본 문제 (개념 35~37)

01 3개 **02** 8 **03** ③ **04** 2
05 ①, ⑤ **06** 20

01 답 3개

ㄷ. $2x^2+y=0$에서 $y=-2x^2$이므로 이차함수이다.

ㄹ. $y=2x(x+3)-2x^2=6x$이므로 이차함수가 아니다.

ㅁ. $y=\frac{x^2-4}{3}=\frac{1}{3}x^2-\frac{4}{3}$이므로 이차함수이다.

ㅂ. $y=9x^2-(3x+2)^2=-12x-4$이므로 이차함수가 아니다.

따라서 이차함수인 것은 ㄱ, ㄷ, ㅁ의 3개이다.

02 답 8

$f(-1)=(-1)^2+a\times(-1)+2a=a+1$

즉, $a+1=2$이므로 $a=1$

따라서 $f(x)=x^2+x+2$이므로

$f(2)=2^2+2+2=8$

03 답 ③

$y=ax^2$의 그래프의 폭은 $y=2x^2$의 그래프보다 넓고 $y=\frac{1}{3}x^2$의 그래프보다 좁으므로 $\frac{1}{3}<a<2$

따라서 상수 a의 값이 될 수 있는 것은 ③이다.

04 답 2

$y=-2x^2$의 그래프와 x축에 서로 대칭인 그래프의 식은

$y=2x^2$

이 그래프가 점 $(a, 4a)$를 지나므로

$4a=2a^2$, $a^2-2a=0$

$2a(a-2)=0$ $\therefore a=2\ (\because a>0)$

05 답 ①, ⑤

② 이차함수 $y=2x^2$의 그래프보다 폭이 넓다.

③ $y=-\frac{2}{3}x^2$에 $x=-3$, $y=6$을 대입하면

$6\neq-\frac{2}{3}\times(-3)^2$이므로 점 $(-3, 6)$을 지나지 않는다.

④ 이차함수 $y=\frac{2}{3}x^2$의 그래프와 x축에 서로 대칭이다.

따라서 옳은 것은 ①, ⑤이다.

06 답 20

$f(x)=ax^2$이라 하면 그래프가 점 $(2, 5)$를 지나므로

$5=a\times2^2$, $4a=5$ $\therefore a=\frac{5}{4}$

따라서 $f(x)=\frac{5}{4}x^2$이므로

$f(4)=\frac{5}{4}\times4^2=20$

개념 38 이차함수 $y=ax^2+q$의 그래프

01 답 (1) y, q (2) $x=0$ (3) $(0, q)$

02 답 (1) $y=2x^2+3$ (2) $y=-3x^2-1$ (3) $y=\frac{1}{4}x^2-2$
(4) $y=-\frac{3}{5}x^2+6$

03 답

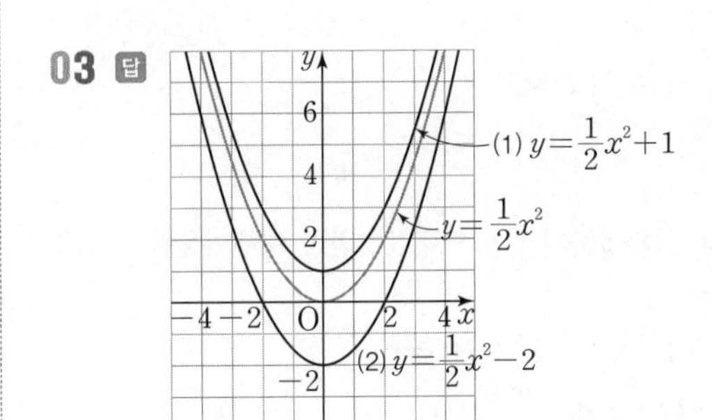

(1) $y=\frac{1}{2}x^2+1$의 그래프는 $y=\frac{1}{2}x^2$의 그래프를 y축의 방향으로 1만큼 평행이동한 것이다.

(2) $y=\frac{1}{2}x^2-2$의 그래프는 $y=\frac{1}{2}x^2$의 그래프를 y축의 방향으로 -2만큼 평행이동한 것이다.

04 답

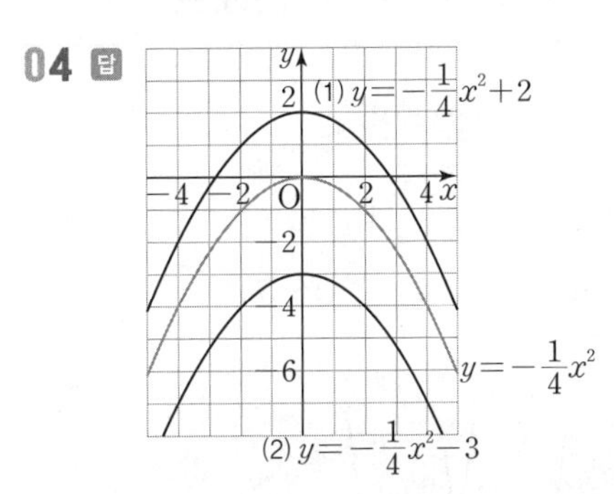

(1) $y=-\frac{1}{4}x^2+2$의 그래프는 $y=-\frac{1}{4}x^2$의 그래프를 y축의 방향으로 2만큼 평행이동한 것이다.

(2) $y=-\frac{1}{4}x^2-3$의 그래프는 $y=-\frac{1}{4}x^2$의 그래프를 y축의 방향으로 -3만큼 평행이동한 것이다.

05 답 (1) $x=0$, $(0, -5)$ (2) $x=0$, $(0, 2)$
(3) $x=0$, $(0, 3)$ (4) $x=0$, $\left(0, -\frac{1}{9}\right)$

06 답 (1) × (2) ○ (3) × (4) ○

(1) 이차함수 $y=3x^2-4$의 그래프는 $y=3x^2$의 그래프를 y축의 방향으로 -4만큼 평행이동한 것이다.

(3) 이차함수 $y=-5x^2+2$의 그래프의 꼭짓점의 좌표는 $(0, 2)$이다.

(4) $y=\frac{4}{3}x^2-5$에 $x=-3$, $y=7$을 대입하면

$7=\frac{4}{3}\times(-3)^2-5$이므로 점 $(-3, 7)$을 지난다.

07 답 ①

$y=\frac{1}{3}x^2-2$의 그래프는 꼭짓점의 좌표가 $(0,\ -2)$이고 아래로 볼록하므로 그래프로 적당한 것은 ①이다.

08 답 2

$y=-4x^2$의 그래프를 y축의 방향으로 2만큼 평행이동한 그래프의 식은 $y=-4x^2+2$
따라서 꼭짓점의 좌표는 $(0,\ 2)$, 축의 방정식은 $x=0$이므로
$p=0,\ q=2,\ m=0$
$\therefore p+q+m=0+2+0=2$

09 답 2

$y=ax^2$의 그래프를 y축의 방향으로 -3만큼 평행이동한 그래프의 식은 $y=ax^2-3$
이 그래프가 점 $(-2,\ 5)$를 지나므로
$5=4a-3,\ -4a=-8$
$\therefore a=2$

본문 108~109쪽

개념 39 이차함수 $y=a(x-p)^2$의 그래프

01 답 (1) $x,\ p$ (2) $x=p$ (3) $(p,\ 0)$

02 답 (1) $y=3(x-4)^2$ (2) $y=-4(x+5)^2$
(3) $y=\frac{1}{2}(x+6)^2$ (4) $y=-\frac{5}{6}(x-7)^2$

03 답

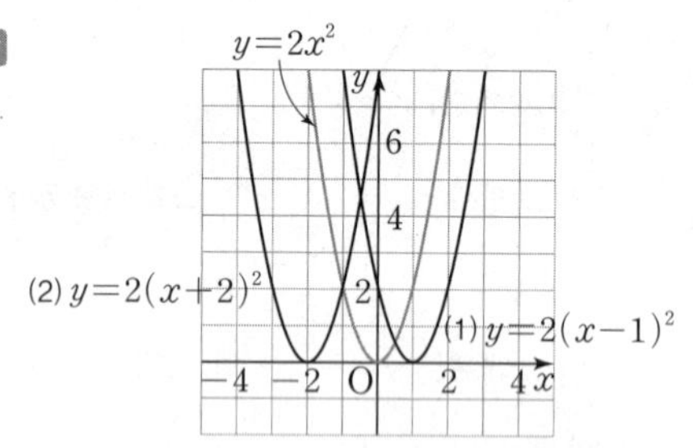

(1) $y=2(x-1)^2$의 그래프는 $y=2x^2$의 그래프를 x축의 방향으로 1만큼 평행이동한 것이다.
(2) $y=2(x+2)^2$의 그래프는 $y=2x^2$의 그래프를 x축의 방향으로 -2만큼 평행이동한 것이다.

04 답

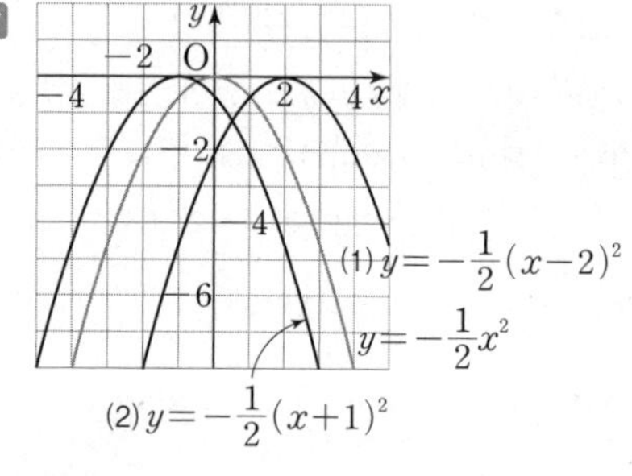

(1) $y=-\frac{1}{2}(x-2)^2$의 그래프는 $y=-\frac{1}{2}x^2$의 그래프를 x축의 방향으로 2만큼 평행이동한 것이다.
(2) $y=-\frac{1}{2}(x+1)^2$의 그래프는 $y=-\frac{1}{2}x^2$의 그래프를 x축의 방향으로 -1만큼 평행이동한 것이다.

05 답 (1) $x=3,\ (3,\ 0)$ (2) $x=-8,\ (-8,\ 0)$
(3) $x=-4,\ (-4,\ 0)$ (4) $x=\frac{1}{8},\ \left(\frac{1}{8},\ 0\right)$

06 답 (1) × (2) ○ (3) ○ (4) ×

(1) 이차함수 $y=-2(x+6)^2$의 그래프는 $y=-2x^2$의 그래프를 x축의 방향으로 -6만큼 평행이동한 것이다.
(4) $y=4\left(x-\frac{1}{2}\right)^2$에 $x=-\frac{1}{2},\ y=-4$를 대입하면
$-4\neq4\left(-\frac{1}{2}-\frac{1}{2}\right)^2$이므로 점 $\left(-\frac{1}{2},\ -4\right)$를 지나지 않는다.

07 답 ③

$y=-3(x+2)^2$의 그래프는 꼭짓점의 좌표가 $(-2,\ 0)$이고 위로 볼록하므로 그래프로 적당한 것은 ③이다.

08 답 -5

$y=\frac{1}{2}x^2$의 그래프를 x축의 방향으로 k만큼 평행이동한 그래프의 식은 $y=\frac{1}{2}(x-k)^2$
이 그래프의 축의 방정식은 $x=k$이므로
$k=-5$

09 답 -4

$y=-x^2$의 그래프를 x축의 방향으로 -4만큼 평행이동한 그래프의 식은 $y=-(x+4)^2$
이 그래프가 점 $(-6,\ m)$을 지나므로
$m=-(-6+4)^2=-4$

한번 더! 기본 문제 (개념 38~39)

본문 110쪽

01 ③	**02** ③	**03** -24	**04** $-4,\ -2$
05 ②	**06** -8		

01 답 ③

02 답 ③

① $y=\frac{4}{3}x^2+6$에 $x=6,\ y=0$을 대입하면
$0\neq\frac{4}{3}\times6^2+6$이므로 점 $(6,\ 0)$을 지나지 않는다.
② 축의 방정식은 $x=0$이다.

③ $y=\frac{4}{3}x^2+6$의 그래프는 오른쪽 그림과 같으므로 제1사분면과 제2사분면을 지난다.

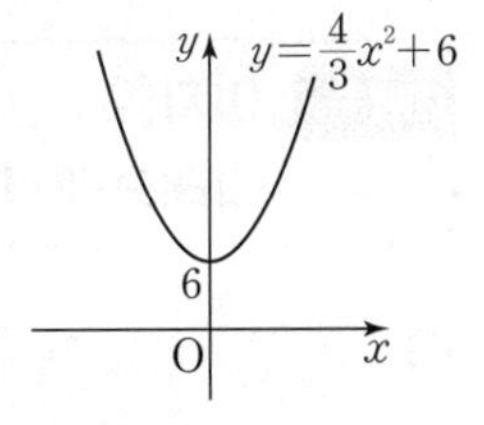

④ 이차함수 $y=\frac{4}{3}x^2$의 그래프를 y축의 방향으로 6만큼 평행이동한 것이다.

⑤ $x<0$일 때, x의 값이 증가하면 y의 값은 감소한다.

따라서 옳은 것은 ③이다.

03 답 -24

$y=-5x^2$의 그래프를 y축의 방향으로 -4만큼 평행이동한 그래프의 식은 $y=-5x^2-4$

이 그래프가 점 $(-2, a)$를 지나므로

$a=-5\times(-2)^2-4=-24$

04 답 -4, -2

$y=4x^2$의 그래프를 x축의 방향으로 p만큼 평행이동한 그래프의 식은 $y=4(x-p)^2$

이 그래프가 점 $(-3, 4)$를 지나므로

$4=4(-3-p)^2$, $(p+3)^2=1$

$p+3=\pm1$

$\therefore p=-4$ 또는 $p=-2$

05 답 ②

$y=-3x^2$의 그래프를 x축의 방향으로 -2만큼 평행이동한 그래프의 식은 $y=-3(x+2)^2$이므로 그래프는 오른쪽 그림과 같다.

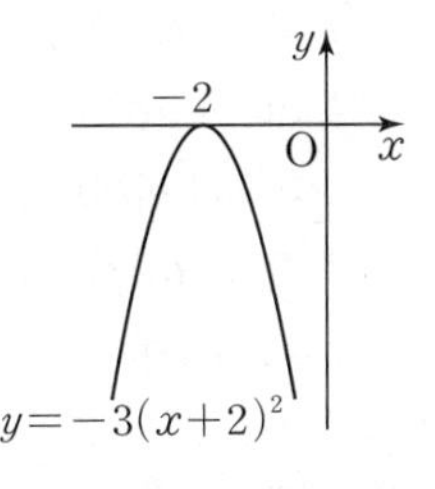

따라서 x의 값이 증가할 때 y의 값도 증가하는 x의 값의 범위는 $x<-2$이다.

06 답 -8

주어진 그래프의 꼭짓점의 좌표가 $(1, 0)$이므로 $p=1$

$y=a(x-1)^2$의 그래프가 점 $(0, -2)$를 지나므로

$-2=a\times(0-1)^2$ $\quad\therefore a=-2$

따라서 $y=-2(x-1)^2$의 그래프가 점 $(-1, k)$를 지나므로

$k=-2\times(-1-1)^2=-8$

본문 111~113쪽

개념 40 이차함수 $y=a(x-p)^2+q$의 그래프

01 답 (1) p, q (2) $x=p$ (3) (p, q)

02 답 (1) $y=(x-5)^2+3$ (2) $y=-3\left(x+\frac{1}{2}\right)^2+6$ (3) $y=\frac{5}{2}(x-4)^2-4$ (4) $y=-\frac{1}{8}(x+3)^2-\frac{1}{7}$

03 

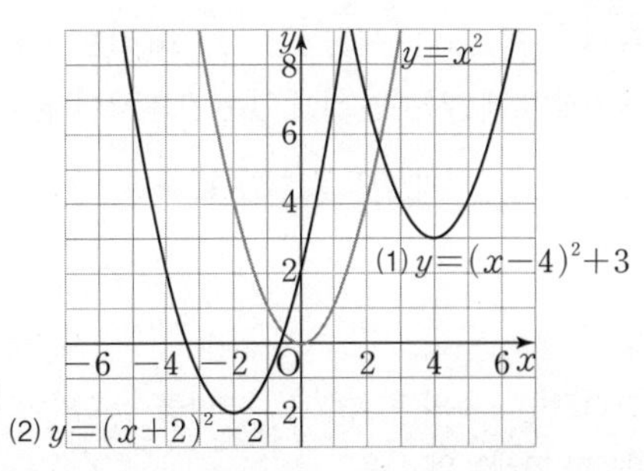

(1) $y=(x-4)^2+3$의 그래프는 $y=x^2$의 그래프를 x축의 방향으로 4만큼, y축의 방향으로 3만큼 평행이동한 것이다.

(2) $y=(x+2)^2-2$의 그래프는 $y=x^2$의 그래프를 x축의 방향으로 -2만큼, y축의 방향으로 -2만큼 평행이동한 것이다.

04 답

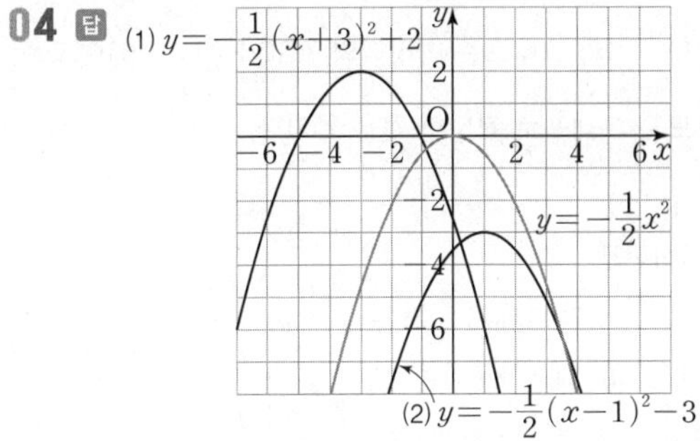

(1) $y=-\frac{1}{2}(x+3)^2+2$의 그래프는 $y=-\frac{1}{2}x^2$의 그래프를 x축의 방향으로 -3만큼, y축의 방향으로 2만큼 평행이동한 것이다.

(2) $y=-\frac{1}{2}(x-1)^2-3$의 그래프는 $y=-\frac{1}{2}x^2$의 그래프를 x축의 방향으로 1만큼, y축의 방향으로 -3만큼 평행이동한 것이다.

05 답 (1) $x=-4$, $(-4, -1)$ (2) $x=6$, $(6, 3)$ (3) $x=5$, $(5, -8)$ (4) $x=-\frac{1}{3}$, $\left(-\frac{1}{3}, \frac{1}{2}\right)$

06 답 (1) ○ (2) × (3) ○ (4) ×

(2) 이차함수 $y=-\frac{1}{5}(x+3)^2-1$의 그래프의 축의 방정식은 $x=-3$이다.

(4) $y=-\frac{3}{2}(x+5)^2+2$에 $x=-7$, $y=8$을 대입하면

$8\neq-\frac{3}{2}(-7+5)^2+2$이므로 점 $(-7, 8)$을 지나지 않는다.

07 답 (1) ㄱ, ㄷ, ㅂ (2) ㅂ (3) ㄴ (4) ㄷ (5) ㅁ (6) ㄹ

(1) x^2의 계수가 양수이면 그래프가 아래로 볼록하므로 ㄱ, ㄷ, ㅂ이다.

(2) x^2의 계수의 절댓값이 클수록 그래프의 폭이 좁아지므로 그래프의 폭이 가장 좁은 것은 ㅂ이다.

(5) 각 그래프의 꼭짓점의 좌표는 다음과 같다.

ㄱ. $(0, -1)$ ㄴ. $(-1, 0)$ ㄷ. $(3, 0)$

ㄹ. $(0, -3)$　　　ㅁ. $(-2, 4)$　　　ㅂ. $(1, -6)$

따라서 꼭짓점이 제2사분면 위에 있는 것은 ㅁ이다.

(6) x^2의 계수가 $-\frac{1}{2}$이어야 하므로 ㄹ이다.

08 답 8

$y=2x^2$의 그래프를 x축의 방향으로 -5만큼, y축의 방향으로 3만큼 평행이동한 그래프의 식은

$y=2(x+5)^2+3$

따라서 $p=5$, $q=3$이므로

$p+q=5+3=8$

09 답 ④

$y=\frac{1}{3}(x-4)^2-6$의 그래프는 꼭짓점의 좌표가 $(4, -6)$이고 아래로 볼록하므로 그래프로 적당한 것은 ④이다.

10 답 제2사분면

$y=-4(x-1)^2+2$의 그래프는 오른쪽 그림과 같으므로 제2사분면을 지나지 않는다.

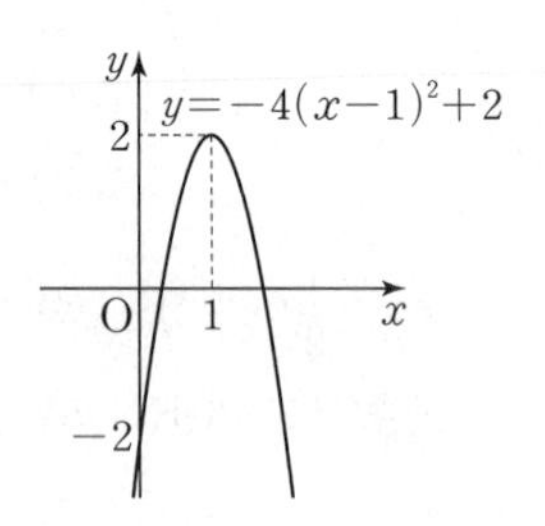

11 답 ③, ⑤

① 꼭짓점의 좌표는 $(4, -3)$이다.

② 이차함수 $y=x^2$의 그래프를 x축의 방향으로 4만큼, y축의 방향으로 -3만큼 평행이동한 것이다.

④ $y=(x-4)^2-3$에 $x=3$, $y=-4$를 대입하면
$-4\neq(3-4)^2-3$이므로 점 $(3, -4)$를 지나지 않는다.

따라서 옳은 것은 ③, ⑤이다.

12 답 14

$y=2(x-p)^2+3$의 그래프의 축의 방정식은 $x=p$이므로

$p=3$

$y=2(x-3)^2+3$의 그래프가 점 $(1, q)$를 지나므로

$q=2\times(-2)^2+3=11$

$\therefore p+q=3+11=14$

13 답 ①

주어진 그래프의 꼭짓점의 좌표가 $(-1, -2)$이므로

$p=-1$, $q=-2$

$y=a(x+1)^2-2$의 그래프가 점 $(0, -4)$를 지나므로

$-4=a-2$　　$\therefore a=-2$

$\therefore a+p+q=-2+(-1)+(-2)=-5$

개념 41 이차함수 $y=a(x-p)^2+q$의 그래프에서 a, p, q의 부호

01 답 (1) $>$, $<$　(2) $>$, $>$, $<$, $>$, $<$, $<$, $>$, $<$

02 답 (1) 아래, $>$　(2) 4, $>$, $<$

03 답 (1) $<$, $<$, $>$　(2) $>$, $<$, $<$　(3) $<$, $>$, $>$
(4) $>$, $>$, $>$　(5) $<$, $<$, $=$　(6) $>$, $=$, $>$

(1) 그래프가 위로 볼록하므로 $a<0$
꼭짓점 (p, q)가 제2사분면 위에 있으므로
$p<0$, $q>0$

(2) 그래프가 아래로 볼록하므로 $a>0$
꼭짓점 (p, q)가 제3사분면 위에 있으므로
$p<0$, $q<0$

(3) 그래프가 위로 볼록하므로 $a<0$
꼭짓점 (p, q)가 제1사분면 위에 있으므로
$p>0$, $q>0$

(4) 그래프가 아래로 볼록하므로 $a>0$
꼭짓점 (p, q)가 제1사분면 위에 있으므로
$p>0$, $q>0$

(5) 그래프가 위로 볼록하므로 $a<0$
꼭짓점 (p, q)가 x축 위에 있으면서 y축의 왼쪽에 있으므로
$p<0$, $q=0$

(6) 그래프가 아래로 볼록하므로 $a>0$
꼭짓점 (p, q)가 y축 위에 있으면서 x축보다 위쪽에 있으므로
$p=0$, $q>0$

04 답 ③

그래프가 위로 볼록하므로 $a<0$

꼭짓점 $(0, q)$가 x축보다 위쪽에 있으므로 $q>0$

05 답 ⑤

$a<0$이므로 $y=a(x-p)^2+q$의 그래프는 위로 볼록한 포물선이다.
또 꼭짓점의 좌표는 (p, q)이고 $p>0$, $q<0$이므로 꼭짓점은 제4사분면 위에 있다.

따라서 $y=a(x-p)^2+q$의 그래프로 적당한 것은 ⑤이다.

06 답 ⑤

① 그래프가 아래로 볼록하므로 $a>0$

② 꼭짓점 (p, q)가 제2사분면 위에 있으므로
$p<0$, $q>0$

③ $a>0$, $p<0$이므로 $ap<0$

④ $p<0$, $q>0$이므로 $p-q<0$

⑤ $a-q$의 부호는 알 수 없다.

따라서 옳지 않은 것은 ⑤이다.

한번 더! 기본 문제 (개념 40~41)

본문 116쪽

01 2 **02** ㄱ, ㄹ **03** ④ **04** ③ **05** ②

01 답 2

$y=4(x+3)^2+8$의 그래프의 꼭짓점의 좌표는 $(-3,\ 8)$, 축의 방정식은 $x=-3$이므로

$a=-3,\ b=8,\ c=-3$

$\therefore\ a+b+c=-3+8+(-3)=2$

02 답 ㄱ, ㄹ

ㄱ.

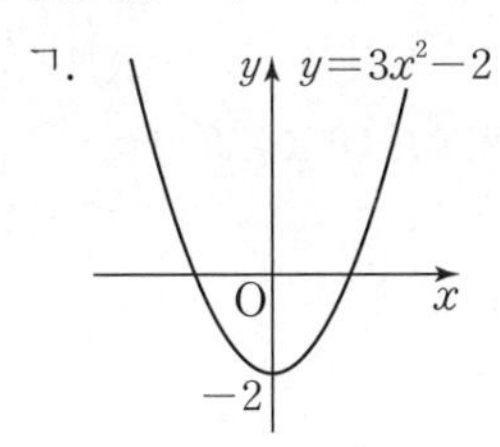

ㄴ.

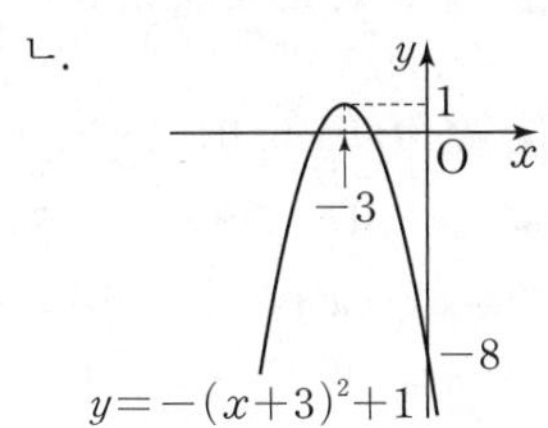

ㄷ.

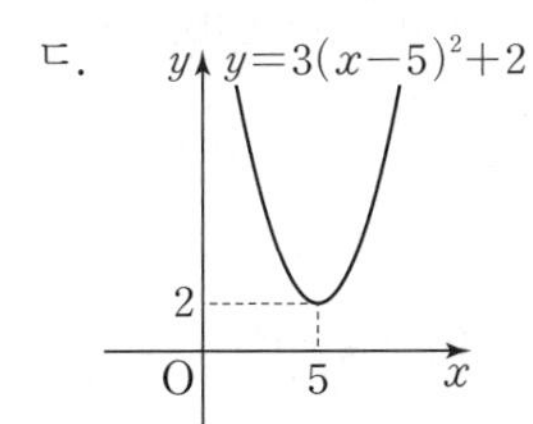

ㄹ.

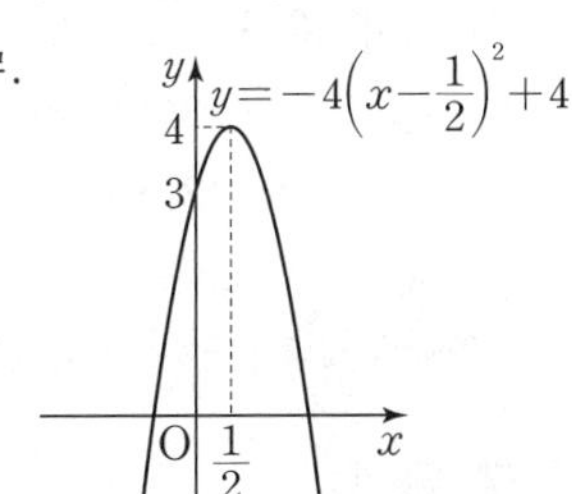

따라서 그래프가 모든 사분면을 지나는 것은 ㄱ, ㄹ이다.

03 답 ④

$y=\frac{3}{2}(x-p)^2+3p$의 그래프의 꼭짓점의 좌표는 $(p,\ 3p)$

이 점이 직선 $y=\frac{1}{3}x+16$ 위에 있으므로

$3p=\frac{1}{3}p+16,\ \frac{8}{3}p=16$

$\therefore\ p=6$

04 답 ③

그래프가 아래로 볼록하므로 $a>0$

꼭짓점 $(p,\ q)$가 제3사분면 위에 있으므로

$p<0,\ q<0$

05 답 ②

$y=ax-b$의 그래프가 오른쪽 위로 향하고, y절편이 음수이므로

$a>0,\ -b<0 \quad \therefore\ a>0,\ b>0$

$a>0$이므로 $y=a(x-b)^2$의 그래프는 아래로 볼록한 포물선이다.

또 꼭짓점의 좌표는 $(b,\ 0)$이고 $b>0$이므로 꼭짓점은 x축 위에 있으면서 y축의 오른쪽에 있다.

따라서 $y=a(x-b)^2$의 그래프로 적당한 것은 ②이다.

6. 이차함수와 그 그래프 (2)

본문 118~120쪽

개념 42 이차함수 $y=ax^2+bx+c$의 그래프

01 답 (1) $a(x-p)^2+q$ (2) 아래, 위 (3) c

(3) $y=ax^2+bx+c$에서 $x=0$일 때, $y=c$이므로 y축과 만나는 점의 좌표는 $(0,\ c)$이다.

02 답 (1) 1, 1, 1, 1, 1, 6

(2) 16, 16, 16, 16, 4, 13

(3) 49, 49, 49, 49, 7, 15

(4) 9, 9, 9, 18, 3, 11

(5) 1, 1, 1, 3, 1, 2

03 답 (1) $y=(x+2)^2+2$ (2) $y=(x-5)^2-10$

(3) $y=-(x+3)^2+4$ (4) $y=3(x+3)^2-17$

(5) $y=-\frac{1}{4}(x+4)^2-5$

(1) $y=x^2+4x+6$

$=(x^2+4x)+6$

$=(x^2+4x+4-4)+6$

$=(x^2+4x+4)-4+6$

$=(x+2)^2+2$

(2) $y=x^2-10x+15$

$=(x^2-10x)+15$

$=(x^2-10x+25-25)+15$

$=(x^2-10x+25)-25+15$

$=(x-5)^2-10$

(3) $y=-x^2-6x-5$

$=-(x^2+6x)-5$

$=-(x^2+6x+9-9)-5$

$=-(x^2+6x+9)+9-5$

$=-(x+3)^2+4$

(4) $y=3x^2+18x+10$

$=3(x^2+6x)+10$

$=3(x^2+6x+9-9)+10$

$=3(x^2+6x+9)-27+10$

$=3(x+3)^2-17$

(5) $y=-\frac{1}{4}x^2-2x-9$

$=-\frac{1}{4}(x^2+8x)-9$

$=-\frac{1}{4}(x^2+8x+16-16)-9$

$=-\frac{1}{4}(x^2+8x+16)+4-9$

$=-\frac{1}{4}(x+4)^2-5$

04 답 풀이 참조

(1) $y=x^2+2x-3=(x^2+2x+1-1)-3$

$=(x+1)^2-4$

꼭짓점의 좌표: $(-1,\ -4)$

y축과 만나는 점의 좌표: $(0,\ -3)$

그래프의 모양: 아래로 볼록

따라서 그래프는 다음 그림과 같다.

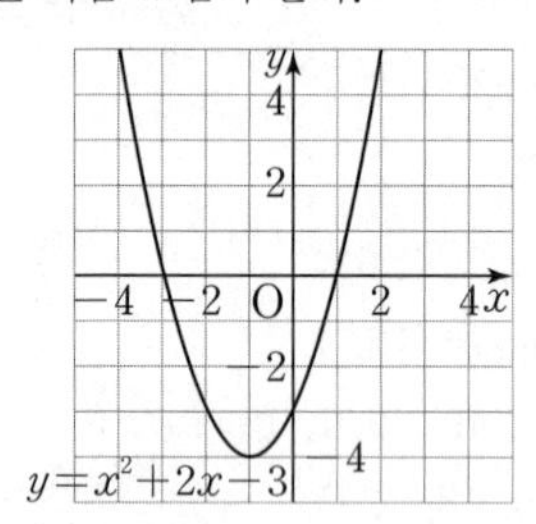

(2) $y=-2x^2+4x+2=-2(x^2-2x)+2$

$=-2(x^2-2x+1-1)+2$

$=-2(x-1)^2+4$

꼭짓점의 좌표: $(1,\ 4)$

y축과 만나는 점의 좌표: $(0,\ 2)$

그래프의 모양: 위로 볼록

따라서 그래프는 다음 그림과 같다.

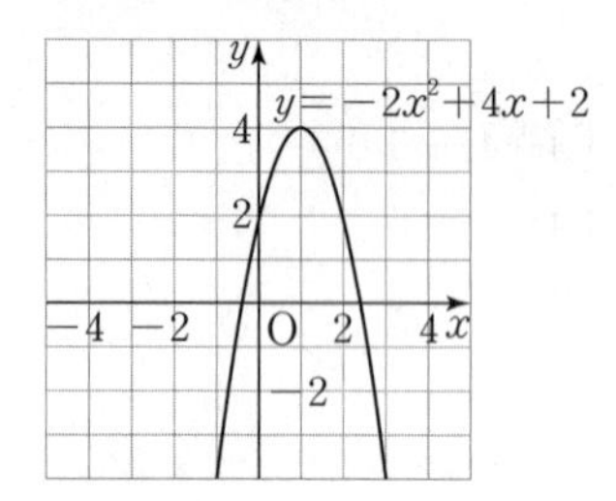

(3) $y=\frac{1}{3}x^2+2x-1=\frac{1}{3}(x^2+6x)-1$

$=\frac{1}{3}(x^2+6x+9-9)-1$

$=\frac{1}{3}(x+3)^2-4$

꼭짓점의 좌표: $(-3,\ -4)$

y축과 만나는 점의 좌표: $(0,\ -1)$

그래프의 모양: 아래로 볼록

따라서 그래프는 다음 그림과 같다.

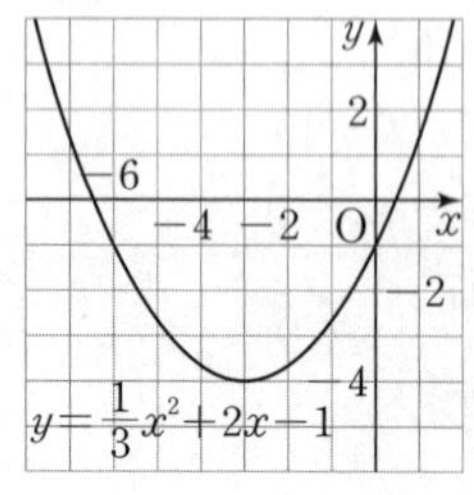

(4) $y=-\frac{3}{4}x^2+3x-4=-\frac{3}{4}(x^2-4x)-4$

$=-\frac{3}{4}(x^2-4x+4-4)-4$

$=-\frac{3}{4}(x-2)^2-1$

꼭짓점의 좌표: $(2,\ -1)$

y축과 만나는 점의 좌표: $(0,\ -4)$

그래프의 모양: 위로 볼록

따라서 그래프는 다음 그림과 같다.

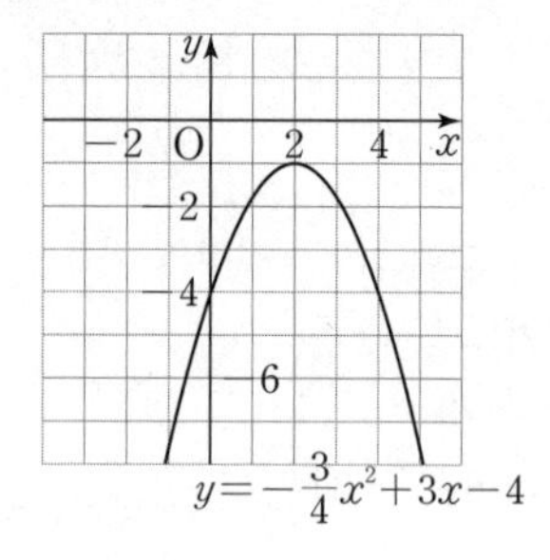

05 답 0, 0, 4, 4, 0, 4, 0

06 답 (1) $(-5,\ 0)$, $(-1,\ 0)$ (2) $(2,\ 0)$, $(6,\ 0)$

(1) $y=x^2+6x+5$에 $y=0$을 대입하면

$0=x^2+6x+5$, $(x+5)(x+1)=0$

$\therefore x=-5$ 또는 $x=-1$

따라서 x축과 만나는 점의 좌표는 $(-5,\ 0)$, $(-1,\ 0)$이다.

(2) $y=x^2-8x+12$에 $y=0$을 대입하면

$0=x^2-8x+12$, $(x-2)(x-6)=0$

$\therefore x=2$ 또는 $x=6$

따라서 x축과 만나는 점의 좌표는 $(2,\ 0)$, $(6,\ 0)$이다.

07 답 11

$y=-2x^2-8x+3=-2(x^2+4x)+3$

$=-2(x^2+4x+4-4)+3=-2(x+2)^2+11$

따라서 $a=-2$, $p=2$, $q=11$이므로

$a+p+q=11$

08 답 ③

$y=-\frac{2}{3}x^2-4x-4$

$=-\frac{2}{3}(x^2+6x)-4$

$=-\frac{2}{3}(x^2+6x+9-9)-4$

$=-\frac{2}{3}(x+3)^2+2$

따라서 그래프의 꼭짓점의 좌표는 $(-3,\ 2)$이고 y축과 만나는 점의 좌표는 $(0,\ -4)$이므로 그래프는 ③이다.

09 답 ⑤

$y=\frac{1}{2}x^2+4x+3$

$=\frac{1}{2}(x^2+8x)+3$

$=\frac{1}{2}(x^2+8x+16-16)+3$

$=\frac{1}{2}(x+4)^2-5$

이므로 그래프는 오른쪽 그림과 같다.

⑤ x축과 서로 다른 두 점에서 만난다.

10 답 ③

$y=x^2-4x+k$의 그래프가 점 $(-1, 8)$을 지나므로

$8=1+4+k \quad \therefore k=3$

따라서 $y=x^2-4x+3=(x-2)^2-1$이므로 그래프의 꼭짓점의 좌표는 $(2, -1)$이다.

11 답 30

$y=3x^2-12x+17=3(x^2-4x)+17$

$=3(x^2-4x+4-4)+17=3(x-2)^2+5$

이므로 $y=3x^2$의 그래프를 x축의 방향으로 2만큼, y축의 방향으로 5만큼 평행이동한 것이다.

따라서 $a=3$, $m=2$, $n=5$이므로

$amn=30$

12 답 $\frac{1}{2}$

$y=2x^2-9x+4$에 $y=0$을 대입하면

$0=2x^2-9x+4$, $(2x-1)(x-4)=0$

$\therefore x=\frac{1}{2}$ 또는 $x=4$

$\therefore p=\frac{1}{2}$, $q=4$ 또는 $p=4$, $q=\frac{1}{2}$

$y=2x^2-9x+4$에 $x=0$을 대입하면

$y=4 \quad \therefore r=4$

$\therefore p+q-r=\frac{1}{2}+4-4=\frac{1}{2}$

본문 121~122쪽

개념 43 이차함수 $y=ax^2+bx+c$의 그래프에서 a, b, c의 부호

01 답 (1) >, < (2) >, =, < (3) >, =, <

02 답 (1) 아래, > (2) 왼, >, > (3) 아래, <

03 답 (1) >, <, > (2) <, <, < (3) >, >, >
(4) <, >, > (5) >, <, > (6) <, <, =

(1) 그래프가 아래로 볼록하므로 $a>0$

축이 y축의 오른쪽에 있으므로 $ab<0$

$\therefore b<0$

y축과 만나는 점이 x축보다 위쪽에 있으므로 $c>0$

(2) 그래프가 위로 볼록하므로 $a<0$

축이 y축의 왼쪽에 있으므로 $ab>0$

$\therefore b<0$

y축과 만나는 점이 x축보다 아래쪽에 있으므로 $c<0$

(3) 그래프가 아래로 볼록하므로 $a>0$

축이 y축의 왼쪽에 있으므로 $ab>0$

$\therefore b>0$

y축과 만나는 점이 x축보다 위쪽에 있으므로 $c>0$

(4) 그래프가 위로 볼록하므로 $a<0$

축이 y축의 오른쪽에 있으므로 $ab<0$

$\therefore b>0$

y축과 만나는 점이 x축보다 위쪽에 있으므로 $c>0$

(5) 그래프가 아래로 볼록하므로 $a>0$

축이 y축의 오른쪽에 있으므로 $ab<0$

$\therefore b<0$

y축과 만나는 점이 x축보다 위쪽에 있으므로 $c>0$

(6) 그래프가 위로 볼록하므로 $a<0$

축이 y축의 왼쪽에 있으므로 $ab>0$

$\therefore b<0$

y축과 만나는 점이 원점과 일치하므로 $c=0$

04 답 ①

그래프가 위로 볼록하므로 $a<0$

축이 y축의 왼쪽에 있으므로 $ab>0$

$\therefore b<0$

y축과 만나는 점이 x축보다 아래쪽에 있으므로 $c<0$

05 답 ⑤

$a>0$이므로 $y=ax^2+bx+c$의 그래프는 아래로 볼록한 포물선이고, $ab<0$이므로 축이 y축의 오른쪽에 있다.

또 $c<0$이므로 y축과 만나는 점이 x축보다 아래쪽에 있다.

따라서 $y=ax^2+bx+c$의 그래프로 적당한 것은 ⑤이다.

06 답 ①

축이 y축의 왼쪽에 있으므로 $-a>0 \quad \therefore a<0$

y축과 만나는 점이 x축보다 아래쪽에 있으므로 $b<0$

따라서 일차함수 $y=ax+b$의 그래프는 오른쪽 그림과 같으므로 제1사분면을 지나지 않는다.

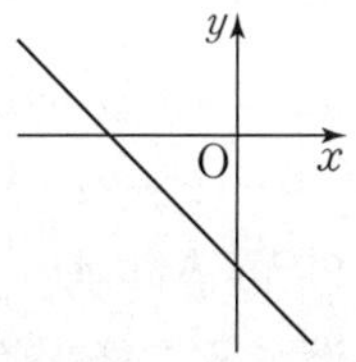

한번 더! 기본 문제 (개념 42~43)

본문 123쪽

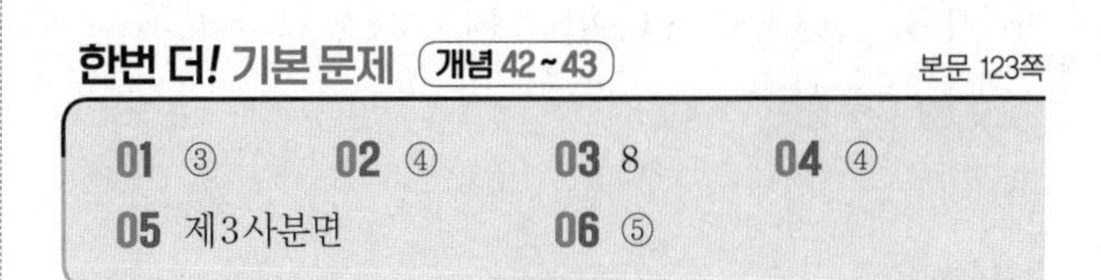

01 ③	**02** ④	**03** 8	**04** ④
05 제3사분면		**06** ⑤	

01 답 ③

$y=-\frac{1}{2}x^2-8x-26=-\frac{1}{2}(x^2+16x)-26$

$=-\frac{1}{2}(x^2+16x+64-64)-26$

$=-\frac{1}{2}(x+8)^2+6$

따라서 꼭짓점의 좌표는 $(-8, 6)$이고 축의 방정식은 $x=-8$이다.

02 답 ④

① $y=-2x^2+12x-17=-2(x^2-6x)-17$

$=-2(x^2-6x+9-9)-17=-2(x-3)^2+1$

따라서 꼭짓점의 좌표가 $(3, 1)$이고 y축과 만나는 점의 좌표가 $(0, -17)$이므로 제2사분면을 지나지 않는다.

② $y=-x^2-2x=-(x^2+2x)$

$=-(x^2+2x+1-1)=-(x+1)^2+1$

따라서 꼭짓점의 좌표가 $(-1, 1)$이고 y축과 만나는 점의 좌표가 $(0, 0)$이므로 제1사분면을 지나지 않는다.

③ $y=-\frac{1}{3}x^2-2x-7=-\frac{1}{3}(x^2+6x)-7$

$=-\frac{1}{3}(x^2+6x+9-9)-7=-\frac{1}{3}(x+3)^2-4$

따라서 꼭짓점의 좌표가 $(-3, -4)$이고 y축과 만나는 점의 좌표가 $(0, -7)$이므로 제1사분면과 제2사분면을 지나지 않는다.

④ $y=\frac{1}{2}x^2-x-2=\frac{1}{2}(x^2-2x)-2$

$=\frac{1}{2}(x^2-2x+1-1)-2=\frac{1}{2}(x-1)^2-\frac{5}{2}$

따라서 꼭짓점의 좌표가 $\left(1, -\frac{5}{2}\right)$이고 y축과 만나는 점의 좌표가 $(0, -2)$이므로 모든 사분면을 지난다.

⑤ $y=2x^2-8x+9=2(x^2-4x)+9$

$=2(x^2-4x+4-4)+9=2(x-2)^2+1$

따라서 꼭짓점의 좌표가 $(2, 1)$이고 y축과 만나는 점의 좌표가 $(0, 9)$이므로 제3사분면과 제4사분면을 지나지 않는다.

따라서 모든 사분면을 지나는 것은 ④이다.

03 답 8

$y=-x^2+2x+3=-(x^2-2x)+3$

$=-(x^2-2x+1-1)+3=-(x-1)^2+4$

이므로 $A(1, 4)$

$y=-x^2+2x+3$에 $y=0$을 대입하면

$0=-x^2+2x+3$, $x^2-2x-3=0$

$(x+1)(x-3)=0$ $\quad\therefore x=-1$ 또는 $x=3$

따라서 $B(-1, 0)$, $C(3, 0)$이므로 $\overline{BC}=3-(-1)=4$

$\therefore \triangle ABC=\frac{1}{2}\times4\times4=8$

04 답 ④

$y=3x^2+kx+2$의 그래프가 점 $(-2, 2)$를 지나므로

$2=12-2k+2$

$2k=12$ $\quad\therefore k=6$

따라서

$y=3x^2+6x+2=3(x^2+2x)+2$

$=3(x^2+2x+1-1)+2=3(x+1)^2-1$

이므로 x의 값이 증가하면 y의 값도 증가하는 x의 값의 범위는 $x>-1$이다.

05 답 제3사분면

$a>0$이므로 그래프가 아래로 볼록하고 $ab>0$이므로 축이 y축의 왼쪽에 있다.

또 $c<0$이므로 y축과 만나는 점이 x축보다 아래쪽에 있으므로 $y=ax^2+bx+c$의 그래프는 오른쪽 그림과 같다.

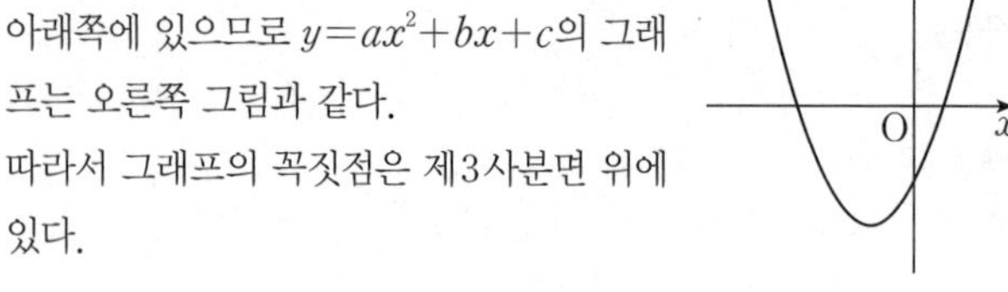

따라서 그래프의 꼭짓점은 제3사분면 위에 있다.

06 답 ⑤

①, ② 그래프가 아래로 볼록하므로 $a>0$

축이 y축의 왼쪽에 있으므로 $ab>0$ $\quad\therefore b>0$

y축과 만나는 점이 x축보다 아래쪽에 있으므로 $c<0$

③ $ab>0$ $\quad$ ④ $bc<0$

⑤ $x=1$일 때, $y<0$이므로 $a+b+c<0$

따라서 옳은 것은 ⑤이다.

본문 124~125쪽

개념 44 이차함수의 식 구하기 (1)

01 답 (1) p, q (2) p

02 답 1, 3, 2, -1, 2, $2(x-1)^2-3$

03 답 (1) $y=-(x-2)^2+4$ (2) $y=3(x+1)^2+6$ (3) $y=-4(x-3)^2-7$ (4) $y=(x+5)^2-10$

(1) 꼭짓점의 좌표가 $(2, 4)$이므로 이차함수의 식을

$y=a(x-2)^2+4$로 놓고

$x=4$, $y=0$을 대입하면

$0=a(4-2)^2+4$

$4a=-4$ $\quad\therefore a=-1$

따라서 구하는 이차함수의 식은

$y=-(x-2)^2+4$

(2) 꼭짓점의 좌표가 $(-1, 6)$이므로 이차함수의 식을

$y=a(x+1)^2+6$으로 놓고

$x=-2$, $y=9$를 대입하면

$9=a(-2+1)^2+6$ $\quad\therefore a=3$

따라서 구하는 이차함수의 식은

$y=3(x+1)^2+6$

(3) 꼭짓점의 좌표가 $(3, -7)$이므로 이차함수의 식을

$y=a(x-3)^2-7$로 놓고

$x=2$, $y=-11$을 대입하면

$-11=a(2-3)^2-7$ $\quad\therefore a=-4$

따라서 구하는 이차함수의 식은

$y=-4(x-3)^2-7$

(4) 꼭짓점의 좌표가 $(-5, -10)$이므로 이차함수의 식을

$y=a(x+5)^2-10$으로 놓고

$x=-3$, $y=-6$을 대입하면

$-6=a(-3+5)^2-10$

$4a=4 \quad \therefore a=1$

따라서 구하는 이차함수의 식은

$y=(x+5)^2-10$

04 답 2, $a+q$, $4a+q$, 3, -5, $3(x-2)^2-5$

05 답 (1) $y=2(x+1)^2+4$ (2) $y=-3(x-3)^2+6$
(3) $y=-(x+2)^2-2$ (4) $y=4(x-5)^2-9$

(1) 축의 방정식이 $x=-1$이므로 이차함수의 식을
$y=a(x+1)^2+q$로 놓고
$x=-2$, $y=6$을 대입하면
$6=a(-2+1)^2+q \quad \therefore a+q=6 \quad \cdots ㉠$
$x=1$, $y=12$를 대입하면
$12=a(1+1)^2+q \quad \therefore 4a+q=12 \quad \cdots ㉡$
㉠, ㉡을 연립하여 풀면 $a=2$, $q=4$
따라서 구하는 이차함수의 식은
$y=2(x+1)^2+4$

(2) 축의 방정식이 $x=3$이므로 이차함수의 식을
$y=a(x-3)^2+q$로 놓고
$x=1$, $y=-6$을 대입하면
$-6=a(1-3)^2+q \quad \therefore 4a+q=-6 \quad \cdots ㉠$
$x=6$, $y=-21$을 대입하면
$-21=a(6-3)^2+q \quad \therefore 9a+q=-21 \quad \cdots ㉡$
㉠, ㉡을 연립하여 풀면 $a=-3$, $q=6$
따라서 구하는 이차함수의 식은
$y=-3(x-3)^2+6$

(3) 축의 방정식이 $x=-2$이므로 이차함수의 식을
$y=a(x+2)^2+q$로 놓고
$x=-3$, $y=-3$을 대입하면
$-3=a(-3+2)^2+q \quad \therefore a+q=-3 \quad \cdots ㉠$
$x=2$, $y=-18$을 대입하면
$-18=a(2+2)^2+q \quad \therefore 16a+q=-18 \quad \cdots ㉡$
㉠, ㉡을 연립하여 풀면 $a=-1$, $q=-2$
따라서 구하는 이차함수의 식은
$y=-(x+2)^2-2$

(4) 축의 방정식이 $x=5$이므로 이차함수의 식을
$y=a(x-5)^2+q$로 놓고
$x=3$, $y=7$을 대입하면
$7=a(3-5)^2+q \quad \therefore 4a+q=7 \quad \cdots ㉠$
$x=6$, $y=-5$를 대입하면
$-5=a(6-5)^2+q \quad \therefore a+q=-5 \quad \cdots ㉡$
㉠, ㉡을 연립하여 풀면 $a=4$, $q=-9$
따라서 구하는 이차함수의 식은
$y=4(x-5)^2-9$

06 답 ⑤

꼭짓점의 좌표가 $(-1, 2)$이므로 이차함수의 식을
$y=a(x+1)^2+2$로 놓자.
이 그래프가 점 $(0, 5)$를 지나므로
$5=a(0+1)^2+2 \quad \therefore a=3$
따라서 구하는 이차함수의 식은
$y=3(x+1)^2+2$, 즉 $y=3x^2+6x+5$

07 답 ⑤

꼭짓점의 좌표가 $(-1, 0)$이므로 이차함수의 식을 $y=a(x+1)^2$으로 놓자.
이 그래프가 점 $(1, 8)$을 지나므로
$8=a(1+1)^2 \quad \therefore a=2$
따라서 $y=2(x+1)^2$, 즉 $y=2x^2+4x+2$이므로
$b=4$, $c=2$
$\therefore abc=2\times4\times2=16$

08 답 ④

축의 방정식이 $x=3$이므로 이차함수의 식을 $y=a(x-3)^2+q$로 놓자.
이 그래프가 점 $(1, 2)$를 지나므로
$2=a(1-3)^2+q \quad \therefore 4a+q=2 \quad \cdots ㉠$
또 점 $(4, 5)$를 지나므로
$5=a(4-3)^2+q \quad \therefore a+q=5 \quad \cdots ㉡$
㉠, ㉡을 연립하여 풀면 $a=-1$, $q=6$
따라서 구하는 이차함수의 식은
$y=-(x-3)^2+6$, 즉 $y=-x^2+6x-3$

09 답 $(0, -6)$

축의 방정식이 $x=-2$이므로 이차함수의 식을
$y=a(x+2)^2+q$로 놓자.
이 그래프가 점 $(-3, 3)$을 지나므로
$3=a(-3+2)^2+q \quad \therefore a+q=3 \quad \cdots ㉠$
또 점 $(1, -21)$을 지나므로
$-21=a(1+2)^2+q \quad \therefore 9a+q=-21 \quad \cdots ㉡$
㉠, ㉡을 연립하여 풀면 $a=-3$, $q=6$
$\therefore y=-3(x+2)^2+6$
위의 식에 $x=0$을 대입하면 $y=-6$
따라서 y축과 만나는 점의 좌표는 $(0, -6)$이다.

본문 126~127쪽

개념 45 이차함수의 식 구하기 (2)

01 답 (1) k (2) α, β

02 답 1, 1, 2, 1, 4, 3, 1, $3x^2+x+1$

03 답 (1) $y=x^2-3x+5$ (2) $y=-x^2+6x-4$
(3) $y=2x^2+10x+7$ (4) $y=-\frac{1}{2}x^2-2x-3$

(1) 그래프가 점 (0, 5)를 지나므로 이차함수의 식을
$y=ax^2+bx+5$로 놓고
$x=2$, $y=3$을 대입하면
$3=4a+2b+5$ $\therefore 2a+b=-1$ … ㉠
$x=4$, $y=9$를 대입하면
$9=16a+4b+5$ $\therefore 4a+b=1$ … ㉡
㉠, ㉡을 연립하여 풀면 $a=1$, $b=-3$
따라서 구하는 이차함수의 식은
$y=x^2-3x+5$

(2) 그래프가 점 (0, −4)를 지나므로 이차함수의 식을
$y=ax^2+bx-4$로 놓고
$x=-1$, $y=-11$을 대입하면
$-11=a-b-4$ $\therefore a-b=-7$ … ㉠
$x=3$, $y=5$를 대입하면
$5=9a+3b-4$ $\therefore 3a+b=3$ … ㉡
㉠, ㉡을 연립하여 풀면 $a=-1$, $b=6$
따라서 구하는 이차함수의 식은
$y=-x^2+6x-4$

(3) 그래프가 점 (0, 7)을 지나므로 이차함수의 식을
$y=ax^2+bx+7$로 놓고
$x=-3$, $y=-5$를 대입하면
$-5=9a-3b+7$ $\therefore 3a-b=-4$ … ㉠
$x=-1$, $y=-1$을 대입하면
$-1=a-b+7$ $\therefore a-b=-8$ … ㉡
㉠, ㉡을 연립하여 풀면 $a=2$, $b=10$
따라서 구하는 이차함수의 식은
$y=2x^2+10x+7$

(4) 그래프가 점 (0, −3)을 지나므로 이차함수의 식을
$y=ax^2+bx-3$으로 놓고
$x=-2$, $y=-1$을 대입하면
$-1=4a-2b-3$ $\therefore 2a-b=1$ … ㉠
$x=2$, $y=-9$를 대입하면
$-9=4a+2b-3$ $\therefore 2a+b=-3$ … ㉡
㉠, ㉡을 연립하여 풀면 $a=-\frac{1}{2}$, $b=-2$
따라서 구하는 이차함수의 식은
$y=-\frac{1}{2}x^2-2x-3$

04 답 5, 5, 2, 2, 5, $2x^2-14x+20$

05 답 (1) $y=-x^2+2x+3$ (2) $y=x^2+5x+6$
(3) $y=-3x^2+6x+24$ (4) $y=\frac{1}{4}x^2-2x+\frac{7}{4}$

(1) x축과 두 점 (−1, 0), (3, 0)에서 만나므로 이차함수의 식을
$y=a(x+1)(x-3)$으로 놓고
$x=-2$, $y=-5$를 대입하면
$-5=a(-2+1)(-2-3)$
$5a=-5$ $\therefore a=-1$
따라서 구하는 이차함수의 식은
$y=-(x+1)(x-3)$, 즉 $y=-x^2+2x+3$

(2) x축과 두 점 (−3, 0), (−2, 0)에서 만나므로 이차함수의 식을 $y=a(x+3)(x+2)$로 놓고
$x=-6$, $y=12$를 대입하면
$12=a(-6+3)(-6+2)$
$12a=12$ $\therefore a=1$
따라서 구하는 이차함수의 식은
$y=(x+3)(x+2)$, 즉 $y=x^2+5x+6$

(3) x축과 두 점 (−2, 0), (4, 0)에서 만나므로 이차함수의 식을
$y=a(x+2)(x-4)$로 놓고
$x=3$, $y=15$를 대입하면
$15=a(3+2)(3-4)$
$-5a=15$ $\therefore a=-3$
따라서 구하는 이차함수의 식은
$y=-3(x+2)(x-4)$, 즉 $y=-3x^2+6x+24$

(4) x축과 두 점 (1, 0), (7, 0)에서 만나므로 이차함수의 식을
$y=a(x-1)(x-7)$로 놓고
$x=9$, $y=4$를 대입하면
$4=a(9-1)(9-7)$
$16a=4$ $\therefore a=\frac{1}{4}$
따라서 구하는 이차함수의 식은
$y=\frac{1}{4}(x-1)(x-7)$, 즉 $y=\frac{1}{4}x^2-2x+\frac{7}{4}$

06 답 ②

$y=ax^2+bx+c$의 그래프가 점 (0, −5)를 지나므로
$c=-5$
$y=ax^2+bx-5$의 그래프가 점 (1, 3)을 지나므로
$3=a+b-5$ $\therefore a+b=8$ … ㉠
또 점 (4, −9)를 지나므로
$-9=16a+4b-5$ $\therefore 4a+b=-1$ … ㉡
㉠, ㉡을 연립하여 풀면 $a=-3$, $b=11$
$\therefore 3a+b+c=3\times(-3)+11+(-5)=-3$

07 답 $x=\frac{5}{2}$

그래프가 점 (0, 2)를 지나므로 이차함수의 식을
$y=ax^2+bx+2$로 놓자.
이 그래프가 점 (−1, −4)를 지나므로
$-4=a-b+2$ $\therefore a-b=-6$ … ㉠
또 점 (2, 8)을 지나므로
$8=4a+2b+2$ $\therefore 2a+b=3$ … ㉡
㉠, ㉡을 연립하여 풀면 $a=-1$, $b=5$

따라서 $y=-x^2+5x+2$, 즉 $y=-\left(x-\frac{5}{2}\right)^2+\frac{33}{4}$이므로 구하는 축의 방정식은 $x=\frac{5}{2}$이다.

08 답 ②

x축과 두 점 $(-1, 0)$, $(2, 0)$에서 만나므로 이차함수의 식을
$y=a(x+1)(x-2)$로 놓자.
이때 $y=-4x^2$의 그래프를 평행이동하면 완전히 포개어지므로
$a=-4$
따라서 구하는 이차함수의 식은
$y=-4(x+1)(x-2)$, 즉 $y=-4x^2+4x+8$

09 답 $(-2, 9)$

x축과 두 점 $(-5, 0)$, $(1, 0)$에서 만나므로 이차함수의 식을
$y=a(x+5)(x-1)$로 놓자.
이 그래프가 점 $(-1, 8)$을 지나므로
$8=a(-1+5)(-1-1)$
$8=-8a \quad \therefore a=-1$
$\therefore y=-(x+5)(x-1)=-x^2-4x+5$
$=-(x^2+4x)+5=-(x^2+4x+4-4)+5$
$=-(x+2)^2+9$
따라서 꼭짓점의 좌표는 $(-2, 9)$이다.

한번 더! 기본 문제 (개념 44~45)

본문 128쪽

01 ② **02** ④ **03** ①
04 $(-2, -11)$ **05** -20 **06** ②

01 답 ②

꼭짓점의 좌표가 $(2, 3)$이므로 이차함수의 식을
$y=a(x-2)^2+3$으로 놓자.
이 그래프가 점 $(0, -1)$을 지나므로
$-1=4a+3$, $-4a=4 \quad \therefore a=-1$
따라서 구하는 이차함수의 식은
$y=-(x-2)^2+3$, 즉 $y=-x^2+4x-1$

02 답 ④

축의 방정식이 $x=-2$이므로 이차함수의 식을
$y=a(x+2)^2+q$로 놓자.
이 그래프가 점 $(-1, -3)$을 지나므로
$-3=a(-1+2)^2+q \quad \therefore a+q=-3 \quad \cdots ㉠$
또 점 $(0, 0)$을 지나므로
$0=a(0+2)^2+q \quad \therefore 4a+q=0 \quad \cdots ㉡$
㉠, ㉡을 연립하여 풀면 $a=1$, $q=-4$
따라서 $y=(x+2)^2-4$, 즉 $y=x^2+4x$이므로
$b=4$, $c=0$
$\therefore 2a-b+c=2\times1-4+0=-2$

03 답 ①

x축과 두 점 $(-4, 0)$, $(-1, 0)$에서 만나므로 이차함수의 식을
$y=a(x+4)(x+1)$로 놓자.
이 그래프가 점 $(-2, 4)$를 지나므로
$4=a(-2+4)(-2+1)$
$4=-2a \quad \therefore a=-2$
따라서 $y=-2(x+4)(x+1)$, 즉 $y=-2x^2-10x-8$이므로
$b=-10$, $c=-8$
$\therefore ab+c=-2\times(-10)+(-8)=12$

04 답 $(-2, -11)$

그래프가 점 $(0, -7)$을 지나므로 이차함수의 식을
$y=ax^2+bx-7$로 놓자.
이 그래프가 점 $(-3, -10)$을 지나므로
$-10=9a-3b-7 \quad \therefore 3a-b=-1 \quad \cdots ㉠$
또 그래프가 점 $(1, -2)$를 지나므로
$-2=a+b-7 \quad \therefore a+b=5 \quad \cdots ㉡$
㉠, ㉡을 연립하여 풀면 $a=1$, $b=4$
따라서 $y=x^2+4x-7$, 즉 $y=(x+2)^2-11$이므로 꼭짓점의 좌표는 $(-2, -11)$이다.

05 답 -20

x축과 두 점 $(-1, 0)$, $(3, 0)$에서 만나므로 이차함수의 식을
$y=a(x+1)(x-3)$으로 놓자.
이 그래프가 점 $(0, 5)$를 지나므로
$5=-3a \quad \therefore a=-\frac{5}{3}$
$\therefore y=-\frac{5}{3}(x+1)(x-3)=-\frac{5}{3}x^2+\frac{10}{3}x+5$
이 그래프가 점 $(-3, k)$를 지나므로
$k=-\frac{5}{3}\times(-3)^2+\frac{10}{3}\times(-3)+5=-20$

06 답 ②

$y=ax^2+bx+c$의 그래프의 꼭짓점의 좌표가 $(1, 2)$이므로
이차함수의 식을
$y=a(x-1)^2+2 \quad \cdots ㉠$
로 놓자.
이때 $y=ax^2+bx+c$의 그래프가 x축과 만나는 두 점 A, B에 대하여 $\overline{AB}=4$이고 직선 $x=1$이 축이므로
$A(-1, 0)$, $B(3, 0)$ 또는 $A(3, 0)$, $B(-1, 0)$
㉠에 $x=-1$, $y=0$을 대입하면
$0=4a+2$, $-4a=2 \quad \therefore a=-\frac{1}{2}$
따라서 $y=-\frac{1}{2}(x-1)^2+2$, 즉 $y=-\frac{1}{2}x^2+x+\frac{3}{2}$이므로
$b=1$, $c=\frac{3}{2}$
$\therefore a+b-c=-\frac{1}{2}+1-\frac{3}{2}=-1$

PART Ⅱ

단원 테스트

1. 제곱근과 실수 [1회]

본문 130~132쪽

01	③, ⑤	**02**	④	**03**	-1	**04**	$\sqrt{58}$ cm
05	③	**06**	6	**07**	$-5a-4b$		
08	-3	**09**	12	**10**	①	**11**	4개
12	②	**13**	①, ④	**14**	17.51		
15	$4-\sqrt{2}$, $3+\sqrt{2}$			**16**	③, ④	**17**	6
18	$A<B<C$			**19**	13	**20**	8개

01 답 ③, ⑤

제곱하여 a가 되는 수를 a의 제곱근이라 한다.

즉, a의 제곱근이 x이므로

$x^2=a$ 또는 $x=\pm\sqrt{a}$

02 답 ④

① 0의 제곱근은 0이다.

② -9는 음수이므로 제곱근이 없다.

③ 0의 제곱근은 1개, 음수의 제곱근은 없다.

⑤ 5의 제곱근은 $\pm\sqrt{5}$이다.

따라서 옳은 것은 ④이다.

03 답 -1

제곱근 121은 11이므로 $A=11$

$\left(-\frac{1}{11}\right)^2=\frac{1}{121}$이고 $\frac{1}{121}$의 음의 제곱근은 $-\frac{1}{11}$이므로

$B=-\frac{1}{11}$

$\therefore AB=11\times\left(-\frac{1}{11}\right)=-1$

04 답 $\sqrt{58}$ cm

피타고라스 정리에 의하여

$\overline{\mathrm{AB}}=\sqrt{7^2+3^2}=\sqrt{58}(\mathrm{cm})$

05 답 ③

① $-\sqrt{(-6)^2}=-6$ ② $\left(-\sqrt{\frac{5}{6}}\right)^2=\frac{5}{6}$

④ $(-\sqrt{0.5})^2=0.5$ ⑤ $(\sqrt{7})^2=7$

따라서 옳은 것은 ③이다.

06 답 6

$$\sqrt{0.49}\times\sqrt{\left(\frac{20}{7}\right)^2}+\sqrt{(-24)^2}\div(\sqrt{6})^2=0.7\times\frac{20}{7}+24\div6$$
$$=2+4=6$$

07 답 $-5a-4b$

$25a^2=(5a)^2$이고 $a<0$에서 $5a<0$이므로

$\sqrt{25a^2}=\sqrt{(5a)^2}=-5a$

$b>0$에서 $-4b<0$이므로 $\sqrt{(-4b)^2}=-(-4b)=4b$

$\therefore \sqrt{25a^2}-\sqrt{(-4b)^2}=-5a-4b$

08 답 -3

$1<x<4$에서 $1-x<0$, $x-4<0$이므로

$$\sqrt{(1-x)^2}+\sqrt{(x-4)^2}=-(1-x)-(x-4)$$
$$=-1+x-x+4=3$$

따라서 $ax+b=3$에서 $a=0$, $b=3$이므로

$a-b=0-3=-3$

09 답 12

192를 소인수분해하면 $192=2^6\times3$

192의 소인수 중에서 지수가 홀수인 소인수는 3이므로

x는 $3\times$(자연수)^{2}의 꼴이고 192의 약수이어야 한다.

따라서 조건을 만족시키는 x의 값은

$3\times1^2=3$, $3\times2^2=12$, $3\times2^4=48$, $3\times2^6=192$

이므로 가장 작은 두 자리의 자연수 x의 값은 12이다.

10 답 ①

ㄱ. $2=\sqrt{4}$이고 $4<5$이므로 $2<\sqrt{5}$

ㄴ. $4=\sqrt{16}$이고 $16<17$이므로 $4<\sqrt{17}$

  $\therefore -4>-\sqrt{17}$

ㄷ. $0.5=\sqrt{0.25}$이고 $0.25<0.5$이므로 $0.5<\sqrt{0.5}$

ㄹ. $\frac{1}{5}>\frac{1}{7}$이므로 $\sqrt{\frac{1}{5}}>\sqrt{\frac{1}{7}}$

따라서 옳은 것은 ㄱ, ㄴ이다.

11 답 4개

$2<\sqrt{x-1}<3$에서 $2^2<(\sqrt{x-1})^2<3^2$

$4<x-1<9$ $\therefore 5<x<10$

따라서 주어진 식을 만족시키는 자연수 x는 6, 7, 8, 9의 4개이다.

12 답 ②

$\sqrt{144}=12$, $-\frac{9}{5}$, $1.\dot{4}$는 유리수이다.

따라서 무리수인 것은 $\sqrt{0.7}$, $\frac{\sqrt{5}}{3}$의 2개이다.

13 답 ①, ④

① $\sqrt{4}=2$는 유리수이다.

④ 유리수 중에는 유한소수도 있다.

14 답 17.51

$\sqrt{76}=8.718$이므로 $a=8.718$

$\sqrt{77.3}=8.792$이므로 $b=8.792$

$\therefore a+b=8.718+8.792=17.51$

15 답 $4-\sqrt{2}$, $3+\sqrt{2}$

피타고라스 정리에 의하여

$\overline{BP}=\overline{BD}=\sqrt{1^2+1^2}=\sqrt{2}$

즉, 점 P는 4에 대응하는 점에서 왼쪽으로 $\sqrt{2}$만큼 떨어진 점이므로 점 P에 대응하는 수는 $4-\sqrt{2}$이다.

피타고라스 정리에 의하여

$\overline{AQ}=\overline{AC}=\sqrt{1^2+1^2}=\sqrt{2}$

즉, 점 Q는 3에 대응하는 점에서 오른쪽으로 $\sqrt{2}$만큼 떨어진 점이므로 점 Q에 대응하는 수는 $3+\sqrt{2}$이다.

16 답 ③, ④

③ 2에 가장 가까운 무리수는 알 수 없다.

④ 수직선은 유리수와 무리수, 즉 실수에 대응하는 점으로 완전히 메울 수 있으므로 유리수에 대응하는 점으로만 수직선을 완전히 메울 수는 없다.

17 답 6

$-\sqrt{20}$, -4, $-\sqrt{5}$는 음수이고,

$\sqrt{8}$, $\frac{7}{2}$은 양수이다.

$-4=-\sqrt{16}$이므로 $|-\sqrt{5}|<|-4|<|-\sqrt{20}|$

$\therefore -\sqrt{20}<-4<-\sqrt{5}$

$\therefore a=-\sqrt{20}$

한편, $\frac{7}{2}=\sqrt{\frac{49}{4}}$이므로 $\sqrt{8}<\frac{7}{2}$

$\therefore b=\frac{7}{2}$

$\therefore a^2-4b=(-\sqrt{20})^2-4\times\frac{7}{2}$

$=20-14=6$

18 답 $A<B<C$

$A-B=(\sqrt{10}-6)-(-1)$

$=\sqrt{10}-5=\sqrt{10}-\sqrt{25}<0$

$\therefore A<B$

$B-C=-1-(\sqrt{2}-2)$

$=1-\sqrt{2}=\sqrt{1}-\sqrt{2}<0$

$\therefore B<C$

$\therefore A<B<C$

19 답 13

$\sqrt{77+a}$가 자연수가 되려면 $77+a$는 77보다 크고 (자연수)^{2}의 꼴이어야 하므로

$77+a=81, 100, 121, \cdots$

$\therefore a=4, 23, 44, \cdots$

따라서 가장 작은 자연수 a는 4이다. … ❶

$a=4$일 때, $b=\sqrt{77+4}=\sqrt{81}=9$ … ❷

$\therefore a+b=4+9=13$ … ❸

채점 기준	배점
❶ a의 값을 구한 경우	60 %
❷ b의 값을 구한 경우	30 %
❸ $a+b$의 값을 구한 경우	10 %

20 답 8개

$4=\sqrt{16}$, $5=\sqrt{25}$이므로 $4<\sqrt{17}<5$

$-5<-\sqrt{17}<-4$

$\therefore -2<3-\sqrt{17}<-1$ … ❶

$5=\sqrt{25}$, $6=\sqrt{36}$이므로 $5<\sqrt{29}<6$

$\therefore 6<1+\sqrt{29}<7$ … ❷

따라서 $3-\sqrt{17}$과 $1+\sqrt{29}$ 사이에 있는 정수는 -1, 0, 1, 2, 3, 4, 5, 6의 8개이다. … ❸

채점 기준	배점
❶ $3-\sqrt{17}$의 값의 범위를 구한 경우	40 %
❷ $1+\sqrt{29}$의 값의 범위를 구한 경우	40 %
❸ $3-\sqrt{17}$과 $1+\sqrt{29}$ 사이에 있는 정수의 개수를 구한 경우	20 %

1. 제곱근과 실수 [2회]

본문 133~135쪽

01 ①, ⑤	**02** ②	**03** 5	**04** ④
05 -9	**06** ⑤	**07** ④	**08** ④
09 5개	**10** ①, ⑤	**11** 58	**12** ⑤
13 ①, ④	**14** 0.12	**15** ②, ⑤	**16** ③
17 $\sqrt{2}+3$	**18** 점 A	**19** $\sqrt{34}$ cm	**20** 8

01 답 ①, ⑤

$(-9)^2=81$이고 81의 제곱근은 ±9이다.

02 답 ②

① 제곱근 3은 $\sqrt{3}$이다.

③ 7의 제곱근은 $\pm\sqrt{7}$이다.

④ 10의 음의 제곱근은 $-\sqrt{10}$이다.

⑤ 0의 제곱근은 1개, 음수의 제곱근은 없다.

따라서 옳은 것은 ②이다.

03 답 5

$(-10)^2=100$이고 100의 양의 제곱근은 10이므로 $A=10$

$\frac{25}{49}$의 음의 제곱근은 $-\frac{5}{7}$이므로 $B=-\frac{5}{7}$

$\therefore A+7B=10+7\times\left(-\frac{5}{7}\right)=10-5=5$

04 답 ④

④ $-\left(\sqrt{\frac{2}{7}}\right)^2=-\frac{2}{7}$

05 답 -9

$\sqrt{11^2}-(-\sqrt{12})^2\div\sqrt{\left(-\frac{3}{5}\right)^2}$

$=11-12\div\frac{3}{5}$

$=11-12\times\frac{5}{3}$

$=11-20=-9$

06 답 ⑤

$a>0$에서 $-6a<0$이므로 $\sqrt{(-6a)^2}=-(-6a)=6a$

$a>0$에서 $4a>0$이므로 $\sqrt{16a^2}=\sqrt{(4a)^2}=4a$

$\therefore \sqrt{(-6a)^2}+\sqrt{16a^2}=6a+4a=10a$

07 답 ④

$2<a<3$에서 $2-a<0$, $3-a>0$이므로

$\sqrt{(2-a)^2}-\sqrt{(3-a)^2}=-(2-a)-(3-a)$

$=-2+a-3+a$

$=2a-5$

08 답 ④

200을 소인수분해하면 $200=2^3\times5^2$

200의 소인수 중에서 지수가 홀수인 소인수는 2이므로

x는 $2\times$(자연수)^{2}의 꼴이어야 한다.

따라서 조건을 만족시키는 가장 작은 두 자리의 자연수 x의 값은

$2\times3^2=18$이다.

09 답 5개

$\sqrt{62+x}$가 자연수가 되려면 $62+x$는 62보다 큰 (자연수)^{2}의 꼴이어야 하므로

$62+x=64, 81, 100, 121, 144, 169, \cdots$

$\therefore x=2, 19, 38, 59, 82, 107, \cdots$

따라서 100 이하의 자연수 x는 2, 19, 38, 59, 82의 5개이다.

10 답 ①, ⑤

① $13<14$이므로 $\sqrt{13}<\sqrt{14}$

② $0.2=\sqrt{0.04}$이고 $0.2>0.04$이므로 $\sqrt{0.2}>0.2$

③ $4=\sqrt{16}$이고 $15<16$이므로 $\sqrt{15}<4$

④ $\sqrt{10}<\sqrt{11}$이므로 $-\sqrt{10}>-\sqrt{11}$

⑤ $3=\sqrt{9}$이고 $9>8$이므로 $3>\sqrt{8}$ $\quad\therefore -3<-\sqrt{8}$

따라서 옳은 것은 ①, ⑤이다.

11 답 58

$6<\sqrt{3n}<7$에서 $6^2<(\sqrt{3n})^2<7^2$

$36<3n<49 \quad \therefore 12<n<\frac{49}{3}$

따라서 주어진 식을 만족시키는 자연수 n은 13, 14, 15, 16이므로 구하는 합은

$13+14+15+16=58$

12 답 ⑤

ㄱ. $\sqrt{0.25}=0.5$

ㄴ. $\sqrt{16}-4=4-4=0$

ㄹ. $-\sqrt{100}=-10$

ㅁ. $\sqrt{0.\dot{7}}=\sqrt{\frac{7}{9}}$

따라서 무리수인 것은 ㄷ, ㅁ이다.

13 답 ①, ④

② 무한소수 중 순환소수는 유리수이다.

③ 유리수 중에는 순환소수, 즉 무한소수도 있다.

⑤ 소수는 유한소수와 무한소수로 이루어져 있다.

따라서 옳은 것은 ①, ④이다.

14 답 0.12

$\sqrt{8.83}=2.972$이므로 $x=8.83$

$\sqrt{8.71}=2.951$이므로 $y=8.71$

$\therefore x-y=8.83-8.71=0.12$

15 답 ②, ⑤

② 서로 다른 두 유리수 사이에는 무수히 많은 유리수가 있다.

⑤ 모든 무리수는 수직선 위의 점으로 나타낼 수 있다.

16 답 ③

① $(1+\sqrt{6})-4=\sqrt{6}-3=\sqrt{6}-\sqrt{9}<0$

$\quad\therefore 1+\sqrt{6}<4$

② $-1-(\sqrt{3}-2)=-\sqrt{3}+1=-\sqrt{3}+\sqrt{1}<0$

$\quad\therefore -1<\sqrt{3}-2$

③ $7-(3+\sqrt{11})=4-\sqrt{11}=\sqrt{16}-\sqrt{11}>0$

$\quad\therefore 7>3+\sqrt{11}$

④ $(1-\sqrt{19})-(-3)=4-\sqrt{19}=\sqrt{16}-\sqrt{19}<0$

$\quad\therefore 1-\sqrt{19}<-3$

⑤ $(-4-\sqrt{30})-(-9)=5-\sqrt{30}=\sqrt{25}-\sqrt{30}<0$

$\quad\therefore -4-\sqrt{30}<-9$

따라서 부등호의 방향이 나머지 넷과 다른 하나는 ③이다.

17 답 $\sqrt{2}+3$

$(\sqrt{2}+3)-4=\sqrt{2}-1=\sqrt{2}-\sqrt{1}>0$

$\therefore \sqrt{2}+3>4$

$(5-\sqrt{3})-4=1-\sqrt{3}=\sqrt{1}-\sqrt{3}<0$

$\therefore 5-\sqrt{3}<4$

따라서 $5-\sqrt{3}<4<\sqrt{2}+3$이므로 수직선 위에 나타낼 때, 가장 오른쪽에 위치하는 수는 $\sqrt{2}+3$이다.

18 답 점 A

$3=\sqrt{9}$, $4=\sqrt{16}$이므로 $3<\sqrt{13}<4$

$\therefore -3<\sqrt{13}-6<-2$

따라서 $\sqrt{13}-6$에 대응하는 점은 점 A이다.

19 답 $\sqrt{34}$ cm

주어진 도형의 넓이는 $3^2+5^2=34(\text{cm}^2)$ … ❶

따라서 넓이가 34 cm^2인 정사각형의 한 변의 길이는 $\sqrt{34}$ cm이다. … ❷

채점 기준	배점
❶ 주어진 도형의 넓이를 구한 경우	50 %
❷ 정사각형의 한 변의 길이를 구한 경우	50 %

20 답 8

피타고라스 정리에 의하여

$\overline{PC}=\overline{AC}=\sqrt{2^2+1^2}=\sqrt{5}$ … ❶

점 P는 3에 대응하는 점에서 왼쪽으로 $\sqrt{5}$만큼 떨어진 점이므로 점 P에 대응하는 수는 $3-\sqrt{5}$이다.

따라서 $a=3$, $b=5$이므로 … ❷

$a+b=3+5=8$ … ❸

채점 기준	배점
❶ $\overline{PC}$의 길이를 구한 경우	40 %
❷ a, b의 값을 각각 구한 경우	40 %
❸ $a+b$의 값을 구한 경우	20 %

2. 근호를 포함한 식의 계산 [1회]

본문 136~138쪽

01 ②	**02** $\sqrt{2}$	**03** ②	**04** $\frac{1}{5}$
05 ⑤	**06** ③	**07** ④	**08** ④
09 ⑤	**10** -13	**11** $\frac{5\sqrt{14}}{14}$	**12** ⑤
13 ②	**14** -6	**15** $2\sqrt{3}+\sqrt{6}$	
16 $18\sqrt{30}$	**17** ④	**18** $3\sqrt{7}$	**19** 63
20 $3+2\sqrt{10}$			

01 답 ②

$3\sqrt{7}\times4\sqrt{2}\times\left(-\sqrt{\frac{3}{7}}\right)=-12\sqrt{7\times2\times\frac{3}{7}}=-12\sqrt{6}$

02 답 $\sqrt{2}$

$\sqrt{a}=\frac{\sqrt{60}}{\sqrt{5}}=\sqrt{\frac{60}{5}}=\sqrt{12}$

$\sqrt{b}=\sqrt{\frac{15}{8}}\div\sqrt{\frac{5}{16}}=\frac{\sqrt{15}}{\sqrt{8}}\times\frac{\sqrt{16}}{\sqrt{5}}=\sqrt{\frac{15}{8}\times\frac{16}{5}}=\sqrt{6}$

$\therefore \sqrt{a}\div\sqrt{b}=\sqrt{12}\div\sqrt{6}=\frac{\sqrt{12}}{\sqrt{6}}=\sqrt{\frac{12}{6}}=\sqrt{2}$

03 답 ②

$2\sqrt{7}=\sqrt{2^2\times7}=\sqrt{28}$이므로 $a=28$

$\sqrt{125}=\sqrt{5^2\times5}=5\sqrt{5}$이므로 $b=5$

$\therefore a-b=28-5=23$

04 답 $\frac{1}{5}$

$\sqrt{0.12}=\sqrt{\frac{3}{25}}=\sqrt{\frac{3}{5^2}}=\frac{\sqrt{3}}{5}$ $\quad\therefore k=\frac{1}{5}$

05 답 ⑤

① $\sqrt{413}=\sqrt{4.13\times100}=10\sqrt{4.13}=10\times2.032=20.32$

② $\sqrt{420}=\sqrt{4.20\times100}=10\sqrt{4.20}$
$=10\times2.049=20.49$

③ $\sqrt{43400}=\sqrt{4.34\times10000}=100\sqrt{4.34}$
$=100\times2.083=208.3$

④ $\sqrt{0.0423}=\sqrt{\frac{4.23}{100}}=\frac{\sqrt{4.23}}{10}=\frac{2.057}{10}=0.2057$

따라서 주어진 제곱근표를 이용하여 그 값을 구할 수 없는 것은 ⑤이다.

06 답 ③

$\sqrt{63}-\sqrt{147}=\sqrt{3^2\times7}-\sqrt{3\times7^2}$
$=(\sqrt{3})^2\times\sqrt{7}-\sqrt{3}\times(\sqrt{7})^2$
$=a^2b-ab^2$

07 답 ④

$\frac{2\sqrt{2}}{\sqrt{7}}=\frac{2\sqrt{2}\times\sqrt{7}}{\sqrt{7}\times\sqrt{7}}=\frac{2\sqrt{14}}{7}$

08 답 ④

① $\sqrt{30}\times\sqrt{5}\div\sqrt{6}=\sqrt{30}\times\sqrt{5}\times\frac{1}{\sqrt{6}}=5$

② $3\sqrt{6}\div4\sqrt{18}\times12\sqrt{3}=3\sqrt{6}\times\frac{1}{4\sqrt{18}}\times12\sqrt{3}=9$

③ $\sqrt{\frac{9}{5}}\times\sqrt{\frac{2}{33}}\div\sqrt{\frac{72}{55}}=\frac{3}{\sqrt{5}}\times\frac{\sqrt{2}}{\sqrt{33}}\times\frac{\sqrt{55}}{6\sqrt{2}}$
$=\frac{1}{2\sqrt{3}}=\frac{\sqrt{3}}{2\sqrt{3}\times\sqrt{3}}=\frac{\sqrt{3}}{6}$

④ $\frac{3}{4\sqrt{2}}\times\frac{\sqrt{14}}{\sqrt{54}}\div\frac{\sqrt{35}}{\sqrt{96}}=\frac{3}{4\sqrt{2}}\times\frac{\sqrt{14}}{3\sqrt{6}}\times\frac{4\sqrt{6}}{\sqrt{35}}$
$=\frac{1}{\sqrt{5}}=\frac{\sqrt{5}}{\sqrt{5}\times\sqrt{5}}=\frac{\sqrt{5}}{5}$

⑤ $\frac{\sqrt{50}}{\sqrt{7}}\div\sqrt{\frac{11}{49}}\times\frac{3\sqrt{11}}{\sqrt{14}}=\frac{5\sqrt{2}}{\sqrt{7}}\times\frac{7}{\sqrt{11}}\times\frac{3\sqrt{11}}{\sqrt{14}}=15$

따라서 옳지 않은 것은 ④이다.

09 답 ⑤

$\overline{AD}$를 한 변으로 하는 정사각형의 넓이가 48이므로

$\overline{AD}=\sqrt{48}=4\sqrt{3}$

$\overline{DC}$를 한 변으로 하는 정사각형의 넓이가 8이므로

$\overline{DC}=\sqrt{8}=2\sqrt{2}$

따라서 직사각형 ABCD의 넓이는

$4\sqrt{3}\times2\sqrt{2}=8\sqrt{6}$

10 답 -13

$\sqrt{3}-3\sqrt{27}-\sqrt{75}=\sqrt{3}-9\sqrt{3}-5\sqrt{3}=-13\sqrt{3}$

$\therefore a=-13$

11 답 $\frac{5\sqrt{14}}{14}$

$\frac{b}{a}-\frac{a}{b}=\frac{\sqrt{7}}{\sqrt{2}}-\frac{\sqrt{2}}{\sqrt{7}}=\frac{\sqrt{14}}{2}-\frac{\sqrt{14}}{7}=\frac{5\sqrt{14}}{14}$

12 답 ⑤

$5\sqrt{3}-2a+6-a\sqrt{3}=(5-a)\sqrt{3}-2a+6$

주어진 식이 유리수이려면 $5-a=0$이어야 하므로

$a=5$

13 답 ②

$\sqrt{2}(2\sqrt{3}-3)-\sqrt{3}(2\sqrt{2}-1)=2\sqrt{6}-3\sqrt{2}-2\sqrt{6}+\sqrt{3}$

$=-3\sqrt{2}+\sqrt{3}$

14 답 -6

$\frac{\sqrt{108}-12}{\sqrt{8}}=\frac{6\sqrt{3}-12}{2\sqrt{2}}=\frac{3\sqrt{3}-6}{\sqrt{2}}$

$=\frac{(3\sqrt{3}-6)\times\sqrt{2}}{\sqrt{2}\times\sqrt{2}}$

$=\frac{3\sqrt{6}-6\sqrt{2}}{2}=-3\sqrt{2}+\frac{3}{2}\sqrt{6}$

따라서 $a=-3$, $b=\frac{3}{2}$이므로

$a-2b=-3-2\times\frac{3}{2}=-3-3=-6$

15 답 $2\sqrt{3}+\sqrt{6}$

$\frac{\sqrt{6}}{5}(15-\sqrt{50})+\frac{12-\sqrt{72}}{\sqrt{3}}=\frac{\sqrt{6}}{5}(15-5\sqrt{2})+\frac{12-6\sqrt{2}}{\sqrt{3}}$

$=3\sqrt{6}-\sqrt{12}+\frac{(12-6\sqrt{2})\times\sqrt{3}}{\sqrt{3}\times\sqrt{3}}$

$=3\sqrt{6}-2\sqrt{3}+\frac{12\sqrt{3}-6\sqrt{6}}{3}$

$=3\sqrt{6}-2\sqrt{3}+4\sqrt{3}-2\sqrt{6}$

$=2\sqrt{3}+\sqrt{6}$

16 답 $18\sqrt{30}$

사다리꼴 ABCD의 넓이는

$\frac{1}{2}\times\{\sqrt{96}+(\sqrt{24}+\sqrt{54})\}\times\sqrt{80}$

$=\frac{1}{2}\times(4\sqrt{6}+2\sqrt{6}+3\sqrt{6})\times4\sqrt{5}$

$=\frac{1}{2}\times9\sqrt{6}\times4\sqrt{5}=18\sqrt{30}$

17 답 ④

ㄱ. $(2+\sqrt{7})-(2\sqrt{7}-1)=2+\sqrt{7}-2\sqrt{7}+1$

$=3-\sqrt{7}=\sqrt{9}-\sqrt{7}>0$

$\therefore 2+\sqrt{7}>2\sqrt{7}-1$

ㄴ. $(\sqrt{5}+\sqrt{40})-(\sqrt{10}+\sqrt{20})=\sqrt{5}+2\sqrt{10}-\sqrt{10}-2\sqrt{5}$

$=-\sqrt{5}+\sqrt{10}>0$

$\therefore \sqrt{5}+\sqrt{40}>\sqrt{10}+\sqrt{20}$

ㄷ. $(3+2\sqrt{6})-(\sqrt{54}+1)=3+2\sqrt{6}-3\sqrt{6}-1$

$=2-\sqrt{6}=\sqrt{4}-\sqrt{6}<0$

$\therefore 3+2\sqrt{6}<\sqrt{54}+1$

ㄹ. $(2\sqrt{2}+\sqrt{27})-(\sqrt{2}+\sqrt{48})=2\sqrt{2}+3\sqrt{3}-\sqrt{2}-4\sqrt{3}$

$=\sqrt{2}-\sqrt{3}<0$

$\therefore 2\sqrt{2}+\sqrt{27}<\sqrt{2}+\sqrt{48}$

따라서 옳은 것은 ㄴ, ㄹ이다.

18 답 $3\sqrt{7}$

$(2\sqrt{7}+4)-3\sqrt{7}=4-\sqrt{7}$

$=\sqrt{16}-\sqrt{7}>0$

이므로 $2\sqrt{7}+4>3\sqrt{7}$

$(2\sqrt{7}+4)-(4\sqrt{7}+2)=-2\sqrt{7}+2$

$=-\sqrt{28}+\sqrt{4}<0$

이므로 $2\sqrt{7}+4<4\sqrt{7}+2$

따라서 $3\sqrt{7}<2\sqrt{7}+4<4\sqrt{7}+2$이므로 수직선 위에 나타낼 때, 가장 왼쪽에 위치하는 수는 $3\sqrt{7}$이다.

19 답 63

$\sqrt{8490}=\sqrt{84.9\times100}=10\sqrt{84.9}$

$=10\times9.214=92.14$ … ❶

$\sqrt{849}=\sqrt{8.49\times100}=10\sqrt{8.49}$

$=10\times2.914=29.14$ … ❷

$\therefore \sqrt{8490}-\sqrt{849}=92.14-29.14=63$ … ❸

채점 기준	배점
❶ $\sqrt{8490}$의 값을 구한 경우	40 %
❷ $\sqrt{849}$의 값을 구한 경우	40 %
❸ $\sqrt{8490}-\sqrt{849}$의 값을 구한 경우	20 %

20 답 $3+2\sqrt{10}$

직각삼각형 ABC에서 피타고라스 정리에 의하여

$\overline{AC}=\sqrt{3^2+1^2}=\sqrt{10}$

따라서 $\overline{PC}=\overline{AC}=\sqrt{10}$이므로 점 P에 대응하는 수는

$2-\sqrt{10}$ … ❶

직각삼각형 DEF에서 피타고라스 정리에 의하여

$\overline{DF}=\sqrt{1^2+3^2}=\sqrt{10}$

따라서 $\overline{QF}=\overline{DF}=\sqrt{10}$이므로 점 Q에 대응하는 수는

$5+\sqrt{10}$ … ❷

$\therefore \overline{PQ}=(5+\sqrt{10})-(2-\sqrt{10})$

$=5+\sqrt{10}-2+\sqrt{10}=3+2\sqrt{10}$ … ❸

채점 기준	배점
❶ 점 P에 대응하는 수를 구한 경우	40 %
❷ 점 Q에 대응하는 수를 구한 경우	40 %
❸ $\overline{PQ}$의 길이를 구한 경우	20 %

2. 근호를 포함한 식의 계산 [2회]

본문 139~141쪽

01 ③	**02** 20	**03** 13	**04** -2
05 ④	**06** ③	**07** ④	**08** 10
09 $20\sqrt{3}\,\text{cm}^2$		**10** 11	**11** 8
12 $2-2\sqrt{15}$		**13** ③	**14** 12
15 4	**16** $15+5\sqrt{7}$		**17** $10\sqrt{5}\,\text{cm}$
18 ④	**19** $3\sqrt{6}\,\text{cm}$	**20** $2\sqrt{10}-3\sqrt{3}$	

01 답 ③

③ $\sqrt{\frac{6}{5}}\times2\sqrt{\frac{10}{3}}=2\sqrt{\frac{6}{5}\times\frac{10}{3}}=2\sqrt{4}=2\times2=4$

④ $6\sqrt{15}\div2\sqrt{3}=\frac{6\sqrt{15}}{2\sqrt{3}}=3\sqrt{\frac{15}{3}}=3\sqrt{5}$

⑤ $\sqrt{63}\div\frac{\sqrt{7}}{4}=\sqrt{63}\times\frac{4}{\sqrt{7}}=4\sqrt{\frac{63}{7}}=4\sqrt{9}=4\times3=12$

따라서 옳지 않은 것은 ③이다.

02 답 20

$$4\sqrt{5}\div\frac{\sqrt{3}}{\sqrt{10}}\div\frac{1}{\sqrt{15}}=4\sqrt{5}\times\frac{\sqrt{10}}{\sqrt{3}}\times\sqrt{15}$$
$$=4\sqrt{5\times\frac{10}{3}\times15}$$
$$=20\sqrt{10}$$

$\therefore n=20$

03 답 13

$\sqrt{200}=10\sqrt{2}$이므로 $a=10$

$\sqrt{27}=3\sqrt{3}$이므로 $b=3$

$\therefore a+b=10+3=13$

04 답 -2

$\frac{\sqrt{6}}{6}=\sqrt{\frac{6}{6^2}}=\sqrt{\frac{1}{6}}$이므로

$a=\frac{1}{6}$

$\sqrt{\frac{75}{16}}=\sqrt{\frac{3\times5^2}{4^2}}=\frac{5\sqrt{3}}{4}$이므로

$b=\frac{5}{4}$

$\therefore 3a-2b=3\times\frac{1}{6}-2\times\frac{5}{4}=\frac{1}{2}-\frac{5}{2}=-2$

05 답 ④

ㄱ. $\sqrt{9130}=\sqrt{91.3\times100}=10\sqrt{91.3}=10\times9.555=95.55$

ㄴ. $\sqrt{91300}=\sqrt{9.13\times10000}=100\sqrt{9.13}$
$=100\times3.022=302.2$

ㄷ. $\sqrt{0.913}=\sqrt{\frac{91.3}{100}}=\frac{\sqrt{91.3}}{10}=\frac{9.555}{10}=0.9555$

ㄹ. $\sqrt{0.0913}=\sqrt{\frac{9.13}{100}}=\frac{\sqrt{9.13}}{10}=\frac{3.022}{10}=0.3022$

따라서 옳은 것은 ㄱ, ㄴ, ㄷ이다.

06 답 ③

$\sqrt{45}=\sqrt{3^2\times5}=(\sqrt{3})^2\times\sqrt{5}=a^2b$

07 답 ④

① $\frac{1}{\sqrt{3}}=\frac{1\times\sqrt{3}}{\sqrt{3}\times\sqrt{3}}=\frac{\sqrt{3}}{3}$

② $\frac{\sqrt{3}}{\sqrt{7}}=\frac{\sqrt{3}\times\sqrt{7}}{\sqrt{7}\times\sqrt{7}}=\frac{\sqrt{21}}{7}$

③ $\frac{\sqrt{2}}{\sqrt{5}}=\frac{\sqrt{2}\times\sqrt{5}}{\sqrt{5}\times\sqrt{5}}=\frac{\sqrt{10}}{5}$

④ $\frac{6}{\sqrt{2}}=\frac{6\times\sqrt{2}}{\sqrt{2}\times\sqrt{2}}=\frac{6\sqrt{2}}{2}=3\sqrt{2}$

⑤ $\frac{\sqrt{2}}{3\sqrt{3}}=\frac{\sqrt{2}\times\sqrt{3}}{3\sqrt{3}\times\sqrt{3}}=\frac{\sqrt{6}}{9}$

따라서 옳지 않은 것은 ④이다.

08 답 10

$$\frac{3\sqrt{3}}{\sqrt{2}}\times\frac{5}{\sqrt{6}}\div\frac{\sqrt{18}}{8}=\frac{3\sqrt{3}}{\sqrt{2}}\times\frac{5}{\sqrt{6}}\times\frac{8}{3\sqrt{2}}=\frac{20}{\sqrt{2}}$$
$$=\frac{20\times\sqrt{2}}{\sqrt{2}\times\sqrt{2}}=10\sqrt{2}$$

$\therefore k=10$

09 답 $20\sqrt{3}\,\text{cm}^2$

삼각형의 넓이는

$\frac{1}{2}\times4\sqrt{6}\times5\sqrt{2}=10\sqrt{12}=20\sqrt{3}(\text{cm}^2)$

10 답 11

$$5\sqrt{3}-\sqrt{80}+\sqrt{12}+4\sqrt{20}=5\sqrt{3}-4\sqrt{5}+2\sqrt{3}+8\sqrt{5}$$
$$=7\sqrt{3}+4\sqrt{5}$$

따라서 $a=7$, $b=4$이므로 $a+b=7+4=11$

11 답 8

$$\sqrt{72}-\frac{\sqrt{2}}{2}+\frac{15}{\sqrt{18}}=6\sqrt{2}-\frac{\sqrt{2}}{2}+\frac{5}{\sqrt{2}}$$
$$=6\sqrt{2}-\frac{\sqrt{2}}{2}+\frac{5\times\sqrt{2}}{\sqrt{2}\times\sqrt{2}}$$
$$=6\sqrt{2}-\frac{\sqrt{2}}{2}+\frac{5\sqrt{2}}{2}$$
$$=8\sqrt{2}$$

$\therefore k=8$

12 답 $2-2\sqrt{15}$

$$\sqrt{5}a-\sqrt{3}b=\sqrt{5}(\sqrt{5}-\sqrt{3})-\sqrt{3}(\sqrt{5}+\sqrt{3})$$
$$=5-\sqrt{15}-\sqrt{15}-3$$
$$=2-2\sqrt{15}$$

13 답 ③

$$\frac{9-\sqrt{21}}{\sqrt{3}}+\sqrt{28}=\frac{(9-\sqrt{21})\times\sqrt{3}}{\sqrt{3}\times\sqrt{3}}+2\sqrt{7}$$
$$=\frac{9\sqrt{3}-3\sqrt{7}}{3}+2\sqrt{7}$$
$$=3\sqrt{3}-\sqrt{7}+2\sqrt{7}$$
$$=3\sqrt{3}+\sqrt{7}$$

14 답 12

$$\sqrt{2}(\sqrt{27}+\sqrt{8})-\frac{\sqrt{50}-\sqrt{75}}{\sqrt{3}}$$
$$=\sqrt{2}(3\sqrt{3}+2\sqrt{2})-\frac{5\sqrt{2}-5\sqrt{3}}{\sqrt{3}}$$
$$=3\sqrt{6}+4-\frac{(5\sqrt{2}-5\sqrt{3})\times\sqrt{3}}{\sqrt{3}\times\sqrt{3}}$$
$$=3\sqrt{6}+4-\frac{5\sqrt{6}-15}{3}$$
$$=3\sqrt{6}+4-\frac{5}{3}\sqrt{6}+5==\frac{4\sqrt{6}}{3}+9$$

따라서 $a=\frac{4}{3}$, $b=9$이므로 $ab=\frac{4}{3}\times9=12$

15 답 4

$$6(a-2\sqrt{3})+3\sqrt{3}(a-2\sqrt{3})=6a-12\sqrt{3}+3\sqrt{3}a-18$$
$$=(6a-18)+(3a-12)\sqrt{3}$$

주어진 식이 유리수이므로 $3a-12=0$

$3a=12$ $\quad\therefore a=4$

16 답 $15+5\sqrt{7}$

$\overline{CQ}=\overline{CB}=\sqrt{7}$, $\overline{CP}=\overline{CD}=\sqrt{7}$이므로

$p=5+\sqrt{7}$, $q=5-\sqrt{7}$

$$\therefore 4p-q=4(5+\sqrt{7})-(5-\sqrt{7})$$
$$=20+4\sqrt{7}-5+\sqrt{7}$$
$$=15+5\sqrt{7}$$

17 답 $10\sqrt{5}$ cm

직사각형의 넓이가 30 cm^2이므로

$3\sqrt{5}\times\overline{AB}=30$

$$\therefore \overline{AB}=\frac{30}{3\sqrt{5}}=\frac{10}{\sqrt{5}}=\frac{10\times\sqrt{5}}{\sqrt{5}\times\sqrt{5}}$$
$$=\frac{10\sqrt{5}}{5}=2\sqrt{5}\text{(cm)}$$

따라서 직사각형 ABCD의 둘레의 길이는

$2(3\sqrt{5}+2\sqrt{5})=2\times5\sqrt{5}=10\sqrt{5}\text{(cm)}$

18 답 ④

① $(2\sqrt{6}+4)-\sqrt{96}=(2\sqrt{6}+4)-4\sqrt{6}$
$\quad=-2\sqrt{6}+4$
$\quad=-\sqrt{24}+\sqrt{16}<0$

$\quad\therefore 2\sqrt{6}+4<\sqrt{96}$

② $(8-\sqrt{3})-\sqrt{27}=(8-\sqrt{3})-3\sqrt{3}$
$\quad=8-4\sqrt{3}=\sqrt{64}-\sqrt{48}>0$

$\quad\therefore 8-\sqrt{3}>\sqrt{27}$

③ $(\sqrt{32}+\sqrt{7})-\sqrt{72}=(4\sqrt{2}+\sqrt{7})-6\sqrt{2}$
$\quad=-2\sqrt{2}+\sqrt{7}$
$\quad=-\sqrt{8}+\sqrt{7}<0$

$\quad\therefore \sqrt{32}+\sqrt{7}<\sqrt{72}$

④ $(7+\sqrt{45})-(3+\sqrt{125})=(7+3\sqrt{5})-(3+5\sqrt{5})$
$\quad=7+3\sqrt{5}-3-5\sqrt{5}$
$\quad=4-2\sqrt{5}$
$\quad=\sqrt{16}-\sqrt{20}<0$

$\quad\therefore 7+\sqrt{45}<3+\sqrt{125}$

⑤ $(-9-\sqrt{28})-(-4-\sqrt{112})=(-9-2\sqrt{7})-(-4-4\sqrt{7})$
$\quad=-9-2\sqrt{7}+4+4\sqrt{7}$
$\quad=-5+2\sqrt{7}$
$\quad=-\sqrt{25}+\sqrt{28}>0$

$\quad\therefore -9-\sqrt{28}>-4-\sqrt{112}$

따라서 옳은 것은 ④이다.

19 답 $3\sqrt{6}$ cm

직육면체의 높이를 x cm라 하면 부피가 144 cm^3이므로

$2\sqrt{3}\times4\sqrt{2}\times x=144$ … ❶

$8\sqrt{6}x=144$

$$\therefore x=\frac{144}{8\sqrt{6}}=\frac{18}{\sqrt{6}}=\frac{18\times\sqrt{6}}{\sqrt{6}\times\sqrt{6}}=3\sqrt{6}$$

따라서 직육면체의 높이는 $3\sqrt{6}$ cm이다. … ❷

채점 기준	배점
❶ 직육면체의 부피를 이용하여 식을 세운 경우	40 %
❷ 직육면체의 높이를 구한 경우	60 %

20 답 $2\sqrt{10}-3\sqrt{3}$

$$(5\sqrt{3}+\sqrt{10})-4\sqrt{10}=5\sqrt{3}-3\sqrt{10}$$
$$=\sqrt{75}-\sqrt{90}<0$$

이므로 $5\sqrt{3}+\sqrt{10}<4\sqrt{10}$

$$(5\sqrt{3}+\sqrt{10})-(3\sqrt{3}+2\sqrt{10})=5\sqrt{3}+\sqrt{10}-3\sqrt{3}-2\sqrt{10}$$
$$=2\sqrt{3}-\sqrt{10}$$
$$=\sqrt{12}-\sqrt{10}>0$$

이므로 $5\sqrt{3}+\sqrt{10}>3\sqrt{3}+2\sqrt{10}$

$\therefore 3\sqrt{3}+2\sqrt{10}<5\sqrt{3}+\sqrt{10}<4\sqrt{10}$

따라서 $A=4\sqrt{10}$, $B=3\sqrt{3}+2\sqrt{10}$이므로 … ❶

$$A-B=4\sqrt{10}-(3\sqrt{3}+2\sqrt{10})$$
$$=4\sqrt{10}-3\sqrt{3}-2\sqrt{10}$$
$$=2\sqrt{10}-3\sqrt{3}$$ … ❷

채점 기준	배점
❶ A, B의 값을 각각 구한 경우	60 %
❷ $A-B$의 값을 구한 경우	40 %

3. 다항식의 곱셈과 인수분해 [1회]

본문 142~144쪽

01 -19	**02** ③	**03** -40	**04** 9
05 ③, ⑤	**06** ④	**07** 1	**08** -3
09 -7	**10** ③	**11** 2	**12** ①
13 ④	**14** ⑤	**15** -13	**16** -1
17 ④	**18** ①	**19** $10+10\sqrt{2}$	
20 $16a-2b$			

01 답 -19

$(3x-2y-3)(2x-3y+2)$
$=6x^2-9xy+6x-4xy+6y^2-4y-6x+9y-6$
$=6x^2-13xy+6y^2+5y-6$
따라서 xy의 계수는 -13, 상수항은 -6이므로 구하는 합은
$-13+(-6)=-19$

다른 풀이

xy항이 나오는 부분만 전개하면
$3x\times(-3y)+(-2y)\times 2x=-9xy-4xy=-13xy$
이므로 xy의 계수는 -13이다.
상수항이 나오는 부분만 전개하면
$-3\times 2=-6$
이므로 상수항은 -6이다.

02 답 ③

$\left(-\frac{1}{3}x+2y\right)\left(-\frac{1}{3}x-2y\right)=\left(-\frac{1}{3}x\right)^2-(2y)^2$
$=\frac{1}{9}x^2-4y^2$

03 답 -40

$(x+5)(x-a)=x^2+(5-a)x-5a$
이때 x의 계수가 -3이므로
$5-a=-3 \quad \therefore a=8$
따라서 구하는 상수항은
$-5a=-5\times 8=-40$

04 답 9

$(ax-1)(4x+b)=4ax^2+(ab-4)x-b$이므로
$4a=12$, $ab-4=c$, $-b=-5$
$\therefore a=3$, $b=5$, $c=3\times 5-4=11$
$\therefore a-b+c=3-5+11=9$

05 답 ③, ⑤

③ $(-x+10)(10+x)=(10-x)(10+x)$
$=100-x^2$
⑤ $(-x-3y)^2=\{-(x+3y)\}^2=(x+3y)^2$
$=x^2+6xy+9y^2$

06 답 ④

① $99^2=(100-1)^2 \Rightarrow (a-b)^2$
② $103^2=(100+3)^2 \Rightarrow (a+b)^2$
③ $48\times 49=(50-2)(50-1) \Rightarrow (x+a)(x+b)$
④ $81\times 79=(80+1)(80-1) \Rightarrow (a+b)(a-b)$
⑤ $102\times 104=(100+2)(100+4) \Rightarrow (x+a)(x+b)$
따라서 주어진 곱셈 공식을 이용하여 계산하기에 가장 편리한 것은 ④이다.

07 답 1

$\frac{1}{1+\sqrt{2}}=\frac{1-\sqrt{2}}{(1+\sqrt{2})(1-\sqrt{2})}=\sqrt{2}-1$,
$\frac{1}{\sqrt{2}+\sqrt{3}}=\frac{\sqrt{2}-\sqrt{3}}{(\sqrt{2}+\sqrt{3})(\sqrt{2}-\sqrt{3})}=\sqrt{3}-\sqrt{2}$,
$\frac{1}{\sqrt{3}+2}=\frac{\sqrt{3}-2}{(\sqrt{3}+2)(\sqrt{3}-2)}=2-\sqrt{3}$이므로
$\frac{1}{1+\sqrt{2}}+\frac{1}{\sqrt{2}+\sqrt{3}}+\frac{1}{\sqrt{3}+2}$
$=(\sqrt{2}-1)+(\sqrt{3}-\sqrt{2})+(2-\sqrt{3})$
$=-1+2$
$=1$

08 답 -3

$x=\frac{1}{3+2\sqrt{2}}=\frac{3-2\sqrt{2}}{(3+2\sqrt{2})(3-2\sqrt{2})}=3-2\sqrt{2}$
즉, $x=3-2\sqrt{2}$에서 $x-3=-2\sqrt{2}$이므로
$(x-3)^2=(-2\sqrt{2})^2$, $x^2-6x+9=8$
$x^2-6x=-1$
$\therefore x^2-6x-2=-1-2=-3$

09 답 -7

$x^2+y^2=(x-y)^2+2xy$이므로
$7=3^2+2xy$, $2xy=-2$
$\therefore xy=-1$
$\therefore \frac{y}{x}+\frac{x}{y}=\frac{x^2+y^2}{xy}=\frac{7}{-1}=-7$

10 답 ③

$8a^2-6a=2a(4a-3)$
따라서 인수가 아닌 것은 ③이다.

11 답 2

$9x^2+6x+p=(3x)^2+2\times 3x\times 1+p$이므로
$p=1^2=1$
$\frac{1}{4}x^2+qxy+y^2=\left(\frac{1}{2}x\right)^2+qxy+y^2$이므로
$q=2\times\frac{1}{2}\times 1=1$ ($\because q>0$)
$\therefore p+q=1+1=2$

12 답 ①

$x^2+kx-18=(x+a)(x+b)$에서

$x^2+kx-18=x^2+(a+b)x+ab$이므로 곱이 -18인 두 정수는

1, -18 또는 2, -9 또는 3, -6 또는 -3, 6 또는 -2, 9 또는 -1, 18이다.

따라서 $k=a+b$이므로 k의 값이 될 수 있는 수는

-17, -7, -3, 3, 7, 17

13 답 ④

□ 안에 알맞은 수를 구하면

①, ②, ③, ⑤ 5　　④ 3

따라서 나머지 넷과 다른 하나는 ④이다.

14 답 ⑤

$8x^2-18=2(4x^2-9)=2(2x+3)(2x-3)$

$2x^2-7x-15=(2x+3)(x-5)$

따라서 주어진 두 다항식의 공통인 인수는 ⑤ $2x+3$이다.

15 답 -13

$6x^2+ax+6=(2x-3)(3x+k)$ (k는 상수)로 놓으면

$6x^2+ax+6=6x^2+(2k-9)x-3k$

따라서 $a=2k-9$, $6=-3k$이므로

$k=-2$, $a=2\times(-2)-9=-13$

16 답 -1

$2x-5y=A$로 놓으면

$$\begin{aligned}(2x-5y)^2-(2x-5y-6)-8&=A^2-(A-6)-8\\&=A^2-A-2\\&=(A-2)(A+1)\\&=(2x-5y-2)(2x-5y+1)\end{aligned}$$

따라서 $a=-2$, $b=1$ 또는 $a=1$, $b=-2$이므로

$a+b=-2+1=-1$

17 답 ④

$$\begin{aligned}x^2+4x+4-4y^2&=(x^2+4x+4)-4y^2\\&=(x+2)^2-(2y)^2\\&=(x+2+2y)(x+2-2y)\\&=(x+2y+2)(x-2y+2)\end{aligned}$$

18 답 ①

$$\frac{998\times996+998\times4}{999^2-1}=\frac{998\times(996+4)}{(999+1)(999-1)}=\frac{998\times1000}{1000\times998}=1$$

19 답 $10+10\sqrt{2}$

$A=(\sqrt{2}+5)^2=(\sqrt{2})^2+2\times\sqrt{2}\times5+5^2$

$=2+10\sqrt{2}+25=27+10\sqrt{2}$　… ❶

$B=(1+3\sqrt{2})(1-3\sqrt{2})=1^2-(3\sqrt{2})^2$

$=1-18=-17$　… ❷

$\therefore A+B=(27+10\sqrt{2})+(-17)$

$=10+10\sqrt{2}$　… ❸

채점 기준	배점
❶ A를 계산한 경우	40 %
❷ B를 계산한 경우	40 %
❸ $A+B$의 값을 구한 경우	20 %

20 답 $16a-2b$

$15a^2-7ab-2b^2=(3a-2b)(5a+b)$

이므로 직사각형의 세로의 길이는 $3a-2b$이다.　… ❶

따라서 직사각형의 둘레의 길이는

$2\{(5a+b)+(3a-2b)\}=2(8a-b)$

$=16a-2b$　… ❷

채점 기준	배점
❶ 직사각형의 세로의 길이를 구한 경우	60 %
❷ 직사각형의 둘레의 길이를 구한 경우	40 %

3. 다항식의 곱셈과 인수분해 [2회]

본문 145~147쪽

01 ①	**02** $\frac{1}{64}$	**03** -18	**04** ①
05 ④	**06** ③	**07** 15	**08** 14
09 8	**10** ⑤	**11** ④	**12** $4x-6$
13 ④	**14** ⑤	**15** -35	**16** ②, ⑤
17 -24	**18** -20	**19** $\sqrt{2}+7$	**20** $3x+7$

01 답 ①

$$\begin{aligned}(2x-y+3)(x-y)&=2x^2-2xy-xy+y^2+3x-3y\\&=2x^2-3xy+y^2+3x-3y\end{aligned}$$

02 답 $\frac{1}{64}$

$(x-a)^2=x^2-2ax+a^2$이므로

$-2a=-\frac{1}{2}$, $a^2=b$

따라서 $a=\frac{1}{4}$, $b=\left(\frac{1}{4}\right)^2=\frac{1}{16}$이므로

$ab=\frac{1}{4}\times\frac{1}{16}=\frac{1}{64}$

03 답 -18

$(2x-3)(5x+a)=10x^2+(2a-15)x-3a$

이때 x의 계수가 -3이므로

$2a-15=-3$, $2a=12$

$\therefore a=6$

따라서 구하는 상수항은 $-3a=-3\times6=-18$

04 답 ①

$(-3y+x)^2-(4x+5y)(5y-4x)$
$=9y^2-6xy+x^2-(25y^2-16x^2)$
$=9y^2-6xy+x^2-25y^2+16x^2$
$=-16y^2-6xy+17x^2$
따라서 y^2의 계수는 -16이다.

05 답 ④

① $(-x+y)^2=x^2-2xy+y^2$
② $(2x-3y)^2=4x^2-12xy+9y^2$
③ $(-x+1)(-x-1)=(-x)^2-1^2=x^2-1$
⑤ $(3x+2)(4x-1)=12x^2+5x-2$
따라서 옳은 것은 ④이다.

06 답 ③

$97\times103=(100-3)\times(100+3)=100^2-3^2=9991$
따라서 ③ $(a-b)(a+b)=a^2-b^2$을 이용하면 가장 편리하다.

07 답 15

$(2\sqrt{7}+\sqrt{3})^2=(2\sqrt{7})^2+2\times2\sqrt{7}\times\sqrt{3}+(\sqrt{3})^2$
$=31+4\sqrt{21}$
$(\sqrt{21}-1)(\sqrt{21}-5)=(\sqrt{21})^2-(1+5)\times\sqrt{21}+1\times5$
$=26-6\sqrt{21}$
$\therefore (2\sqrt{7}+\sqrt{3})^2-(\sqrt{21}-1)(\sqrt{21}-5)$
$=(31+4\sqrt{21})-(26-6\sqrt{21})$
$=31+4\sqrt{21}-26+6\sqrt{21}$
$=5+10\sqrt{21}$
따라서 $a=5$, $b=10$이므로
$a+b=5+10=15$

08 답 14

$x=5-2\sqrt{7}$에서 $x-5=-2\sqrt{7}$이므로
$(x-5)^2=(-2\sqrt{7})^2$, $x^2-10x+25=28$
$x^2-10x=3$ $\quad\therefore x^2-10x+11=3+11=14$

09 답 8

$\frac{y}{x}+\frac{x}{y}=\frac{x^2+y^2}{xy}=\frac{(x+y)^2-2xy}{xy}$
$=\frac{(5\sqrt{2})^2-2\times5}{5}=\frac{40}{5}=8$

10 답 ⑤

$6x^2y-3xy^2=3xy(2x-y)$
ㄴ. x^2은 인수가 아니다.
ㄹ. $x-2y$는 인수가 아니다.
ㅁ. $6x-3y=3(2x-y)$이므로 인수이다.
따라서 인수인 것은 ㄱ, ㄷ, ㅁ이다.

11 답 ④

① $x^2-4x+\square=x^2-2\times x\times2+\square$이므로
$\square=2^2=4$
② $x^2+xy+\square y^2=x^2+2\times x\times\frac{1}{2}y+\square y^2$이므로
$\square=\left(\frac{1}{2}\right)^2=\frac{1}{4}$
③ $\square x^2+6x+1=\square x^2+2\times3x\times1+1^2$이므로
$\square=3^2=9$
④ $4x^2+\square x+9=(2x)^2+\square x+(\pm3)^2$이므로
$\square=2\times2\times3=12$ ($\because \square>0$)
⑤ $\frac{1}{4}x^2+\square x+4=\left(\frac{1}{2}x\right)^2+\square x+(\pm2)^2$이므로
$\square=2\times\frac{1}{2}\times2=2$ ($\because \square>0$)
따라서 □ 안에 들어가는 양수 중 가장 큰 것은 ④이다.

12 답 $4x-6$

$3x^2-16x+5=(x-5)(3x-1)$이므로 구하는 합은
$(x-5)+(3x-1)=4x-6$

13 답 ④

① $x^2-9=(x+3)(x-3)$
② $x^2+6x+9=(x+3)^2$
③ $x^2+x-6=(x+3)(x-2)$
④ $2x^2-5x-3=(2x+1)(x-3)$
⑤ $3x^2+11x+6=(x+3)(3x+2)$
따라서 $x+3$을 인수로 갖지 않는 것은 ④이다.

14 답 ⑤

$6x^2+x-2=(3x+2)(2x-1)$
$3x^2-4x-4=(3x+2)(x-2)$
따라서 두 다항식의 공통인 인수는 ⑤ $3x+2$이다.

15 답 -35

$9x^2-6x+a=(3x-7)(3x+k)$ (k는 상수)로 놓으면
$9x^2-6x+a=9x^2+(3k-21)x-7k$
따라서 $-6=3k-21$, $a=-7k$이므로
$k=5$, $a=-7\times5=-35$

16 답 ②, ⑤

$a+4=A$로 놓으면
$2(a+4)^2-7(a+4)-15$
$=2A^2-7A-15$
$=(A-5)(2A+3)$
$=(a+4-5)\{2(a+4)+3\}$
$=(a-1)(2a+8+3)$
$=(a-1)(2a+11)$
따라서 주어진 식의 인수는 ②, ⑤이다.

17 답 -24

$36-x^2+4xy-4y^2=36-(x^2-4xy+4y^2)$
$=6^2-(x-2y)^2$
$=(6+x-2y)(6-x+2y)$

따라서 $a=6$, $b=-2$, $c=2$이므로

$abc=6\times(-2)\times2=-24$

18 답 -20

$4.9^2\times10-5.1^2\times10=(4.9^2-5.1^2)\times10$
$=(4.9+5.1)\times(4.9-5.1)\times10$
$=10\times(-0.2)\times10=-20$

19 답 $\sqrt{2}+7$

$A=\dfrac{\sqrt{2}}{3-2\sqrt{2}}=\dfrac{\sqrt{2}(3+2\sqrt{2})}{(3-2\sqrt{2})(3+2\sqrt{2})}=3\sqrt{2}+4$ … ❶

$B=\dfrac{\sqrt{2}-2}{\sqrt{2}+2}=\dfrac{(\sqrt{2}-2)^2}{(\sqrt{2}+2)(\sqrt{2}-2)}$

$=\dfrac{6-4\sqrt{2}}{-2}=2\sqrt{2}-3$ … ❷

$\therefore A-B=(3\sqrt{2}+4)-(2\sqrt{2}-3)$
$=3\sqrt{2}+4-2\sqrt{2}+3$
$=\sqrt{2}+7$ … ❸

채점 기준	배점
❶ A를 간단히 한 경우	40 %
❷ B를 간단히 한 경우	40 %
❸ $A-B$의 값을 구한 경우	20 %

20 답 $3x+7$

(도형 (가)의 넓이)$=(3x+4)^2-3^2$ … ❶
$=(3x+4+3)(3x+4-3)$
$=(3x+7)(3x+1)$ … ❷

이때 두 도형 (가), (나)의 넓이는 서로 같고 도형 (나)의 세로의 길이는 $3x+1$이므로 도형 (나)의 가로의 길이는 $3x+7$이다. … ❸

채점 기준	배점
❶ 도형 (가)의 넓이를 구하는 식을 세운 경우	30 %
❷ ❶의 식을 인수분해한 경우	40 %
❸ 도형 (나)의 가로의 길이를 구한 경우	30 %

4. 이차방정식 [1회]

본문 148~150쪽

01 ②	**02** ⑤	**03** ④	**04** 42
05 2	**06** -2	**07** ②, ⑤	**08** -2
09 ①	**10** $\frac{12}{5}$	**11** 2	**12** $\frac{5}{4}$
13 ③	**14** ⑤	**15** -26	**16** 61쪽
17 15명	**18** ③	**19** $-\frac{1}{2}$	**20** 8cm^2

01 답 ②

ㄴ. $x^2=(x-6)^2$에서 $x^2=x^2-12x+36$
$\therefore 12x-36=0$

ㄷ. $x^2-5=4x-1$에서 $x^2-4x-4=0$

ㄹ. $x^3+3=x(x^2-2)$에서 $x^3+3=x^3-2x$
$\therefore 2x+3=0$

따라서 이차방정식인 것은 ㄱ, ㄷ이다.

02 답 ⑤

$2x(ax-5)=6x^2+1$에서 $2ax^2-10x=6x^2+1$

$\therefore (2a-6)x^2-10x-1=0$

이 식이 이차방정식이므로

$2a-6\neq0$ $\quad\therefore a\neq3$

따라서 a의 값이 될 수 없는 것은 ⑤이다.

03 답 ④

① $(-1-1)\times(-1+3)=-4\neq0$
② $2^2-2+2=4\neq0$
③ $(-3)^2-4\times(-3)+3=24\neq0$
④ $-2\times1^2-1+3=0$
⑤ $-2\times(-2-4)=12\neq0$

따라서 [ ] 안의 수가 주어진 이차방정식의 해인 것은 ④이다.

04 답 42

$x^2-4x-3=0$에 $x=\alpha$를 대입하면

$\alpha^2-4\alpha-3=0$ $\quad\therefore \alpha^2-4\alpha=3$

$x^2-4x-3=0$에 $x=\beta$를 대입하면

$\beta^2-4\beta-3=0$ $\quad\therefore \beta^2-4\beta=3$

$\therefore (\alpha^2-4\alpha+3)(\beta^2-4\beta+4)=(3+3)\times(3+4)=42$

05 답 2

$3x^2-2x-2=3x$에서 $3x^2-5x-2=0$

$(3x+1)(x-2)=0$

$\therefore x=-\dfrac{1}{3}$ 또는 $x=2$

이때 a는 음수인 근이므로 $a=-\dfrac{1}{3}$

$\therefore 6a+4=6\times\left(-\dfrac{1}{3}\right)+4=-2+4=2$

06 답 -2

$x^2+ax+6=0$에 $x=2$를 대입하면

$2^2+2a+6=0$

$2a=-10$ $\quad\therefore a=-5$

즉, 주어진 이차방정식은 $x^2-5x+6=0$이므로

$(x-2)(x-3)=0$

$\therefore x=2$ 또는 $x=3$

따라서 다른 한 근은 $x=3$이므로 $b=3$

$\therefore a+b=-5+3=-2$

07 답 ②, ⑤

① $x^2-4x+4=0$에서 $(x-2)^2=0$

$\therefore x=2$

② $x^2-8x+7=0$에서 $(x-1)(x-7)=0$

$\therefore x=1$ 또는 $x=7$

③ $x^2-12x+36=0$에서 $(x-6)^2=0$

$\therefore x=6$

④ $9x^2-6x+1=0$에서 $(3x-1)^2=0$

$\therefore x=\frac{1}{3}$

⑤ $12x^2-5x-2=0$에서 $(4x+1)(3x-2)=0$

$\therefore x=-\frac{1}{4}$ 또는 $x=\frac{2}{3}$

따라서 중근을 갖지 않는 것은 ②, ⑤이다.

08 답 -2

$x^2+2ax+15-2a=0$이 중근을 가지려면

$15-2a=\left(\frac{2a}{2}\right)^2$이어야 하므로

$a^2+2a-15=0$, $(a+5)(a-3)=0$

$\therefore a=-5$ 또는 $a=3$

따라서 구하는 모든 상수 a의 값의 합은

$-5+3=-2$

09 답 ①

$2(x+A)^2=B$에서 $(x+A)^2=\frac{B}{2}$

$x+A=\pm\sqrt{\frac{B}{2}}$ $\quad\therefore x=-A\pm\sqrt{\frac{B}{2}}$

따라서 $-A=3$, $\frac{B}{2}=5$이므로

$A=-3$, $B=10$

$\therefore A-B=-3-10=-13$

10 답 $\frac{12}{5}$

$5x^2+10x-2=0$에서 $x^2+2x-\frac{2}{5}=0$

$x^2+2x=\frac{2}{5}$, $x^2+2x+1=\frac{2}{5}+1$

$\therefore (x+1)^2=\frac{7}{5}$

따라서 $p=1$, $q=\frac{7}{5}$이므로

$p+q=1+\frac{7}{5}=\frac{12}{5}$

11 답 2

$4x^2-10x+a-1=0$에서

$x=\frac{-(-5)\pm\sqrt{(-5)^2-4\times(a-1)}}{4}=\frac{5\pm\sqrt{29-4a}}{4}$

따라서 $29-4a=21$이므로

$-4a=-8$ $\quad\therefore a=2$

12 답 $\frac{5}{4}$

$0.4x^2-\frac{1}{2}x-0.3=0$에서

$\frac{2}{5}x^2-\frac{1}{2}x-\frac{3}{10}=0$

양변에 10을 곱하면

$4x^2-5x-3=0$

$\therefore x=\frac{-(-5)\pm\sqrt{(-5)^2-4\times4\times(-3)}}{2\times4}$

$=\frac{5\pm\sqrt{73}}{8}$

따라서 구하는 두 근의 합은

$\frac{5+\sqrt{73}}{8}+\frac{5-\sqrt{73}}{8}=\frac{5}{4}$

13 답 ③

$3x-5=A$로 놓으면 $2A^2-5A+2=0$

$(2A-1)(A-2)=0$

$\therefore A=\frac{1}{2}$ 또는 $A=2$

따라서 $3x-5=\frac{1}{2}$ 또는 $3x-5=2$이므로

$3x=\frac{11}{2}$ 또는 $3x=7$

$\therefore x=\frac{11}{6}$ 또는 $x=\frac{7}{3}$

14 답 ⑤

① $(-2)^2-4\times1\times(-2)=12>0$이므로 근의 개수는 2개이다.

② $0^2-4\times1\times(-25)=100>0$이므로 근의 개수는 2개이다.

③ $\left(-\frac{1}{2}\right)^2-4\times1\times\left(-\frac{1}{4}\right)=\frac{5}{4}>0$이므로 근의 개수는 2개이다.

④ $4^2-4\times2\times2=0$이므로 근의 개수는 1개이다.

⑤ $1^2-4\times4\times2=-31<0$이므로 근의 개수는 0개이다.

따라서 근이 존재하지 않는 것은 ⑤이다.

15 답 -26

두 근이 -3, 4이고 x^2의 계수가 2인 이차방정식은

$2(x+3)(x-4)=0$

$\therefore 2x^2-2x-24=0$

따라서 $p=-2$, $q=-24$이므로

$p+q=-2+(-24)=-26$

16 답 61쪽

펼친 두 면의 쪽수를 x쪽, $(x+1)$쪽이라 하면

$x(x+1)=930$

$x^2+x-930=0$, $(x+31)(x-30)=0$

$\therefore x=-31$ 또는 $x=30$

그런데 x는 자연수이므로 $x=30$

따라서 펼친 두 면의 쪽수는 30쪽, 31쪽이므로 구하는 합은

$30+31=61$(쪽)

17 답 15명

학생 수를 x명이라 하면 한 학생이 받는 볼펜의 개수는 $(x+3)$개이므로

$x(x+3)=270$

$x^2+3x-270=0$, $(x+18)(x-15)=0$

$\therefore x=-18$ 또는 $x=15$

그런데 x는 자연수이므로 $x=15$

따라서 구하는 학생 수는 15명이다.

18 답 ③

$15+30t-5t^2=60$에서 $5t^2-30t+45=0$

$t^2-6t+9=0$, $(t-3)^2=0$

$\therefore t=3$

따라서 지면으로부터 축구공까지의 높이가 60 m가 되는 것은 축구공을 차 올린 지 3초 후이다.

19 답 $-\frac{1}{2}$

$x^2-2x-8=0$에서 $(x+2)(x-4)=0$

$\therefore x=-2$ 또는 $x=4$ … ❶

$x^2-3x-10=0$에서 $(x+2)(x-5)=0$

$\therefore x=-2$ 또는 $x=5$ … ❷

따라서 두 이차방정식을 동시에 만족시키는 x의 값이 -2이므로 $x=-2$는 $2x^2-ax+2a-6=0$의 한 근이다.

즉, $2\times(-2)^2-a\times(-2)+2a-6=0$이므로

$4a=-2 \quad \therefore a=-\frac{1}{2}$ … ❸

채점 기준	배점
❶ $x^2-2x-8=0$의 해를 구한 경우	30 %
❷ $x^2-3x-10=0$의 해를 구한 경우	30 %
❸ a의 값을 구한 경우	40 %

20 답 8 cm²

처음 삼각형의 밑변의 길이를 x cm라 하면

$\frac{1}{2}(x+2)(x+4)=3\left(\frac{1}{2}\times x\times x\right)$ … ❶

$2x^2-6x-8=0$, $x^2-3x-4=0$

$(x+1)(x-4)=0$

$\therefore x=-1$ 또는 $x=4$ … ❷

이때 $x>0$이므로 $x=4$

따라서 처음 삼각형의 넓이는

$\frac{1}{2}\times4\times4=8(\text{cm}^2)$ … ❸

채점 기준	배점
❶ 이차방정식을 세운 경우	40 %
❷ 이차방정식의 해를 구한 경우	40 %
❸ 처음 삼각형의 넓이를 구한 경우	20 %

4. 이차방정식 [2회]

본문 151~153쪽

01 ①, ④	**02** ②	**03** ②	**04** 6
05 4개	**06** 3	**07** ③	**08** $\frac{3}{4}$
09 10	**10** 26	**11** ⑤	**12** ③
13 $\sqrt{14}$	**14** ④	**15** $x^2-16=0$	
16 ⑤	**17** ②	**18** 2초 후	**19** 4
20 4 cm			

01 답 ①, ④

① $x^2=-5$에서 $x^2+5=0$

② $3x^2=3(x^2-4)$에서 $3x^2=3x^2-12 \quad \therefore 12=0$

③ $x(2-x)=-x^2$에서 $2x-x^2=-x^2 \quad \therefore 2x=0$

④ $x^2-4x=4x^2$에서 $3x^2+4x=0$

⑤ $x^2-4x+3=(x-1)(x-2)$에서

$x^2-4x+3=x^2-3x+2 \quad \therefore x-1=0$

따라서 이차방정식인 것은 ①, ④이다.

02 답 ②

$ax^2+3x+1=2x(x-1)$에서

$ax^2+3x+1=2x^2-2x$

$(a-2)x^2+5x+1=0$

이 식이 이차방정식이 되려면

$a-2\neq0$이어야 하므로 $a\neq2$

03 답 ②

주어진 이차방정식에 $x=2$를 각각 대입하면

① $2^2+4=8\neq0$

② $2^2-2-2=0$

③ $2\times2\times(2+1)=12\neq0$

④ $(2+2)\times(2+3)=20\neq0$

⑤ $2\times2^2-2+1=7\neq0$

따라서 $x=2$를 근으로 갖는 이차방정식인 것은 ②이다.

04 답 6

$x^2-6x+1=0$에 $x=a$를 대입하면

$a^2-6a+1=0$

이때 $a\neq0$이므로 $a^2-6a+1=0$의 양변을 a로 나누면

$a-6+\frac{1}{a}=0 \quad \therefore a+\frac{1}{a}=6$

05 답 4개

$3x^2-5x=12$에서 $3x^2-5x-12=0$

$(3x+4)(x-3)=0$

$\therefore x=-\frac{4}{3}$ 또는 $x=3$

따라서 $-\frac{4}{3}$와 3 사이에 있는 정수는 $-1, 0, 1, 2$의 4개이다.

06 답 3

$x^2-2x-15=0$에서 $(x+3)(x-5)=0$

$\therefore x=-3$ 또는 $x=5$

따라서 $x^2-ax-10=0$의 한 근이 $x=5$이므로

$5^2-5a-10=0,\ -5a=-15 \qquad \therefore a=3$

07 답 ③

ㄱ. $x^2-\frac{16}{9}=0$에서 $\left(x+\frac{4}{3}\right)\left(x-\frac{4}{3}\right)=0$

$\therefore x=-\frac{4}{3}$ 또는 $x=\frac{4}{3}$

ㄴ. $x^2=6x-9$에서 $x^2-6x+9=0$

$(x-3)^2=0 \qquad \therefore x=3$

ㄷ. $4x^2-4x+1=0$에서 $(2x-1)^2=0$

$\therefore x=\frac{1}{2}$

ㄹ. $x^2-x=2(x+1)-4$에서 $x^2-x=2x-2$

$x^2-3x+2=0,\ (x-1)(x-2)=0$

$\therefore x=1$ 또는 $x=2$

따라서 중근을 갖는 것은 ㄴ, ㄷ이다.

08 답 $\frac{3}{4}$

$x^2+3x+a=0$이 중근을 가지므로

$a=\left(\frac{3}{2}\right)^2=\frac{9}{4}$

즉, $x^2+3x+\frac{9}{4}=0$이므로 $\left(x+\frac{3}{2}\right)^2=0$

따라서 $x=-\frac{3}{2}$이 중근이므로 $b=-\frac{3}{2}$

$\therefore a+b=\frac{9}{4}+\left(-\frac{3}{2}\right)=\frac{3}{4}$

09 답 10

$3(x-2)^2-15=0$에서 $(x-2)^2=5$

$x-2=\pm\sqrt{5} \qquad \therefore x=2\pm\sqrt{5}$

따라서 $a=2,\ b=5$이므로

$ab=2\times5=10$

10 답 26

$\frac{1}{2}x^2-4x-5=0$에서 $x^2-8x-10=0$

$x^2-8x=10,\ x^2-8x+16=10+16$

$\therefore (x-4)^2=26 \qquad \therefore k=26$

11 답 ⑤

$2x^2-4x-3=0$에서

$x=\frac{-(-2)\pm\sqrt{(-2)^2-2\times(-3)}}{2}=\frac{2\pm\sqrt{10}}{2}$

따라서 $a=2,\ b=10$이므로

$a+b=2+10=12$

12 답 ③

$\frac{1}{4}x^2-\frac{1}{5}x=0.1$에서

$\frac{1}{4}x^2-\frac{1}{5}x-\frac{1}{10}=0$

양변에 20을 곱하면

$5x^2-4x-2=0$

$\therefore x=\frac{-(-2)\pm\sqrt{(-2)^2-5\times(-2)}}{5}$

$=\frac{2\pm\sqrt{14}}{5}$

13 답 $\sqrt{14}$

$x-\frac{1}{2}=A$로 놓으면 $2A^2-5=4A$

$2A^2-4A-5=0$

$\therefore A=\frac{-(-2)\pm\sqrt{(-2)^2-2\times(-5)}}{2}$

$=\frac{2\pm\sqrt{14}}{2}$

즉, $x-\frac{1}{2}=\frac{2\pm\sqrt{14}}{2}$이므로 $x=\frac{3\pm\sqrt{14}}{2}$

따라서 구하는 두 근의 차는

$\frac{3+\sqrt{14}}{2}-\frac{3-\sqrt{14}}{2}=\sqrt{14}$

14 답 ④

① $1^2-4\times1\times3=-11<0$이므로 근의 개수는 0개이다.

② $5^2-4\times1\times7=-3<0$이므로 근의 개수는 0개이다.

③ $(-3)^2-4\times(-2)\times(-6)=-39<0$이므로 근의 개수는 0개이다.

④ $(-1)^2-4\times3\times(-8)=97>0$이므로 근의 개수는 2개이다.

⑤ $(-7)^2-4\times5\times3=-11<0$이므로 근의 개수는 0개이다.

따라서 근의 개수가 나머지 넷과 다른 하나는 ④이다.

15 답 $x^2-16=0$

이차방정식 $x^2+ax+b=0$이 $x=2$를 중근으로 가지므로

$(x-2)^2=0,\ x^2-4x+4=0$

$\therefore a=-4,\ b=4$

따라서 x^2의 계수가 1이고 -4, 4를 두 근으로 하는 이차방정식은

$(x+4)(x-4)=0$

$\therefore x^2-16=0$

16 답 ⑤

연속하는 두 자연수 중 큰 수를 x라 하면 작은 수는 $x-1$이므로

$2(x-1)^2=x^2+14$

$x^2-4x-12=0,\ (x+2)(x-6)=0$

$\therefore x=-2$ 또는 $x=6$

그런데 $x>1$이므로 $x=6$

따라서 큰 수는 6이다.

17 답 ②

동생의 나이를 x세라 하면 지우의 나이는 $(x+2)$세이므로
$5x=(x+2)^2-60$
$x^2-x-56=0$, $(x+7)(x-8)=0$
$\therefore x=-7$ 또는 $x=8$
그런데 x는 자연수이므로 $x=8$
따라서 동생의 나이는 8세이다.

18 답 2초 후

$2+9t-5t^2=0$에서 $5t^2-9t-2=0$
$(5t+1)(t-2)=0$
$\therefore t=-\frac{1}{5}$ 또는 $t=2$
그런데 $t>0$이므로 $t=2$
따라서 공이 지면에 떨어지는 것은 공을 던진 지 2초 후이다.

19 답 4

$x^2+ax+8=0$에 $x=-2$를 대입하면
$(-2)^2+a\times(-2)+8=0$
$-2a=-12$
$\therefore a=6$ … ❶
$2x^2+5x+b=0$에 $x=-2$를 대입하면
$2\times(-2)^2+5\times(-2)+b=0$
$\therefore b=2$ … ❷
$\therefore a-b=6-2=4$ … ❸

채점 기준	배점
❶ a의 값을 구한 경우	40 %
❷ b의 값을 구한 경우	40 %
❸ $a-b$의 값을 구한 경우	20 %

20 답 4 cm

가장 작은 반원의 반지름의 길이를 x cm라 하면
두 번째로 큰 원의 반지름의 길이는 $\frac{24-2x}{2}=12-x(\text{cm})$이므로
$\frac{1}{2}\pi\times12^2-\frac{1}{2}\pi x^2-\frac{1}{2}\pi(12-x)^2=32\pi$ … ❶
$x^2-12x+32=0$, $(x-4)(x-8)=0$
$\therefore x=4$ 또는 $x=8$ … ❷
이때 가장 작은 반원의 반지름의 길이는 두 번째로 큰 반원의 반지름의 길이보다 짧아야 하므로
$x<12-x \quad \therefore x<6$
즉, $0<x<6$이므로 $x=4$
따라서 가장 작은 반원의 반지름의 길이는 4 cm이다. … ❸

채점 기준	배점
❶ 이차방정식을 세운 경우	40 %
❷ 이차방정식의 해를 구한 경우	40 %
❸ 가장 작은 반원의 반지름의 길이를 구한 경우	20 %

5. 이차함수와 그 그래프 (1) [1회]

본문 154~156쪽

01 ④, ⑤	**02** ⑤	**03** 2	**04** $-\frac{1}{2}$
05 ①	**06** -4	**07** $y=\frac{4}{9}x^2$	**08** -15
09 ③	**10** 5	**11** -5	**12** ①
13 제3사분면		**14** ②	**15** 14
16 ②	**17** ⑤	**18** 15	**19** $\frac{29}{4}$

01 답 ④, ⑤

③ $y=(3-x)(4+x)+x^2=(12-x-x^2)+x^2=12-x$
④ $y=2x^2-x(x-2)=2x^2-x^2+2x=x^2+2x$
⑤ $y=\left(1+\frac{1}{2}x\right)\left(1-\frac{1}{2}x\right)=1-\frac{1}{4}x^2$
따라서 이차함수인 것은 ④, ⑤이다.

02 답 ⑤

$y=3x^2-kx(x+1)+2$
$=3x^2-kx^2-kx+2$
$=(3-k)x^2-kx+2$
이 함수가 x에 대한 이차함수이므로
$3-k\neq0 \quad \therefore k\neq3$

03 답 2

$f(a)=2a^2-3a+5$이므로 $2a^2-3a+5=7$
$2a^2-3a-2=0$, $(2a+1)(a-2)=0$
$\therefore a=2$ ($\because a>0$)

04 답 $-\frac{1}{2}$

$y=-4x^2$의 그래프가 점 $(a, 2a)$를 지나므로
$2a=-4a^2$, $4a^2+2a=0$, $2a(2a+1)=0$
$\therefore a=-\frac{1}{2}$ ($\because a\neq0$)

05 답 ①

$y=ax^2$의 그래프의 폭은 $y=2x^2$의 그래프보다 넓고
$y=\frac{1}{6}x^2$의 그래프보다 좁으므로 $\frac{1}{6}<a<2$
따라서 a의 값이 될 수 있는 것은 ①이다.

06 답 -4

$y=\frac{2}{5}x^2$의 그래프와 x축에 서로 대칭인 그래프의 식은
$y=-\frac{2}{5}x^2 \quad \therefore a=-\frac{2}{5}$
$y=-10x^2$의 그래프와 x축에 서로 대칭인 그래프의 식은
$y=10x^2 \quad \therefore b=10$
$\therefore ab=-\frac{2}{5}\times10=-4$

07 답 $y=\frac{4}{9}x^2$

구하는 이차함수의 식을 $y=ax^2$으로 놓으면 그래프가 점 $(-3, 4)$를 지나므로

$4=a\times(-3)^2 \quad \therefore a=\frac{4}{9}$

따라서 구하는 이차함수의 식은 $y=\frac{4}{9}x^2$

08 답 -15

$y=-2x^2$의 그래프를 y축의 방향으로 3만큼 평행이동한 그래프의 식은

$y=-2x^2+3$

이 그래프가 점 $(-3, a)$를 지나므로

$a=-2\times(-3)^2+3=-15$

09 답 ③

10 답 5

$y=-\frac{1}{3}x^2$의 그래프를 x축의 방향으로 a만큼 평행이동한 그래프의 식은

$y=-\frac{1}{3}(x-a)^2$

이 그래프의 꼭짓점의 좌표가 $(2, 0)$이므로

$a=2$

따라서 $y=-\frac{1}{3}(x-2)^2$의 그래프가 점 $(5, b)$를 지나므로

$b=-\frac{1}{3}\times(5-2)^2=-3$

$\therefore a-b=2-(-3)=5$

11 답 -5

$y=4(x-1)^2-5$의 그래프는 $y=4x^2$의 그래프를 x축의 방향으로 1만큼, y축의 방향으로 -5만큼 평행이동한 것이므로

$p=1, q=-5$

$\therefore pq=1\times(-5)=-5$

12 답 ①

ㄱ. $(-1, 9)$ ⇨ 제2사분면

ㄴ. $(3, 2)$ ⇨ 제1사분면

ㄷ. $(-4, -5)$ ⇨ 제3사분면

ㄹ. $(7, -1)$ ⇨ 제4사분면

따라서 꼭짓점이 제2사분면 위에 있는 것은 ㄱ이다.

13 답 제3사분면

$y=3(x-2)^2-2$의 그래프는 오른쪽 그림과 같으므로 제3사분면을 지나지 않는다.

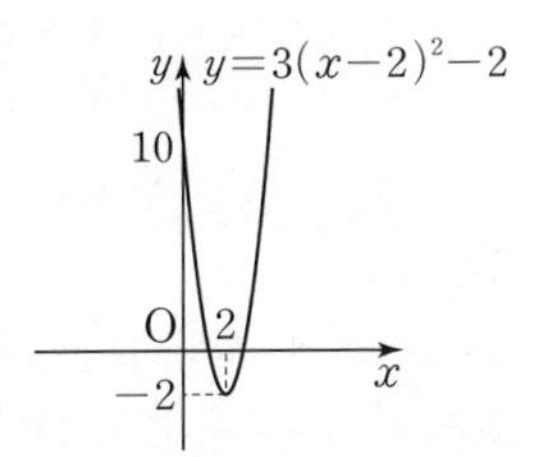

14 답 ②

② 직선 $x=-3$에 대칭이다.

15 답 14

주어진 조건을 만족시키는 이차함수의 식은

$y=-\frac{1}{4}(x-8)^2+7$

따라서 $a=-\frac{1}{4}, p=-8, q=7$이므로

$apq=-\frac{1}{4}\times(-8)\times7=14$

16 답 ②

$y=-a(x+p)^2+q$에 대하여

그래프가 위로 볼록하므로 $-a<0 \quad \therefore a>0$

꼭짓점 $(-p, q)$가 제3사분면 위에 있으므로

$-p<0, q<0$, 즉 $p>0, q<0$

$\therefore a>0, p>0, q<0$

17 답 ⑤

$a>0$이므로 $y=a(x+p)^2-q$의 그래프는 아래로 볼록한 포물선이다.

또 꼭짓점의 좌표는 $(-p, -q)$이고 $p<0, q<0$에서 $-p>0$, $-q>0$이므로 꼭짓점은 제1사분면 위에 있다.

따라서 $y=a(x+p)^2-q$의 그래프로 적당한 것은 ⑤이다.

18 답 15

$y=ax^2$의 그래프가 점 $(-3, 27)$을 지나므로

$27=a\times(-3)^2 \quad \therefore a=3$ … ❶

따라서 $y=3x^2$의 그래프가 점 $(2, k)$를 지나므로

$k=3\times2^2=12$ … ❷

$\therefore a+k=3+12=15$ … ❸

채점 기준	배점
❶ a의 값을 구한 경우	40 %
❷ k의 값을 구한 경우	40 %
❸ $a+k$의 값을 구한 경우	20 %

19 답 $\frac{29}{4}$

$y=ax^2$의 그래프를 x축의 방향으로 3만큼, y축의 방향으로 3만큼 평행이동한 그래프의 식은

$y=a(x-3)^2+3$ … ❶

이 그래프가 점 $(1, 4)$를 지나므로

$4=a\times(1-3)^2+3,\ 4a=1 \quad \therefore a=\frac{1}{4}$ … ❷

따라서 $y=\frac{1}{4}(x-3)^2+3$의 그래프가 점 $(-1, b)$를 지나므로

$b=\frac{1}{4}\times(-1-3)^2+3=7$ … ❸

$\therefore a+b=\frac{1}{4}+7=\frac{29}{4}$ … ❹

채점 기준	배점
❶ 평행이동한 그래프의 식을 구한 경우	30 %
❷ a의 값을 구한 경우	30 %
❸ b의 값을 구한 경우	30 %
❹ $a+b$의 값을 구한 경우	10 %

5. 이차함수와 그 그래프 (1) [2회]

본문 157~159쪽

01 ①, ③ **02** ② **03** 14 **04** 9
05 $0<a<\frac{5}{3}$ **06** ⑤
07 $y=-\frac{2}{3}x^2$ **08** ④ **09** -5
10 ② **11** ④ **12** 8 **13** -2
14 ① **15** ③ **16** ② **17** ㄱ, ㄷ
18 6 **19** -5

01 답 ①, ③

① $y=x^2$
② $y=2\pi x$
③ $y=x(x+1)$, 즉 $y=x^2+x$
④ $y=\frac{3}{x}$
⑤ $y=700x$
따라서 이차함수인 것은 ①, ③이다.

02 답 ②

$y=6x^2-2(x-kx^2)=6x^2-2x+2kx^2$
$=(6+2k)x^2-2x$
이 함수가 x에 대한 이차함수가 되려면
$6+2k\neq0$이어야 하므로 $k\neq-3$

03 답 14

$f(2)=2^2+2+3=9$, $f(-2)=(-2)^2+(-2)+3=5$
$\therefore f(2)+f(-2)=9+5=14$

04 답 9

$y=ax^2$의 그래프가 점 $(2, -12)$를 지나므로
$-12=a\times2^2 \quad \therefore a=-3$
따라서 $y=-3x^2$의 그래프가 점 $(-1, b)$를 지나므로
$b=-3\times(-1)^2=-3$
$\therefore ab=-3\times(-3)=9$

05 답 $0<a<\frac{5}{3}$

$y=3ax^2$의 그래프는 아래로 볼록하고, 폭이 $y=5x^2$의 그래프보다 넓으므로
$0<3a<5 \quad \therefore 0<a<\frac{5}{3}$

06 답 ⑤

③ x^2의 계수의 절댓값이 작을수록 그래프의 폭이 넓어진다.
이때 x^2의 계수의 절댓값의 크기를 비교하면
$\left|\frac{1}{3}\right|<\left|-\frac{3}{5}\right|<|-3|=|3|$
이므로 그래프의 폭이 가장 넓은 것은 ㄴ이다.
④ x^2의 계수가 음수이면 그래프가 위로 볼록하므로 그래프가 위로 볼록한 것은 ㄱ, ㄷ이다.
⑤ 두 이차함수의 그래프가 x축에 서로 대칭이려면 x^2의 계수의 절댓값이 같고 부호가 반대이어야 하므로 ㄴ과 ㄹ은 x축에 서로 대칭이 아니다.
따라서 옳지 않은 것은 ⑤이다.

07 답 $y=-\frac{2}{3}x^2$

구하는 이차함수의 식을 $y=ax^2$으로 놓으면
그래프가 점 $(-3, -6)$을 지나므로
$-6=a\times(-3)^2 \quad \therefore a=-\frac{2}{3}$
따라서 구하는 이차함수의 식은 $y=-\frac{2}{3}x^2$

08 답 ④

$y=x^2+q$의 그래프가 점 $(-1, 3)$을 지나므로
$3=(-1)^2+q \quad \therefore q=2$
$y=2x^2$에
① $x=-3$, $y=1$을 대입하면 $1\neq2\times(-3)^2$
② $x=-1$, $y=4$를 대입하면 $4\neq2\times(-1)^2$
③ $x=1$, $y=-2$를 대입하면 $-2\neq2\times1^2$
④ $x=2$, $y=8$을 대입하면 $8=2\times2^2$
⑤ $x=3$, $y=6$을 대입하면 $6\neq2\times3^2$
따라서 $y=qx^2$의 그래프 위의 점인 것은 ④이다.

09 답 -5

$y=\frac{1}{2}x^2$의 그래프를 y축의 방향으로 k만큼 평행이동한 그래프의 식은 $y=\frac{1}{2}x^2+k$
이 그래프가 점 $(-4, 3)$을 지나므로
$3=\frac{1}{2}\times(-4)^2+k$, $3=8+k$
$\therefore k=-5$

10 답 ②

$y=2(x-1)^2$의 그래프는 아래로 볼록하고 꼭짓점의 좌표가 $(1, 0)$, y축과 만나는 점의 좌표가 $(0, 2)$이므로 그래프는 ②이다.

11 답 ④

$y=-5x^2$의 그래프를 x축의 방향으로 -2만큼 평행이동한 그래프의 식은 $y=-5(x+2)^2$

① 꼭짓점의 좌표는 $(-2, 0)$이다.
② 위로 볼록한 포물선이다.
③ $x=-2$일 때, $y=0$이다.
④ $|-5|<|6|$이므로 $y=6x^2$의 그래프보다 폭이 넓다.
⑤ $x>-2$일 때, x의 값이 증가하면 y의 값은 감소한다.
따라서 옳은 것은 ④이다.

12 답 8

$y=-3x^2$의 그래프를 x축의 방향으로 2만큼, y축의 방향으로 -6만큼 평행이동한 그래프의 식은
$y=-3(x-2)^2-6$
따라서 $p=2$, $q=6$이므로
$p+q=2+6=8$

13 답 -2

$y=-(x+p)^2-2p$의 그래프의 꼭짓점의 좌표는 $(-p, -2p)$
이 점이 직선 $y=3x-2$ 위에 있으므로
$-2p=-3p-2 \quad \therefore p=-2$

14 답 ①

$y=(x+5)^2+3$의 그래프는 $y=x^2$의 그래프를 x축의 방향으로 -5만큼, y축의 방향으로 3만큼 평행이동한 것이므로 오른쪽 그림과 같다.
따라서 x의 값이 증가할 때 y의 값은 감소하는 x의 값의 범위는 $x<-5$이다.

15 답 ③

①
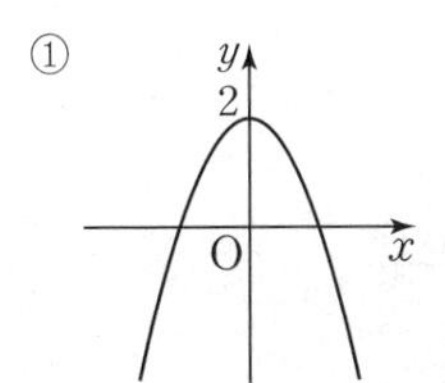

②
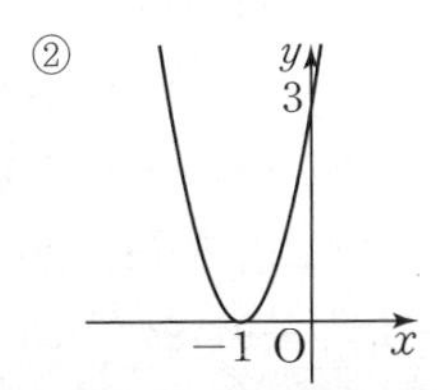

③
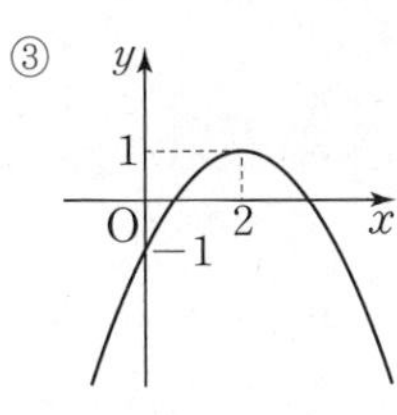

④
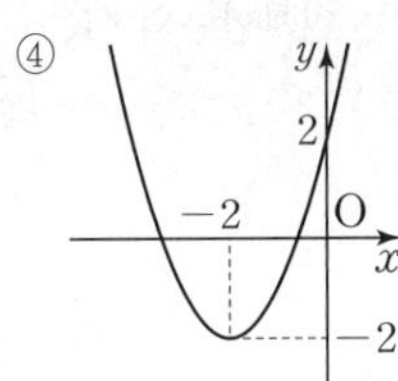

⑤
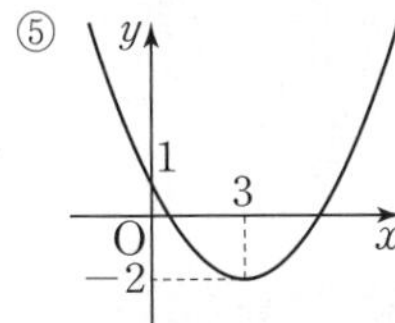

따라서 그래프가 제2사분면을 지나지 않는 것은 ③이다.

16 답 ②

$y=a(x-p)^2+q$에 대하여
그래프가 아래로 볼록하므로 $a>0$
꼭짓점 (p, q)가 제4사분면 위에 있으므로 $p>0$, $q<0$
$\therefore a>0$, $p>0$, $q<0$

17 답 ㄱ, ㄷ

ㄱ. 그래프가 위로 볼록하므로 $a<0$
ㄴ, ㄷ. 꼭짓점 (p, q)가 제2사분면 위에 있으므로
$p<0$, $q>0 \qquad \therefore pq<0$, $p-q<0$
ㄹ. $a<0$, $p<0$, $q>0$이므로 $apq>0$
따라서 옳지 않은 것은 ㄱ, ㄷ이다.

18 답 6

$y=\frac{1}{3}x^2$의 그래프와 x축에 서로 대칭인 그래프의 식은
$y=-\frac{1}{3}x^2$ … ❶
이 그래프가 점 $(a, -12)$를 지나므로
$-12=-\frac{1}{3}a^2$, $a^2=36$
$\therefore a=6$ ($\because a>0$) … ❷

채점 기준	배점
❶ x축에 서로 대칭인 그래프의 식을 구한 경우	50 %
❷ 양수 a의 값을 구한 경우	50 %

19 답 -5

주어진 그래프의 꼭짓점의 좌표가 $(3, 1)$이므로
$p=3$, $q=1$ … ❶
따라서 $y=a(x-3)^2+1$의 그래프가 점 $(5, -3)$을 지나므로
$-3=a\times(5-3)^2+1$, $4a=-4$
$\therefore a=-1$ … ❷
$\therefore a-p-q=-1-3-1=-5$ … ❸

채점 기준	배점
❶ p, q의 값을 각각 구한 경우	40 %
❷ a의 값을 구한 경우	40 %
❸ $a-p-q$의 값을 구한 경우	20 %

6. 이차함수와 그 그래프 (2) [1회]

본문 160~161쪽

01 ④ **02** 제3사분면 **03** ⑤
04 8 **05** ⑤ **06** ③ **07** 6
08 $y=-x^2-4x-4$ **09** ③
10 $y=-x^2-2x+3$ **11** $(-1, 4)$
12 15 **13** 1

01 답 ④

① $y=-4x^2+8x-1=-4(x^2-2x)-1$
$=-4(x^2-2x+1-1)-1=-4(x-1)^2+3$
즉, 꼭짓점의 좌표는 $(1, 3)$이므로 제1사분면 위에 있다.
② $y=-x^2+6x-10=-(x^2-6x)-10$
$=-(x^2-6x+9-9)-10=-(x-3)^2-1$
즉, 꼭짓점의 좌표는 $(3, -1)$이므로 제4사분면 위에 있다.

③ $y=\frac{1}{2}x^2-2x+7=\frac{1}{2}(x^2-4x)+7$

$=\frac{1}{2}(x^2-4x+4-4)+7=\frac{1}{2}(x-2)^2+5$

즉, 꼭짓점의 좌표는 $(2, 5)$이므로 제1사분면 위에 있다.

④ $y=x^2+10x+10=(x^2+10x+25-25)+10$

$=(x+5)^2-15$

즉, 꼭짓점의 좌표는 $(-5, -15)$이므로 제3사분면 위에 있다.

⑤ $y=3x^2-12x-2=3(x^2-4x)-2$

$=3(x^2-4x+4-4)-2=3(x-2)^2-14$

즉, 꼭짓점의 좌표는 $(2, -14)$이므로 제4사분면 위에 있다.

02 답 제3사분면

$y=3x^2-6x+2=3(x^2-2x)+2$

$=3(x^2-2x+1-1)+2=3(x-1)^2-1$

이므로 그래프의 꼭짓점의 좌표가 $(1, -1)$이고 그래프와 y축이 만나는 점의 좌표가 $(0, 2)$이다.

따라서 $y=3x^2-6x+2$의 그래프는 오른쪽 그림과 같으므로 제3사분면을 지나지 않는다.

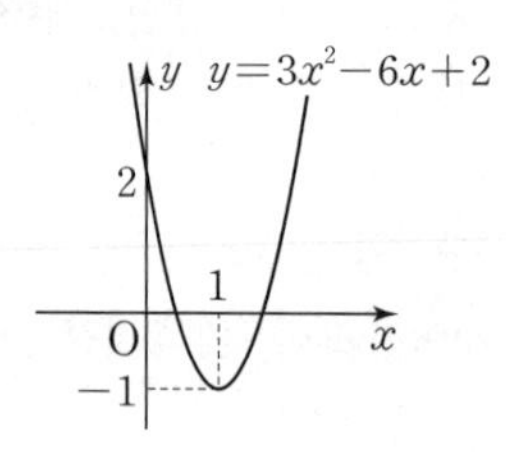

03 답 ⑤

$y=-\frac{1}{3}x^2+4x+k$의 그래프가 점 $(3, 6)$을 지나므로

$6=-3+12+k \quad \therefore k=-3$

$\therefore y=-\frac{1}{3}x^2+4x-3$

$=-\frac{1}{3}(x^2-12x)-3$

$=-\frac{1}{3}(x^2-12x+36-36)-3$

$=-\frac{1}{3}(x-6)^2+9$

따라서 $y=-\frac{1}{3}x^2+4x+k$의 그래프는 위로 볼록하고 직선 $x=6$을 축으로 하므로 x의 값이 증가하면 y의 값은 감소하는 x의 값의 범위는 $x>6$이다.

04 답 8

$y=\frac{1}{2}x^2-4x+6$에 $y=0$을 대입하면

$\frac{1}{2}x^2-4x+6=0$

$x^2-8x+12=0$

$(x-2)(x-6)=0$

$\therefore x=2$ 또는 $x=6$

따라서 그래프가 x축과 만나는 두 점의 x좌표가 각각 2, 6이므로

$p=2, q=6$ 또는 $p=6, q=2$

$\therefore p+q=2+6=8$

05 답 ⑤

$y=-2x^2+8x-2$

$=-2(x^2-4x)-2$

$=-2(x^2-4x+4-4)-2$

$=-2(x-2)^2+6$

이므로 그래프는 오른쪽 그림과 같다.

⑤ 제2사분면을 지나지 않는다.

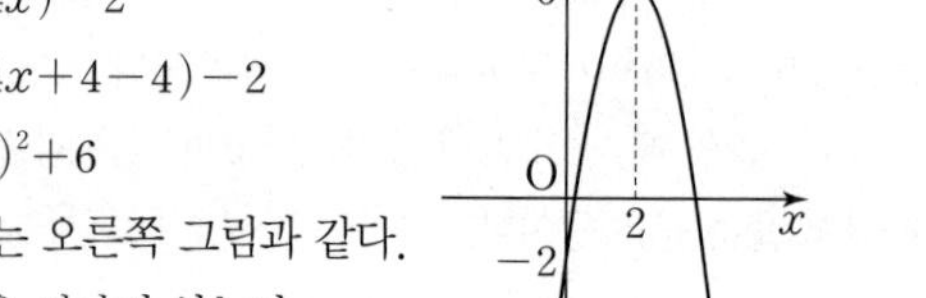

06 답 ③

$y=ax^2+bx+c$에 대하여

그래프가 아래로 볼록하므로 $a>0$

축이 y축의 오른쪽에 있으므로 $ab<0 \quad \therefore b<0$

y축과 만나는 점이 x축보다 위쪽에 있으므로 $c>0$

즉, $y=bx^2+cx-a$의 그래프는 $b<0$이므로 위로 볼록하고, b와 c의 부호가 다르므로 축은 y축의 오른쪽에 있으며, $-a<0$이므로 y축과 만나는 점이 x축보다 아래쪽에 있다.

따라서 $y=bx^2+cx-a$의 그래프로 적당한 것은 ③이다.

07 답 6

꼭짓점의 좌표가 $(3, -2)$이므로 이차함수의 식을 $y=a(x-3)^2-2$로 놓자.

이 그래프가 점 $(5, 6)$을 지나므로

$6=a(5-3)^2-2$, $4a=8 \quad \therefore a=2$

따라서 $y=2(x-3)^2-2=2x^2-12x+16$이므로

$b=-12$, $c=16$

$\therefore a+b+c=2+(-12)+16=6$

08 답 $y=-x^2-4x-4$

조건 ㈎, ㈏에서 구하는 이차함수의 그래프의 꼭짓점의 좌표는 $(-2, 0)$이므로 $y=a(x+2)^2$으로 놓자.

조건 ㈐에서 그래프가 점 $(1, -9)$를 지나므로

$-9=a(1+2)^2$, $-9=9a \quad \therefore a=-1$

따라서 구하는 이차함수의 식은

$y=-(x+2)^2$, 즉 $y=-x^2-4x-4$

09 답 ③

축의 방정식이 $x=1$이므로 구하는 이차함수의 식을 $y=a(x-1)^2+q$로 놓자.

이 그래프가 점 $(-1, 5)$를 지나므로

$5=a(-1-1)^2+q \quad \therefore 4a+q=5 \quad \cdots$ ㉠

또 점 $(2, -1)$을 지나므로

$-1=a(2-1)^2+q \quad \therefore a+q=-1 \quad \cdots$ ㉡

㉠, ㉡을 연립하여 풀면 $a=2$, $q=-3$

따라서 구하는 이차함수의 식은

$y=2(x-1)^2-3$, 즉 $y=2x^2-4x-1$

10 답 $y=-x^2-2x+3$

그래프가 점 $(0, 3)$을 지나므로 구하는 이차함수의 식을 $y=ax^2+bx+3$으로 놓자.

이 그래프가 점 (1, 0)을 지나므로

$0=a+b+3 \quad \therefore a+b=-3 \quad \cdots ㉠$

또 그래프가 점 (2, −5)를 지나므로

$-5=4a+2b+3 \quad \therefore 2a+b=-4 \quad \cdots ㉡$

㉠, ㉡을 연립하여 풀면 $a=-1$, $b=-2$

따라서 구하는 이차함수의 식은

$y=-x^2-2x+3$

11 답 $(-1, 4)$

주어진 이차함수의 그래프가 x축과 두 점 (−3, 0), (1, 0)에서 만나므로 이차함수의 식을 $y=a(x+3)(x-1)$로 놓자.

이 그래프가 점 (0, 3)을 지나므로

$3=-3a \quad \therefore a=-1$

따라서

$y=-(x+3)(x-1)=-x^2-2x+3$

$=-(x^2+2x+1-1)+3$

$=-(x+1)^2+4$

이므로 구하는 꼭짓점의 좌표는 (−1, 4)이다.

12 답 15

$y=-x^2+x+6$에 $x=0$을 대입하면

$y=6 \quad \therefore C(0, 6) \quad \cdots ❶$

$y=-x^2+x+6$에 $y=0$을 대입하면

$0=-x^2+x+6$, $x^2-x-6=0$

$(x+2)(x-3)=0 \quad \therefore x=-2$ 또는 $x=3$

따라서 A(−2, 0), B(3, 0)이므로

$\overline{AB}=3-(-2)=5 \quad \cdots ❷$

$\therefore \triangle ABC=\frac{1}{2}\times5\times6=15 \quad \cdots ❸$

채점 기준	배점
❶ 점 C의 좌표를 구한 경우	20 %
❷ $\overline{AB}$의 길이를 구한 경우	60 %
❸ △ABC의 넓이를 구한 경우	20 %

13 답 1

그래프가 점 (0, −2)를 지나므로 이차함수의 식을

$y=ax^2+bx-2$로 놓자. $\cdots ❶$

이 그래프가 점 (−2, 6)을 지나므로

$6=4a-2b-2 \quad \therefore 2a-b=4 \quad \cdots ㉠$

또 점 (2, −2)를 지나므로

$-2=4a+2b-2 \quad \therefore 2a+b=0 \quad \cdots ㉡$

㉠, ㉡을 연립하여 풀면 $a=1$, $b=-2$

$\therefore y=x^2-2x-2 \quad \cdots ❷$

따라서 $y=x^2-2x-2$의 그래프가 점 $(3, k)$를 지나므로

$k=3^2-2\times3-2=1 \quad \cdots ❸$

채점 기준	배점
❶ y절편을 이용하여 이차함수의 식을 세운 경우	30 %
❷ 이차함수의 식을 구한 경우	50 %
❸ k의 값을 구한 경우	20 %

6. 이차함수와 그 그래프 (2) [2회]

본문 162~163쪽

01 −14 **02** 9 **03** −2 **04** 5

05 ② **06** ① **07** $\left(0, -\frac{3}{2}\right)$

08 −6 **09** (−2, −18)

10 $y=-3x^2-3x+18$ **11** −12 **12** 6

13 $y=-3x^2-6x-1$

01 답 −14

$y=2x^2+12x-1=2(x^2+6x)-1$

$=2(x^2+6x+9-9)-1=2(x+3)^2-19$

따라서 $a=2$, $p=3$, $q=-19$이므로

$a+p+q=2+3+(-19)=-14$

02 답 9

$y=x^2+4x+a=(x^2+4x+4-4)+a=(x+2)^2-4+a$

이므로 꼭짓점의 좌표는 $(-2, -4+a)$이다.

따라서 $-2=b$, $-4+a=3$이므로

$a=7$, $b=-2$

$\therefore a-b=7-(-2)=9$

03 답 −2

$y=\frac{1}{2}x^2+ax+3=\frac{1}{2}(x^2+2ax)+3$

$=\frac{1}{2}(x^2+2ax+a^2-a^2)+3=\frac{1}{2}(x+a)^2-\frac{1}{2}a^2+3$

이므로 그래프의 축의 방정식은 $x=-a$이다.

이때 $x=2$를 기준으로 y의 값의 증가와 감소가 바뀌므로 주어진 이차함수의 그래프의 축의 방정식은 $x=2$이다.

따라서 $-a=2$이므로 $a=-2$

04 답 5

$y=-3x^2+3x+18$에 $y=0$을 대입하면

$-3x^2+3x+18=0$, $x^2-x-6=0$

$(x+2)(x-3)=0$

$\therefore x=-2$ 또는 $x=3$

따라서 그래프가 x축과 만나는 두 점의 좌표는

A(−2, 0), B(3, 0) 또는 A(3, 0), B(−2, 0)이므로

$\overline{AB}=3-(-2)=5$

05 답 ②

$y=\frac{1}{3}x^2-2x+2=\frac{1}{3}(x^2-6x)+2$

$=\frac{1}{3}(x^2-6x+9-9)+2$

$=\frac{1}{3}(x-3)^2-1$

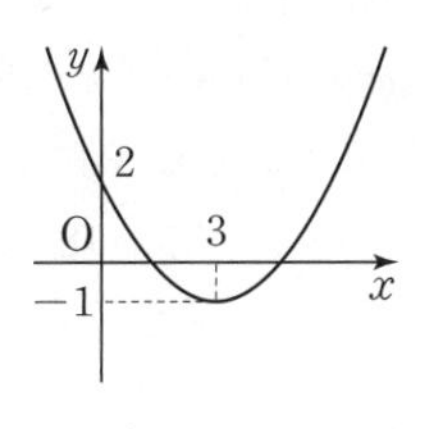

이므로 그래프는 오른쪽 그림과 같다.

② 제1사분면을 지난다.

06 답 ①

주어진 일차함수의 그래프에서 $a<0$, $b<0$

$y=ax^2+x+b$의 그래프는 $a<0$이므로 위로 볼록하고, a와 x의 계수 1의 부호가 다르므로 축은 y축의 오른쪽에 있으며, $b<0$이므로 y축과 만나는 점은 x축보다 아래쪽에 있다.

따라서 $y=ax^2+x+b$의 그래프로 적당한 것은 ①이다.

07 답 $\left(0, -\frac{3}{2}\right)$

꼭짓점의 좌표가 $(-3, 3)$이므로 이차함수의 식을 $y=a(x+3)^2+3$으로 놓자.

이 그래프가 점 $(-1, 1)$을 지나므로

$1=a(-1+3)^2+3$, $1=4a+3$ $\quad\therefore a=-\frac{1}{2}$

$\therefore y=-\frac{1}{2}(x+3)^2+3$

이 식에 $x=0$을 대입하면

$y=-\frac{1}{2}\times9+3=-\frac{3}{2}$

따라서 y축과 만나는 점의 좌표는 $\left(0, -\frac{3}{2}\right)$이다.

08 답 -6

축의 방정식이 $x=1$이므로 이차함수의 식을 $y=a(x-1)^2+q$로 놓자.

이 그래프가 점 $(-1, 0)$을 지나므로

$0=a(-1-1)^2+q$ $\quad\therefore 4a+q=0$ $\cdots$ ㉠

또 점 $(0, 3)$을 지나므로

$3=a(0-1)^2+q$ $\quad\therefore a+q=3$ $\cdots$ ㉡

㉠, ㉡을 연립하여 풀면 $a=-1$, $q=4$

따라서 $y=-(x-1)^2+4$, 즉 $y=-x^2+2x+3$이므로

$b=2$, $c=3$

$\therefore abc=-1\times2\times3=-6$

09 답 $(-2, -18)$

그래프가 점 $(0, -10)$을 지나므로 이차함수의 식을 $y=ax^2+bx-10$으로 놓자.

이 그래프가 점 $(-5, 0)$을 지나므로

$0=25a-5b-10$ $\quad\therefore 5a-b=2$ $\cdots$ ㉠

또 점 $(-1, -16)$을 지나므로

$-16=a-b-10$ $\quad\therefore a-b=-6$ $\cdots$ ㉡

㉠, ㉡을 연립하여 풀면 $a=2$, $b=8$

따라서

$y=2x^2+8x-10=2(x^2+4x)-10$

$=2(x^2+4x+4-4)-10$

$=2(x+2)^2-18$

이므로 구하는 꼭짓점의 좌표는 $(-2, -18)$이다.

10 답 $y=-3x^2-3x+18$

구하는 이차함수의 그래프가 x축과 만나는 두 점의 x좌표가 각각 -3, 2이므로 구하는 이차함수의 식을 $y=a(x+3)(x-2)$로 놓자.

이때 $y=-3x^2$의 그래프를 평행이동하여 포갤 수 있으므로

$a=-3$

따라서 구하는 이차함수의 식은

$y=-3(x+3)(x-2)$, 즉 $y=-3x^2-3x+18$

11 답 -12

주어진 이차함수의 그래프가 x축과 두 점 $(-4, 0)$, $(1, 0)$에서 만나므로 이차함수의 식을 $y=a(x+4)(x-1)$로 놓자.

이 그래프가 점 $(2, 12)$를 지나므로

$12=6a$ $\quad\therefore a=2$

$\therefore y=2(x+4)(x-1)$

이 그래프가 점 $(-2, k)$를 지나므로

$k=2\times2\times(-3)=-12$

12 답 6

$y=-\frac{1}{4}x^2+x+6=-\frac{1}{4}(x^2-4x)+6$

$=-\frac{1}{4}(x^2-4x+4-4)+6$

$=-\frac{1}{4}(x-2)^2+7$

이므로 $\mathrm{A}(2, 7)$ $\cdots$ ❶

$y=-\frac{1}{4}x^2+x+6$에 $x=0$을 대입하면 $y=6$

$\therefore \mathrm{B}(0, 6)$ $\cdots$ ❷

$\therefore \triangle\mathrm{ABC}=\frac{1}{2}\times\overline{\mathrm{BO}}\times|\text{점 A의 } x\text{좌표}|$

$=\frac{1}{2}\times6\times2=6$ $\cdots$ ❸

채점 기준	배점
❶ 점 A의 좌표를 구한 경우	40 %
❷ 점 B의 좌표를 구한 경우	40 %
❸ △ABC의 넓이를 구한 경우	20 %

13 답 $y=-3x^2-6x-1$

$y=x^2+2x+3=(x^2+2x+1-1)+3=(x+1)^2+2$

이므로 꼭짓점의 좌표는 $(-1, 2)$이다. $\cdots$ ❶

즉, 구하는 이차함수의 그래프의 꼭짓점의 좌표가 $(-1, 2)$이므로 이차함수의 식을 $y=a(x+1)^2+2$로 놓자. $\cdots$ ❷

이 그래프가 점 $(-2, -1)$을 지나므로

$-1=a(-2+1)^2+2$, $-1=a+2$ $\quad\therefore a=-3$

따라서 구하는 이차함수의 식은

$y=-3(x+1)^2+2$, 즉 $y=-3x^2-6x-1$ $\cdots$ ❸

채점 기준	배점
❶ $y=x^2+2x+3$의 그래프의 꼭짓점의 좌표를 구한 경우	30 %
❷ 꼭짓점의 좌표를 이용하여 이차함수의 식을 세운 경우	30 %
❸ 이차함수의 식을 구한 경우	40 %

서술형 테스트

1. 제곱근과 실수

본문 164~165쪽

1 $\frac{11}{3}$ **2** 7 **3** -1 **4** 3개
5 36 **6** 26.5 **7** $-1-\sqrt{10}$
8 $2-\sqrt{21}$, $\sqrt{13}-4$, $\sqrt{7}-1$

1 답 $\frac{11}{3}$

$\sqrt{256}=16$이고, 16의 양의 제곱근은 4이므로

$a=4$ … ❶

$\sqrt{\frac{1}{81}}=\frac{1}{9}$이고, $\frac{1}{9}$의 음의 제곱근은 $-\frac{1}{3}$이므로

$b=-\frac{1}{3}$ … ❷

$\therefore a+b=4+\left(-\frac{1}{3}\right)=\frac{11}{3}$ … ❸

채점 기준	배점
❶ a의 값을 구한 경우	40 %
❷ b의 값을 구한 경우	40 %
❸ $a+b$의 값을 구한 경우	20 %

2 답 7

$A=\sqrt{196}+(\sqrt{7})^2\times\sqrt{(-5)^2}$

$=14+7\times5$

$=49$ … ❶

$\therefore \sqrt{A}=7$ … ❷

채점 기준	배점
❶ A의 값을 구한 경우	60 %
❷ $\sqrt{A}$의 값을 구한 경우	40 %

3 답 -1

$x-1<0$, $x+2>0$이므로

$\sqrt{(x-1)^2}-\sqrt{(x+2)^2}=-(x-1)-(x+2)$

$=-x+1-x-2$

$=-2x-1$ … ❶

따라서 $-2x-1=1$이므로

$-2x=2 \quad \therefore x=-1$ … ❷

채점 기준	배점
❶ 주어진 식의 좌변을 간단히 한 경우	70 %
❷ x의 값을 구한 경우	30 %

4 답 3개

175를 소인수분해하면 $175=5^2\times7$

175의 소인수 중에서 지수가 홀수인 소인수는 7이므로 n은 $7\times$(자연수)^{2}의 꼴이어야 한다. … ❶

따라서 100 이하의 자연수 n은

$7\times1^2=7$, $7\times2^2=28$, $7\times3^2=63$

의 3개이다. … ❷

채점 기준	배점
❶ 자연수 n의 조건을 구한 경우	60 %
❷ 100 이하의 자연수 n의 개수를 구한 경우	40 %

5 답 36

$\frac{1}{3}<\sqrt{\frac{x}{4}}<\frac{3}{2}$에서 $\left(\frac{1}{3}\right)^2<\left(\sqrt{\frac{x}{4}}\right)^2<\left(\frac{3}{2}\right)^2$

$\frac{1}{9}<\frac{x}{4}<\frac{9}{4} \quad \therefore \frac{4}{9}<x<9$ … ❶

따라서 부등식을 만족시키는 모든 자연수 x는 1, 2, 3, …, 8이므로 그 합은

$1+2+3+\cdots+8=36$ … ❷

채점 기준	배점
❶ x의 값의 범위를 구한 경우	60 %
❷ 모든 자연수 x의 값의 합을 구한 경우	40 %

6 답 26.5

$\sqrt{4.66}=2.159$이므로

$a=4.66$ … ❶

$\sqrt{4.77}=2.184$이므로

$b=2.184$ … ❷

$\therefore a+10b=4.66+21.84=26.5$ … ❸

채점 기준	배점
❶ a의 값을 구한 경우	40 %
❷ b의 값을 구한 경우	40 %
❸ $a+10b$의 값을 구한 경우	20 %

7 답 $-1-\sqrt{10}$

피타고라스 정리에 의하여

$\overline{AP}=\overline{AC}=\sqrt{1^2+3^2}=\sqrt{10}$ … ❶

점 P는 -1을 나타내는 점에서 왼쪽으로 $\sqrt{10}$만큼 떨어진 점이므로 점 P에 대응하는 수는 $-1-\sqrt{10}$이다. … ❷

채점 기준	배점
❶ $\overline{AP}$의 길이를 구한 경우	40 %
❷ 점 P에 대응하는 수를 구한 경우	60 %

8 답 $2-\sqrt{21}$, $\sqrt{13}-4$, $\sqrt{7}-1$

$2=\sqrt{4}$, $3=\sqrt{9}$이므로 $2<\sqrt{7}<3$

$\therefore 1<\sqrt{7}-1<2$

$4=\sqrt{16}$, $5=\sqrt{25}$이므로 $4<\sqrt{21}<5$

$-5<-\sqrt{21}<-4$

$\therefore -3<2-\sqrt{21}<-2$

$3=\sqrt{9}$, $4=\sqrt{16}$이므로 $3<\sqrt{13}<4$

$\therefore -1<\sqrt{13}-4<0$ … ❶

따라서 세 점 A, B, C에 대응하는 수는 각각

$2-\sqrt{21}$, $\sqrt{13}-4$, $\sqrt{7}-1$ … ❷

채점 기준	배점
❶ 세 수의 범위를 각각 구한 경우	60 %
❷ 세 점 A, B, C에 대응하는 수를 차례로 구한 경우	40 %

2. 근호를 포함한 식의 계산

본문 166~167쪽

1 12 **2** 6 **3** $\frac{16}{3}$ **4** $3\sqrt{10}$

5 $-8\sqrt{6}$ **6** 54 **7** 8

8 (1) $x<y$ (2) $x>z$ (3) z

1 답 12

$8\sqrt{\frac{14}{3}}\times\frac{1}{2}\sqrt{\frac{6}{7}}=4\sqrt{4}=8$이므로

$a=8$ … ❶

$\sqrt{\frac{13}{2}}\div\frac{\sqrt{13}}{4\sqrt{2}}=\frac{\sqrt{13}}{\sqrt{2}}\times\frac{4\sqrt{2}}{\sqrt{13}}=4$이므로

$b=4$ … ❷

$\therefore a+b=8+4=12$ … ❸

채점 기준	배점
❶ a의 값을 구한 경우	40 %
❷ b의 값을 구한 경우	40 %
❸ $a+b$의 값을 구한 경우	20 %

2 답 6

$\sqrt{300}=\sqrt{10^2\times3}=10\sqrt{3}$이므로

$x=10$ … ❶

$\sqrt{96}=\sqrt{4^2\times6}=4\sqrt{6}$이므로

$y=4$ … ❷

$\therefore x-y=10-4=6$ … ❸

채점 기준	배점
❶ x의 값을 구한 경우	40 %
❷ y의 값을 구한 경우	40 %
❸ $x-y$의 값을 구한 경우	20 %

3 답 $\frac{16}{3}$

$\sqrt{\frac{32}{75}}=\frac{\sqrt{32}}{\sqrt{75}}=\frac{4\sqrt{2}}{5\sqrt{3}}=\frac{4\sqrt{2}\times\sqrt{3}}{5\sqrt{3}\times\sqrt{3}}=\frac{4}{15}\sqrt{6}$ … ❶

따라서 $a=5$, $b=4$, $c=\frac{4}{15}$이므로 … ❷

$abc=5\times4\times\frac{4}{15}=\frac{16}{3}$ … ❸

채점 기준	배점
❶ $\sqrt{\frac{32}{75}}$의 분모를 유리화한 경우	60 %
❷ a, b, c의 값을 각각 구한 경우	30 %
❸ abc의 값을 구한 경우	10 %

4 답 $3\sqrt{10}$

(삼각형의 넓이)$=\frac{1}{2}\times x\times\sqrt{48}=\frac{1}{2}\times x\times4\sqrt{3}$

$=2\sqrt{3}x$ … ❶

(직사각형의 넓이)$=3\sqrt{6}\times\sqrt{20}=3\sqrt{6}\times2\sqrt{5}$

$=6\sqrt{30}$ … ❷

따라서 $2\sqrt{3}x=6\sqrt{30}$이므로

$x=\frac{6\sqrt{30}}{2\sqrt{3}}=3\sqrt{10}$ … ❸

채점 기준	배점
❶ 삼각형의 넓이를 구한 경우	40 %
❷ 직사각형의 넓이를 구한 경우	40 %
❸ x의 값을 구한 경우	20 %

5 답 $-8\sqrt{6}$

$A=2\sqrt{2}+8\sqrt{2}-6\sqrt{2}=(2+8-6)\sqrt{2}=4\sqrt{2}$ … ❶

$B=4\sqrt{3}-\sqrt{3}-5\sqrt{3}=(4-1-5)\sqrt{3}=-2\sqrt{3}$ … ❷

$\therefore AB=4\sqrt{2}\times(-2\sqrt{3})=-8\sqrt{6}$ … ❸

채점 기준	배점
❶ A를 간단히 한 경우	40 %
❷ B를 간단히 한 경우	40 %
❸ AB의 값을 구한 경우	20 %

6 답 54

$\sqrt{24}-\sqrt{a}+\sqrt{216}=2\sqrt{6}-\sqrt{a}+6\sqrt{6}=8\sqrt{6}-\sqrt{a}$ … ❶

따라서 $8\sqrt{6}-\sqrt{a}=5\sqrt{6}$이므로

$\sqrt{a}=8\sqrt{6}-5\sqrt{6}=3\sqrt{6}=\sqrt{54}$

$\therefore a=54$ … ❷

채점 기준	배점
❶ 주어진 등식의 좌변을 간단히 한 경우	50 %
❷ a의 값을 구한 경우	50 %

7 답 8

$\frac{\sqrt{5}}{7}(21-\sqrt{98})+\frac{15-\sqrt{50}}{\sqrt{5}}=\frac{\sqrt{5}}{7}(21-7\sqrt{2})+\frac{15-5\sqrt{2}}{\sqrt{5}}$

$=3\sqrt{5}-\sqrt{10}+\frac{(15-5\sqrt{2})\times\sqrt{5}}{\sqrt{5}\times\sqrt{5}}$

$=3\sqrt{5}-\sqrt{10}+\frac{15\sqrt{5}-5\sqrt{10}}{5}$

$=3\sqrt{5}-\sqrt{10}+3\sqrt{5}-\sqrt{10}$

$=6\sqrt{5}-2\sqrt{10}$ … ❶

따라서 $a=6$, $b=-2$이므로 … ❷

$a-b=6-(-2)=8$ … ❸

채점 기준	배점
❶ 주어진 식의 좌변을 간단히 한 경우	70 %
❷ a, b의 값을 각각 구한 경우	20 %
❸ $a-b$의 값을 구한 경우	10 %

8 답 (1) $x<y$ (2) $x>z$ (3) z

(1) $x-y=(1+\sqrt{2})-\sqrt{8}=(1+\sqrt{2})-2\sqrt{2}$

$=1-\sqrt{2}=\sqrt{1}-\sqrt{2}<0$

$\therefore x<y$ … ❶

(2) $x-z=(1+\sqrt{2})-(\sqrt{18}-2)$

$=(1+\sqrt{2})-(3\sqrt{2}-2)$

$=3-2\sqrt{2}=\sqrt{9}-\sqrt{8}>0$

$\therefore x>z$ … ❷

(3) (1), (2)에서 $z<x<y$이므로 가장 작은 수는 z이다. … ❸

채점 기준	배점
❶ x, y의 대소를 비교한 경우	40 %
❷ x, z의 대소를 비교한 경우	40 %
❸ 가장 작은 수를 구한 경우	20 %

3. 다항식의 곱셈과 인수분해

본문 168~169쪽

1 25 **2** $\frac{1}{4}$ **3** 333 **4** 8

5 6 **6** 25 **7** $2x+4$ **8** 1640

1 답 25

$(2x+A)^2=4x^2+4Ax+A^2$이므로 … ❶

$4A=B$, $A^2=25$

이때 A, B는 양수이므로

$A=5$, $B=4\times5=20$ … ❷

$\therefore A+B=5+20=25$ … ❸

채점 기준	배점
❶ $(2x+A)^2$을 전개한 경우	40 %
❷ A, B의 값을 각각 구한 경우	40 %
❸ $A+B$의 값을 구한 경우	20 %

2 답 $\frac{1}{4}$

$\left(x-\frac{1}{3}\right)(x+a)=x^2+\left(-\frac{1}{3}+a\right)x-\frac{1}{3}a$ … ❶

이때 x의 계수와 상수항이 같으므로

$-\frac{1}{3}+a=-\frac{1}{3}a$ … ❷

$\frac{4}{3}a=\frac{1}{3}$ $\therefore a=\frac{1}{4}$ … ❸

채점 기준	배점
❶ 주어진 식을 전개한 경우	40 %
❷ a에 대한 식을 세운 경우	30 %
❸ a의 값을 구한 경우	30 %

3 답 333

$82^2-77\times83$

$=(80+2)^2-(80-3)(80+3)$ … ❶

$=(80^2+2\times80\times2+2^2)-(80^2-3^2)$

$=320+4+9$

$=333$ … ❷

채점 기준	배점
❶ 주어진 식을 곱셈 공식을 이용하여 나타낸 경우	50 %
❷ 주어진 식을 계산한 경우	50 %

4 답 8

$(a-b)^2=(a+b)^2-4ab$ … ❶

$=2^2-4\times(-1)$

$=4+4=8$ … ❷

채점 기준	배점
❶ $(a-b)^2$을 변형한 경우	70 %
❷ $(a-b)^2$의 값을 구한 경우	30 %

5 답 6

$2x^2-12xy+18y^2=2(x^2-6xy+9y^2)$

$=2(x-3y)^2$ … ❶

따라서 $a=2$, $b=1$, $c=3$이므로

$a+b+c=2+1+3=6$ … ❷

채점 기준	배점
❶ 주어진 식을 인수분해한 경우	70 %
❷ $a+b+c$의 값을 구한 경우	30 %

6 답 25

$(x+3)(x-7)+k=x^2-4x-21+k$ … ❶

$=x^2-2\times x\times2-21+k$

이 식이 완전제곱식이 되려면

$-21+k=2^2$ … ❷

$\therefore k=25$ … ❸

채점 기준	배점
❶ 주어진 식을 전개한 경우	30 %
❷ k에 대한 식을 세운 경우	40 %
❸ k의 값을 구한 경우	30 %

7 답 $2x+4$

$x+3=A$로 놓으면

(주어진 식)$=A^2-2A-24$

$=(A+4)(A-6)$ … ❶

$=(x+3+4)(x+3-6)$

$=(x+7)(x-3)$ … ❷

따라서 두 일차식의 합은

$(x+7)+(x-3)=2x+4$ … ❸

채점 기준	배점
❶ 치환한 식을 인수분해한 경우	40 %
❷ 원래의 식을 대입하여 정리한 경우	30 %
❸ 두 일차식의 합을 구한 경우	30 %

8 답 1640

$A=(42.5-2.5)^2=40^2=1600$ … ❶

$B=\sqrt{(58+42)(58-42)}=\sqrt{100\times16}$

$=\sqrt{1600}=40$ … ❷

$\therefore A+B=1600+40=1640$ … ❸

채점 기준	배점
❶ A의 값을 구한 경우	40 %
❷ B의 값을 구한 경우	40 %
❸ $A+B$의 값을 구한 경우	20 %

4. 이차방정식

본문 170~171쪽

1 -10 **2** 24 **3** $x=9$ **4** $10\sqrt{5}$
5 3 **6** 5개 **7** $2x^2+2x-40=0$
8 120

1 답 -10

$2x^2+ax-3=0$에 $x=3$을 대입하면

$2\times3^2+a\times3-3=0$, $3a+15=0$

$3a=-15$ $\therefore a=-5$ … ❶

$x^2+6x+b=0$에 $x=-5$를 대입하면

$(-5)^2+6\times(-5)+b=0$, $-5+b=0$

$\therefore b=5$ … ❷

$\therefore a-b=-5-5=-10$ … ❸

채점 기준	배점
❶ a의 값을 구한 경우	40 %
❷ b의 값을 구한 경우	40 %
❸ $a-b$의 값을 구한 경우	20 %

2 답 24

$x^2+2x-8=0$에서 $(x+4)(x-2)=0$

$\therefore x=-4$ 또는 $x=2$ … ❶

$x^2+4x-12=0$에서 $(x+6)(x-2)=0$

$\therefore x=-6$ 또는 $x=2$ … ❷

따라서 두 이차방정식의 공통인 근이 $x=2$이므로 공통이 아닌 근의 곱은

$-4\times(-6)=24$ … ❸

채점 기준	배점
❶ $x^2+2x-8=0$의 해를 구한 경우	40 %
❷ $x^2+4x-12=0$의 해를 구한 경우	40 %
❸ 공통이 아닌 근의 곱을 구한 경우	20 %

3 답 $x=9$

$x^2-18x+k=0$이 중근을 가지므로

$k=\left(\frac{-18}{2}\right)^2=81$ … ❶

따라서 주어진 방정식은 $x^2-18x+81=0$이므로

$(x-9)^2=0$ $\therefore x=9$ … ❷

채점 기준	배점
❶ k의 값을 구한 경우	50 %
❷ 중근을 구한 경우	50 %

4 답 $10\sqrt{5}$

$x^2+10x+20=0$에서

$x^2+10x=-20$

$x^2+10x+25=-20+25$ $\therefore (x+5)^2=5$

$\therefore a=5$, $b=5$ … ❶

$(x+5)^2=5$에서 $x+5=\pm\sqrt{5}$

$\therefore x=-5\pm\sqrt{5}$

이때 $c<d$이므로 $c=-5-\sqrt{5}$, $d=-5+\sqrt{5}$ … ❷

$\therefore ad-bc=5(-5+\sqrt{5})-5(-5-\sqrt{5})$

$=-25+5\sqrt{5}+25+5\sqrt{5}$

$=10\sqrt{5}$ … ❸

채점 기준	배점
❶ a, b의 값을 각각 구한 경우	40 %
❷ c, d의 값을 각각 구한 경우	40 %
❸ $ad-bc$의 값을 구한 경우	20 %

5 답 3

양변에 10을 곱하면

$5(x-1)^2=2(x-3)(2x-1)$

$5x^2-10x+5=4x^2-14x+6$

$x^2+4x-1=0$ … ❶

$\therefore x=-2\pm\sqrt{2^2-1\times(-1)}$

$=-2\pm\sqrt{5}$ … ❷

따라서 $p=-2$, $q=5$이므로

$p+q=-2+5=3$ … ❸

채점 기준	배점
❶ 주어진 방정식을 $ax^2+bx+c=0$의 꼴로 고친 경우	40 %
❷ 해를 구한 경우	40 %
❸ $p+q$의 값을 구한 경우	20 %

6 답 5개

주어진 이차방정식이 해를 가지려면 $(-6)^2-4\times1\times2a\geq0$이어야 하므로

$-8a\geq-36 \quad \therefore a\leq\frac{9}{2}$ … ❶

따라서 음이 아닌 정수 a는 0, 1, 2, 3, 4의 5개이다. … ❷

채점 기준	배점
❶ a의 값의 범위를 구한 경우	70 %
❷ 음이 아닌 정수 a의 개수를 구한 경우	30 %

7 답 $2x^2+2x-40=0$

이차방정식 $x^2+ax+b=0$의 두 근이 1, 4이므로

$(x-1)(x-4)=0$, $x^2-5x+4=0$

$\therefore a=-5,\ b=4$ … ❶

따라서 x^2의 계수가 2이고 -5, 4를 두 근으로 하는 이차방정식은

$2(x+5)(x-4)=0$

$\therefore 2x^2+2x-40=0$ … ❷

채점 기준	배점
❶ a, b의 값을 각각 구한 경우	50 %
❷ x^2의 계수가 2이고 a, b를 두 근으로 하는 이차방정식을 구한 경우	50 %

8 답 120

어떤 자연수를 x라 하면

$x(x+2)=168$ … ❶

$x^2+2x-168=0$, $(x+14)(x-12)=0$

$\therefore x=-14$ 또는 $x=12$ … ❷

그런데 x는 자연수이므로 $x=12$

따라서 원래 두 수의 곱은 $12\times10=120$ … ❸

채점 기준	배점
❶ 이차방정식을 세운 경우	40 %
❷ 이차방정식의 해를 구한 경우	40 %
❸ 원래 두 수의 곱을 구한 경우	20 %

5. 이차함수와 그 그래프 (1)

본문 172~173쪽

1 10 **2** 15 **3** $\sqrt{7}$ **4** 2

5 -4 **6** 2 **7** $\frac{13}{3}$ **8** 제4사분면

1 답 10

$f(-1)=2$이므로 $-2\times(-1)^2-a\times(-1)+5=2$

$-2+a+5=2 \quad \therefore a=-1$ … ❶

따라서 $f(x)=-2x^2+x+5$에서 $f(3)=b$이므로

$-2\times3^2+3+5=b \quad \therefore b=-10$ … ❷

$\therefore ab=-1\times(-10)=10$ … ❸

채점 기준	배점
❶ a의 값을 구한 경우	40 %
❷ b의 값을 구한 경우	40 %
❸ ab의 값을 구한 경우	20 %

2 답 15

$y=5x^2$의 그래프가 점 $(-2,\ a)$를 지나므로

$a=5\times(-2)^2=20$ … ❶

$y=5x^2$의 그래프는 $y=-5x^2$의 그래프와 x축에 서로 대칭이므로

$b=-5$ … ❷

$\therefore a+b=20+(-5)=15$ … ❸

채점 기준	배점
❶ a의 값을 구한 경우	40 %
❷ b의 값을 구한 경우	40 %
❸ $a+b$의 값을 구한 경우	20 %

3 답 $\sqrt{7}$

주어진 포물선을 그래프로 하는 이차함수의 식을 $y=ax^2$이라 하면 점 $(-2,\ 8)$을 지나므로

$8=a\times(-2)^2 \quad \therefore a=2$

$\therefore y=2x^2$ … ❶

이때 $y=2x^2$의 그래프가 점 $(k,\ 14)$를 지나므로

$14=2k^2$, $k^2=7$

$\therefore k=\sqrt{7}\ (\because k>0)$ … ❷

채점 기준	배점
❶ 이차함수의 식을 구한 경우	50 %
❷ 양수 k의 값을 구한 경우	50 %

4 답 2

$y=-\frac{1}{3}x^2$의 그래프를 y축의 방향으로 q만큼 평행이동한 그래프의 식은 $y=-\frac{1}{3}x^2+q$ … ❶

이 그래프가 점 $(-3,\ -1)$을 지나므로

$-1=-\frac{1}{3}\times(-3)^2+q \quad \therefore q=2$ … ❷

채점 기준	배점
❶ 평행이동한 그래프의 식을 구한 경우	50 %
❷ q의 값을 구한 경우	50 %

5 답 -4

$y=5(x+2)^2$의 그래프는 $y=5x^2$의 그래프를 x축의 방향으로 -2만큼 평행이동한 것이므로

$a=-2$ … ❶

또 $y=5(x+2)^2$의 그래프의 꼭짓점의 좌표는 $(-2,\ 0)$이므로

$b=-2,\ c=0$ … ❷

$\therefore a+b+c=-2+(-2)+0=-4$ … ❸

채점 기준	배점
❶ a의 값을 구한 경우	40 %
❷ b, c의 값을 각각 구한 경우	40 %
❸ $a+b+c$의 값을 구한 경우	20 %

6 답 2

$y=-\frac{1}{4}(x-p)^2+q$의 그래프의 축의 방정식은 $x=p$이므로

$p=-2$ … ❶

즉, $y=-\frac{1}{4}(x+2)^2+q$의 그래프가 점 $(0, 3)$을 지나므로

$3=-\frac{1}{4}\times 2^2+q \qquad \therefore q=4$ … ❷

$\therefore p+q=-2+4=2$ … ❸

채점 기준	배점
❶ p의 값을 구한 경우	40 %
❷ q의 값을 구한 경우	40 %
❸ $p+q$의 값을 구한 경우	20 %

7 답 $\frac{13}{3}$

주어진 그래프의 꼭짓점의 좌표가 $(3, -1)$이므로

$p=3$, $q=-1$ … ❶

즉, $y=a(x-3)^2-1$의 그래프가 점 $(0, 2)$를 지나므로

$2=a\times(-3)^2-1$, $9a=3$

$\therefore a=\frac{1}{3}$ … ❷

$\therefore a+p-q=\frac{1}{3}+3-(-1)=\frac{13}{3}$ … ❸

채점 기준	배점
❶ p, q의 값을 각각 구한 경우	40 %
❷ a의 값을 구한 경우	40 %
❸ $a+p-q$의 값을 구한 경우	20 %

8 답 제4사분면

$y=a(x-p)^2$에 대하여

그래프가 위로 볼록하므로 $a<0$

꼭짓점 $(p, 0)$이 y축의 오른쪽에 있으므로

$p>0$ … ❶

따라서 $y=px-a$의 그래프는 오른쪽 그림과 같으므로 제4사분면을 지나지 않는다. … ❷

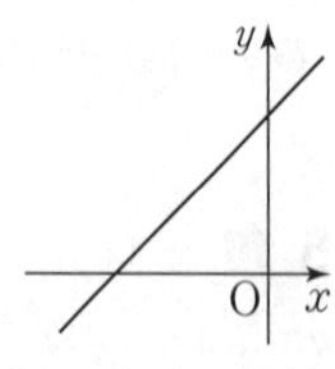

채점 기준	배점
❶ a, p의 부호를 각각 구한 경우	50 %
❷ 일차함수 $y=px-a$의 그래프가 지나지 않는 사분면을 구한 경우	50 %

6. 이차함수와 그 그래프 (2)

본문 174~175쪽

1 -1	**2** 3	**3** $(-1, 0)$	**4** 제3사분면
5 -9	**6** $(0, 4)$	**7** 1	**8** $(-2, 18)$

1 답 -1

$y=2x^2-4x+5=2(x^2-2x)+5$

$=2(x^2-2x+1-1)+5$

$=2(x-1)^2+3$ … ❶

따라서 $a=2$, $p=1$, $q=3$이므로 … ❷

$ap-q=2\times 1-3=-1$ … ❸

채점 기준	배점
❶ 주어진 이차함수의 식을 $y=a(x-p)^2+q$의 꼴로 나타낸 경우	60 %
❷ a, p, q의 값을 각각 구한 경우	30 %
❸ $ap-q$의 값을 구한 경우	10 %

2 답 3

$y=\frac{1}{4}x^2+x-k=\frac{1}{4}(x^2+4x)-k$

$=\frac{1}{4}(x^2+4x+4-4)-k$

$=\frac{1}{4}(x+2)^2-1-k$

이므로 꼭짓점의 좌표는 $(-2, -1-k)$이다. … ❶

이때 꼭짓점이 직선 $y=3x+2$ 위에 있으므로

$-1-k=3\times(-2)+2$

$\therefore k=3$ … ❷

채점 기준	배점
❶ 꼭짓점의 좌표를 구한 경우	50 %
❷ k의 값을 구한 경우	50 %

3 답 $(-1, 0)$

$y=ax^2+2x+3$의 그래프가 점 $(3, 0)$을 지나므로

$0=9a+6+3$

$9a=-9 \qquad \therefore a=-1$ … ❶

$y=-x^2+2x+3$에 $y=0$을 대입하면

$-x^2+2x+3=0$, $x^2-2x-3=0$

$(x+1)(x-3)=0$

$\therefore x=-1$ 또는 $x=3$ … ❷

따라서 다른 한 점의 좌표는 $(-1, 0)$이다. … ❸

채점 기준	배점
❶ a의 값을 구한 경우	30 %
❷ x축과의 두 교점의 x좌표를 구한 경우	50 %
❸ 다른 한 점의 좌표를 구한 경우	20 %

4 답 제3사분면

축이 y축의 오른쪽에 있으므로 $a<0$

y축과 만나는 점이 x축보다 위쪽에 있으므로 $b>0$ … ❶

따라서 $y=ax+b$의 그래프는 오른쪽 그림과 같으므로 제3사분면을 지나지 않는다. … ❷

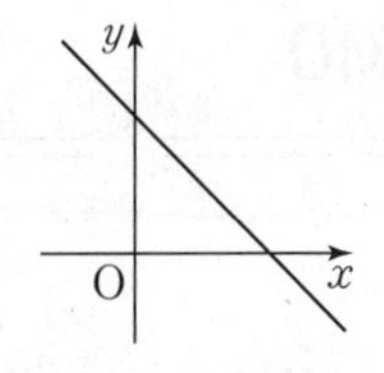

채점 기준	배점
❶ a, b의 부호를 각각 구한 경우	50 %
❷ 일차함수 $y=ax+b$의 그래프가 지나지 않는 사분면을 구한 경우	50 %

5 답 -9

꼭짓점의 좌표가 $(1,\ 3)$이므로 이차함수의 식을

$y=a(x-1)^2+3$으로 놓자. … ❶

이 그래프가 점 $(0,\ 0)$을 지나므로

$0=a(0-1)^2+3 \quad \therefore a=-3$ … ❷

따라서 $y=-3(x-1)^2+3$, 즉 $y=-3x^2+6x$이므로

$b=6,\ c=0$ … ❸

$\therefore a-b+c=-3-6+0=-9$ … ❹

채점 기준	배점
❶ 꼭짓점의 좌표를 이용하여 이차함수의 식을 세운 경우	30 %
❷ a의 값을 구한 경우	30 %
❸ b, c의 값을 각각 구한 경우	30 %
❹ $a-b+c$의 값을 구한 경우	10 %

6 답 $(0,\ 4)$

축의 방정식이 $x=-1$이므로 이차함수의 식을

$y=a(x+1)^2+q$로 놓자. … ❶

이 그래프가 점 $(-3,\ 1)$을 지나므로

$1=a(-3+1)^2+q \quad \therefore 4a+q=1$ … ㉠

또 점 $(2,\ -4)$를 지나므로

$-4=a(2+1)^2+q \quad \therefore 9a+q=-4$ … ㉡

㉠, ㉡을 연립하여 풀면 $a=-1,\ q=5$

$\therefore y=-(x+1)^2+5$ … ❷

위의 식에 $x=0$을 대입하면 $y=4$

따라서 y축과 만나는 점의 좌표는 $(0,\ 4)$이다. … ❸

채점 기준	배점
❶ 축의 방정식을 이용하여 이차함수의 식을 세운 경우	30 %
❷ 이차함수의 식을 구한 경우	50 %
❸ y축과 만나는 점의 좌표를 구한 경우	20 %

7 답 1

$y=ax^2+bx+c$의 그래프가 점 $(0,\ 1)$을 지나므로

$c=1$ … ❶

$y=ax^2+bx+1$의 그래프가 점 $(2,\ 5)$를 지나므로

$5=4a+2b+1 \quad \therefore 2a+b=2$ … ㉠

또 점 $(-1,\ -4)$를 지나므로

$-4=a-b+1 \quad \therefore a-b=-5$ … ㉡

㉠, ㉡을 연립하여 풀면 $a=-1,\ b=4$ … ❷

$\therefore a+b-2c=-1+4-2\times1=1$ … ❸

채점 기준	배점
❶ c의 값을 구한 경우	30 %
❷ a, b의 값을 각각 구한 경우	50 %
❸ $a+b-2c$의 값을 구한 경우	20 %

8 답 $(-2,\ 18)$

$y=-2x^2$의 그래프를 평행이동하면 완전히 포개어지고, x축과 두 점 $(-5,\ 0)$, $(1,\ 0)$에서 만나므로

$y=-2(x+5)(x-1)$

$=-2x^2-8x+10$

$=-2(x^2+4x)+10$

$=-2(x^2+4x+4-4)+10$

$=-2(x+2)^2+18$ … ❶

따라서 이 그래프의 꼭짓점의 좌표는 $(-2,\ 18)$이다. … ❷

채점 기준	배점
❶ 이차함수의 식을 구한 경우	70 %
❷ 꼭짓점의 좌표를 구한 경우	30 %

MEMO

수학 공부는 숙제다

수학 숙제

진짜 공부 챌린지 내/가/스/터/디

공부는 스스로 해야 실력이 됩니다.
아무리 뛰어난 스타강사도, 아무리 좋은 참고서도
학습자의 실력을 바로 높여 줄 수는 없습니다.

내가 무엇을 공부하고 있는지, 아는 것과 모르는 것은 무엇인지
스스로 인지하고 학습할 때 진짜 실력이 만들어집니다.

메가스터디북스는 스스로 하는 공부, **내가스터디**를 응원합니다.
메가스터디북스는 여러분의 **내가스터디**를 돕는 좋은 책을 만듭니다.

메가스터디BOOKS

www.megastudybooks.com

내용 문의 | 02-6984-6901 구입 문의 | 02-6984-6868,9